U0327223

高等职业教育“十四五”系列教材
高等职业教育土建类专业“互联网+”数字化创新教材

智能测量技术

文 学 陈蔚珊 陈桂珍 主 编
金芳华 金 莹 副主编
王玉香 主 审

中国建筑工业出版社

图书在版编目（CIP）数据

智能测量技术 / 文学，陈蔚珊，陈桂珍主编； 金芳华，金莹副主编．-- 北京 ：中国建筑工业出版社，2024. 11. --（高等职业教育“十四五”系列教材）（高等职业教育土建类专业“互联网+”数字化创新教材）.

ISBN 978-7-112-30370-0

Ⅰ. TU198

中国国家版本馆 CIP 数据核字第 2024Z4S903 号

本教材共包括 11 个项目，分上下两篇。其中上篇包括测量工作基础、高程控制测量、平面控制测量、GNSS 测量技术、大比例尺数字地形图测绘、测设基本工作、工业与民用建筑施工测量，下篇包括无人机测量技术、三维激光扫描技术、BIM 技术在智能测量中的应用、高精度智能测量机器人应用。

本教材适合高等职业院校智能建造技术、建筑工程技术、工程测量技术等专业适用。为方便教师授课，本教材作者自制免费课件，索取方式为：1. 邮箱 jckj@cabp. com. cn；2. 电话（010）58337285。

责任编辑：李天虹　李　阳

责任校对：李美娜

高等职业教育“十四五”系列教材

高等职业教育土建类专业“互联网+”数字化创新教材

智能测量技术

文　学　陈蔚珊　陈桂珍　主　编

金芳华　金　莹　副主编

王玉香　主　审

*

中国建筑工业出版社出版、发行(北京海淀三里河路 9 号)

各地新华书店、建筑书店经销

北京鸿文瀚海文化传媒有限公司制版

鸿博睿特(天津)印刷科技有限公司印刷

*

开本：787 毫米×1092 毫米　1/16　印张：21½　字数：535 千字

2025 年 5 月第一版　2025 年 5 月第一次印刷

定价：**66.00** 元（赠教师课件）

ISBN 978-7-112-30370-0

（43696）

前 言

近年来，随着科技的不断进步和市场需求的不断增长，测绘科技得到迅猛发展，智能测量技术得到越来越广泛的应用。智能测量技术向着更高精度、更高可靠性、更高智能化、更大应用范围方向发展。为了适应新的形势，满足高等职业教育土建类专业的教学需要，以及其他相关专业教学及岗位培训等的需要，编写了本教材。

本教材根据土建类工程测量核心教学内容与训练项目的教学要求，重点介绍了工程测量基础知识、常规测量仪器的构造和使用方法，大比例尺数字地形图测绘、施工测量，以及 GNSS 测量技术、无人机测量技术、三维激光扫描技术、BIM 技术在智能测量中的应用、高精度智能测量机器人等内容。通过本教材的学习，读者可以深入了解智能测量技术的基本原理和应用方法，为工程测量和智能建造等领域的工作提供理论指导和实践参考。

本教材主要特色为：先进性，教材介绍最新的测量技术和理论，如无人机测量技术、三维激光扫描技术、BIM 技术在测量中应用、测量机器人应用等，这些都是随着科技进步而发展起来的新型测量方法，对接了行业转型升级，体现了教材的前瞻性和先进性；实用性，智能测量技术教材紧密结合实际工程应用，涵盖当前工程实践中广泛应用的测量技术和方法，如全站仪、GNSS、无人机、测量机器人等，使学生能够学以致用，适应行业发展的需求；启发性，教材配有丰富的案例和多媒体资源，提高学生学习兴趣，增强学生学习的启发性和互动性，深化学生对智能测量技术的理解和掌握；严谨性，教材在编写过程中注重科学性和严谨性，确保所有的技术和方法都有科学的理论支撑和实际应用基础。

本书由湖北城市建设职业技术学院文学、广州番禺职业技术学院陈蔚珊、浙江建设职业技术学院陈桂珍担任主编，湖北城市建设职业技术学院金芳华、湖北城市建设职业技术学院金莹任副主编，湖北城市建设职业技术学院王玉香副教授担任主审。本书编写分工如下：项目一由湖北城市建设职业技术学院陈天旭编写，项目二由湖北城市建设职业技术学院金莹编写，项目三由湖北城市建设职业技术学院金芳华编写，项目四由浙江建设职业技术学院杜向科编写，项目五由浙江建设职业技术学院杜向科编写，项目六由湖北城市建设职业技术学院李飞达编写，项目七由广州番禺职业技术学院陈蔚珊编写，项目八由广州番禺职业技术学院曾令权，项目九由湖北城市建设职业技术学院李闰编写，项目十由湖北城市建设职业技术学院文学编写，项目十一由浙江建设职业技术学院陈桂珍编写。

对书中的重点、难点，编者引入了微课进行讲解，读者可在书中相应位置扫码观看。

由于编者水平有限，书中难免存在欠妥之处，恳请专家和广大读者批评指正。

目　录

上　篇

下 篇

上篇

项目一 Chapter 01

测量工作基础

1.1 认识建筑工程测量

思维导图

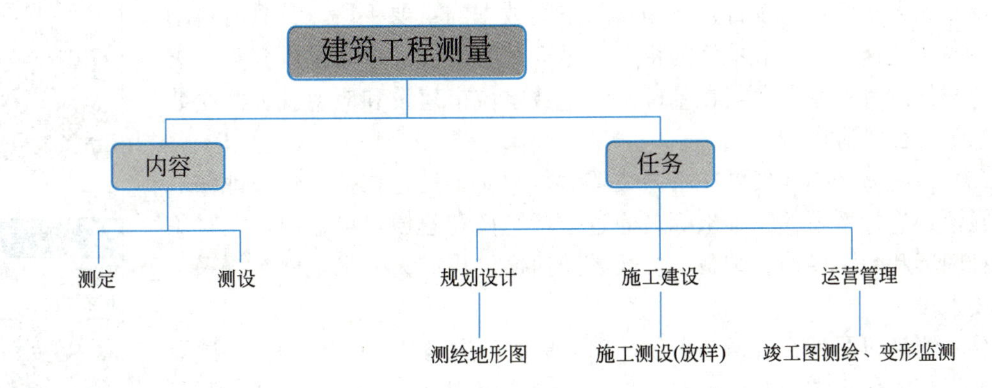

学习目标

1. 知识目标：了解建筑工程三阶段测量工作内容，掌握建筑工程测量的主要任务及分类。

2. 能力目标：能通过举例形象地说出测定和测设的区别。

3. 素质目标：认识到测量员是建筑工程建设尖兵，建筑工程自始至终都离不开测量，测量工作者责任重大，使命光荣。

知识链接

1.1.1 建筑工程测量的发展

建筑业是我国的支柱产业之一，在建筑业的发展过程中，建筑工程测量起着举足轻重的作用，同时随着建筑物的体量越来越大，结构越来越复杂，对建筑工程测量技术水平要求也越来越高。随着测绘科学技术的发展，经纬仪等传统的光学测量仪器已逐渐退出历史舞台，电子水准仪、全站仪、GNSS（全球卫星导航系统）接收机、无人机、三维激光扫描仪以及测量机器人已被普及应用，极大地提高了测量工作的速度、精度、可靠性以及测量的自动化程度。具体表现为以下几个方面：

（1）光学水准仪逐渐被能自动读数、记录、数据处理的电子水准仪代替。

（2）全站仪发展非常迅速，它实现了自动测角、测距、自动记录、计算及存储功能。全站仪能够利用其高精度的测角、测距功能提供三维坐标。

（3）在全球卫星导航系统GNSS仪器方面，用GNSS进行工程测量具有精度高、速度快、不受时间和通视条件的限制，并可提供统一坐标系中三维坐标信息等优点，因此在工程测量中得到了广泛应用。在地形测量、地籍测量、高速公路及铁路建设、隧道贯通、变形测量、滑坡监测中广泛使用GNSS技术。

（4）无人机航摄系统日益成为获取空间数据的重要手段，其具有机动灵活、高效快速、作业成本低的特点，逐步应用于国家重大工程建设、灾害应急与处理等领域，尤其在基础测绘、数字城市建设和应急救灾测绘数据获取等方面具有广阔前景。

（5）三维激光扫描仪可在不同位置对被测对象进行扫描，快速地获取物体在给定坐标系下的三维坐标，通过坐标转换和建模，可输出被测对象的各种图形和数字模型。车载、机载激光扫描仪将成为未来地面数据采集的重要手段。

（6）测量机器人在普通全站仪基础上集成步进马达、CCD影像传感器构成的视频成像系统，并配置智能化的控制及应用软件而发展形成。测量机器人是一种集自动目标识别、自动照准、自动测角与测距、自动目标跟踪、自动记录于一体的测量平台。

（7）将GNSS接收机与电子全站仪或测量机器人连接在一起，称为超站仪，它将GNSS的实时动态定位技术与全站仪的三维坐标测量技术完美结合。CCD传感器与全站仪结合，构成摄像全站仪，可实现面状数据的快速获取。

1.1.2 建筑工程测量的任务

建筑工程测量主要是指在建筑工程规划设计阶段、施工建设阶段和运营管理阶段所进行的各种测量工作。在不同阶段，测量工作的主要内容是不同的。

（1）规划设计阶段：运用各种测量仪器和工具，通过实地测量和计算，把小范围内地面上的地物、地貌按一定的比例尺测绘出工程建设区域的地形图，从而为规划设计提供各种比例尺的地形图和测绘资料。

（2）施工建设阶段：将图纸上设计好的建筑物或构筑物的平面位置和高程，按设计要求在实地上用桩点或线条标定出来，作为施工的依据；在施工过程中，要进行各种施工测量工作，以保证所建工程符合设计要求。

（3）运营管理阶段：工程完工后，要测绘竣工图，供日后扩建、改建、维修和城市管理使用，对重要建筑物或构筑物，在建设中和建成以后都需要定期进行变形观测，监测建筑物或构筑物的水平位移和垂直沉降，了解建筑物或构筑物的变形规律，以便采取措施，保证建筑物的安全。

由此可见，在建筑工程建设的各个阶段都离不开测量工作，测量工作贯穿于工程建设的始终。一直以来测量员被称为工程建设的尖兵，从事建筑工程测量工作责任重大，使命光荣。作为一名测量员，必须掌握测量基本理论知识和技能，为建设社会主义现代化国家贡献自己的力量。

1.1.3 测定和测设

（1）测定。测定又称测图，是指使用测量仪器和工具，通过测量和计算，并按照一定的测量程序和方法将地面上局部区域的各种地物和地貌按一定的比例尺和特定的符号绘制成地形图，以供工程建设的规划、设计、施工和管理使用。

（2）测设。测设又称放样，是指使用测量仪器和工具，按照设计要求，采用一定的方法将设计图纸上设计好的建筑物、构筑物的位置测设到实地，作为工程施工的依据。

1.1.4 测量基本工作

测量的基本工作是水平距离测量、水平角测量和高差测量（或高程测量）。地面点的空间位置是用坐标和高程来确定的，但一般不是直接测定，而是通过测量水平距离和水平角经过计算得到平面坐标，通过高差测量计算得到高程。

1.1.5 测量工作的基本原则和程序

测量工作必须遵守“由整体到局部、先控制后碎部、由高级到低级”的原则。测量工作不可能一开始就进行点位测设或碎部点测量，而是应根据建设活动统一规划、分步实施的要求，为限制误差积累，先在测区或施工场区布设、选定、埋设一些起控制作用的点，将它们的平面位置和高程精确地测算出来，这些点被称作控制点，由控制点构成、布设的几何图形称作控制网。这些控制网点必须按照统一的规格、足够的精度、一定的密度进行布设、测量。在控制测量提供控制点的基础上，测定控制点周围地物地貌特征点（碎部点）的平面位置和高程，然后按一定的比例尺，运用专门的图式符号缩绘表达成地形图，或者测设控制点周围建筑物特征点的位置，使用专门标志标定到实地指导施工。

此外，为了防止出现错误，无论在外业或内业工作中，还必须遵循另一个基本原则“边工作边校核”，应用校核的数据说明测量成果的合格和可靠。在实践操作与计算中必须步步校核，校核已进行的工作有无错误。一旦发现错误或未达到精度要求，必须找出原因或返工重测，以保证各个环节的可靠性。

测量工作的程序分为控制测量和碎部测量两个阶段。建筑施工测量工作程序应遵循“先外业、后内业”，也应遵循“先内业、后外业”这种双向工作程序。规划设计阶段所采用的地形图，应首先取得实地野外观测资料和数据，然后再进行室内计算、整理、绘制成图，即“先外业、后内业”的工作程序。测设阶段是按照施工图上所定的数据、资料，首先在室内计算出测设所需要的放样数据，然后再到施工场地按测设数据把具体点位放样到施工作业面上，并做出标记，以作为施工的依据，因而是“先内业、后外业”的工作程序。

1.2 地面点位的确定

思维导图

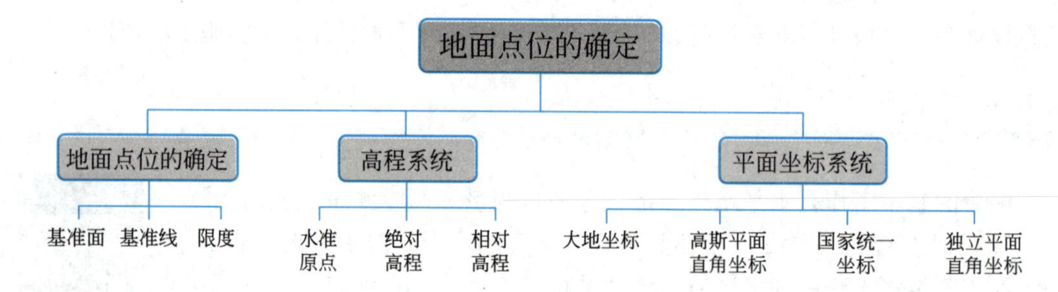

学习目标

1. 知识目标：了解基准线、基准面的概念，了解地面点的确定需要确定哪几个数值，区分不同的坐标系统。

2. 能力目标：能区分绝对高程和相对高程，并进行相应的计算和应用。

3. 素质目标：认识到国家统一坐标系的记录和计算优势，增强对国家的自豪感。

知识链接

1.2.1 地面点位的确定

尽管地球的表面高低不平、很不规则，如最高的珠穆朗玛峰高出海平面达 8848.86m，最低的太平洋西部的马里亚纳海沟低于海平面达 11034m。但即便是这样的高低起伏，相对于半径近似为 6371km 的地球来说，还是很小的。又由于海洋面积约占整个地球表面的 71%，陆地面积仅约占 29%，因此，可以把海水面延伸至陆地所包围的地球形体看作地球的形状。设想有一个静止的海水面，向陆地延伸而形成一个闭合曲面，该曲面称为水准面。水准面作为流体的水面，是受地球重力影响而形成的重力等势面，是一个处处与重力方向垂直的连续曲面。由于海水有潮汐，海水面时高时低，因此

视频
测量工作的基准面和基准线

水准面有无数多个，将其中一个与平均海水面相吻合的水准面称为大地水准面，如图 1-1 所示，大地水准面是测量工作的基准面。由大地水准面所包围的地球形体，称为大地体。

另外，我们将重力的方向线称为铅垂线。铅垂线是测量工作的基准线。

由于海水面是一个动态的曲面，平均静止的海水面是不存在的。为此，我国在青岛设立验潮站，长期观察和记录黄海海水面的高低变化，取其平均值作为我国的大地水准面的位置（其高程为零），并在青岛建立了水准原点。

在测量中，当测区范围很小时才允许用水平面代替水准面。那么究竟测区范围多大时，可用水平面代替水准面呢？

1. 水平面代替水准面对距离的影响

如图 1-1 所示，A、B 两点在水准面上的距离为 D，在水平面上的距离为 D'，则 ΔD（$\Delta D=D'-D$）是用水平面代替水准面后对距离的影响值。它们与地球半径 R 的关系为：

$$\Delta D=\frac{D^3}{3R^2} \quad 或 \quad \frac{\Delta D}{D}=\frac{D^2}{3R^2} \tag{1-1}$$

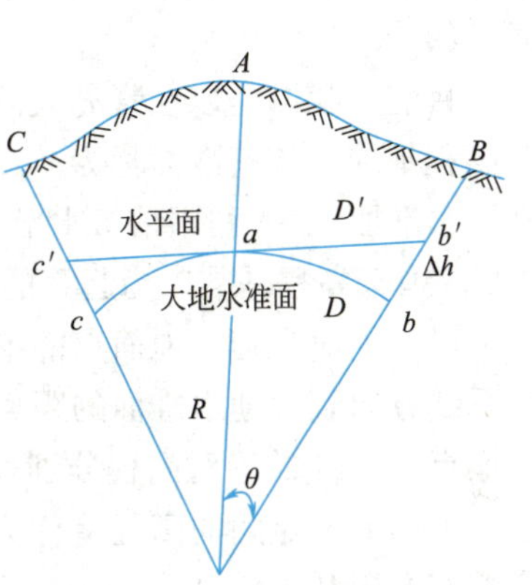

图 1-1　大地水准面

根据地球半径 $R=6371\text{km}$ 及不同的距离 D 值，代入式（1-1），得到表 1-1 所列的结果。

由表 1-1 可见，当 $D=10\text{km}$，所产生的相对误差为 1∶1250000。目前最精密的距离丈量时的相对误差为 1∶1000000。因此，可以得出结论：在半径为 10km 的圆面积内进行距离测量，可以用水平面代替水准面，不考虑地球曲率对距离的影响。

用水平面代替水准面的距离误差和相对误差　　表 1-1

距离 D(km)	距离误差 ΔD(cm)	相对误差 $\Delta D/D$	距离 D(km)	距离误差 ΔD(cm)	相对误差 $\Delta D/D$
10	0.8	1∶1250000	50	102.6	1∶49000
25	12.8	1∶200000	100	821.2	1∶12000

2. 水平面代替水准面对高程的影响

如图 1-1 所示，$\Delta h=Bb-b'B$，这是用水平面代替水准面对高程的测量影响值。

其值为：

$$\Delta h=\frac{D^2}{2R} \tag{1-2}$$

从表 1-2 可以看出，用水平面代替水准面，在距离 1km 内就有约 8cm 的高程误差。由此可见，地球曲率对高程的影响很大。在高程测量中，即使距离很短，也要考虑地球曲率对高程的影响。实际测量中，应该通过改正计算或采用正确的观测方法来消除地球曲率对高程测量的影响。

用水平面代替水准面的高程误差　　表 1-2

D(km)	0.1	0.2	0.3	0.4	0.5	1	2	5	10
Δh(cm)	0.08	0.31	0.71	1.26	1.96	7.85	31.39	196.20	784.81

1.2.2 高程系统

地面点的高程通常用该点到某一选定的基准面的垂直距离来表示，不同地面点间的高程之差反映了地形起伏状况。选用的基准面不同，则确定出的地面点高程也不相同，也就是说，所建立的高程系统也就不同。

为了建立全国统一的高程系统，必须确定一个统一的高程基准面。在测量工作中，通常采用平均海水面代替大地水准面作为高程基准面，平均海水面是通过验潮站长期验潮来确定的。

目前，我国是以在青岛大港验潮站 1952—1979 年验潮资料确定的黄海平均海水面作为高程基准，该基准面称为“1985 国家高程基准”。在其附近的观象山设有“中华人民共和国水准原点”，利用精密水准测量联测水准原点和黄海平均海水面的高差，由此得到以“1985 国家高程基准”为起算的青岛水准原点的高程为 72.260m。

（1）绝对高程。地面点的绝对高程是以大地水准面为高程基准面起算的。即地面点沿铅垂线方向到大地水准面的距离称为该点的绝对高程（又称海拔），用 H 表示，见图 1-2。地面点 A、B 的绝对高程分别表示为 H_A、H_B。

地面上两点间的高程差称为高差，如图 1-2 所示，用 h_{AB} 表示 A、B 两点间的高差。高差有方向和正负之分，A 点至 B 点的高差为：

$$h_{AB}=H_B-H_A \tag{1-3}$$

当 h_{AB} 为正时，说明 B 点高于 A 点。而 B 点至 A 点的高差为：$h_{BA}=H_A-H_B$。

当 h_{BA} 为负时，说明 A 点低于 B 点。可见，A 至 B 的高差与 B 至 A 的高差绝对值相等而符号相反，即：$h_{AB}=-h_{BA}$。

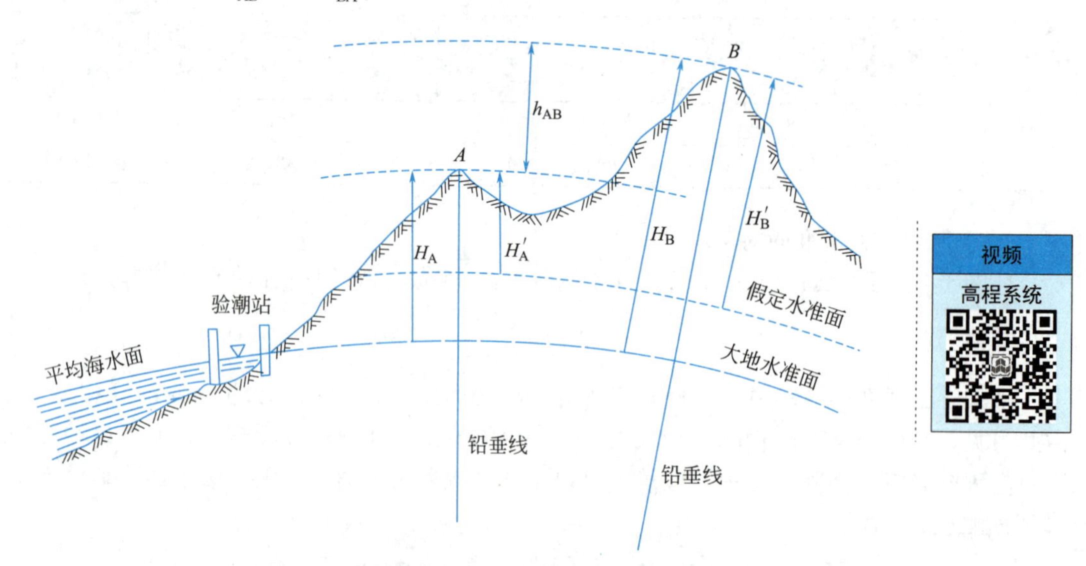

图 1-2　高程与高差的定义及其相互关系

（2）相对高程。在局部地区，如果引用绝对高程有困难，可采用假定高程系统，即可以任意假定一个水准面作为高程起算面，地面点到任意选定的水准面的铅垂距离称为该点的相对高程（或假定高程）。图 1-2 中的 H'_A、H'_B 为地面 A、B 两点的相对高程。

由图 1-2 可以看出：

$$h_{AB}=H_B-H_A=H'_B-H'_A \tag{1-4}$$

可见对于相同的两点，不论采用绝对高程还是相对高程，其高差值不变，均能表达两点间高低相对关系，由此，两点间的高差与高程起算面的取定无关。

在建筑工程中所使用的标高，就是相对高程，常选定建筑物底层室内地坪面为该建筑物施工工程的高程起算的基准面，该面标高记为±0.000，设计图上标注的建筑物各部位的标高数据，是该某部位的相对高程数据，即某部位距底层室内地坪（±0.000）的垂直间距。

1.2.3　平面坐标系统

（1）大地坐标系。地面上一点的空间位置可用大地坐标（B，L，H）表示。大地坐标系是以参考椭球面作为基准面，以起始子午面和赤道面作为在椭球面上确定某一点投影位置的两个参考面。

图 1-3 中，过地面点 P 的子午面与起始子午面（也称首子午面）所夹的两面角，称为该点的大地经度，用 L 表示。规定从起始子午面起算，向东为正，由 0°至 180° 称为东经；向西为负，由 0°至 180° 称为西经。

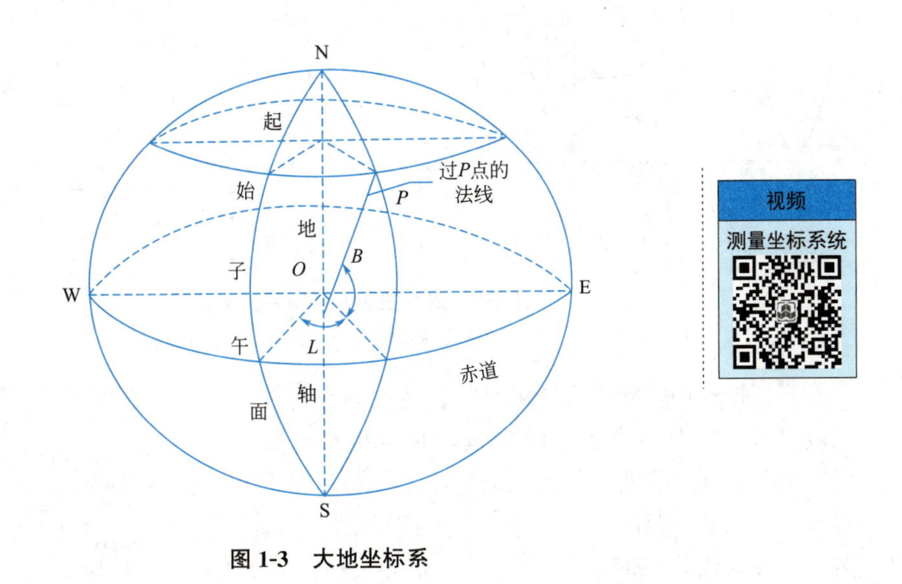

图 1-3　大地坐标系

过地面点 P 的椭球面法线与赤道面的夹角称为该点的大地纬度，用 B 表示。规定从赤道面起算，由赤道面向北为正，从 0°至 90° 称为北纬；由赤道面向南为负，从 0°至 90° 称为南纬。

地面点 P 沿椭球面法线到椭球面的距离 H，称为大地高，从椭球面起算，向外为正，向内为负。

地面上每个点都有唯一的大地坐标。例如，位于北京地区某点的大地坐标为东经 116°28′ 北纬 39°56′。知道了地面点的大地坐标，就可以确定该点在参考椭圆体面上的投影位置。这种表示点位的方法常用在大地测量学中，在工程测量中一般不使用此坐标系。

（2）高斯平面直角坐标系。在解决较大范围的测量问题时，如果直接将地面点投影到水平面上进行计算，受地球是曲体的影响，会产生较大的投影变形，由此导致地面点位确定不准。为了克服曲面投影的影响，应将地面上的点首先投影到椭圆体面上，再按一定的条件投影到平面上来，形成统一的平面直角坐标系，这样可以得到可靠的测量成果。在我国，通常采用高斯投影方法来解决这个问题。

高斯投影理论是由德国测量学家高斯首先提出，见图 1-4（a），其基本思想为：设想有一个椭圆柱面横套在地球椭球体外面，使它与椭球上某一子午线（该子午线称为中央子午线）相切，椭圆柱的中心轴通过椭球体中心，然后用一定的投影方法，将中央子午线两侧各一定经差范围内的地区投影到椭圆柱面上，再将此柱面沿其母线剪开并展成平面，此平面即为高斯投影平面。

在高斯投影面上，中央子午线和赤道投影都是直线。以中央子午线和赤道的交点 O 作为坐标原点，以中央子午线的投影为纵坐标轴 X，规定 X 轴向北为正；以赤道的投影为横坐标轴 Y，规定 Y 轴向东为正，由此，建立高斯平面直角坐标系，见图 1-4（b）。

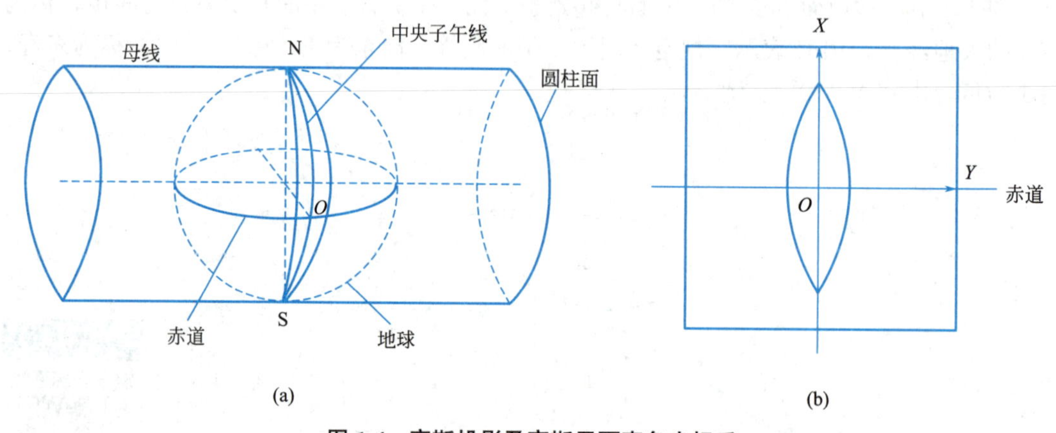

图 1-4　高斯投影及高斯平面直角坐标系

（a）高斯投影原理；（b）高斯平面直角坐标系

高斯投影中，除中央子午线外，各点均存在长度变形，且距中央子午线越远，长度变形越大。为了控制长度变形，将地球椭球面按一定的经度差分成若干范围不大的带，称为投影带。带宽一般分为经差 6°带（图 1-5）和 3°带等几种。

6°带：如图 1-5 所示，高斯投影 6°带是将地球从 0°子午线起，每隔经差 6°自西向东分带，依次编号 1，2，3…60，将整个地球划分成 60 个 6°带，每带中间的子午线称为轴子午线或中央子午线，各带相邻子午线叫分界子午线。我国领土跨 11 个 6°投影带，即第 13～23 带。带号 N 与相应的中央子午线经度 L_0 的关系是：

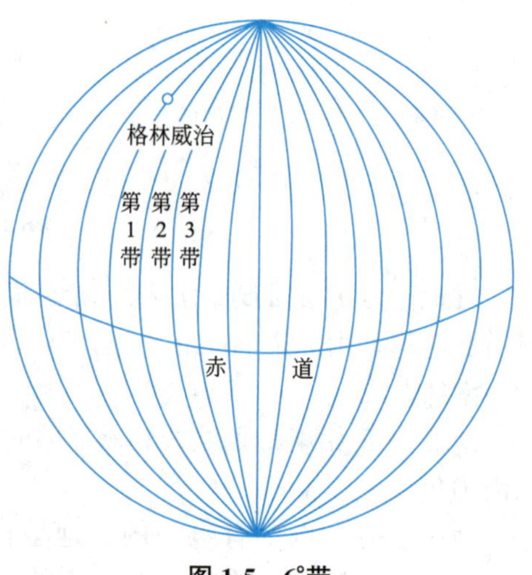

图 1-5　6°带

$$L_0 = 6N - 3 \tag{1-5}$$

3°带：自东经1.5°子午线起，每隔经差3°自西向东分带，依次编号1，2，3…120，将整个地球划分成120个3°带，每个3°带的中央子午线为6°带的中央子午线和分界子午线。我国领土跨22个3°投影带，即第24～45带。带号n与相应的中央子午线经度l_0的关系是：

$$l_0 = 3n \tag{1-6}$$

（3）国家统一坐标系。我国领土位于北半球，在高斯平面直角坐标系内，各带的纵坐标X均为正值，而横坐标Y有正有负。为了使各带的高斯6°带投影横坐标Y不出现负值，规定将X坐标轴向西平移500km，即所有点的Y坐标值均加上500km，见图1-6。此外，为便于区别某点位于哪一个投影带内，还应在横坐标前冠以投影带号。以此建立了我国的国家统一坐标系——高斯平面直角坐标系。

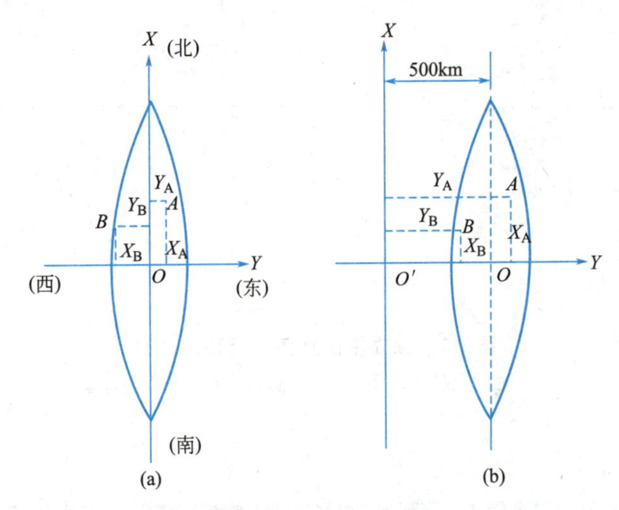

图1-6　国家统一坐标

例如：地面A点的坐标为X_A=3276611.198m；Y_A=−376543.211m，假若该点位于第19带内，则地面A点的国家统一坐标值为：

$$X_A = 3276611.198\text{m},\ Y_A = 19123456.789\text{m}$$

再如：地面B点的国家统一坐标为：X_B=321821.98m，Y_B=20587307.25m，从中可以看出B点在第20带，属6°带，其投影带内的坐标为：

$$X_B = 321821.98\text{m},\ Y_B = 87307.25\text{m}$$

（4）独立平面直角坐标系。由于工程建设规划设计工作是在平面上进行的，需要将点的位置和地面图形表示在平面上，通常需采用平面直角坐标系。测量中采用的平面直角坐标系有：高斯平面直角坐标系、独立平面直角坐标系以及建筑施工坐标系。

在普通测量工作中，当测量区域较小且相对独立时（较小的建筑区和厂矿区），通常把较小区域的椭球曲面当成水平面看待，即用过测区中部的水平面代替曲面作为确定地面点位置的基准，如图1-7（a）所示。在此水平面内建立一个平面直角坐标，以地面投影点的坐标来表示地面点的平面位置。即地面点在水平面上的投影位置，可以用该平面的直角坐标系中的坐标x、y来表示。这样选择建立的坐标系对测量工作的计算和绘图都较为简便。

测量上通常以地面点的子午线方向为基准方向，由子午线的北端起按顺时针确定地面直线的方位，使平面直角坐标系的纵坐标轴 X 与子午线北方一致，见图 1-7（b）。这样选择直角坐标系可使数学中的解析公式不做任何变动地应用到测量计算中。显然坐标纵轴 X（南北方向）向北为正，向南为负；坐标横轴 Y（东西方向）向东为正，向西为负。平面直角坐标系的原点，可按实际情况选定。通常把原点选在测区西南角，其目的是使整个测区内各点的坐标均为正值。在此，应注意测量坐标系与数学坐标系的不同，数学坐标系的象限关系及坐标轴名称见图 1-7（c）。

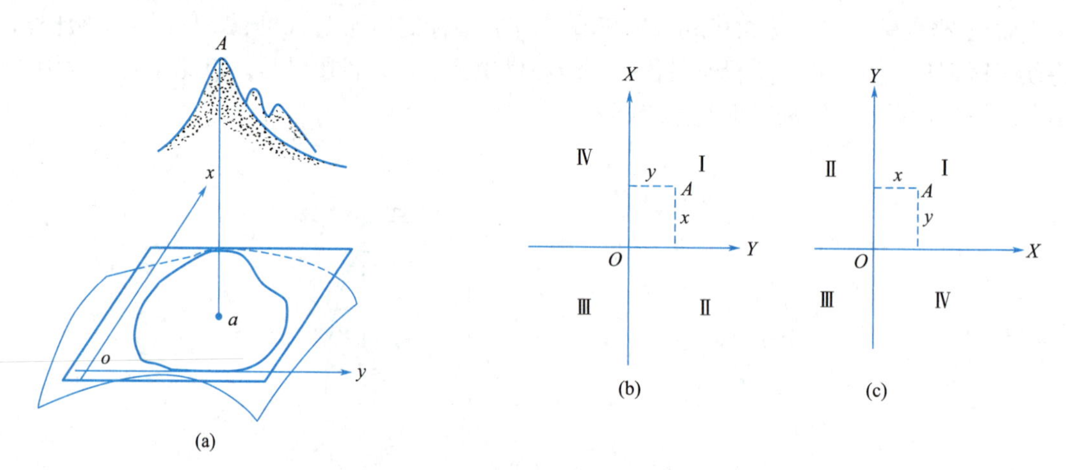

图 1-7　独立平面直角坐标系原理图

（a）地面点基准；（b）测量坐标系；（c）数学坐标系

1.3 直线定向与坐标计算

思维导图

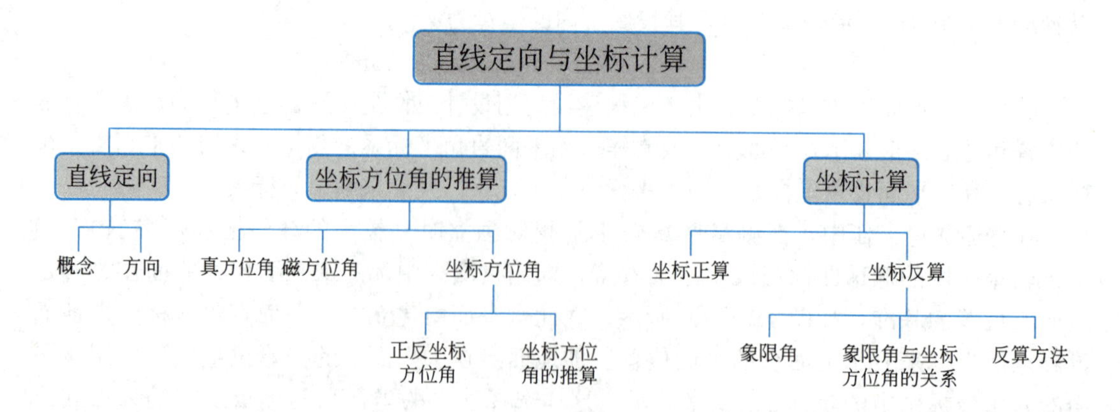

1. 知识目标：了解直线定向的概念，区分不同的方位角，熟记坐标方位角、象限角的概念及两者之间的换算关系。

2. 能力目标：能进行坐标方位角的推算，能进行坐标正算和坐标反算。

3. 素质目标：认识到问题的求解要化难为易，将复杂的坐标方位角求解，转化为简单的象限角的求解和两者之间的换算问题。

知识链接

1.3.1　直线定向

在测量上，将确定地面直线与测量标准方向之间的角度关系的工作，称为直线定向。

根据测区范围的大小，进行定向的标准方向主要有三种，即地面点的真北方向、地面点的磁北方向和地面点的坐标北方向（也称坐标纵轴北方向），简称三北方向。

真北方向：过地球表面某点的真子午线的切线北端所指示的方向，称为该点的真北方向。真北方向是通过天文测量的方法或用陀螺经纬仪测定的，一般用在大地区范围内的直线定向工作中，如用于大地测量、天文测量等测量工作中。

磁北方向：过地球表面某点的磁子午线的切线北端所指示的方向，称为该点的磁北方向。磁北方向可用罗盘仪测定，通常是指磁针自由静止时其北端所指的方向，一般用在定向精度要求不高的工作中。

坐标北方向：坐标纵轴（X 轴）正向所指示的方向，称为坐标北方向。在测量工作中，常取与高斯平面直角坐标系（或独立平面直角坐标系）中 X 坐标轴平行的方向为坐标北方向；在施工测量中，也可采用施工测量坐标系的 x 轴正向作为坐标北方向。一般用在小地区范围内的测量工作中。

1.3.2　坐标方位角的推算

从标准方向的北端，顺时针方向度量到某直线的水平夹角，称为该直线的方位角。方位角的取值范围是 0°～360°。由于采用的标准方向不同，直线的方位角有如下三种：

1. 真方位角

以真北方向作为标准方向，从真子午线方向的北端，顺时针方向度量到某直线的水平夹角，称为该直线的真方位角，用 A 表示。

2. 磁方位角

以磁北方向作为标准方向，从磁子午线方向的北端，顺时针方向度量到某直线的水平夹角，称为该直线的磁方位角，用 A_m 表示。

3. 坐标方位角

以坐标北方向作为标准方向，从坐标纵轴的正向，顺时针方向度量到某直线的水平夹角，称为该直线的坐标方位角，用 α 表示。

(1) 正反坐标方位角

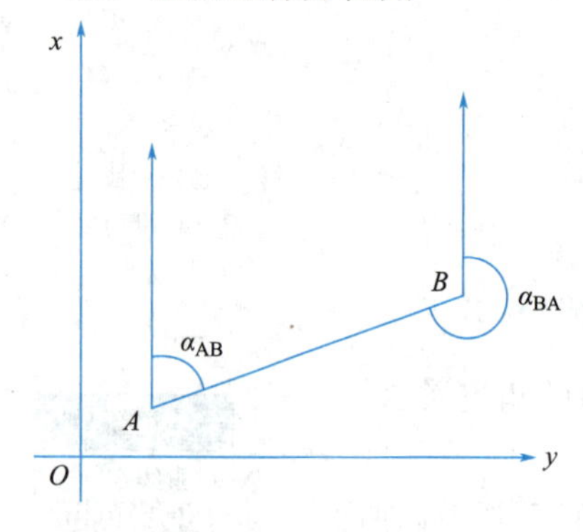

图 1-8　正、反坐标方位角

测量工作中，直线都是具有一定方向性的，一条直线的坐标方位角，由于起始点的不同存在着两个值。如图 1-8 所示，A、B 为直线 AB 的两端点，α_{AB} 表示 AB 方向的坐标方位角，α_{BA} 表示 BA 方向的坐标方位角。α_{AB} 和 α_{BA} 互为正、反坐标方位角。若规定从 A 点到 B 点为直线前进方向，则 α_{AB} 称为正坐标方位角，称 α_{BA} 为反坐标方位角。正、反坐标方位角的概念是相对的（相对于前进方向而言）。

由于在一个高斯投影平面直角坐标系内各点处，坐标北方向都是平行的，所以一条直线的正、反坐标方位角互差 180°，即：

$$\alpha_{AB}=\alpha_{BA}\pm 180^\circ$$

(2) 坐标方位角的推算

如图 1-9 所示，已知直线 AB 坐标方位角为 α_{AB}，B 点处的转折角为 β，规定测量工作的前进方向为由 A 指向 B 再到 C，按此方向，β 为直线前进方向的左角，则直线 BC 的坐标方位角 α_{BC} 为：

$$\alpha_{BC}=\alpha_{AB}+\beta-180^\circ \tag{1-7}$$

如图 1-10 所示，按上方向规定，B 点处的转折角 β 为前进方向的右角，则直线 BC 的坐标方位角 α_{BC} 为：

$$\alpha_{BC}=\alpha_{AB}-\beta+180^\circ \tag{1-8}$$

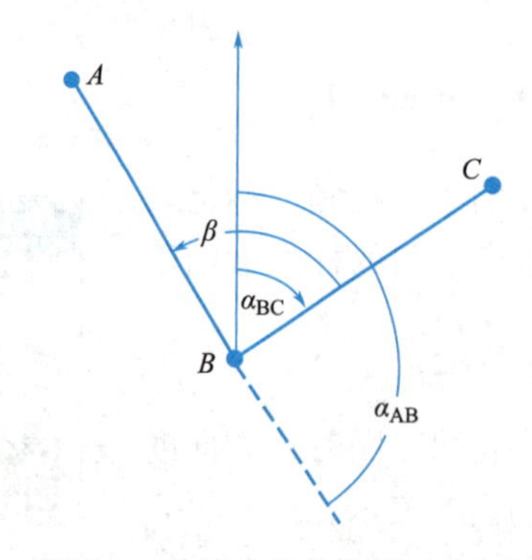

图 1-9　坐标方位角推算（左角）

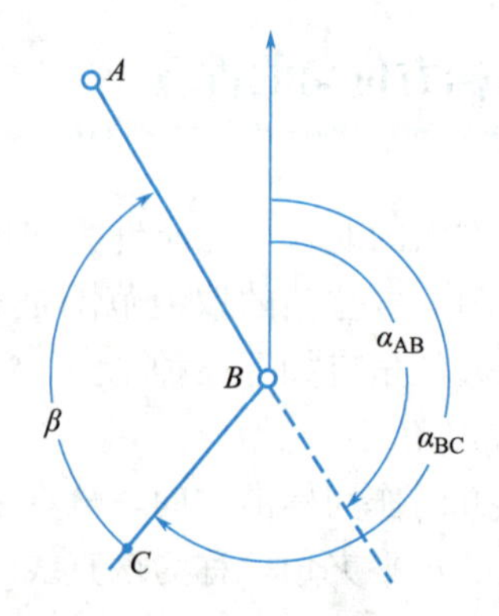

图 1-10　坐标方位角推算（右角）

由式（1-7）、式（1-8）可得出推算坐标方位角的一般公式为：

$$\alpha_{前}=\alpha_{后}\pm\beta\mp180^{\circ} \tag{1-9}$$

式（1-9）中，β 为右角时，其前取“−”，“180°”前取“+”。如果推算出的坐标方位角大于 360°，则应减去 360°，如果出现负值，则应加上 360°。

1.3.3　坐标计算

1. 坐标正算

如图 1-11 所示，设 A 为已知控制点，B 为未知控制点，当 A 点坐标（x_A，y_A）、A 点至 B 点的水平距离 S_{AB} 和坐标方位角 α_{AB} 均为已知时（假定为无误差），则可求得 B 点坐标（x_B，y_B），通常称为坐标正算问题。依据解析几何原理，可计算出 B 点坐标为：

$$\left.\begin{aligned} x_B&=x_A+\Delta x_{AB}\\ y_B&=y_A+\Delta y_{AB}\end{aligned}\right\} \tag{1-10}$$

式中，

$$\left.\begin{aligned} \Delta x_{AB}&=S_{AB}\times\cos\alpha_{AB}\\ \Delta y_{AB}&=S_{AB}\times\sin\alpha_{AB}\end{aligned}\right\} \tag{1-11}$$

所以，式（1-10）也可直接写成：

$$\left.\begin{aligned} x_B&=x_A+S_{AB}\times\cos\alpha_{AB}\\ y_B&=y_A+S_{AB}\times\sin\alpha_{AB}\end{aligned}\right\} \tag{1-12}$$

式中，Δx_{AB} 和 Δy_{AB} 分别称之为直线 AB 两端点的纵、横坐标增量。

2. 坐标反算

（1）象限角

由基准方向的北端或南端起，沿顺时针或逆时针方向量至直线所成的水平锐角称为该直线的象限角，用 R 表示，其角值为 0°～90°。因为同样角值的象限角在四个象限中都能找到，所以用象限角定向时，不仅要表示角度的大小，还要注明该直线所在的象限名称，如图 1-12 所示。

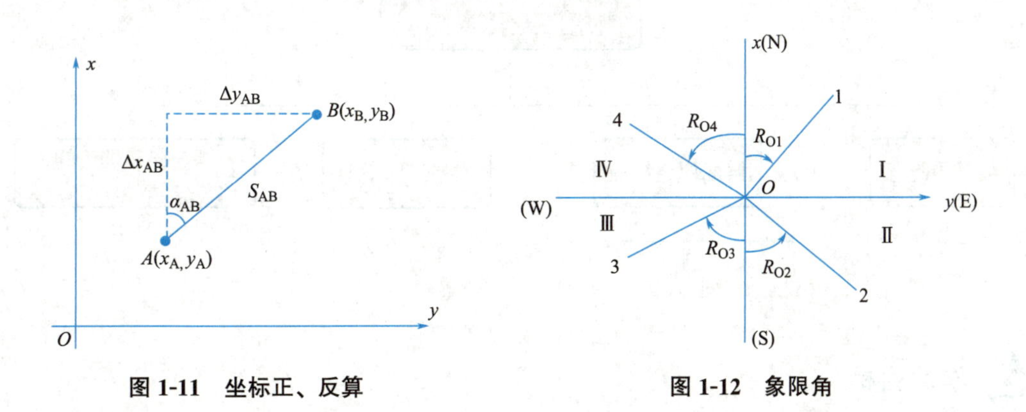

图 1-11　坐标正、反算　　**图 1-12　象限角**

（2）象限角与坐标方位角的关系（表 1-3）

象限角 R_{AB} 与坐标方位角 α_{AB} 的关系　　表 1-3

象限	坐标增量	关系	象限	坐标增量	关系
Ⅰ	$\Delta x_{AB}>0, \Delta y_{AB}>0$	$\alpha_{AB}=R_{AB}$	Ⅲ	$\Delta x_{AB}<0, \Delta y_{AB}<0$	$\alpha_{AB}=180°+R_{AB}$
Ⅱ	$\Delta x_{AB}<0, \Delta y_{AB}>0$	$\alpha_{AB}=180°-R_{AB}$	Ⅳ	$\Delta x_{AB}>0, \Delta y_{AB}<0$	$\alpha_{AB}=360°-R_{AB}$

（3）反算方法

直线的坐标方位角和水平距离可根据两端点的已知坐标反算出来，这称为坐标反算。如图 1-11 所示，设 A、B 两已知点的坐标分别为（x_A，y_A）和（x_B，y_B），则直线 AB 的坐标方位角 α_{AB} 和水平距离 S_{AB} 为：

$$\alpha_{AB}=\arctan\frac{\Delta y_{AB}}{\Delta x_{AB}} \tag{1-13}$$

$$S_{AB}=\frac{\Delta y_{AB}}{\sin\alpha_{AB}}=\frac{\Delta x_{AB}}{\cos\alpha_{AB}}=\sqrt{\Delta x_{AB}^2+\Delta y_{AB}^2} \tag{1-14}$$

上两式中，　　$\Delta x_{AB}=x_B-x_A$，$\Delta y_{AB}=y_B-y_A$。

通过式（1-14）能算出多个 S_{AB}，可作相互校核。

在此指出，式（1-13）中 Δy_{AB}、Δx_{AB} 应取绝对值，计算得到的为象限角 R_{AB}，象限角取值范围为 0°～90°。而测量工作通常用坐标方位角表示直线的方向，因此，计算出象限角 R_{AB} 后，再将其转化为坐标方位角 α_{AB}，其转化方法见表 1-3。

1.4 测量误差基本知识

思维导图

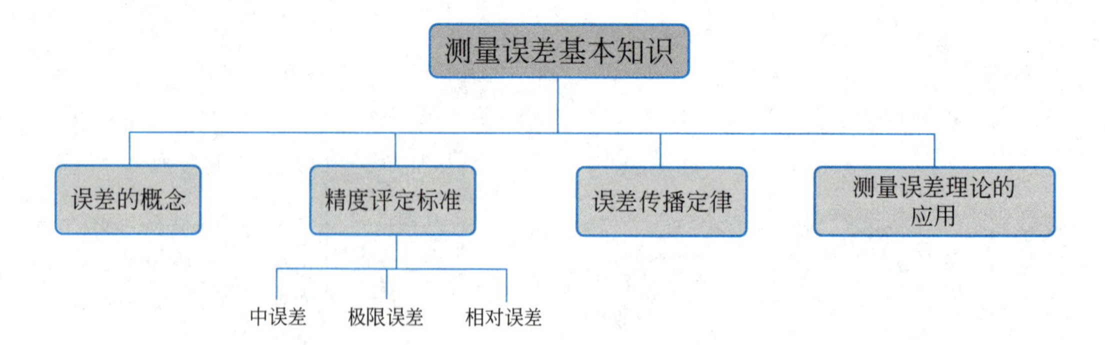

学习目标

1. 知识目标：了解误差的概念、误差传播的定律，以及测量误差理论的应用。
2. 能力目标：能利用中误差、极限误差、相对误差进行误差精度评定。

3. 素质目标：认识到测量工作要严谨、谨小慎微，尽量将外业测量误差控制到最低，保证测量数据的准确性和真实性。

知识链接

1.4.1　测量误差概述

在实际测量工作中可以发现，对同一个观测量进行多次观测时，所得到的各个结果都有一定的差异。在测量中，将观测值与观测对象的真实值（即真值）之间的差异称为测量误差，也称为真误差。

1.4.2　测量精度评定的标准

测量工作不仅在于对一个未知量进行多次观测，求出其最后的结果，而且必须对测量结果的精确程度作出评定。衡量精度的标准，常用的有下列几种。

1. 中误差

设在相同的观测条件下，对任一未知量进行了 n 次观测，其观测值分别为 L_1，$L_2 \cdots L_n$，若该未知量的真值为 X，可计算出相应的 n 个观测值的真误差 Δ_1、$\Delta_2 \cdots \Delta_n$。为了避免正负误差互相抵消和明显地反映观测值中较大误差的影响，通常是以各个真误差的平方和的平均值再开方作为评定该组每一观测值的精度的标准，即：

$$m = \pm\sqrt{\frac{[\Delta\Delta]}{n}} \tag{1-15}$$

式中：$[\Delta\Delta] = \Delta_1^2 + \Delta_2^2 + \cdots + \Delta_n^2$；$m$ 为观测值的中误差，亦称均方误差。

从上式可以看出中误差与真误差的关系，中误差不等于真误差，它仅是一组真误差的代表值，中误差 m 值的大小反映了这组观测值精度的高低，而且它能明显地反映出测量结果中较大误差的影响。因此，一般都采用中误差作为评定观测质量的标准。

在实际工作中，观测量的真值 X 往往是不知道的，在等精度观测中，一般只知道算术平均值 x 和观测值改正数 v，因此不能直接用 Δ 来计算中误差。在这种情况下，可用 v 来代替真误差 Δ，由下式计算观测值的中误差：

$$m = \pm\sqrt{\frac{[vv]}{n-1}} \tag{1-16}$$

而算术平均值中误差 M，可由下式计算：

$$M = \frac{m}{\sqrt{n}} = \pm\sqrt{\frac{[vv]}{n(n-1)}} \tag{1-17}$$

2. 极限误差

根据偶然误差的第一个特性可知，在一定的观测条件下，偶然误差的绝对值不会超过一定的限值。如果在测量工作中某一观测值的误差超过了这个限值，就认为这次观测的质量不符合要求，该观测结果应该舍去。那么应该如何确定这个限值呢？根据误差理论和实践的统计证明：在等精度观测的一组误差中，绝对值大于1倍中误差的偶然误差，其出现的机会为32%；绝对值大于2倍中误差的偶然误差，其出现的机会只有5%；绝对值大于3倍中误差的偶然误差，其出现的机会仅有3‰，即大约三百多次观测中，才可能出现一次大于3倍中误差的偶然误差。因此在观测次数不多的情况下，可认为大于3倍中误差的偶然误差实际上是不可能出现的。故在测量理论研究中，通常以3倍中误差为偶然误差的限差，即：

$$\Delta_{限}=3m \tag{1-18}$$

但在实际工作中，由于施测的次数不可能足够多，故测量规范规定以2倍中误差作为限差，即：

$$\Delta_{限}=2m \tag{1-19}$$

3. 相对误差

前面提及的真误差、中误差及其极限误差都是绝对误差。单纯比较绝对误差的大小，在某些情况下还不能如实地判断观测结果精度的高低。例如，丈量两段距离，第一段的长度为100m，其中误差为±2cm；第二段长度为200m，其中误差为±3cm。如果单纯用中误差的大小评定其精度，就会得出前者精度比后者精度高的错误结论。实际上长度丈量的误差与长度大小有关，距离愈长，误差的积累愈大。因此，必须用相对误差来评定精度。相对误差就是绝对误差的绝对值与相应观测量之比，它是一个无名数，通常以分子为1的分数式表示。在上例中：

$$第一段的相对误差为\ K_1=\frac{0.02\text{m}}{100\text{m}}=\frac{1}{5000} \tag{1-20}$$

$$第二段的相对误差为\ K_2=\frac{0.03\text{m}}{200\text{m}}=\frac{1}{6666} \tag{1-21}$$

显然，后者精度高于前者。

1.4.3 观测值的算术平均值

当观测值的真值未知时，通常取多次观测值的算术平均值作为最后结果，并认为它是最可靠的，用来代替真值。算术平均值比组内任一观测值更为接近于真值，证明如下：

设对某量进行一组等精度观测，观测值分别为 L_1，$L_2 \cdots L_n$， 未知量的真值为 x， 观测值的真误差分别为：Δ_1，$\Delta_2 \cdots \Delta_n$ 则：

$$\left.\begin{aligned}\Delta_1&=x-L_1\\ \Delta_2&=x-L_2\\ &\vdots\\ \Delta_n&=x-L_n\end{aligned}\right\} \tag{1-22}$$

将上式取和再除以 n，得：

$$\frac{[\Delta]}{n}=x-\frac{[L]}{n}=x-\overline{L} \tag{1-23}$$

式中：$\overline{L}$ ——观测值的算术平均值，显然：

$$\overline{L}=\frac{[L]}{n}=x-\frac{[\Delta]}{n} \tag{1-24}$$

根据偶然误差的第四个特性，有：

$$\lim_{n\to\infty}\overline{L}=x-\lim_{n\to\infty}\left(\frac{[\Delta]}{n}\right)=x \tag{1-25}$$

观测次数 n 无限增大时，算术平均值 L 趋近于未知数的真值 x； 当 n 为有限时，算术平均值最接近于真值，称其为最或然值，或称最可靠值。

1.4.4　误差传播定律

当对某量进行了一系列的观测后，观测值的精度可用中误差来衡量。但在实际工作中，往往会遇到某些量的大小并不是直接测定的，而是由观测值通过一定的函数关系间接计算出来的。例如，水准测量中，在一测站上测得后、前视读数分别为 a、b，则高差 $h=a-b$，这时高差 h 就是直接观测值 a、b 的函数。当 a、b 存在误差时，h 也受其影响而产生误差，这就是所谓的误差传播。阐述观测值中误差与观测值函数中误差之间关系的定律称为误差传播定律。

1.4.5　测量误差理论的应用

假设我们用 DS3 水准仪进行了一段普通水准测量：

1. 一个测站的高差中误差

每站的高差为：$h=a-b$；a、b 为水准仪在前后水准尺上的读数，读数的中误差 $m_{读}\approx\pm3\text{mm}$，则每个测站的高差中误差为 $m_{站}=\sqrt{m_{读}^2+m_{读}^2}=\sqrt{2}m_{读}\approx\pm4\text{mm}$。

2. 水准路线高差的中误差

如果在这段水准路线当中一共测了 n 站，则总高差为：$h=h_1+h_2+\cdots+h_n$。设每站的高差中误差均为 $m_{站}$，$m_h-\sqrt{n}\cdot m_{站}=\pm4\sqrt{n}(\text{mm})$。

取 3 倍中误差为限差，则普通水准路线的容许误差为 $f_{h容}=\pm12\sqrt{n}(\text{mm})$。

3. 水平角观测的误差分析

我们用 DJ6 经纬仪采用测回法观测水平角，那么用盘左盘右观测同一方向的中误差为 ±6″，因为我们使用的是 6″级的仪器。注意，6″级经纬仪是指在一个测回中观测同一方向的中误差，不是指读数的时候估读到 6″。即 $m_{方}=\pm6''$。

假设盘左瞄准 A 点时读数为 $\beta_{左}$， 盘右瞄准 B 点时读数为 $\beta_{右}$， 那么瞄准 A 方向一个测回的平均读数应为 $\beta_{方}=\dfrac{\beta_{左}+(\beta_{右}\pm180^\circ)}{2}$。

因为盘左盘右观测值的中误差相等，所以 $m_{\beta_{左}}=m_{\beta_{右}}=m_{\beta}$。故 $m_{方}=\sqrt{2}m_{\beta}$ 所以瞄准一个方向进行一次观测的中误差为 $m_{\beta}=\pm8.5''$。由于上半测回的水平角为两个方向值之差，$\beta_{半}=b-a$ 即 $m_{\beta_{半}}=\sqrt{2}m_{\beta}\approx\pm12''$。

设上下半测回水平角的差值为：$\Delta\beta_{半}=\beta_{上半}-\beta_{下半}$；$m_{\Delta\beta_{半}}=\sqrt{2}m_{\beta_{半}}=\pm17''$

考虑到其他不利因素，将这个数值再放大一些，取 20″作为上下半测回水平角互差，取 2 倍中误差作为容许误差，所以上下半测回水平角互差应该小于 40″。$f_{\Delta\beta_{半}}=2m_{\Delta\beta_{半}}=40''$。

习题

1. 简述测定和测设的区别。
2. 简述传统测量与智能建造测量的区别。
3. 建筑工程测量的任务和作用是什么？
4. 绝对高程和相对高程的区别是什么？
5. 测量的基本工作是什么？
6. 假定某地水准面的绝对高程为 56.352m，测得一地面点的相对高程为 235.123m，请推算该点绝对高程，并绘制简图加以说明。
7. 已知 A 点的高程为 32.265m，B 点的高程为 153.231m，求 h_{AB} 和 h_{BA}。
8. 如图所示，已知 AB 边的坐标方位角为 150°30′00″，观测的转折角为：$\beta_1=110°54'45''$、$\beta_2=120°36'42''$、$\beta_3=106°24'36''$，试计算 DE 边的坐标方位角。

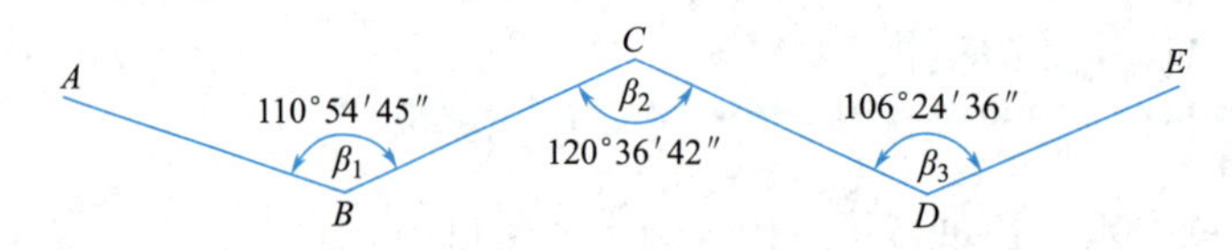

9. 已知 A 点的坐标为 A（468.26，549.371），AB 边的边长为 $D_{AB}=105.36$m，AB 边的坐标方位角为 $\alpha_{AB}=60°45'$，试求 B 点的坐标。
10. 已知 A 点的坐标为 A（236.45，782.51），B 点的坐标为 B（458.63，548.29），试求 AB 的边长 D_{AB} 及坐标方位角 α_{AB}。

项目二 Chapter 02

高程控制测量

2.1 水准测量

2.1.1 水准测量原理

思维导图

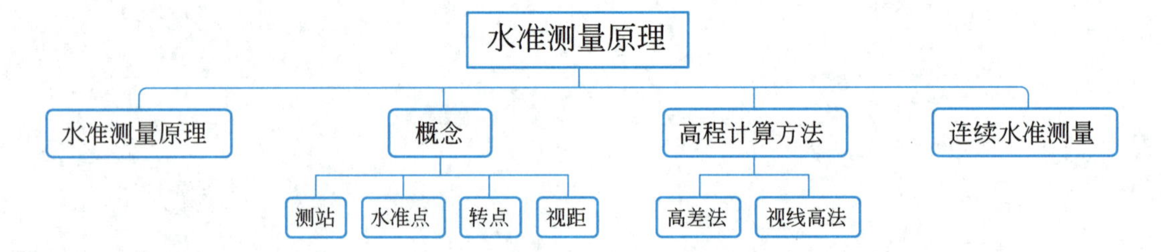

学习目标

1. 知识目标：了解水准测量的理论依据；知道水准点、转点、三种水准路线的含义和区别。

2. 能力目标：能合理选择水准点、转点和测量路线；能根据读数计算高差并判断上、下坡地形；能按照顺序观测并跑尺正确。

3. 素质目标：培养理论联系实际的思考习惯；培养实事求是的精神。

任务导入

我们学习了地面高程系和高程。根据高程和高差的定义已知，要想测出某一点的高程，可以通过已知点的高程，加上两点之间高差获得。因此，高程的测量问题转化为高差的测量问题。本项目主要介绍水准测量高差的原理、水准测量仪器和水准测量方法。

知识链接

1. 水准测量原理

利用水准仪提供的水平视线测量两点高差，由已知点高程推算未知点高程（图 2-1）。

2. 概念

（1）测站。安置测量仪器的地点。

（2）水准点（简称 BM）。水准测定高程的点，是水准测量的固定标志。

（3）转点（简称 TP）。为传递高程所设的过渡测点或临时立尺点。

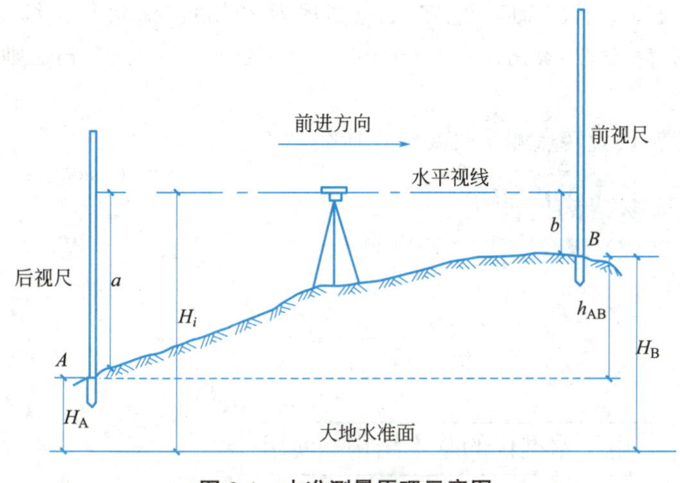

图 2-1　水准测量原理示意图

（4）视距。水准仪到水准尺的水平距离。

3. 高程计算方法

（1）高差法。高差 h＝后视读数 a－前视读数 b，未知点高程 H_B＝已知点高程 H_A＋高差 h。

（2）视线高法。视线高程＝已知点高程 H_A＋后视读数 a＝未知点高程 H_B＋前视读数 b。

4. 连续水准测量

通常 A、B 两点相距较远或高差较大，仅安置一次仪器难以测得两点的高差，此时需连续设站进行观测。如图 2-2 所示，在 A、B 两点之间增设若干个转点（临时立尺点），将 AB 划分为 n 段，逐段安置水准仪进行水准测量。

$$h_{AB}=(a_1-b_1)+(a_2-b_2)+\cdots+(a_n-b_n)=\sum_{i=1}^{n}(a_i-b_i)=\sum_{i=1}^{n}a_i-\sum_{i=1}^{n}b_i \quad (2\text{-}1)$$

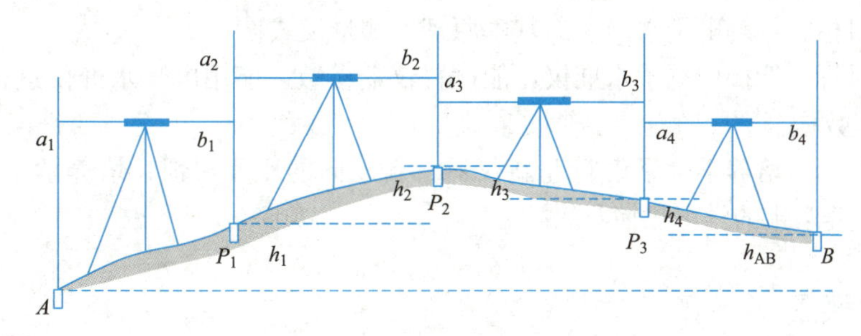

图 2-2　连续水准测量示意图

习题

1. 已知 A 点高程为 27.654m，进行水准测量时，A 点读数为 2.369m，B 点读数为 1.372m，则 AB 之间的高差是多少？B 点高程是多少？A 点比 B 点高还是低？AB 为上坡还是下坡？

2. 水准点依次为 A、B、C、D、E，已知 A 点高程为 32.894m，进行连续水准测量时，测得每一段高差分别为 +2.438m，+1.591m，−0.228m，+1.014m，则 B、C、D、E 的高程分别是多少？

3. 什么时候设置转点？设置转点测量时要注意什么？

2.1.2 电子水准仪的基本结构与使用

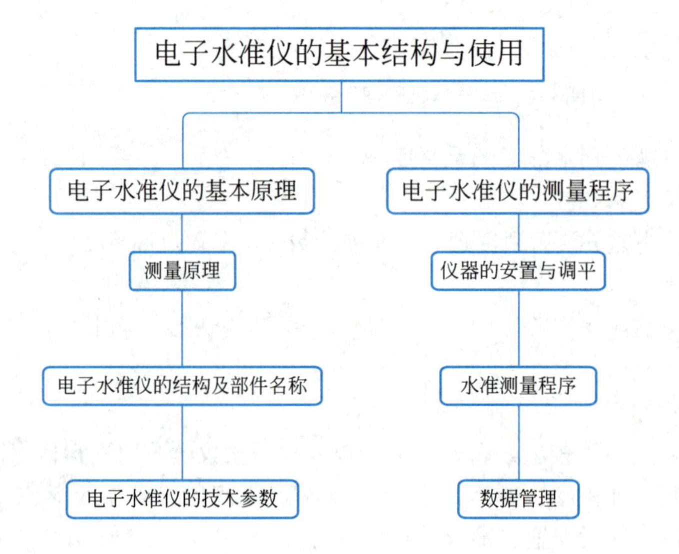

学习目标

1. 知识目标：了解电子水准仪的基本原理、测量模式。

2. 能力目标：能操作电子水准仪，能设置仪器参数，能用电子水准仪进行水准测量，能导出并管理数据。

3. 素质目标：培养学生了解行业新仪器、新动向的职业习惯；培养学生爱护电子仪器的意识；培养学生的学习热情与兴趣。

知识链接

1. 测量原理

标尺的条码作为参照信号存在仪器内。测量时，图像传感器捕获仪器视场内的标尺影像作为测量信号，然后与仪器的参考信号进行比较，便可求得视线高度和水平距离。就像光学水准测量一样，测量时标尺要直立。只要把标尺照亮，数字水准仪还可以在夜间进行测量。

2. 电子水准仪的结构及部件名称

以南方数字水准仪 DL-2003A 为例，如图 2-3 所示。

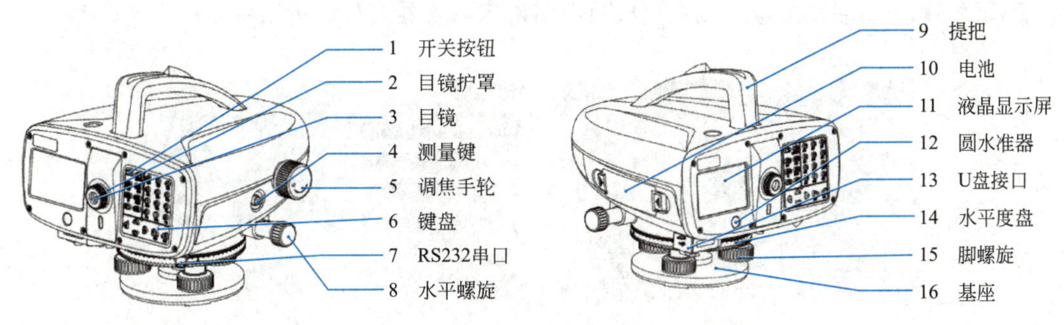

图 2-3　南方数字水准仪 DL-2003A

3. 电子水准仪的技术参数

高程精度达到±0.3mm/km，测距精度达到±0.001×D；测程 1.8～110m。放大镜倍数为 32×，磁阻尼摆式补偿器安平视线，补偿范围≥10′，补偿误差为 0.2″。用铟瓦标尺进行高程测量每公里往返标准偏差为 0.3mm，屏幕显示最小距离为 0.01m，单次测量时间为 3s。数据内存为 128Mbit，150000 点，接口为蓝牙，外部存储 U 盘为 FAT32 格式，电池为锂电池，3400mAh/7.4V。内置符合国家水准测量规范的一等至四等水准测量程序。

任务实施

认识电子水准仪；熟悉电子水准仪的操作面板和命令；用电子水准仪进行高程测量，进行不同等级水准测量的参数设置。

1. 安置仪器及调平

在离两水准点距离相当的位置，以适当的高度伸开三脚架，将三条腿用力踩实，尽可能使三脚架面水平，将水准仪放在三脚架上，旋紧三脚架中心固定螺旋。转动水准仪三个基座螺旋使圆水准器气泡居中。基座螺旋调节顺序如图 2-4 所示。

也可通过电子气泡调平，在【设置】中进入③电子气泡。

转动调焦螺旋使影像清晰，上下移动眼睛，标尺和十字丝的影响不应当相对移动。

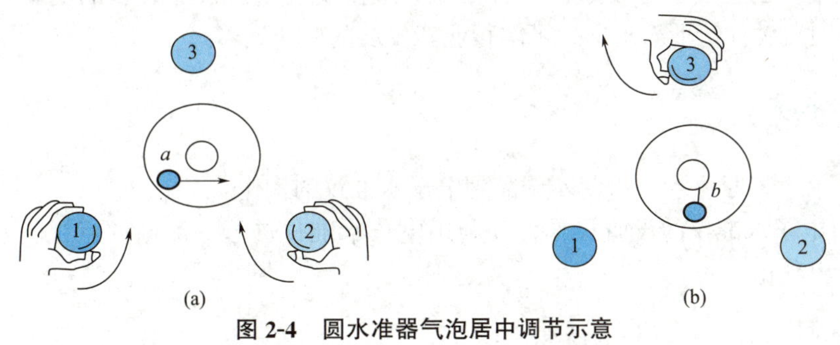

图 2-4　圆水准器气泡居中调节示意

（a）气泡向左移动；（b）气泡向上移动

2. 高程测量

分别瞄准后视点、前视点，在主菜单的【测量】下调出①高程测量界面（图 2-5），按压【MEAS】按钮启动测量，测量完成后点击确定可查看高程测量结果。

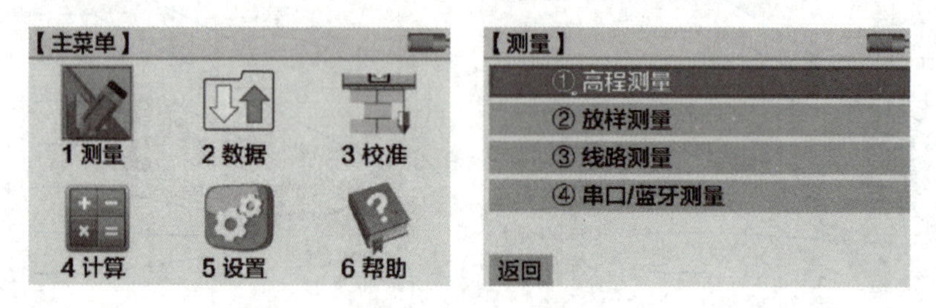

图 2-5　测量菜单界面

3. 测量程序

随着测量程序的开始，窗口显示作业、线路及其与测量程序相关的其他设置：输入作业名-输入线路名-设置限差-开始测量。

进入一、二、三、四等水准测量后限差值直接采用国家标准水准测量规范中规定的限差，自定义线路测量则采用可配置限差（图 2-6）。具体限差值见各等级测量小节内容。

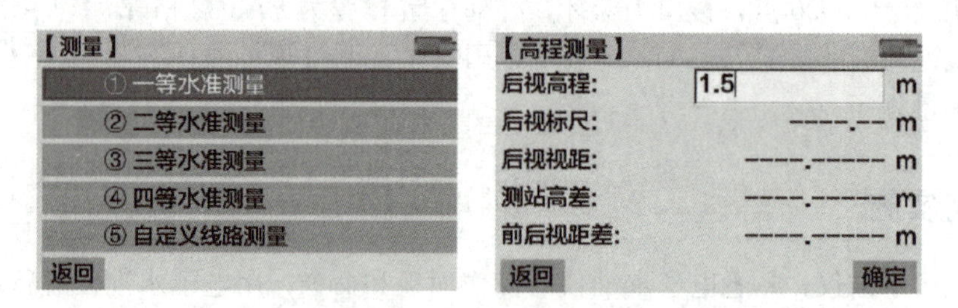

图 2-6　测量菜单界面

4. 数据及其存储管理

数据按作业存储，作业类似于文件夹，线路相当于文件，存储在作业中，存储的线路可以拷贝、修改和删除。在一个作业中，只有最后测量过的线路被选作当前线路。线路是可以补充的，当用户需要时可以对以前的测量线路进行追加测量。

内存按作业存储数据，但已知点和测量点是分别存放的。在一项任务完成之后，仪器立即保存数据。创建次序是数据管理器显示的最重要变量。仪器设备的更新换代速度较快，要养成时刻关注行业新动向、了解行业新发展的职业素养。

巩固训练

1. 利用在线教学平台，了解不同品牌电子水准仪的操作。

2. 进行电子水准仪的设置操作，并利用电子水准仪进行一测站的后视、前视点的高程测量后导出数据。

2.1.3　水准测量的实施与成果整理

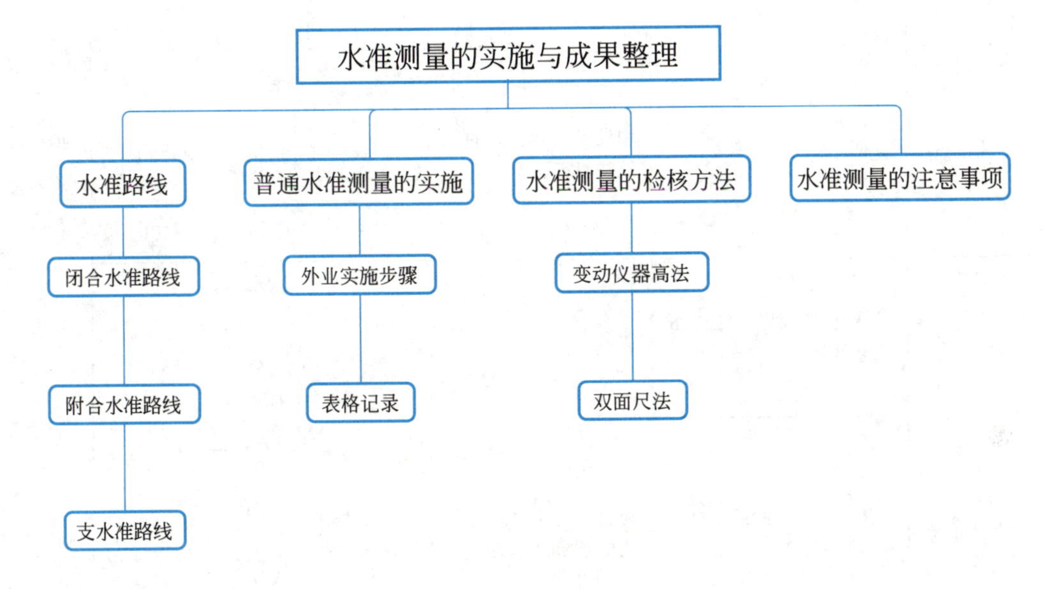

学习目标

1. 知识目标：了解三种水准路线的特点；掌握水准测量的步骤、读数、记录要求、检核方法、内业计算。

2. 能力目标：能根据实际场地设计水准路线；能独立进行一站水准测量和记录；能分析测量成果是否符合要求；能进行成果计算。

3. 素质目标：培养理论联系实际的能力；培养实践动手操作的乐趣；培养一丝不苟、耐心细致的工作态度；培养团队协作沟通能力。

任务导入

利用水准仪进行水准测量，读取水准读数，计算高差，得到水准点的高程。水准测量的主要任务分为水准测量的测量程序、表格记录和高程计算。

知识链接

1. 水准点

有永久性和临时性两种（表 2-1）。

水准点　　表 2-1

点名	材料	位置	示意图	类别
国家等级水准点	石料或钢筋混凝土(顶面设有不锈钢或其他不易锈蚀的材料制成的半球状标志)	深埋到地面冻结线以下		永久性
墙上水准点	金属	埋设于基础稳固的建筑物墙脚下	墙面 水准点	
永久性水准点	混凝土(顶面嵌入半球形的金属标志)	建筑工地		
临时性水准点	红漆、大木桩(桩顶上钉一半球形钉子)	地面突出的坚硬岩石或房屋勒脚、台阶上		临时性

2. 水准路线

(1) 闭合水准路线（图 2-7）。从已知水准点 BM_A 出发，沿待定高程点 1、2、3 进行水准测量，最后回到起始出发点 BM_A 的路线，称为闭合水准路线。闭合水准路线 $\sum h_{理}=0$。

(2) 附合水准路线（图 2-8）。从一已知水准点 BM_A 出发，沿待定高程点 1、2、3 进行水准测量，最后附合到另一已知水准 BM_B 的路线，称为附合水准路线。附合水准路线 $\sum h_{理}=H_{终}-H_{起}$。

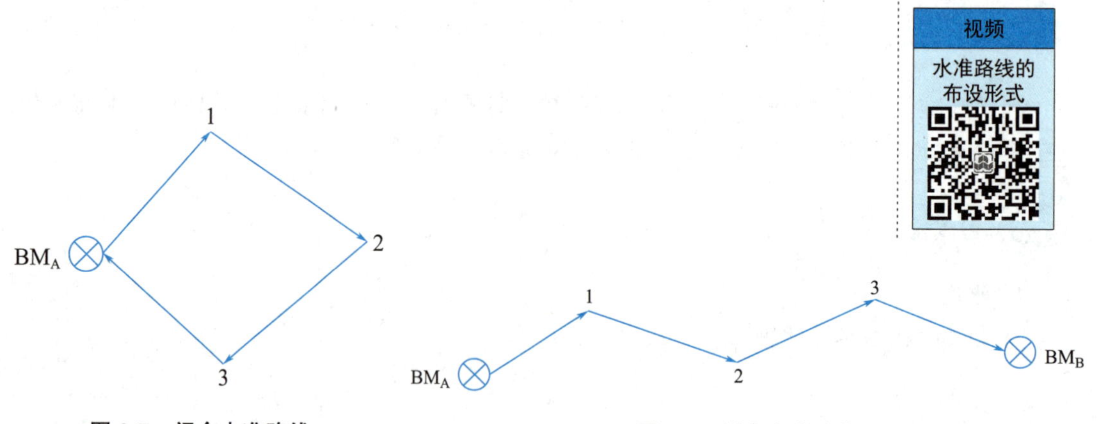

图 2-7　闭合水准路线

图 2-8　附合水准路线

（3）支水准路线（图 2-9）。从一已知水准点 BM_A 出发，沿待定高程点 1、2 进行水准测量，既不闭合又不附合，这种水准路线称为支水准路线。支水准路线要进行往返观测，以资检核。

图 2-9　支水准路线

3. 水准测量的实施

（1）选择水准路线布设形式；

（2）确定测点（水准点和转点），做点位标志、编号；

（3）从第一测段起，沿测量方向，依次对各测段（相邻测点区间）进行观测；

（4）各测段的中间位置安置水准仪（测站），后、前两测点各立水准尺；

（5）对每一测段，先读后视读数，再读前视读数，并记录；

（6）对每一测段，按后视读数减前视读数计算高差，即 $h=a-b$；

（7）进行“三项检核”，完成外业手簿（数据记录表）；

（8）注意：观测应按一个方向依次进行，水准尺要“交替跑尺”。

视频
测段高差测量

4. 测站检核

（1）变动仪器高法

在同一测站上，用不同的仪器高（相差 10cm 以上），测得两次高差进行比较。当较差小于 5mm 时，取其平均值作为该测段高差。否则，重新观测。

（2）双面尺法

在每一测站上，用同一仪器高，分别在红、黑两尺面上读数，然后比较黑面测得高差和红面测得高差，当较差满足时，取其平均值作为该测段高差。否则重新观测。

5. 注意事项

（1）仪器脚架要踩牢，观测速度要快，以减少仪器下沉的影响。转点处要使用尺垫，取往返观测结果平均值来抵消转点下沉的影响。

（2）前、后视距尽量等长，同时选择适当观测时间，限制视线长度和高度来减少折光的影响。

（3）估读要准确，消除视差，水准管气泡居中。

（4）读数时，记录员要复读核对，按记录要求填写，字迹整齐、清楚、原始，记错或算错的数据，应以一单斜线划掉，正确数据写在上方。

（5）立尺要站正，双手扶尺，保证尺竖直。为消除尺零点不一致的影响，应使起、终点用同一把尺。

任务实施

项目案例：在校园内布设一条四点闭合水准路线（图 2-10），这四个水准点依次为 BM_A，BM_{01}，BM_{02}，BM_{03}。设 $H_A=26.582$m，路线总长约为 1000m。试测出 h_{01}、h_{02}、

h_{03} 为多少。

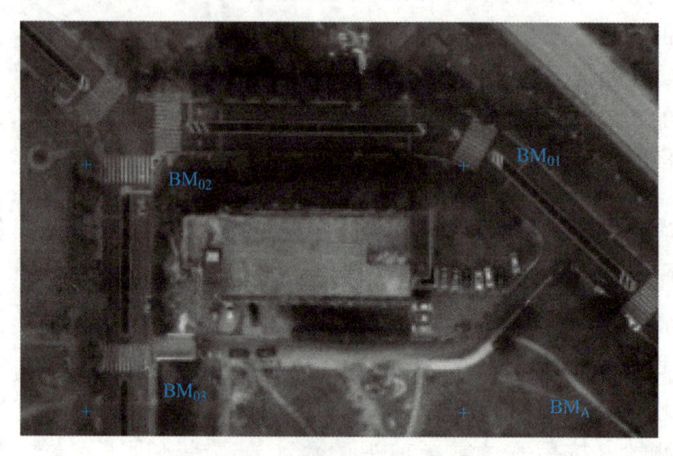

图 2-10　测量闭合水准路线

1. 外业

（1）从 BM_A 点向 BM_{01}、BM_{02}、BM_{03} 待测水准点观测，最后回到 BM_A 点闭合；

（2）为了精确读到毫米读数，将各测点间距控制在 70m 以内，为此，每个水准点之间加设两个转点；

（3）每个测段架设仪器和水准尺，观测后视读数和前视读数，并记录；

（4）利用外业手簿计算各测段高差（后视读数减前视读数）；

（5）计算各水准点的高程（转点高程可以不记录）；

（6）做计算检核。

2. 手簿

记录在表 2-2 中。

3. 内业

（1）检核计算

测站检核，只能检查每个测站上高差是否有错误；计算检核，只能发现计算是否有错误。它们不能评定测量成果的精度。测量的观测值偏离理论值的总水平，要用闭合差指标反映测量成果精度。

在进行了测量记录与计算的复核后，整理水准测量的成果包括：

高差闭合差的计算与检核：

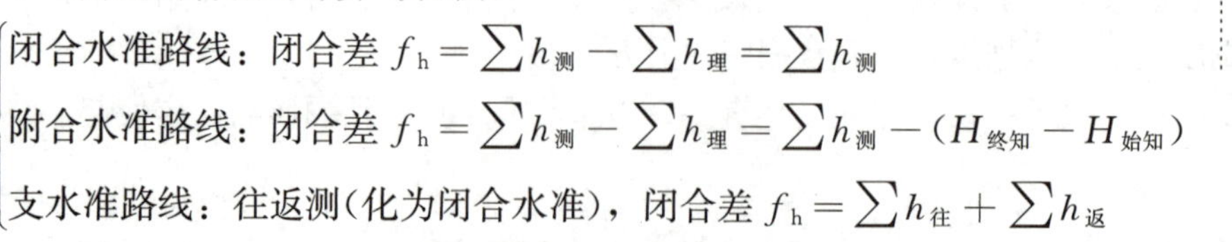

闭合水准路线：闭合差 $f_h=\sum h_{测}-\sum h_{理}=\sum h_{测}$

附合水准路线：闭合差 $f_h=\sum h_{测}-\sum h_{理}=\sum h_{测}-(H_{终知}-H_{始知})$

支水准路线：往返测（化为闭合水准），闭合差 $f_h=\sum h_{往}+\sum h_{返}$

高差闭合差 f_h 是水准测量观测误差的综合反映。当 f_h 在容许范围内时，认为精度合格，成果可用，否则应返工重测，直到成果合格为止。《工程测量标准》GB 50026—2020 规定，图根水准测量的主要技术要求应符合表 2-3 规定。

水准测量外业手簿　　表 2-2

测站	测点	水准尺读数(m)		高差 h(m)		高程 H(m)	改正后高程 H(m)	备注
		后视 a	前视 b	+	−			
	BM_A	1.264				26.582	26.582	
1					0.559			
	TP_{A1}	1.566	1.823					
2					0.296			
	BM_{01}	0.738	1.862			25.727	25.731	
3					1.886			
	TP_{11}	0.855	2.624					
4					1.988			
	BM_2	1.953	2.843			21.853	21.861	
5				0.167				
	TP_{21}	2.115	1.786					
6				0.462				
	BM_3	2.418	1.653			22.482	22.494	
7				1.671				
	TP_{31}	2.647	0.747					
8				2.413				
	BM_A		0.234			26.566	26.582	
Σ		13.556	13.572					
计算检核		$\sum a-\sum b=-0.016$m		$\sum h=-0.016$m		$H_{A终}-H_{A始}=-0.016$m		

图根水准测量的主要技术要求　　表 2-3

每千米高差全中误差(mm)	附合路线长度(km)	水准仪级别	视线长度(m)	观测次数		往返较差、附合或环线闭合差(mm)	
				附合或闭合路线	支水准路线	平地	山地
20	≤5	DS10	≤100	往一次	往返各一次	$40\sqrt{L}$	$12\sqrt{n}$

注：1. L 为往返测段、附合或环线的水准路线的长度（km）；n 为测站数；
2. 水准路线布设成支线时，路线长度不应大于 2.5km。

（2）高差改正数与各点高程的计算

当 $f_h \leqslant f_{h容}$ 时，测量成果满足精度要求，观测数据有效，可以进行高差闭合差的分配与改正，及待定点高程的计算。

平差原则。与测段距离（或测站数）成正比例，与 f_h 反符号改正到各实测高差上去，获得改正后的高差。

$$v_i=-\frac{f_h}{\sum l}\times l_i\left(或\ v_i=-\frac{f_h}{\sum n}\times n_i\right) \tag{2-2}$$

改正数的检核：
$$\sum v_i = -f_h \tag{2-3}$$

当四舍五入导致改正数求和与闭合差数值不相等时，表示有残差，将残差尽量分配给距离长或测站多的测段。

改正后的高差计算：按公式 $h_{改}=h_{测}+v$ 计算。改正后高差检核：$\sum h_{改}=(H_{终}-H_{起})$，由于闭合水准路线起、终点为同一点，则$\sum h_{改}=0$。

高程的计算：按公式 $H_{前}=H_{后}+h_{改}$ 计算。

巩固训练

1. 在校内实训基地进行闭合水准路线的水准测量，自主设计转点与水准路线，进行图根水准测量的观测、双面尺法的外业数据记录，完成合格的成果计算，计算待定点高程。若数据不合格，返工重测分析不合格原因。

2. 在虚伪仿真平台进行附合水准路线的水准测量，进行图根水准测量的观测、双仪高法的数据表格填写，完成成果计算，计算待定点高程。

2.1.4 水准测量误差分析与控制

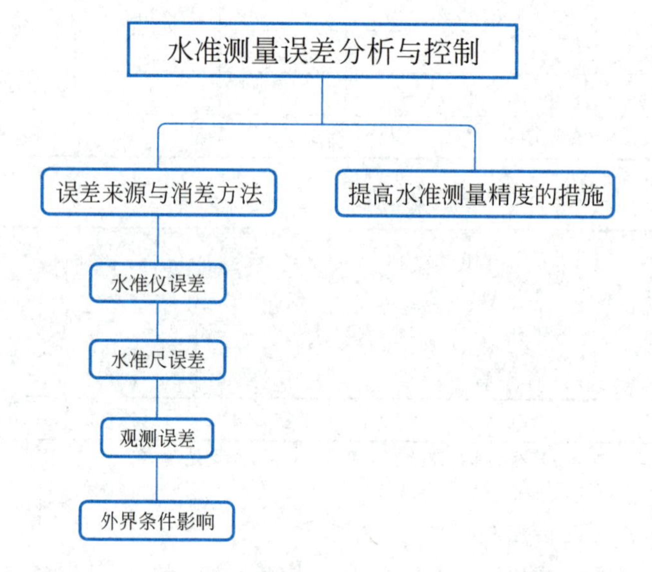

学习目标

1. 知识目标：了解测量误差的来源。
2. 能力目标：知道误差是怎么来的，如何减少、消除；知道如何提高水准测量精度。
3. 素质目标：培养求真务实、精益求精的工匠精神。

知识链接

外业观测的数据总是含有误差，所以在外业手簿中计算的高程必然不是正确的结果。当测量数据在允许精度范围内时，所观测的数据有效。当测量数据超过允许精度范围内，所观测的数据不符合要求，为无效数据，需要返工重测。

1. 误差来源及消差方法

（1）水准仪误差。仪器校正后的残余误差，包括：①视线倾斜误差，视准轴与水准管轴不平行产生，置仪器于前后视距相等处；②圆水准气泡跑偏，圆水准器轴与竖轴不平行产生，重新校正和调平；③用横丝的不同位点瞄准同一目标，读数不一样，十字丝横丝不垂直于竖轴，矫正或用横丝同一位点瞄准读数。

（2）水准尺误差。①尺长误差，单位长度不标准，尺长改正；②分划误差，同一单位分划线间距不均等，不能用；③零点误差，尺底变形或磨损，每一测段的测站数为偶数，且交替跑尺。

（3）观测误差。①视线倾斜误差，水准管气泡未居中（视线 100m，气泡跑偏 1 格时读数误差约 1.5mm），重新调平，重新观测（精平后立即读数）；②读数误差，存在视差或视线过长，消除视差或采用高倍望远镜；③水准尺倾斜误差，扶直水准尺。

（4）外界条件影响。①仪器下沉，本站前视读数减少，脚架踏实，采用“后、前、前、后”的观测顺序；②测点下沉，对应尺读数增大，尺垫踩实，往返测取中数，交替跑尺；③地球曲率及大气遮光，水平线代替水准面而读数增大，水平线折光向下弯曲而读数减少。两项综合影响为：比正确（水准面）读数减少 $f=0.43D^2/R$。

2. 提高水准测量精度的措施

（1）测前进行仪器校正；

（2）两个测点前后等距处安置仪器；

（3）三脚架踩实，水准尺垫尺垫；

（4）水准尺要扶直，要交替跑尺；

（5）若设转点，尽量设为奇数（设偶数测站）；

（6）瞄准必须要消除视差；

（7）读数前后要保精平；

（8）采用“后、前、前、后”的观测顺序；

（9）若气泡跑偏，重新调平，重新观测；

（10）防止水准管受太阳暴晒。

由此可见，在测量过程中，误差是客观存在的，但我们可以通过测量的方法、技术，测量时全面的考虑、精益求精的态度，尽量减小误差。

习题

1. 扶尺时若未扶正，对读数的影响是什么？

2. 水准测量时要求前、后视距尽量相等是为了减弱什么误差？

3. 视差的原因是什么？如何减小视差？

2.2 小区域高程控制测量

2.2.1 三、四等水准测量

思维导图

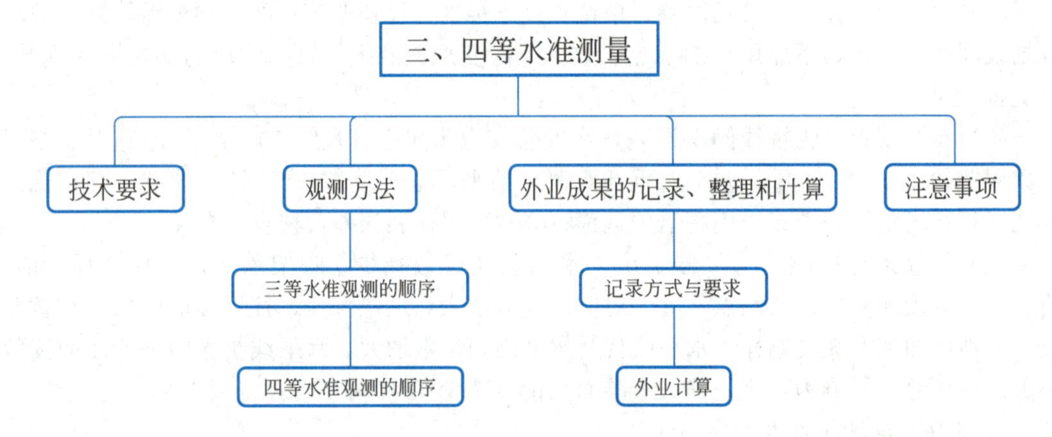

学习目标

1. 知识目标：了解三、四等水准测量的技术指标；掌握三、四等水准测量的步骤、记录、计算。

2. 能力目标：能熟练地完成三、四等水准测量任务。

3. 素质目标：培养学生理论联系实际的能力；继续培养学生严谨细心、精益求精的工匠精神；培养学生依规范测量的工作态度；培养学生团队合作能力。

任务导入

珠穆朗玛峰的高程是由青岛水准原点高程传递过去的，从青岛到珠穆朗玛峰，直线距离 4300 多公里，采用普通水准测量误差积累太大，数据不可用，采用等级水准测量可以实现高等级测量，等级测量又分为一、二、三、四等。三、四等水准测量的任务分为外业、内业两步骤。

知识链接

主要技术要求。三、四等水准测量的主要技术要求如表 2-4 所示。

三、四等水准测量的主要技术要求　　表 2-4

<table>
<tr><th rowspan="2">等级</th><th rowspan="2">水准仪</th><th rowspan="2" colspan="2">观测次数</th><th rowspan="2">视线长度（m）</th><th rowspan="2">前后视距差（m）</th><th rowspan="2">累积视距差（m）</th><th rowspan="2">视线离地面最低高度（m）</th><th rowspan="2">基、辅分划或黑、红面读数较差（mm）</th><th rowspan="2">基、辅分划或黑、红面所测高差较差（mm）</th><th rowspan="2">每千米高差全中误差（mm）</th><th rowspan="2">路线长度（km）</th><th colspan="2">闭合差</th></tr>
<tr><th>平地（mm）</th><th>山地（mm）</th></tr>
<tr><td rowspan="2">三等</td><td>DS1、DSZ1</td><td rowspan="2">往返各一次</td><td>往一次</td><td>100</td><td rowspan="2">3.0</td><td rowspan="2">6.0</td><td rowspan="2">0.3</td><td>1.0</td><td>1.5</td><td rowspan="2">6</td><td rowspan="2">≤50</td><td rowspan="2">$12\sqrt{L}$</td><td rowspan="2">$4\sqrt{n}$</td></tr>
<tr><td>DS3、DSZ3</td><td>往返各一次</td><td>75</td><td>2.0</td><td>3.0</td></tr>
<tr><td>四等</td><td>DS3、DSZ3</td><td>往返各一次</td><td>往一次</td><td>100</td><td>5.0</td><td>10.0</td><td>0.2</td><td>3.0</td><td>5.0</td><td>10</td><td>≤16</td><td>$20\sqrt{L}$</td><td>$6\sqrt{n}$</td></tr>
</table>

注：1. L 为往返测段、附合或环线的水准路线长度（km）；n 为测站数；

2. 三、四等水准采用变动仪器高度观测单面水准尺时，所测两次高差较差，应与黑面、红面所测高差之差的要求相同。

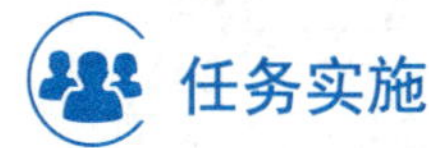

任务实施

1. 三、四等水准测量外业

三等水准观测的顺序。三等水准测量采用中丝读数法进行往返测。当使用有光学测微器的水准仪和线条式因瓦水准标尺观测时，也可进行单程双转点观测。按“后-前-前-后”照准顺序观测。

（1）仪器安置。望远镜绕垂直轴旋转时，水准器气泡始终位于圆环中心。

（2）望远镜对准后视标尺黑面，水准气泡准确居中，按视距丝和中丝精确读定标尺读数。

（3）旋转望远镜照准前视标尺黑面，水准气泡准确居中，按视距丝和中丝精确读定标尺读数。

（4）照准前视标尺红面，水准气泡准确居中，按中丝精确读定标尺读数。

（5）旋转望远镜照准后视标尺红面，水准气泡准确居中，按中丝精确读定标尺读数（图 2-11）。

四等水准观测的顺序。四等水准测量采用中丝读数法进行单程观测。支线应往返测或单程双转点观测。当使用自动安平水准仪观测时，没有微倾螺旋，可采用读上、下丝的方法计算视距。按“后-后-前-前”照准顺序观测。

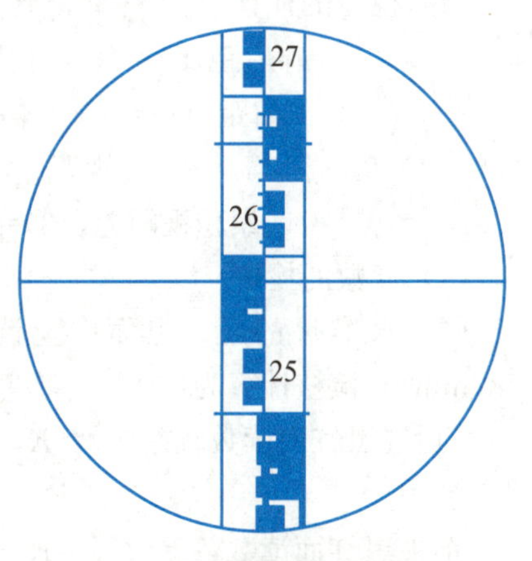

图 2-11　光学测量望远镜瞄准窗口

（1）仪器安置。望远镜绕垂直轴旋转时，水准器气泡始终位于圆环中心。

（2）望远镜对准后视标尺黑面，水准气泡准确居中，按视距丝和中丝精确读定标尺读数。

（3）旋转望远镜照准前视标尺黑面，水准气泡准确居中，按视距丝和中丝精确读定标尺读数。

（4）照准前视标尺红面，水准气泡准确居中，按中丝精确读定标尺读数。

（5）旋转望远镜照准后视标尺红面，水准气泡准确居中，按中丝精确读定标尺读数。

2. 三、四等水准观测内业

三、四等水准观测的表格记录要求，按照《国家三、四等水准测量规范》GB/T 12898—2009 中的规定（表 2-5）。

三、四等水准测量观测记录表　　表 2-5

<table>
<tr><th rowspan="4">测站编号</th><th rowspan="4">点号</th><th>后尺上丝(mm)</th><th>前尺上丝(mm)</th><th rowspan="4">方向及尺号</th><th colspan="2">标尺读数</th><th rowspan="4">K＋黑－红(mm)</th><th rowspan="4">高差中数(m)</th><th rowspan="4">备注</th></tr>
<tr><th>后尺下丝(mm)</th><th>前尺下丝(mm)</th><th rowspan="3">黑面</th><th rowspan="3">红面</th></tr>
<tr><th>后距(m)</th><th>前距(m)</th></tr>
<tr><th>视距差(m)</th><th>累积视距差(m)</th></tr>
<tr><td rowspan="4"></td><td rowspan="4"></td><td>(1)</td><td>(7)</td><td>后视</td><td>(3)</td><td>(4)</td><td>(6)</td><td rowspan="3">(18)</td><td rowspan="8">K_1=4787
K_2=4687</td></tr>
<tr><td>(2)</td><td>(8)</td><td>前视</td><td>(9)</td><td>(10)</td><td>(14)</td></tr>
<tr><td>(5)</td><td>(11)</td><td>后－前</td><td>(15)</td><td>(16)</td><td>(17)</td></tr>
<tr><td>(12)</td><td>(13)</td><td colspan="5"></td></tr>
<tr><td rowspan="4">1</td><td rowspan="4">BM_A
|
TP_1</td><td>1578</td><td>2107</td><td>后视 K_1</td><td>1215</td><td>6001</td><td>+1</td><td rowspan="3">−0.548</td></tr>
<tr><td>0864</td><td>1399</td><td>前视 K_2</td><td>1763</td><td>6450</td><td>0</td></tr>
<tr><td>71.4</td><td>70.8</td><td>后－前</td><td>−0548</td><td>−0449</td><td>+1</td></tr>
<tr><td>+0.6</td><td>+0.6</td><td colspan="5"></td></tr>
</table>

外业观测值和记事项目，应在现场直接记录。手簿一律用铅笔填写，记录的文字与数字力求清晰、整洁，不得潦草模糊。手簿中任何原始记录不得涂擦，对原始记录有错误的数字与文字，应仔细核对后以单线划去，在其上方填写更正的数字与文字，并在备考栏内注明原因。对作废的记录，亦用单线划去，并注明原因及重测结果记于何处。重测记录应加注“重测”二字。

3. 三、四等水准观测的计算

（1）视距的计算

$$后距(5)=100\times[后尺下丝(2)-后尺上丝(1)]\times10^{-3}\text{m} \tag{2-4}$$

$$前距(11)=100\times[前尺下丝(8)-前尺上丝(7)]\times10^{-3}\text{m} \tag{2-5}$$

$$视距差(12)=后距(5)-前距(11) \tag{2-6}$$

$$累积视距差(13)=上站累积差(13)+本站视距差(12) \tag{2-7}$$

（2）读数的检核

同一水准尺的红、黑面中丝读数之差应等于红、黑面零点差 K（即 4687mm 或 4787mm），检核计算为：

$$后视黑红面读数较差(6)=K_1+后视黑面中丝读数(3)-后视红面中丝读数(4) \tag{2-8}$$

$$前视黑红面读数较差(14)=K_2+前视黑面中丝读数(9)-前视红面中丝读数(10) \tag{2-9}$$

K_1、K_2 根据实际测量所用的尺取值。

(3) 高差的计算与检核

$$黑面高差(15)=后视黑面中丝读数(3)-前视黑面中丝读数(9) \tag{2-10}$$

$$红面高差(16)=后视红面中丝读数(4)-前视红面中丝读数(10) \tag{2-11}$$

由于两把水准尺尺端常数分别为 4687mm、4787mm，相差 100mm，故后、前黑红面高差理论上应相差 100mm，检核计算为：

$$黑红面高差较差(17)=黑面高差(15)-[红面高差(16)\pm0.1m] \tag{2-12}$$

$$黑红面高差较差(17)=后视黑红面读数较差(6)-前视黑红面读数较差(14) \tag{2-13}$$

$$高差中数(18)=\frac{1}{2}\{黑面高差(15)+[红面高差(16)\pm0.1m]\} \tag{2-14}$$

比较黑红面高差较差和计算高差中数时，应以黑面为主，红面±0.1m。当后视尺用 4687 尺时，式中计算取+0.1m，反之取-0.1m。

三、四等水准测量，一定要做到上一站不计算检核完，不搬到下一站进行测量。在测量过程中，养成严格依规范操作、测量、记录、检核的职业习惯。数据的记录、检核、计算需满足相关规范的技术指标要求，培养数据不涂改、不作假的职业品德。

巩固训练

1. 在校内实训基地内进行闭合路线的四等水准测量，并完成外业记录表格的计算与检核，若成果合格，完成内业成果表的计算；若成果不合格，返工重测并分析不合格原因。

2. 在虚拟仿真平台进行附合路线的三等水准测量，完成外业数据的记录和内业成果的计算。

2.2.2 二等水准测量

思维导图

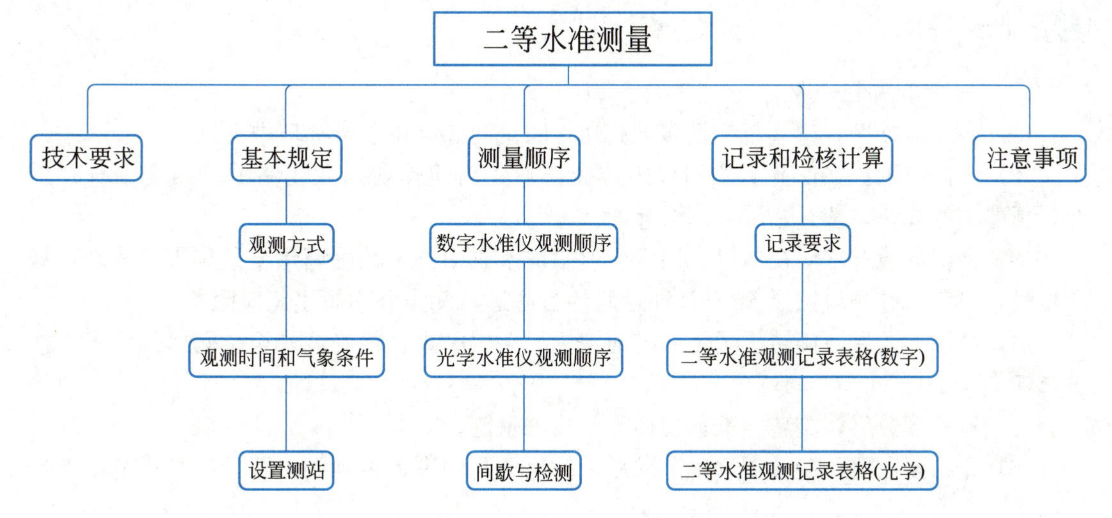

学习目标

1. 知识目标：了解二等水准测量的技术指标；掌握二等水准测量的步骤、记录、计算。

2. 能力目标：能熟练地完成二等水准测量任务。

3. 素质目标：培养学生理论联系实际的能力；继续培养学生严谨细心、精益求精的工匠精神；培养学生依规范测量的工作态度；培养学生团队合作能力。

任务导入

精密水准测量一般指国家一、二等水准测量，在各项工程的不同建设阶段的高程控制测量中，极少进行一等水准测量，工程测量技术规范中，将水准测量分为二、三、四等三个等级，其精度指标与国家水准测量的相应等级一致。在三、四等水准测量的基础上，回顾并比较二等水准测量与三、四等水准测量的异同。

视频

二等水准测量

知识链接

主要技术要求。二等水准测量的主要技术要求如表 2-6 所示。

数字水准仪测量技术要求　　表 2-6

等级	水准仪	重复测量次数	视线长度（m）	前后视距差（m）	累积视距差（m）	视线离地面最低高度（m）	基辅分划所测高差较差	每千米高差全中误差	闭合差	
									平地（mm）	山地（mm）
二等	DSZ1	2	50	1.5	3.0	0.55	0.7	2	$4\sqrt{L}$	—

注：1. L 为往返测段、附合或环线的水准路线长度（km）；

2. 三、四等水准采用变动仪器高度观测单面水准尺时，所测两次高差较差，应与黑面、红面所测高差之差的要求相同；

3. 水准观测时，若受地面振动影响时，应停止测量。

任务实施

1. 二等水准观测外业

（1）将仪器整平（望远镜绕垂直轴旋转，圆气泡始终位于指标环中央）。

（2）仪器设置：在作业下拉列表中选择作业，新建作业；在线路下拉列表中选择作业，新建一条线路，按开始进入测量界面。

（3）将望远镜对准后视标尺，用垂直丝照准条码中央，精确调焦至条码影像清晰，按测量键，二等水准测量按照 aBFFB 往返测的方法进行测量并内置了相应限差。

（4）显示读数后，旋转望远镜照准前视标尺条码中央，精确调焦至条码影像清晰，按测量键。

（5）显示读数后，重新照准前视标尺，按测量键。

（6）显示读数后，旋转望远镜照准后视标尺条码中央，精确调焦至条码影像清晰，按测量键。

（7）完成一个测站后测站结果如图 2-12 所示。

【线路】 N BFFB BFFB 1/3
后视点号: A1
后视标尺: 0.85311 m
后视视距: 5.45 m
前视高程: -0.00001 m
前视高度: 0.85311 m
返回 查看 确定

【线路】 N BFFB BFFB 2/3
备注: --------
测站高差: -0.00001 m
累积高差: -0.00001 m
累积视距: 10.92 m
累积视距差: 0.00 m
返回 查看 确定

【线路】 N BFFB BFFB 3/3
高差之差: -0.00002 m
B1-B2: -0.00004 m
F1-F2: -0.00002 m
测站总数: 1
返回 查看 确定

图 2-12　一测站结果显示

（8）测站检核合格后迁站。

（9）往、返测奇数站照准标尺顺序为：后视标尺-前视标尺-前视标尺-后视标尺；往、返测偶数站照准标尺顺序为：前视标尺-后视标尺-后视标尺-前视标尺。

2. 二等水准观测内业——表格记录和测站检核计算

视频

二等水准内业

《国家一、二等水准测量规范》GB/T 12897—2006 中规定的二等水准观测的记录要求如下：

（1）外业观测值和记事项目，应在现场直接记录。

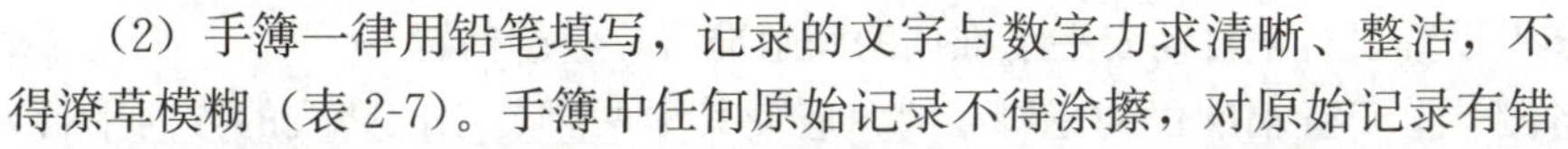

（2）手簿一律用铅笔填写，记录的文字与数字力求清晰、整洁，不得潦草模糊（表 2-7）。手簿中任何原始记录不得涂擦，对原始记录有错误的数字与文字，应仔细核对后以单线划去，在其上方填写更正的数字与文字，并在备考栏内注明原因。对作废的记录，亦用单线划去，并注明原因及重测结果记于何处。重测记录应加注“重测”二字。

二等水准观测记录表（数字）　　**表 2-7**

测站编号	后距(m)	前距(m)	方向及尺号	标尺读数		两次读数之差(mm)	备注
	视距差(m)	累积视距差(m)		第一次读数	第二次读数		
	(1)	(3)	后视	(2)	(6)	(11)	
			前视	(4)	(5)	(12)	
	(7)	(8)	后—前	(9)	(10)	(13)	
			h	(14)			
1	41.4	40.8	后视 A_1	137125	137122	+3	
			前视	150041	150033	+8	
	+0.6	+0.6	后—前	−12916	−12911	−5	
			h	−0.12914			
2	43.9	43.7	后视	164488	164462	+26	
			前视	156457	156442	+15	
	+0.2	+0.8	后—前	+8031	+8020	+11	
			h	+0.08026			

续表

测站编号	后距(m) 视距差(m)	前距(m) 累积视距差(m)	方向及尺号	标尺读数		两次读数之差(mm)	备注
				第一次读数	第二次读数		
3	23.6	24.1	后视	120311	120333	−22	
			前视	164063	164058	+5	
	−0.5	+0.3	后−前	−43752	−43725	−27	
			h	−0.43738			
4	17.4	18.3	后视	117785	117766	+19	
			前视 A_2	188653	188677	−24	
	−0.9	−0.6	后−前	−70868	−70911	+43	
			h	−0.70890			

3. 注意事项

(1) 观测前30min，应将仪器置于露天阴影下，使仪器与外界气温趋于一致；设站时，应用测伞遮蔽阳光；迁站时，应罩以仪器罩。使用数字水准仪前，还应进行预热，预热不少于20次单次测量。

(2) 对气泡式水准仪，观测前应测出倾斜螺旋的置平零点，并作标记，随着气温变化，应随时调整零点设置。对于自动安平水准仪的圆水准器，应严格置平。

(3) 在连续各测站上安置水准仪的三脚架时，应使其中两脚与水准路线的方向平行，而第三脚轮换置于路线方向的左侧与右侧。

(4) 除路线转弯处外，每一测站上仪器与前后视标尺的三个位置，应接近一条直线。

(5) 不应为了增加标尺读数，而把尺桩安置在壕坑中。

(6) 每一测段的往测与返测，其测站数均应为偶数。由往测转向返测时，两支标尺应互换位置，并应重新整置仪器。

(7) 在高差甚大的地区，应选用长度稳定、标尺名义米长偏差和分划偶然误差较小的水准标尺作业。

(8) 对于数字水准仪，应避免望远镜直接对着太阳；尽量避免视线被遮挡，遮挡不要超过标尺在望远镜中截长的20%；仪器只能在厂方规定的温度范围内工作；确信震动源造成的震动消失后，才能启动测量键。

二等水准测量的学习过程，可与三、四等水准测量相比较，整理不同等级水准测量的异同点。在测量过程中，要逐步培养耐心细致、严谨仔细、吃苦耐劳、勤于思考的工匠精神。

巩固训练

1. 在校内实训基地内进行闭合路线的二等水准测量，并完成外业记录表格的计算与检核，若成果合格，完成内业成果表的计算；若成果不合格，返工重测并分析不合格原因。

2. 在虚拟仿真平台进行附合路线的二等水准测量，完成外业数据的记录和内业成果的计算。

2.2.3　三角高程测量

思维导图

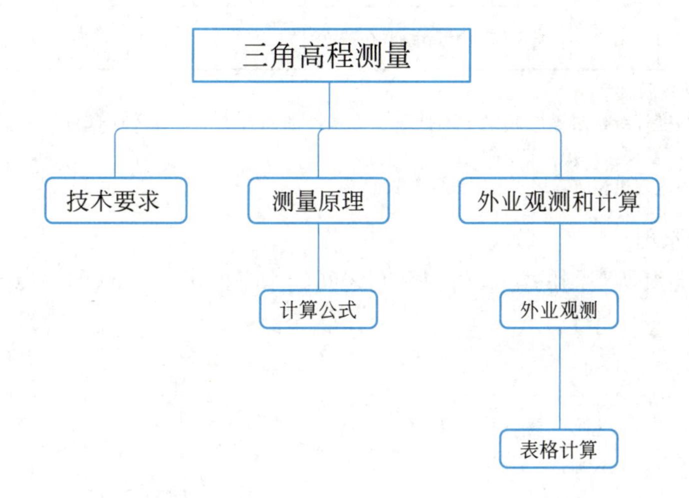

学习目标

1. 知识目标：理解三角高程测量原理，掌握三角高程测量代替普通水准测量的技术要求。

2. 能力目标：能组织实施三角高程测量并完成计算。

3. 素质目标：培养学生吃苦耐劳、精益求精的工匠敬业精神；培养学生的团队集体观念；培养学生规范操作仪器，按时按量保质完成任务的责任意识；培养学生不抄袭、不造假的诚实品质。

任务导入

通过国测一大队七测珠峰，一次次标定和测量珠峰新高度的事迹，讲述我国测量技术和测量设备的进步，引入三角高程测量的原理。三角高程测量是根据测站至观测目标点的水平距离或斜距以及竖直角，运用三角函数公式，计算获取两点间高差的方法。三角高程测量任务分为外业操作、记录和内业计算。

知识链接

1. 主要技术要求

《工程测量标准》GB 50026—2020 中规定三角高程测量的主要技术要求如表 2-8 所示。

电磁波测距三角高程观测的主要技术要求　　表 2-8

等级	垂直角观测				边长测量		每千米高差全中误差(mm)	边长(km)	观测方式	对向观测高差较差(mm)	附合或环形闭合差(mm)
	仪器精度等级	测回数	指标差较差(″)	测回较差(″)	仪器精度等级	观测次数					
四等	2″级	3	≤7	≤7	10mm 级	往返各一次	10	≤1	对向	$40\sqrt{D}$	$20\sqrt{\Sigma D}$
五等	2″级	2	≤10	≤10	10mm 级	往一次	15	≤1	对向	$60\sqrt{D}$	$30\sqrt{\Sigma D}$

注：1. D 为测距边的长度（km）；
2. 起讫点的精度等级，四等应起讫于不低于三等水准的高程点上，五等应起讫于不低于四等水准的高程点上；
3. 路线长度不应超过相应等级水准路线的总长度。

2. 测量基本原理

由测站向照准点所观测的竖直角和它们之间的水平距离，计算测站点与照准点之间的高差（图 2-13）。

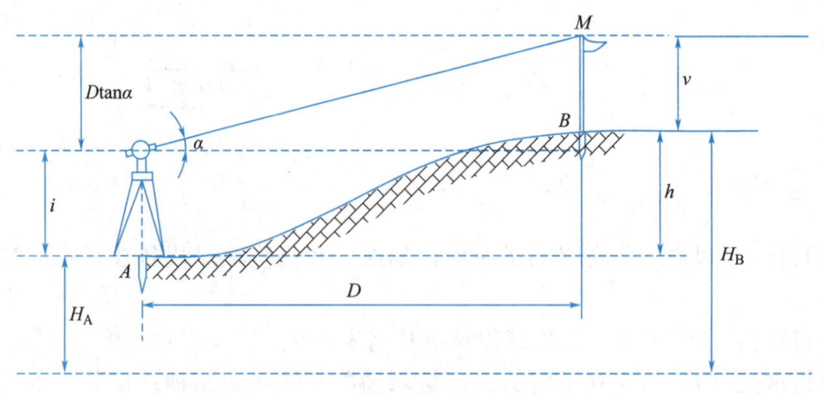

图 2-13　三角高程测量原理图

3. 竖直角

又叫垂直角，为瞄准视线与水平视线的夹角，仰角为正，范围是 0°～90°；俯角为负，范围是−90°～0°。

4. 计算公式

图 2-13 所示，已知 A 点高程 H_A，欲测定 B 点高程 H_B，可在 A 点安置全站仪，在 B 点竖立标杆，用望远镜中丝瞄准标杆的顶点 M，测得竖直角 α，量出标杆高 v 及仪器高 i，再根据 AB 的水平距离 D，则可算出 AB 的高差

$$h = D \cdot \tan\alpha + i - v \tag{2-15}$$

B 点的高程为

$$H_B = H_A + h = H_A + D \cdot \tan\alpha + i - v \tag{2-16}$$

当两点距离大于 200m 时，应在上式中考虑地球曲率和大气垂直折光观测高差的影响。由于目前全站仪的测量精度可以达到很高，操作起来也十分方便，当测量边长不超过 1km 时，三角高程高差计算公式可以简化为：

$$h = D \cdot \tan\alpha + i - v + \frac{1-K}{2R} \cdot D^2 \qquad (2\text{-}17)$$

式中，令 $C = \frac{1-K}{2R}$，称为球气差系数。K 为大气垂直折光系数，一般根据不同地形选取。R 为测线方向的椭球曲率半径。

随着全站仪测量精度的不断提高和应用不断普及，工程中一般应用全站仪集成的精确测角和测距功能进行三角高程测量，常见的全站仪三角高程测量方法为直返觇法，又称对向观测，或双向观测。即由 A 点向 B 点观测（称为直觇），又由 B 向 A 观测（称为反觇）。相邻测站间往返观测的高差中数即为 A、B 的高差，计算公式为：

$$h_{对向} = \frac{1}{2}(h_{往} - h_{返}) = \frac{1}{2}D(\tan\alpha_{AB} - \tan\alpha_{BA}) + \frac{1}{2}(i_A - i_B + v_A - v_B) \qquad (2\text{-}18)$$

由上式可以看出，球气差的影响在往返对向观测的高差中数中完全消除了。

5. 外业观测

垂直角的对向观测，当直觇完成后应即刻迁站进行返觇测量，可以很好地抵消大气折光的影响。

仪器、反光镜或觇牌的高度，应在观测前后各量测 1 次，并应精确至 3mm，取平均值作为最终高度。

当相邻点间不通视时，可采用中点单觇法，即在两点之间灵活选取测站点位置，无需对中，无需量取仪器高，分别对两相邻点进行三角高程测量，按照规范要求，中点单觇法采用单程双测法，即每站变换仪器高或仪器位置观测两次（即两组数据取平均值作为高差结果）。

6. 内业计算

目前通常采用计算机程序计算三角高程，如边长较短，计算量较小，也可采用手工计算。

任务实施

1. 布设测量路线

2. 外业测量

（1）导线布设。三角高程测量宜在平面控制点的基础上布设成三角高程网或高程导线，起算点须采用水准测量或电磁波测距高程导线测量的方法测定。起算点一般应选择导线的起点、终点或导线网的结点。

（2）测站选定。高程导线施测前，应沿路线选定测站，视线长度一般不大于 700m，最长不得超过 1km，视线垂直角不得超过 15°，视线高度和离开障碍物的距离不得小于 1.5m。

（3）距离和垂直角的观测。应在成像清晰、信号稳定的情况下进行。

垂直角的测量应分别在盘左和盘右两位置照准目标，进行四次垂直角读数，测回差和指标差互差，均不得超过 5"。

距离测量与垂直角测量宜同时进行，作对向观测，观测两测回（每测回照准一次，读数四次），各次读数互差和测回中数之间的互差分别为 10mm 和 15mm。每测站需量取气温、气压值。

3. 内业

短边三角高程测量观测数据记录如表 2-9 所示。

三角高程计算表　　　　表 2-9

边名	A—B		备注
测向	往	返	$C=6.9068\times10^{-8}$，取 $K=0.12$，$R=6370520$m
平距 D(m)	564.225	564.241	
竖直角 α	$+1°23'47''$	$-1°20'25''$	
仪器高 i(m)	1.566	1.412	
棱镜高 v(m)	1.800	1.800	
$h'=D\cdot\tan\alpha+i-v$	13.520	−13.589	
$E=C\cdot D^2$	0.022	0.022	
$h=h'+E$	13.542	−13.567	
往返不符值 $h_{往}+h_{返}$	−0.025		
高差中数 $\frac{h_{往}-h_{返}}{2}$	13.554		

三角高程测量，结合等级水准测量，通过分析不同的测量方式的要求和应用场景，培养具体问题具体分析的工作能力。

巩固训练

在校园实训基地内，布设一闭合高程导线，用直返觇法完成三角高程测量，若成果合格，则完成内业计算表；若成果不合格，返工重测并分析不合格原因。

2.2.4 GNSS 高程测量

思维导图

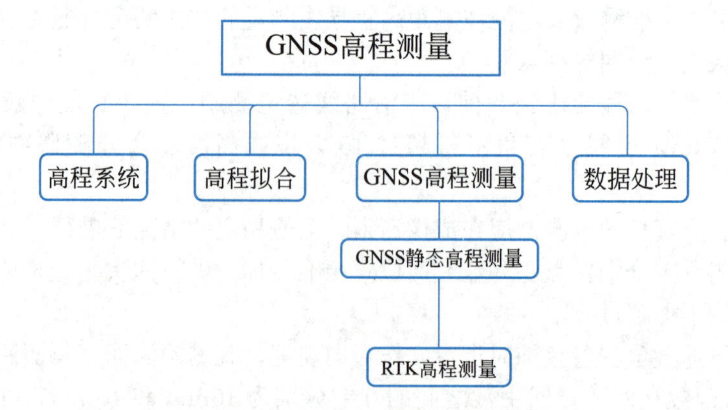

学习目标

1. 知识目标：理解三种高程系统，理解 GNSS 高程拟合的原理，掌握 GNSS 高程测量方法。

2. 能力目标：能使用 GNSS 接收机组织实施静态测量和 RTK 控制测量，能利用软件进行数据解算。

3. 素质目标：培养学生关注行业发展的职业习惯，培养学生钻研业务、精益求精、团队协作的工匠精神。

任务导入

通过介绍北斗卫星导航系统在珠峰测量中的作用引入 GNSS 高程测量技术。GNSS 高程测量主要任务包括外业、内业两步骤。

视频

勇攀高峰！4分钟回顾2020珠峰高程测量全过程

知识链接

1. 高程系统之间的转换（图 2-14）

（1）大地水准面到参考椭球面的距离，称为大地水准面差距，记为 h_g。大地高与正常高之间的关系可以表示为：

$$H = H_g + h_g \tag{2-19}$$

（2）似大地水准面到参考椭球面的距离，称为高程异常，记为 ζ。大地高与正常高之间的关系可以表示为：

$$H = H_\gamma + \zeta \tag{2-20}$$

（3）WGS-84 椭球大地高与正常高的关系：

$$H_\gamma = H_{84} - \zeta \tag{2-21}$$

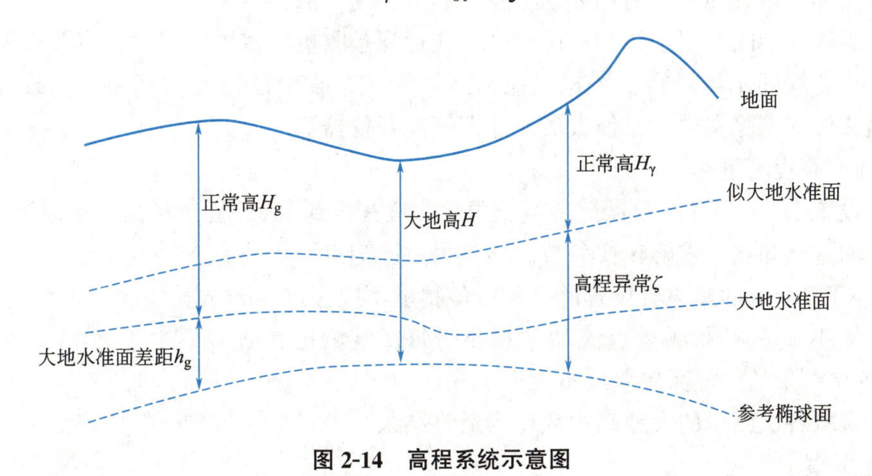

图 2-14　高程系统示意图

2. 高程拟合

GNSS 测量是利用一组卫星的伪距、星历、卫星发射时间等观测量和用户钟差来确定用户测量值。GNSS可简单、快速地测定地面点的WGS-84椭球大地高（即参考点椭球沿其法线方向直到地表的距离），而我国目前使用的高程基准是基于似大地水准面的正常高程基准（从地表沿铅垂线方向到大地水准面的距离），将GNSS测定的大地高结合高精度似大地水准面模型就可以快速获得精密的海拔高程，即地面点的正常高。高精度似大地水准面模型建立的过程就是高程拟合的过程，即求得地面点的高程异常。如果能够比较精确地确定地面点的高程异常，则用测量方法可精确测定地面点的正常高（图2-14）。

高程异常模型应利用GNSS测量、水准测量、重力测量、地形测量及重力场模型等资料，按物理大地测量计算方法获得。

任务实施

《全球定位系统（GPS）测量规范》GB/T 18314—2009规定，GNSS高程测量作业宜与平面控制测量一起进行。GNSS高程测量应包括GNSS静态高程测量和RTK高程测量，作业过程分为高程异常模型的建立、GNSS高程测量、数据处理。

对于地形平坦的小测区，可采用平面拟合模型；对于地形有起伏的大面积测区，宜采用曲面拟合模型或采用分区拟合的方法进行。拟合高程计算，不应超出拟合高程模型所覆盖的范围。建立高程异常模型的水准点应均匀分布于测区范围内，在平面地区点间距不宜超过5km，在地形起伏大时，应按测区地形特征增加点位，且拟合点数不应少于5个。

1. GNSS静态测量

（1）安置好GNSS接收机后，进行自测试，并记录测站名、日期、时段号和天线高、开关机时间等信息。

（2）接收机开始记录数据后，应查看测站信息、卫星状况、实时定位结果、存储介质记录和电源工作情况等，异常情况应记录在GNSS外业观测手簿备注栏内。

（3）观测过程中应逐项填写GNSS外业观测手簿中的记录项目。

（4）当GNSS测量时，各接收机数据采样间隔应一致。

（5）当作业期间使用手机和对讲机时，应远离接收机；雷雨天气时，应关机停测。

（6）作业期间不得进行：关机又重启、自测试、改变仪器高与测站名、改变天线位置、关闭文件或删除文件、工作人员作业期间离开仪器等。

2. RTK高程测量

（1）设置RTK移动站数据链、截止角等，应在得到RTK固定解后开始观测并记录。

（2）输入已知点，求解转换参数。检核另一已知点。

（3）RTK观测前接收机设置的高程收敛精度不应超过30mm。

（4）RTK高程控制测量点流动站观测时每次观测历元数应不少于20个，采样间隔2～5s，各次测量的大地高较差应不大于4cm。

（5）应取各次测量的大地高中数作为最终结果。

3. 注意事项

（1）每日观测完成后，全部数据应双备份，清空接收机存储器，并应及时对数据进行处理。

（2）原始观测记录不应涂改、转抄和追记。

（3）数据存储介质应贴标识，标识信息应与记录手簿中的有关信息对应。

（4）接收机内存数据转存过程中，不应进行任何剔除和删改，不应调用任何对数据实施重新加工组合的操作指令。

4. 数据处理

（1）GNSS 静态测量。在用 GNSS 测量技术直接测得测区内所有 GNSS 点的大地高（H）后，再在测区内选择数量和位置均能满足高程拟合需要的若干 GNSS 点，用水准测量方法测取其正常高（H_g），并计算这些点相应的高程异常 ζ（也就是似大地水准面相对于地球椭球面的高度差），以此为基础利用平面或曲面拟合的方法进行高程拟合，即可获得测区内其他 GNSS 点的正常高（H_g）。

（2）RTK 测量。RTK 控制点高程的测量，通过流动站测得的大地高减去流动站的高程异常获得。

GNSS 测量仪器更新发展速度较快，在学习过程中应养成关注行业动向、了解行业新发展的职业素养。

巩固训练

学校实训基地内选择 5～6 个未知高程点，利用 GNSS 接收机进行静态测量并进行平差计算。

项目三 Chapter 03

平面控制测量

3.1 平面位置测定

地面点平面位置由其平面坐标 X、Y 来表示，可以通过测量待定点与已知点（其坐标已经确定）之间的角度和距离，转换计算出待定点的平面位置坐标。

3.1.1 角度测量

思维导图

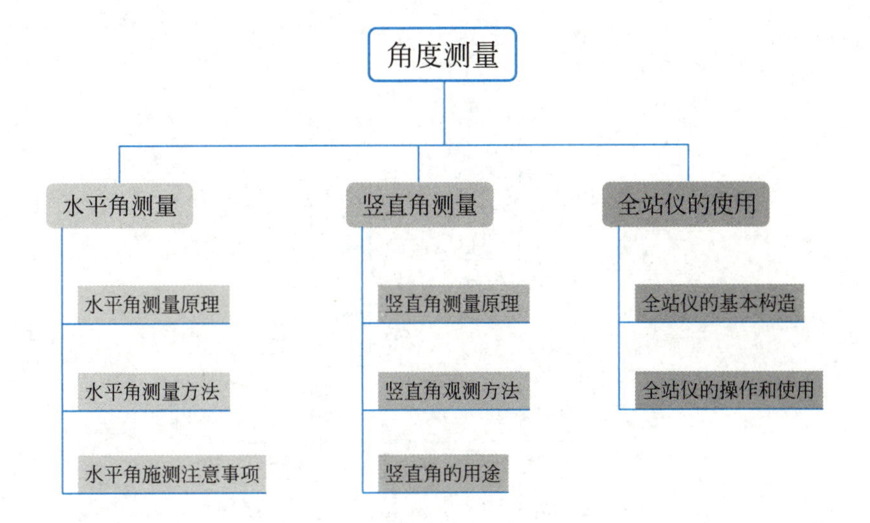

学习目标

1. 知识目标：了解角度测量原理，掌握角度测量方法和技术要求。

2. 能力目标：能熟练运用全站仪进行角度测量，能进行测量数据的记录、计算与校核。

3. 素质目标：培养吃苦耐劳的品质和团队协作的精神，以及严谨细致、精益求精的工作态度。

任务导入

角度测量是确定地面点位置的基本测量工作之一，包括水平角测量和竖直角测量。水平角用于求算点的平面位置，而竖直角用于计算高差或将倾斜距离转化为水平距离。角度测量的主要仪器是全站仪。

知识链接

3.1.1.1 水平角测量

1. 水平角测量原理

水平角一般用β表示，其角值范围为0°～360°。如图3-1所示，A、B、C为地面上任意三个点，过AB、BC直线的竖直面，在水平面P上的交线A_1B_1、B_1C_1所夹的角β，就是直线AB和BC的水平角，此两面角在两竖直面交线OB_1上任意一点可进行量测。为了获得水平角β的大小，在水平面上放置一个按顺时针注记的全圆量角器（称为度盘），使其中心正好在竖线OB_1上，OA竖直面与度盘的交线得一读数a，OC竖直面与度盘的交线得另一读数b，则b减a就是圆心角β，即$\beta=b-a$，这个β就是该两地面直线间的水平角。

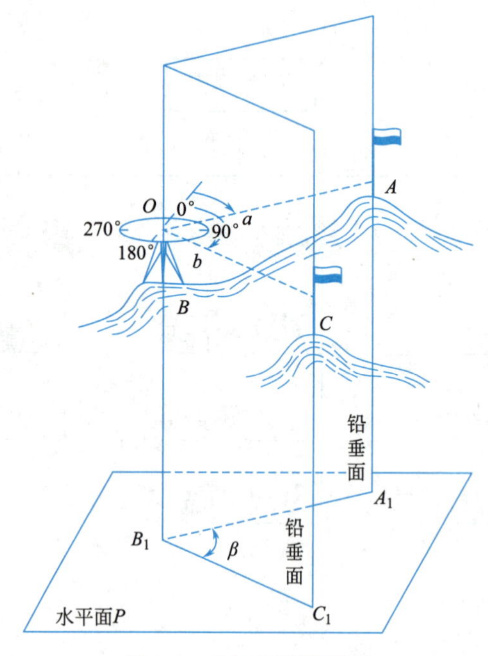

图3-1 水平角测量原理

依据水平角测角原理，欲测出地面直线间的水平角，观测用的设备必须具备两个条件：

1）须有一个与水平面平行的水平度盘，并要求该度盘的中心能通过操作与所测角度顶点处在一条铅垂线上；

2）设备上要有个能瞄准目标点的望远镜，且要求该望远镜能上下、左右转动，在转动时还能在度盘上形成投影，并通过某种方式来获取对应的投影读数，以计算水平角。

全站仪便是按照此要求来设计和制造的，因而可以用其进行角度测量。进行角度测量时，首先通过对中操作将仪器安置于欲测角的顶点上，再整平仪器，使水平度盘成水平，再利用望远镜依次照准观测目标（至少两个），利用读数装置，读取各自对应的水平读数，即可测得地面直线间的水平角β。

2. 水平角观测方法

在角度观测中，为了消除仪器误差，需要用盘左和盘右两个位置进行观测。

盘左又称正镜，就是观测者对着望远镜的目镜时，竖盘在望远镜的左侧；盘右又称倒镜，是指观测者对着望远镜的目镜时，竖盘在望远镜的右侧。习惯上，将盘左和盘右观测合称为一测回观测。

水平角观测方法主要是测回法和方向观测法。

(1) 测回法

测回法仅适用于观测两个方向形成的单角。如图 3-2 所示，在测站点 O，需要测出 OA、OB 两方向间的水平角 β，则观测步骤如下：

视频
测回法测量水平角

视频
角度测量方法（实操）

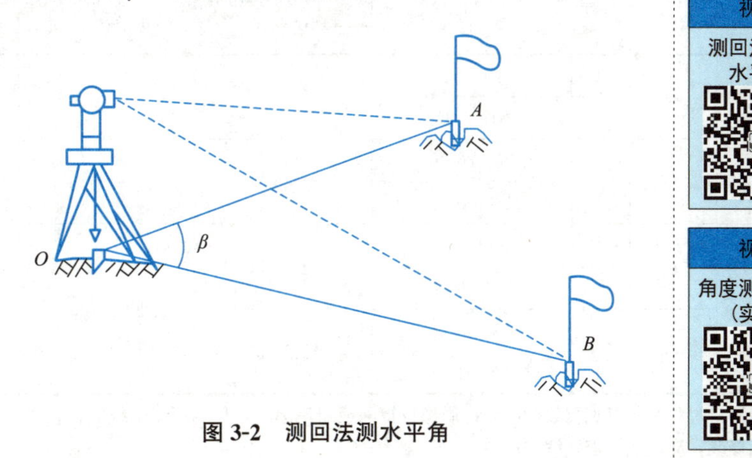

图 3-2　测回法测水平角

1）在角度顶点 O 上安置全站仪，进行对中、整平，并在 A、B 两点立标杆或测钎等照准标志。

2）先将全站仪置于盘左位置（竖盘位于望远镜的左侧）。

转动照准部，用望远镜竖丝精确瞄准第一个观测目标 A。水平度盘设置为 0°00′00″或稍大一点，将读数 $a_{左}$(设为 0°00′12″) 记入观测手簿表 3-1。

再松开水平制动螺旋，顺时针旋转照准部，精确瞄准第二个观测目标 B，将读数 $b_{左}$(设为 81°25′36″) 记入手簿表 3-1。

以上操作称为上半测回，测得角值为：

$$\beta_{左}=b_{左}-a_{左} \tag{3-1}$$

3）倒转望远镜，将全站仪置于盘右位置（竖盘位于望远镜的右侧）。

松开水平制动螺旋，逆时针旋转照准部，精确瞄准第二个观测目标 B（注意观测顺序)，将 $b_{右}$读数（设为 261°26′00″）记入手簿表 3-1。

再松开照准部制动螺旋，逆时针旋转，精确瞄准第一个观测目标 A，将读数 $a_{右}$(设为 180°00′30″) 记入手簿表 3-1。

以上操作称为下半测回，测得角值为：

$$\beta_{右}=b_{右}-a_{右} \tag{3-2}$$

4）计算一测回角度值。当上下半测回值之差在 ±40″ 内时，取两者的平均值作为角度测量值；若超过此限差值应重新观测。即，一测回的水平角值为：

$$\beta=\frac{\beta_{左}+\beta_{右}}{2} \tag{3-3}$$

当测角精度要求较高时，可以观测多个测回，为了减少水平度盘刻划不均匀所产生的误差，在进行不同测回观测角度时，每个测回间应按 $\frac{180°}{n}$（n 为测回数）的角度间隔值变换水平度盘位置，各测回值互差若不超过 24″（对于 DJ6 型经纬仪）取各测回角值的平均值作为最后角值。

测回法水平角观测手簿 **表 3-1**

测站	竖盘位置	目标	水平度盘读数（° ′ ″）	半测回角值（° ′ ″）	一测回平均角值（° ′ ″）	各测回平均角值（° ′ ″）	备注
第一测回 O	左	A	0 00 12	81 25 24	81 25 27	81 25 28	
		B	81 25 36				
	右	B	261 26 00	81 25 30			
		A	180 00 30				
第二测回 O	左	A	90 01 18	81 25 26	81 25 29		
		B	174 26 44				
	右	B	351 26 56	81 25 32			
		A	270 01 24				

注：1. 测量过程中所有观测数据不允许用橡皮擦除或铅笔涂黑，只能用短横线划掉，再于其上重记；秒值不允许修改，亦不允许连环涂改；
2. 观测数据的修改及重测，都应在备注栏中写明缘由；
3. 计算结果应采取“四舍六入”的原则，如为 5，则视前一位是单数还是双数，单则进，双则舍，即“单进双不进”，如 28.5 则为 28，33.5 则为 34。

（2）方向观测法（全圆方向法）

当一个测站上的观测方向在 3 个或 3 个以上时，一般采用方向观测法。

如图 3-3 所示，测站点为 O 点，观测方向有 A、B、C、D 四个。为测出各方向相互之间的角值，可用全圆方向法。观测方法在此仅作简单介绍：

1）在 O 点上安置全站仪，进行对中、整平，并在 A、B、C、D 四点上立照准标志。

2）先将全站仪置于盘左位置。

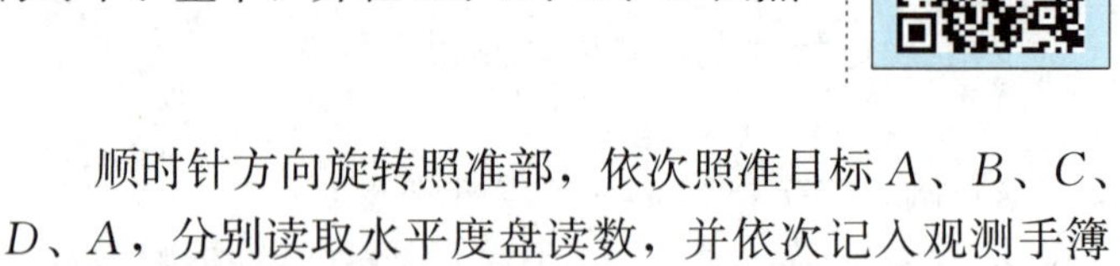

顺时针方向旋转照准部，依次照准目标 A、B、C、D、A，分别读取水平度盘读数，并依次记入观测手簿表 3-2，称为上半测回。

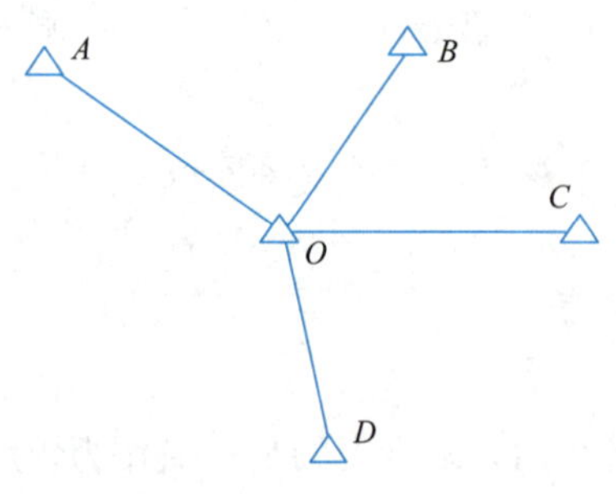

图 3-3 方向观测法

两次瞄准 A 目标是为了检查水平度盘位置在观测过程中是否发生变动，称为归零，其两次读数之差，称为半测回归零差。方向观测法的技术要求见表 3-3。

3）倒转望远镜，将全站仪置于盘右位置。

逆时针方向旋转照准部，依次照准目标 A、D、C、B、A，分别读取水平度盘读数，并依次记入观测手簿表 3-2，称为下半测回。

方向观测法测水平角记录手簿　　表 3-2

测站	测回数	目标	水平度盘读数		2C＝左－(右±180°)	平均读数＝$\frac{1}{2}$[左＋(右±180°)]	归零后方向值	各测回归零方向值的平均值
			盘左	盘右				
			(° ′ ″)	(° ′ ″)	(″)	(° ′ ″)	(° ′ ″)	(° ′ ″)
1	2	3	4	5	6	7	8	9
O	1	A	0 02 06	180 02 00	+6	(0 02 06) 0 02 03	0 00 00	
		B	51 15 42	231 15 30	+12	51 15 36	51 13 30	
		C	131 54 12	311 54 00	+12	131 54 06	131 52 00	
		D	182 02 24	2 02 24	0	182 02 24	182 00 18	
		A	0 02 12	180 02 06	+6	0 02 09		
	2	A	90 03 30	270 03 24	+6	(90 03 32) 90 03 27	0 00 00	0 00 00
		B	141 17 00	321 16 54	+6	141 16 57	51 13 25	51 13 28
		C	221 55 42	41 55 30	+12	221 55 36	131 52 04	131 52 02
		D	272 04 00	92 03 54	+6	272 03 57	182 00 25	182 00 22
		A	90 03 36	270 03 36	0	90 03 36		

取同一方向盘左和盘右的平均值，就是该方向一测回的平均方向值，如表 3-2 中第 7 列的平均读数数据。由于归零，目标 A 有两个平均方向值，如表 3-2 中第 7 列的 0°02′03″ 和 0°02′09″，因此取这两个平均方向值的平均值作为目标 A 的最后方向值，并记于观测手簿相应位置，如表 3-2 中第 7 列的 0°02′06″。

当观测了多个测回，还需计算各测回同一方向归零后方向值之差，称为各测回方向差。该值若在规定限差内，取各测回同一方向的方向值的平均值为该方向的各测回平均方向值，如表 3-2 中第 9 列的各方向值数据。

4）限差的规定

根据《工程测量标准》GB 50026—2020 中对水平角的主要技术要求，应符合表 3-3 的规定。

水平角方向观测法的技术要求　　表 3-3

等级	仪器精度等级	半测回归零差(″)限差	一测回内 2C 互差(″)限差	同一方向值各测回较差(″)限差
四等及以上	0.5″级仪器	≤3	≤5	≤3
	1″级仪器	≤6	≤9	≤6
	2″级仪器	≤8	≤13	≤9
一级及以下	2″级仪器	≤12	≤18	≤12
	6″级仪器	≤18	—	≤24

注：当某观测方向的垂直角超过±3″的范围时，一测回内 2C 互差可按相邻测回同方向进行比较，比较值应满足表中一测回内 2C 互差的限值。

3. 水平角施测注意事项

(1) 仪器高度要和观测者的身高相适应；三脚架要踩实，仪器与脚架连接要牢固，操作仪器时不要用手扶三脚架；转动照准部和望远镜之前，应先松开制动螺旋，使用各种螺旋时用力要轻。

(2) 精确对中，特别是对短边测角，对中要求应更严格。

(3) 当观测目标间高低相差较大时，更应注意仪器整平。

(4) 照准标志要竖直，尽可能用十字丝交点瞄准标杆或测钎底部。

(5) 记录要清楚，应当场计算，发现错误，立即重测。

(6) 一测回水平角观测过程中，不得再调整照准部管水准气泡，如气泡偏离中央超过两格时，应重新对中与整平仪器，重新观测。

3.1.1.2 竖直角测量

1. 竖直角测量原理

竖直角简称竖角，一般用 α 表示，其角值范围为 $-90°\sim+90°$。仰角符号为正，角值范围为 $0°\sim90°$；俯角符号为负，角值范围为 $-90°\sim0°$，见图 3-4。另外，地面目标直线方向与该点的天顶方向（即铅垂线的反方向）所构成的角，称为地面直线的天顶距，一般用 Z 表示，其大小从 $0°\sim180°$，没有负值。

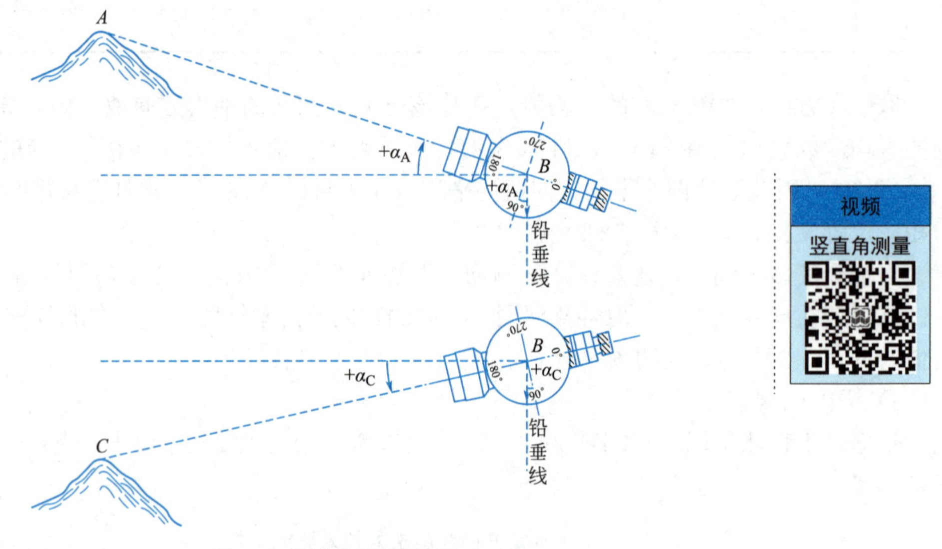

图 3-4 竖直角测量原理

当水准管气泡居中，望远镜视线水平时，读数窗的指标线标定的读数是一整数，称为起始读数。

如图 3-5 所示，在测量竖直角时，只需直接观测目标，读取竖盘读数。根据公式计算竖直角即可。

公式如下：

$$\text{盘左位置}\ \alpha_{左}=90°-L \tag{3-4}$$

$$\text{盘右位置}\ \alpha_{右}=R-270° \tag{3-5}$$

将盘左、盘右观测的竖直角 $\alpha_{左}$ 和 $\alpha_{右}$ 取平均值，即得此种竖盘注记形式下竖直角 α 为：

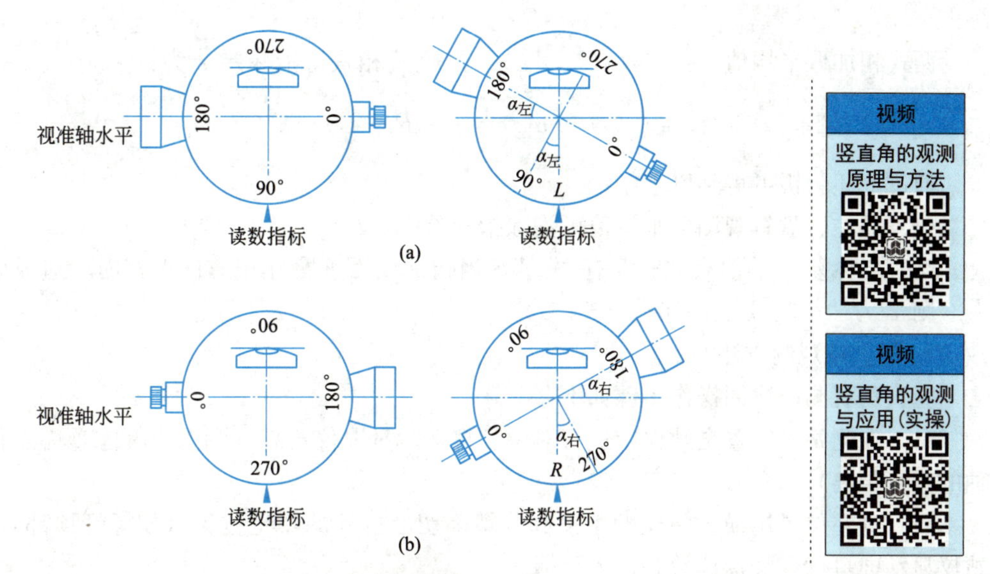

图 3-5　竖盘角计算

(a) 盘左；(b) 盘右

$$\alpha = \frac{1}{2}(\alpha_{左} + \alpha_{右}) = \frac{1}{2}[(R - L) - 180°] \tag{3-6}$$

上述竖直角计算公式，是在假定读数指标线位置正确的情况下得出的。实际工作中，当望远镜视线水平且竖盘指标水准管气泡居中时，竖盘读数比起始读数大或小了一个角值，如图 3-6 所示，该角值称为指标差，通常用 x 表示。

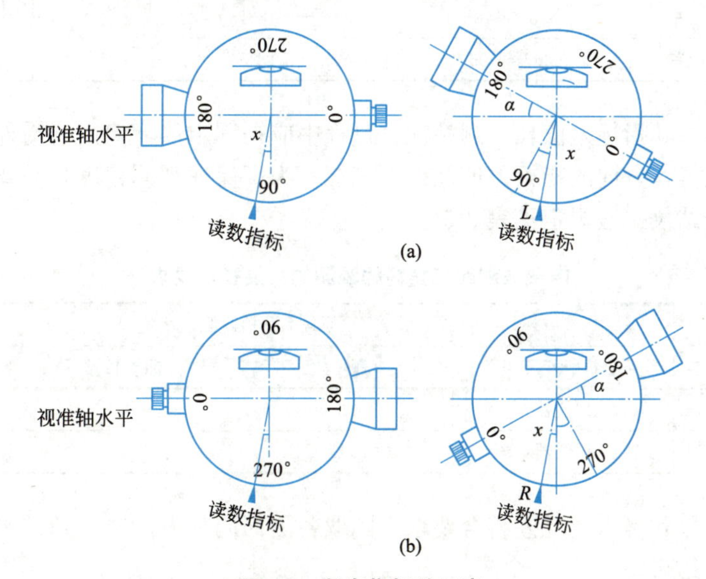

图 3-6　竖盘指标差示意

(a) 盘左；(b) 盘右

指标差对竖直角影响从图中可以看出：

$$盘左时：\alpha = (90° + x) - L = \alpha_{左} + x \tag{3-7}$$

$$盘右时：\alpha = R - (270^\circ + x) = \alpha_{右} - x \quad (3-8)$$

两式相加取平均值得：$\alpha = (\alpha_{左} + \alpha_{右})/2$，两式相减得指标差 x 为：

$$x = \frac{1}{2}(\alpha_{右} - \alpha_{左}) = \frac{1}{2}[(R + L) - 360^\circ] \quad (3-9)$$

通过上述分析可得到以下结论：

(1) 盘左、盘右观测取平均值可消除指标差影响；

(2) 指标差 x 的值有"+"有"−"，当指标线沿度盘注记方向偏移时，造成读数偏大，则 x 为"+"，反之 x 为"−"。

2. 竖直角观测方法

竖直角观测一测回操作步骤如下：

(1) 在测站上安置全站仪，进行对中、整平、量取仪器高（测站点标志顶端至仪器横轴的垂直距离）。

(2) 盘左位置用横丝中丝的中央部分精确切准目标的特定位置（如标杆顶部），在全站仪显示屏幕读取竖盘读数并记入手簿。

(3) 旋转望远镜，盘右照准目标同一部分，读取竖盘读数并记入手簿。竖直角记录、计算格式如表 3-4 所示。

竖直角观测记录表　　表 3-4

测站	目标	竖盘位置	竖盘读数	半测回竖直角	指标差	一测回竖直角
O	A	左	71°12′36″	+18°47′24″	+3″	+18°47′27″
		右	288°47′30″	+18°47′30″		
	B	左	96°18′48″	−6°18′48″	−3″	−6°18′51″
		右	263°41′06″	−6°18′54″		

同一台仪器，其指标差值在一测站观测过程中应是固定值，但由于受外界条件和观测误差的影响，使得各方向的指标差值往往不相等，为了保证观测精度，需要规定指标差变化的限差，对全站仪一般规定见表 3-5。

电磁波测距三角高程观测的主要技术要求　　表 3-5

等级	垂直角观测			
	仪器精度等级	测回数	指标差较差(″)	测回较差(″)
四等	2″仪器	3	≤7	≤7
五等	2″仪器	2	≤10	≤10

若指标差互差和竖直角互差符合要求，则取各测回同一方向竖直角的平均值作为各方向竖直角的最后结果。

3. 竖直角的用途

当仪器架设高度不同，照准同一目标点时，竖直角的大小也不相同，单独只观测竖直角没有意义。竖直角主要用于将观测的倾斜距离换算为水平距离或计算三角高程，具体计算公式见相关章节。

3.1.1.3 全站仪的使用

1. 全站仪的基本构造

全站仪，全站型电子测速仪的简称，英文名称为 Electronic Total Station，是在角度测量自动化过程中逐步形成的一种新型测角测距仪器，是一种集光、机、电为一体的高技术测量仪器，是集水平角、垂直角、距离（斜距、平距）、高差测量功能于一体的测绘仪器系统。由于其仅安置一次仪器就可完成该测站上的全部测量工作，因此将其称为全站仪。全站仪的种类很多，精度、价格不一，国内外生产的高、中、低等级全站仪多达几十种。不同厂家、不同型号的全站仪的操作使用是不同的，但是，基本构造类似。下面以苏州××仪器有限公司的 RTS320 系列全站仪为例作简要介绍。

全站仪的基本构造主要包括光学系统、光电测角系统、光电测距系统、微处理机、显示控制/键盘、数据/信息存储器、输入/输出接口、电子自动补偿系统、电源供电系统、机械控制系统等部分。全站仪的主要外部构件由望远镜、电池、显示器及键盘、水准器、制动和微动螺旋、基座、手柄等组成。

苏州××仪器有限公司的 RTS320 系列全站仪的外形和构造如图 3-7 所示，屏幕按键及其功能如图 3-8 所示。

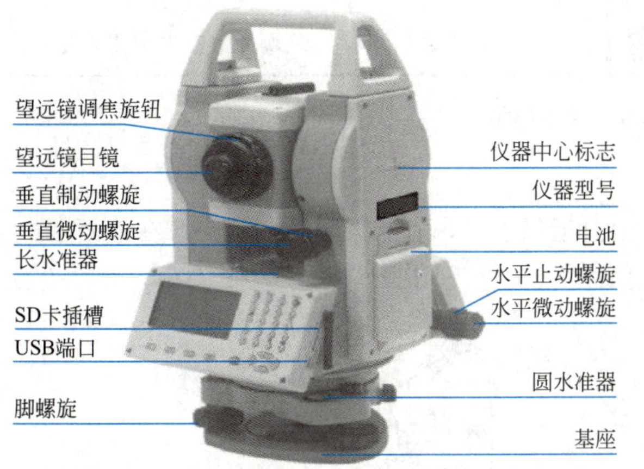

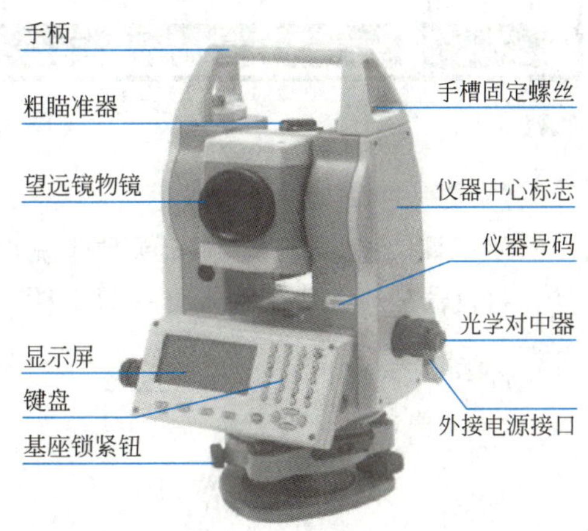

图 3-7 全站仪各部件名称

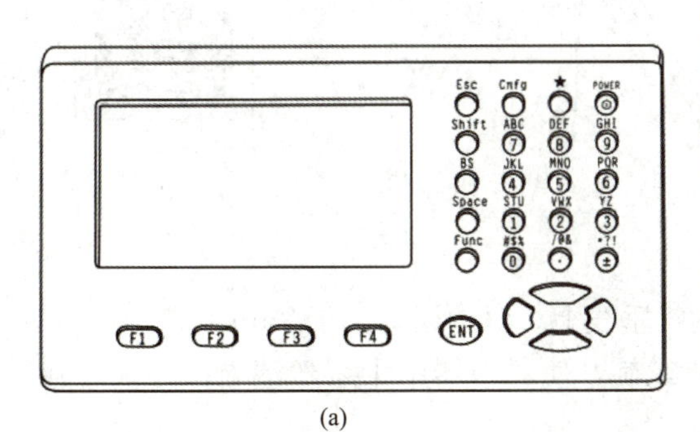

(a)

按键	名称	功能
F1~F4	软键	功能参考显示屏幕最下面一行所显示的信息
9~±	数字、字符键	1.在输入数字时，输入按键相对应的数字 2.在输入字母或特殊字符的时候，输入按键上方对应的字符
POWER	电源键	控制仪器电源的开/关
★	星键	用于若干仪器常用功能的操作
Cnfg	设置键	进入仪器设置项目操作
Esc	退出键	退回到前一个菜单显示或前一个模式
Shift	切换键	1.在输入屏幕显示下，在输入字母或数字间进行转换 2.在测量模式下，用于测量目标的切换
BS	退格键	1.在输入屏幕显示下，删除光标左侧的一个字符 2.在测量模式下，用于打开电子水泡显示
Space	空格键	在输入屏幕显示下，输入一个空格
Func	功能键	1.在测量模式下，用于软键对应功能信息的翻页 2.在程序菜单模式下，用于菜单翻页
ENT	确认键	选择选项或确认输入的数据

(b)

图 3-8 全站仪屏幕按键及其功能

（a）全站仪屏幕按键；（b）按键功能

2. 全站仪的操作和使用

(1) 测量前的准备

1) 电池的安装与检查

电池未装入仪器之前，先检查电池是否正常。安装电池时关上电池解锁纽盖，使电的定位导块与仪器安装电池的凹处相吻合，按电池的顶部，听到“咔嚓”声为安上（图 3-9）。当电源接通时，自检功能将确保仪器正常工作。

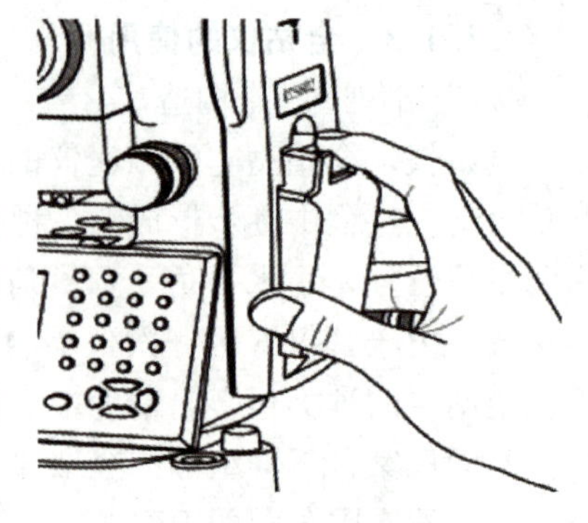

图 3-9　电池安装

电量图标用于指示电量情况（图 3-10）。

测 量　　棱 镜 常 数　0
　　　　大 气 改 正　0
斜　距　1.818m
垂 直 角　167° 16′ 08″　I
水 平 角　90° 00′ 18″　P1
测 距　SHV1　SHV2　置 零

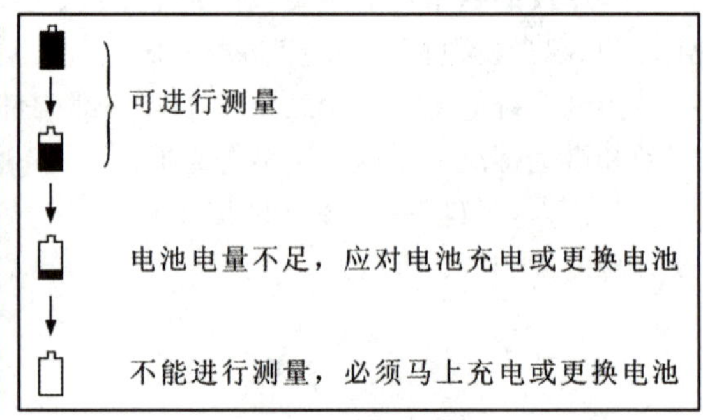

图 3-10　电量指示

2) 安放三脚架并架设仪器

使三脚架腿等长，三脚架头位于测点上且近似水平，三脚架腿牢固地支撑在地面上。将仪器放于三脚架头上，一只手握住仪器手柄，一只手扭紧中心螺旋（图 3-11）。

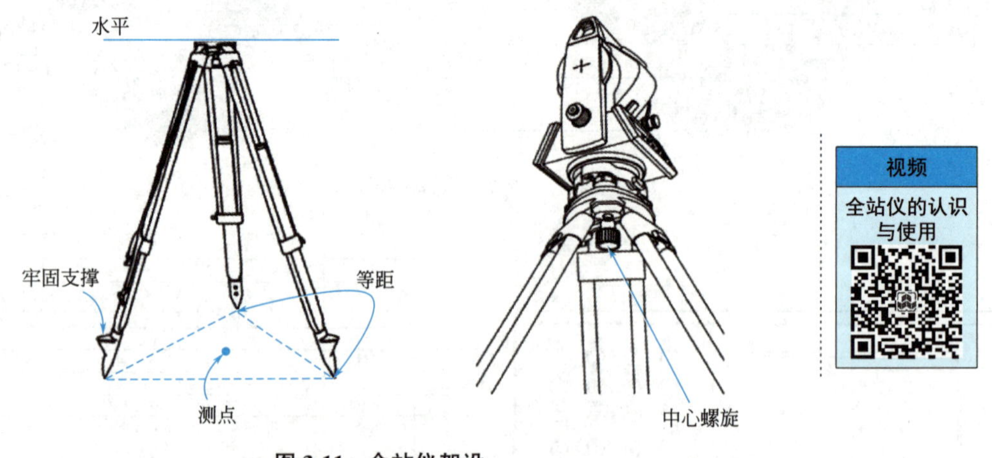

图 3-11　全站仪架设

3) 对中——将仪器中心安置在过测站点的铅垂线上。对中误差小于 3mm。

① 调节对中器：首先调节目镜十字丝调焦螺旋，使对中器中十字丝清晰；其次，旋转测点调焦螺旋，使地面物体清晰（图 3-12）。

② 对中：固定三脚架一脚，双手持脚架另二脚并不断调整其位置，同时观测光学对

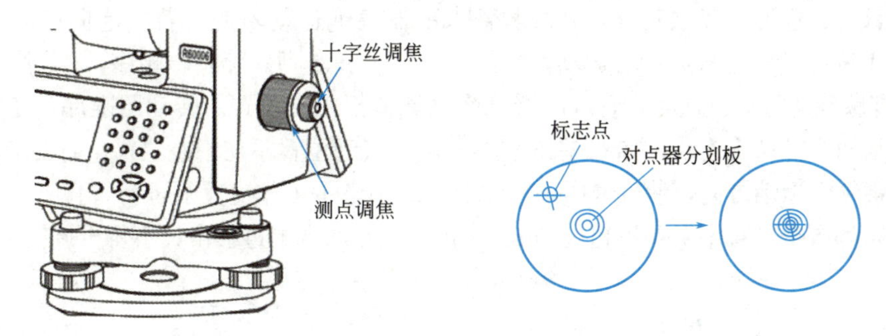

图 3-12　全站仪对中器

点器分划板，使其基本对准测站标志，踩实脚架；调节脚螺旋，使光学对点器精确对准测站标志（图 3-13）。

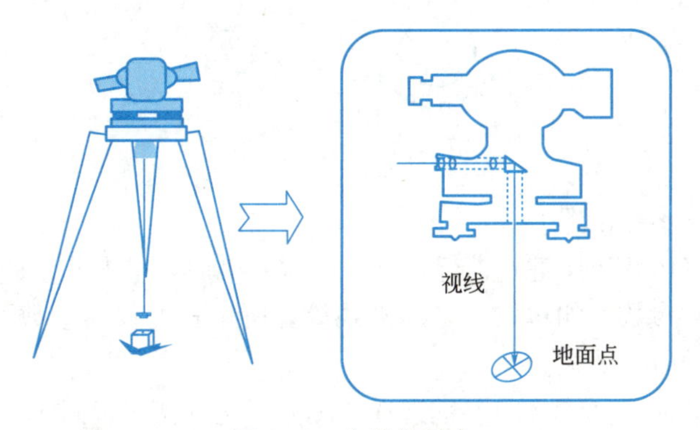

图 3-13　全站仪对中

4）整平——使仪器纵轴铅垂，水平度盘与横轴水平，竖盘位于铅垂面内。整平误差<1 格。整平分粗平和精平。

① 粗平：通过依次调节伸缩三脚架腿，直至使仪器的圆水准气泡居中，其规律是圆水准气泡向伸高脚架腿的一侧移动（图 3-14）。

图 3-14　全站仪粗平

② 精平：松开水平制动螺旋，转动照准部，使管水准器平行于任意两个脚螺旋连线，如图 3-15 左图所示，用左手大拇指法则，此时同时转动 1 和 2 两个脚螺旋，转动时 1 号脚

螺旋逆时针，2 号脚螺旋顺时针，并观测管水准器气泡运动轨迹。若气泡向中心运动，则说明转动正确；若气泡背离中心运动，则需要调整 1 和 2 脚螺旋旋转顺序，1 号脚螺旋顺时针，2 号脚螺旋逆时针。这时，管水准器气泡已调节至中心位置。转动照准部，使管水准器垂直于刚刚两个脚螺旋连线，如图 3-15 右图所示，气泡位置不在中心位置，需要旋转 3 号脚螺旋，观察气泡运动方向，使气泡居中。注意，对中整平工作应反复进行，直到水准管气泡在任何方向都居中，对中误差不超过 1mm 为止。一测回观测过程中，不得再调气泡。

图 3-15　全站仪精平

（2）开机和仪器参数设置

按下电源开关（POWER 键）进行开机。仪器开机后，根据测量的要求，通过键盘操作来选择并设置仪器参数，如单位、坐标格式等。所设置的仪器参数可储存在存储器中，直到下次改变选择项时才消失。

仪器参数设置完成后，按［F1］键选择“测量”进入测量模式，如图 3-16 所示。

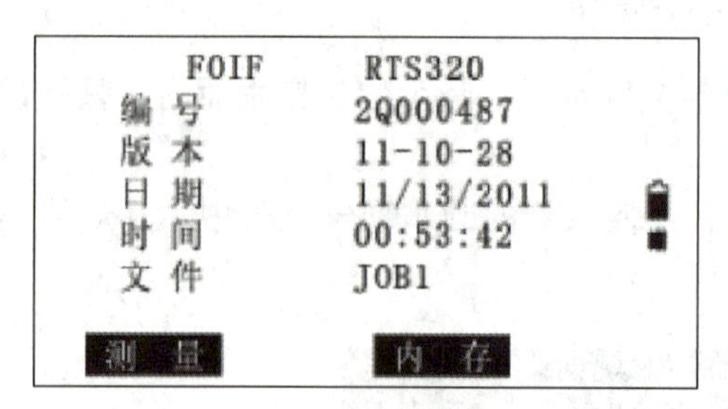

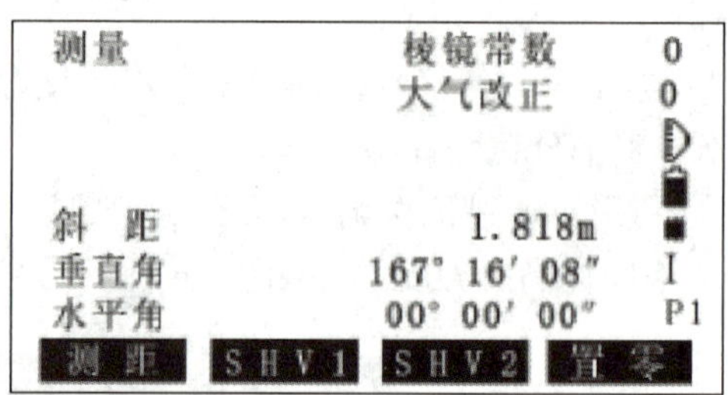

图 3-16　全站仪进入测量模式

（3）角度测量

全站仪可测量水平角和竖直角。将仪器调为角度测量模式，具体操作步骤见表 3-6。

角度测量操作流程　　**表 3-6**

操作步骤	示意图
①照准第一个目标点 A	目标点 A

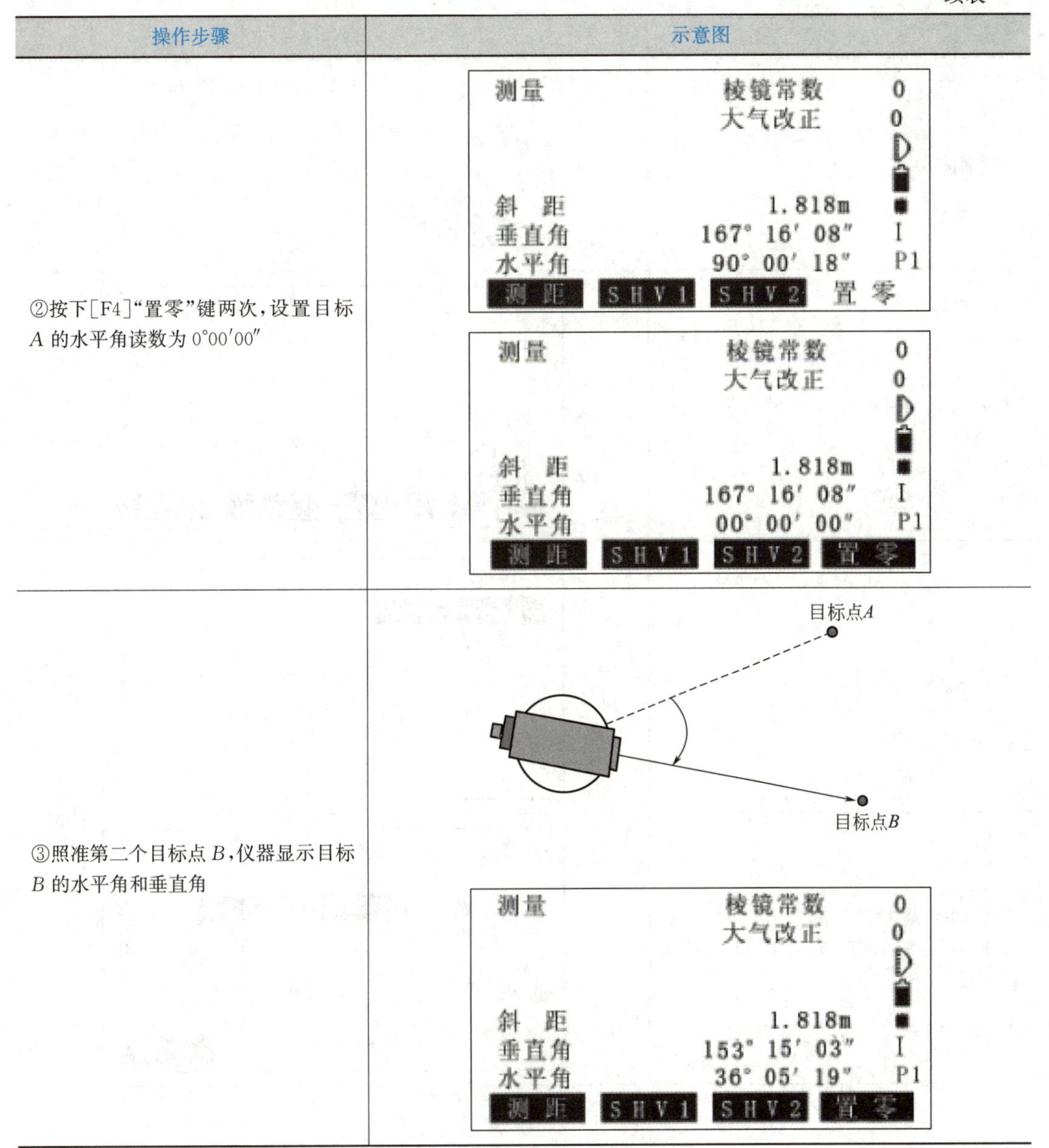

续表

操作步骤	示意图
②按下[F4]“置零”键两次，设置目标 A 的水平角读数为 0°00′00″	测量　棱镜常数 0　大气改正 0 斜　距 1.818m 垂直角 167° 16′ 08″ 水平角 90° 00′ 18″ P1 测距　SHV1　SHV2　置零 测量　棱镜常数 0　大气改正 0 斜　距 1.818m 垂直角 167° 16′ 08″ 水平角 00° 00′ 00″ P1 测距　SHV1　SHV2　置零
③照准第二个目标点 B，仪器显示目标 B 的水平角和垂直角	目标点A 目标点B 测量　棱镜常数 0　大气改正 0 斜　距 1.818m 垂直角 153° 15′ 03″ 水平角 36° 05′ 19″ P1 测距　SHV1　SHV2　置零

（4）水平角设置

利用水平角设置功能“设角”可将照准方向设置为所需值，然后进行角度测量，具体操作步骤见表 3-7。

提示：利用（锁定）功能将所需的方向值锁定，照准所需目标点后解锁具有同上功能。

全站仪一般操作注意事项包括以下几个方面：

1）使用前应结合仪器，仔细阅读使用说明书，熟悉仪器各功能和实际操作方法。

2）望远镜的物镜不能直接对准太阳，以避免损坏测距部的发光二极管。

3）在阳光下作业时，必须打伞，防止阳光直射仪器。

4）迁站时即使距离很近，也应取下仪器装箱后方可移动。

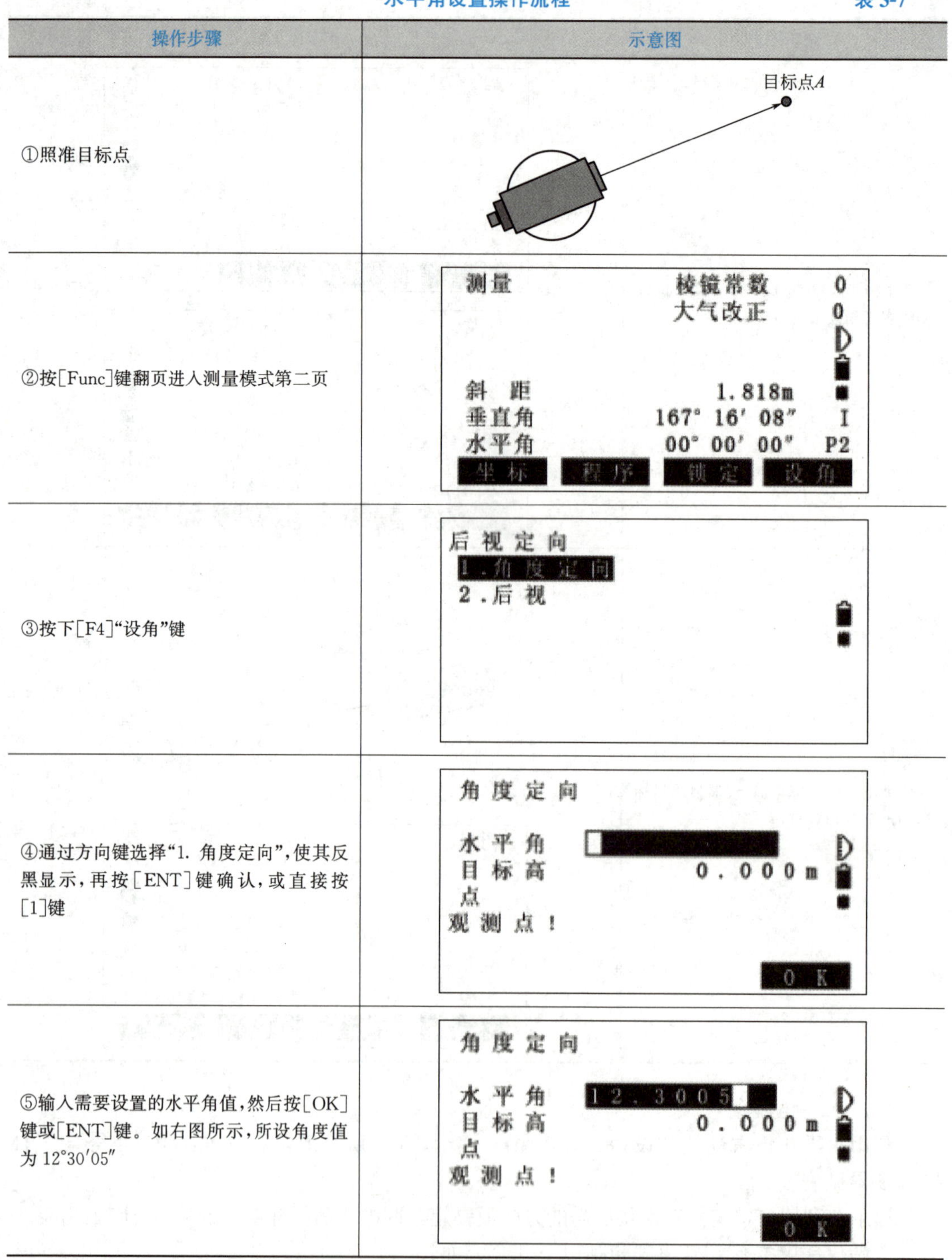

水平角设置操作流程　　表 3-7

操作步骤	示意图
①照准目标点	目标点A
②按[Func]键翻页进入测量模式第二页	测量　棱镜常数 0 大气改正 0 斜　距　1.818m 垂直角　167° 16′ 08″　I 水平角　00° 00′ 00″　P2 坐标　程序　锁定　设角
③按下[F4]“设角”键	后视定向 1.角度定向 2.后视
④通过方向键选择“1. 角度定向”，使其反黑显示，再按[ENT]键确认，或直接按[1]键	角度定向 水平角 目标高　0.000m 点 观测点！ OK
⑤输入需要设置的水平角值，然后按[OK]键或[ENT]键。如右图所示，所设角度值为 12°30′05″	角度定向 水平角　12.3005 目标高　0.000m 点 观测点！ OK

5）仪器安置在三脚架上之前，应旋紧三脚架的三个伸缩螺旋。仪器安置在三脚架上时，应旋紧中心连接螺旋。

6）运输过程中必须注意防振。

7）仪器和棱镜在温度的突变中会降低测程，影响测量精度。要使仪器和棱镜逐渐适应周围温度后方可使用。

8）作业前检查电压是否满足工作要求。

任务实施

水平角观测：

在建筑施工场地埋设施工控制点，进行水平角测量，并填好测量手簿。

巩固训练

在校内测量实训基地选定三个控制点，形成两个方向的单角，测回法测定该水平角，测回数按小组成员数来确定。各小组根据任务选取各自的控制点，安置仪器，竖立目标，每个成员完成一个完整的测回，完成任务后需要上交测回法测水平角观测手簿（表 3-8）。

测回法测水平角观测手簿　　　　表 3-8

日期：　　　　班级：　　　　组别：　　　　观测者：

天气：　　　　仪器：　　　　成像：　　　　记录者：

测站	竖盘位置	目标	水平度盘读数（° ′ ″）	半测回角值（° ′ ″）	一测回平均角值（° ′ ″）	各测回平均角值（° ′ ″）	备注

习题

1. 何谓水平角？简述水平角测量的原理。

2. 计算水平角时，如果被减数不够减时为什么要再加 360°？

3. 用全站仪测角时，若照准同一竖直面内不同高度的两目标点，其水平度盘读数是否相同？若经纬仪架设高度不同，照准同一目标点，则该点的竖直角是否相同？

4. 测回法适用于什么情况？简述测回法测水平角的步骤。

5. 完成表 3-9 测回法测水平角的计算。

测回法测水平角观测手簿　　表 3-9

测站	竖盘位置	目标	水平度盘读数(° ′ ″)	半测回角值(° ′ ″)	一测回平均角值(° ′ ″)	各测回平均角值(° ′ ″)	备注
第一测回 O	左	A	0 00 06				
		B	148 36 18				
	右	A	180 00 12				
		B	328 36 30				
第二测回 O	左	A	90 01 12				
		B	238 37 30				
	右	A	270 01 18				
		B	58 37 24				

3.1.2 距离测量

思维导图

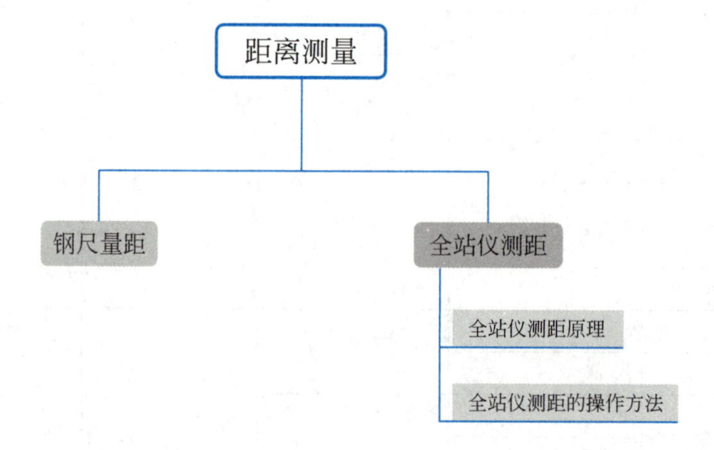

学习目标

1. 知识目标：了解全站仪测距的原理；掌握钢尺量距和全站仪测距的方法，以及相对误差的计算和精度要求。

2. 能力目标：能规范地运用钢尺和全站仪测量水平距离，能进行测量数据的记录、计算与校核。

3. 素质目标：培养求真务实的精神和精益求精的工作态度。

任务导入

距离测量是确定地面点位置的三项基本工作之一，测量得到的水平距离也是用于求算点的平面位置。距离测量的方法有多种，常用的距离测量方法有：钢尺量距、全站仪测距等。可根据不同的测距精度要求和作业条件（仪器、地形）选用测量工具和方法。本节主要讲全站仪测距。

知识链接

1. 全站仪测距原理

电磁波测距是用电磁波（光波或微波）作为载波传输测距信号以测量两点间距离的一种方法。

根据载波的不同可分为：光电测距（可见光、红外光、激光）和微波测距（无线电波、微波）。

电磁波测距的优点：

（1）测程远、精度高。

（2）受地形限制少。

（3）作业快、工作强度低等优点。

光电测距仪是通过测量光波在待测距离 D 上往、返传播的时间 t，计算待测距离 D：

$$D=\frac{ct}{2} \tag{3-10}$$

式中：c——光波在空气中的传播速度。

光电测距仪按照往、返传播的时间 t 的不同测量方式，可分为：脉冲式（直接测定时间）和相位式（间接测定时间）。

脉冲式光电测距仪是将发射光波的光强调制成一定频率的尖脉冲，通过测量发射的尖脉冲在待测距离上往返传播的时间来计算距离。

相位式光电测距仪是将发射光强调制成正弦波的形式，通过测量正弦光波在待测距离上往、返传播的相位移来解算时间。

测程及测距仪的精度分为短程测距仪（测程小于 5km）、中程测距仪（测程在 5～30km）、远程测距仪（测程在 30km 以上）。

测距仪的精度：

$$m_D = \pm(a + b \times 10^{-6} \times D) \tag{3-11}$$

式中：m_D——测距中误差，单位为 mm；

a——固定误差，单位为 mm；

b——比例误差；

D——以 km 为单位的距离。

2. 全站仪测距的操作方法

（1）设置棱镜常数

测距前须将棱镜常数输入仪器中，仪器会自动对所测距离进行改正。

（2）设置大气改正值或气温、气压值

光在大气中的传播速度会随大气的温度和气压而变化，15℃和 760mmHg 是仪器设置的一个标准值，此时的大气改正为 0ppm。实测时，可输入温度和气压值，全站仪会自动计算大气改正值（也可直接输入大气改正值），并对测距结果进行改正。

（3）量仪器高、棱镜高并输入全站仪

（4）距离测量

照准目标棱镜中心，按测距键，距离测量开始，测距完成时显示斜距、平距、高差。

全站仪的测距模式有精测模式、跟踪模式、粗测模式三种。精测模式是最常用的测距模式，测量时间约 2.5s，最小显示单位 1mm；跟踪模式，常用于跟踪移动目标或放样时连续测距，最小显示一般为 1cm，每次测距时间约 0.3s；粗测模式，测量时间约 0.7s，最小显示单位 1cm 或 1mm。在距离测量或坐标测量时，可按测距模式键选择不同的测距模式，如图 3-17 所示。

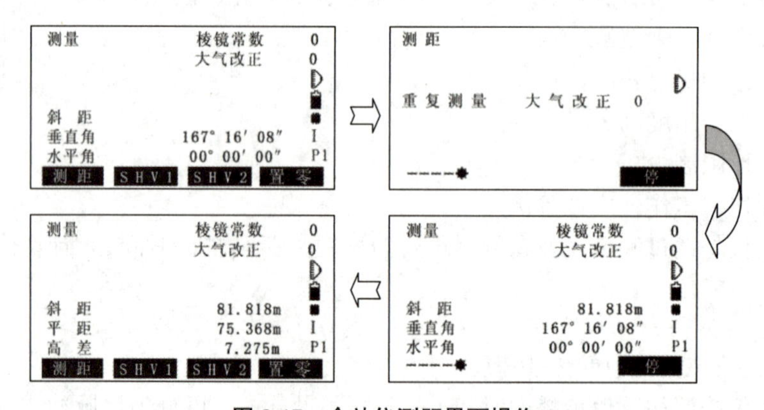

图 3-17 全站仪测距界面操作

应注意，有些型号的全站仪在距离测量时不能设定仪器高和棱镜高，显示的高差值是全站仪横轴中心与棱镜中心的高差。

任务实施

水平距离观测：

在建筑施工场地埋设施工控制点，进行水平距离测量，并填好测量手簿。

巩固训练

在校园内选定控制点（点的数目按小组成员数加 1 来确定），打上木桩或建立相应的测量标志，用往返测量的方法测量相邻两点间的水平距离。各小组根据任务选取各自的控制点，安置仪器，竖立目标，每个成员完成一条边的往返测量任务，完成任务后需要上交水平距离测量手簿（表 3-10）。

全站仪水平距离测量手簿　　　　**表 3-10**

日期：	班级：	组别：	观测者：	记录者：	
边长	往测(m)	返测(m)	往返平均值(m)	相对误差(k 值)	备注

习题

1. 什么叫直线定线？量距时为什么要进行直线定线？如何进行直线定线？
2. 测量中的水平距离指的是什么？什么叫相对误差？它如何计算？

3.1.3　全站仪平面坐标测量

思维导图

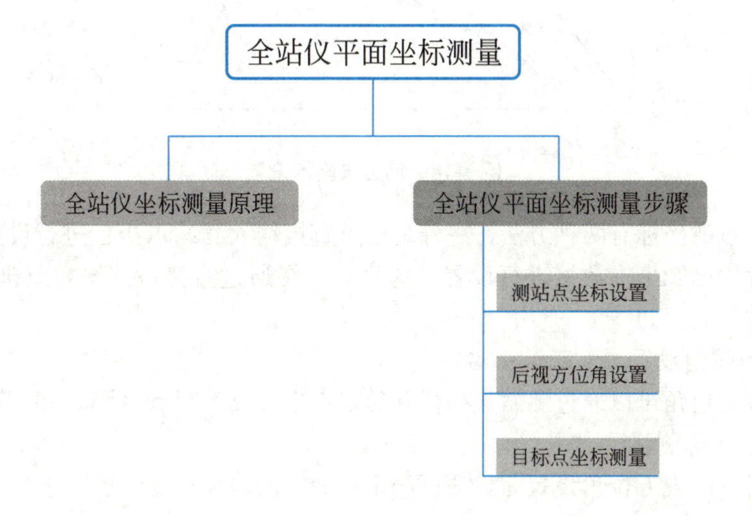

学习目标

1. 知识目标：掌握全站仪进行平面坐标测量的原理和方法。

2. 能力目标：能熟练运用全站仪进行目标点的平面坐标测量。

3. 素质目标：培养野外作业的安全意识，以及积极探索、不怕困难、勇于担当的精神。

任务导入

全站仪平面坐标测量实际就是通过测量水平角和水平距离，再由仪器内的软件根据已知点坐标来计算未知点坐标。这种直接测量点的平面位置坐标的方法精度不高，常用于测绘地形图时碎部点坐标的采集。

知识链接

根据坐标正算原理，在坐标测量前须先输入测量点坐标和后视点坐标或已知方位角，下面以直接输入测站点坐标和后视点坐标为例，操作步骤如下：

1. 测站点坐标设置

设置仪器（测站点）相对于测量坐标原点的坐标，仪器可自动转换和显示未知点（棱镜点）在该坐标系中的坐标，如图 3-18 所示。

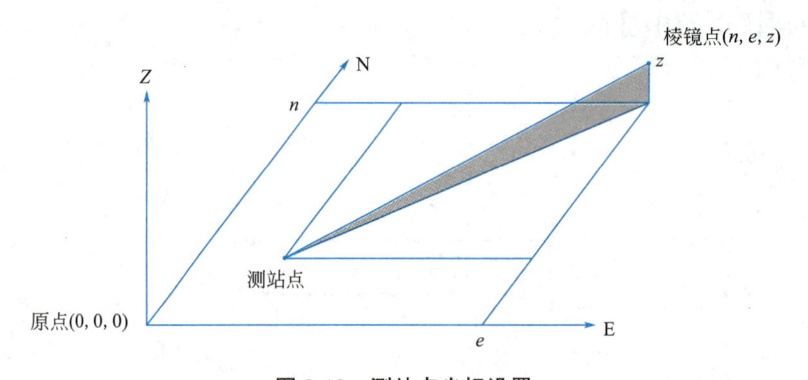

图 3-18　测站点坐标设置

设置测站点的坐标有两种方法，一种是通过直接输入测站点坐标进行设置，另一种是通过调用内存中已知坐标数据进行设置。这里只介绍通过直接输入测站点坐标进行设置。具体操作方法见表 3-11。

2. 后视方位角设置

后视坐标方位角可以通过测站点坐标和后视点坐标反算得到（图 3-19、表 3-12）。

3. 目标点坐标测量

在测站及其后视方位角设置完成便可测定目标点的坐标（图 3-20、表 3-13）。

测站点坐标设置操作流程　　表 3-11

操作步骤	示意图
①按[Func]键翻页进入测量模式第二页	测量　棱镜常数 0 大气改正 0 斜距 1.818m 垂直角 167° 16′ 08″ I 水平角 123° 36′ 18″ P2 坐标　程序　锁定　设角
②按[F1]"坐标"键进入"坐标测量"屏幕	坐标测量 1.测站定向 2.测量 3.EDM 4.文件选取
③选取"1. 测站定向",再选取"1. 测站坐标"	坐标测量 1.测站坐标 2.后视定向 点 仪器高 0.000m 代码 N0: 0.000m E0: 0.000m Z0: 0.000m 用户 调取　后交　记录　OK
④输入点名、代码、测站坐标、用户名等数据	点 ST 仪器高 1.520m 代码 CODE N0: 256.145m E0: 425.971m Z0: 3.364m 用户 PLAYER1 调取　后交　记录　OK

续表

操作步骤	示意图
⑤按[F4]"OK"键确认输入的坐标值,仪器自动进入后视定向菜单 注:若存储测站数据请按[F2]"记录"键	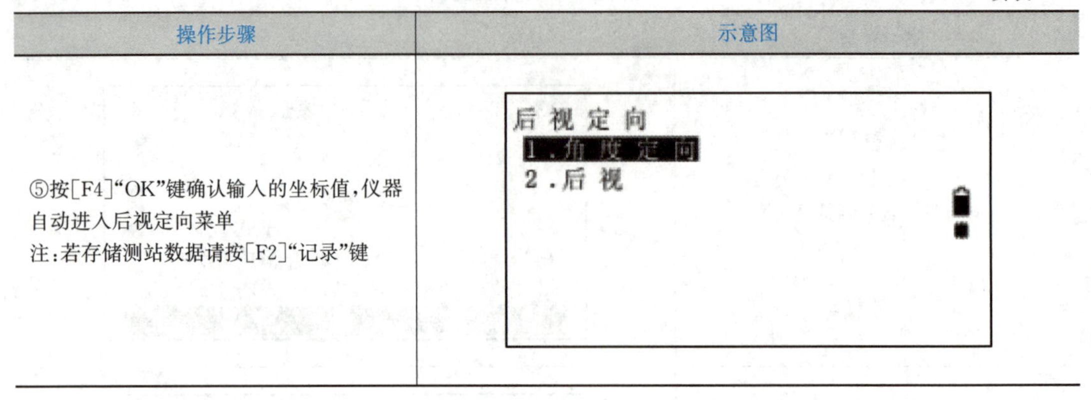

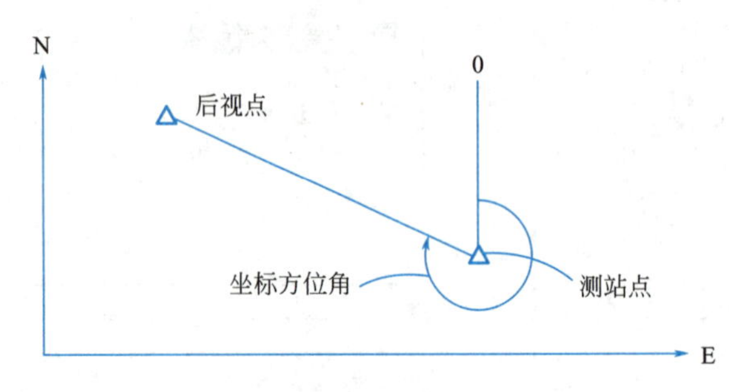

图 3-19　后视方位角设置

后视方位角设置操作流程　　**表 3-12**

操作步骤	示意图
①进入"后视定向"菜单,选取"2. 后视"并输入后视点的坐标(若需要调用仪器内存中已知坐标数据,请按[F1]"调取"键),按[F4]"OK"键确认输入的后视点数据	后视定向 1.角度定向 2.后视 后视坐标 点　BS 目标高　1.600m NBS:　478.724m EBS:　145.391 ZBS:　3.478 调取　OK

续表

操作步骤	示意图
②照准后视点按[F4]"OK"键设置后视方位角	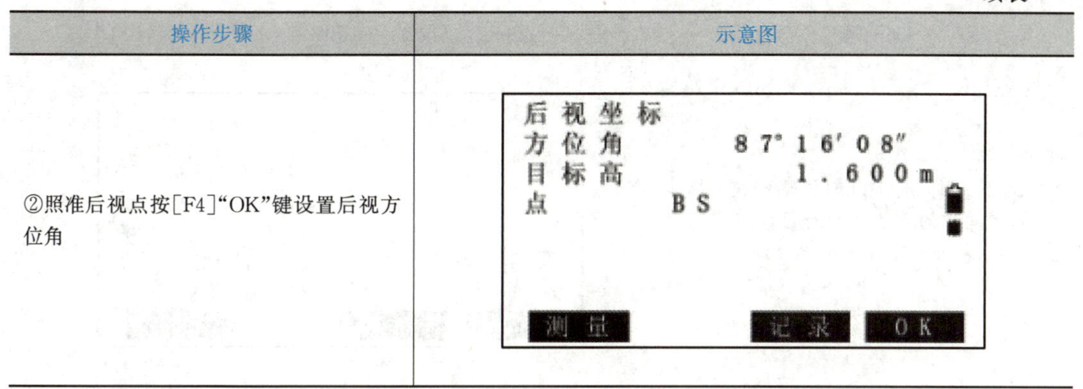

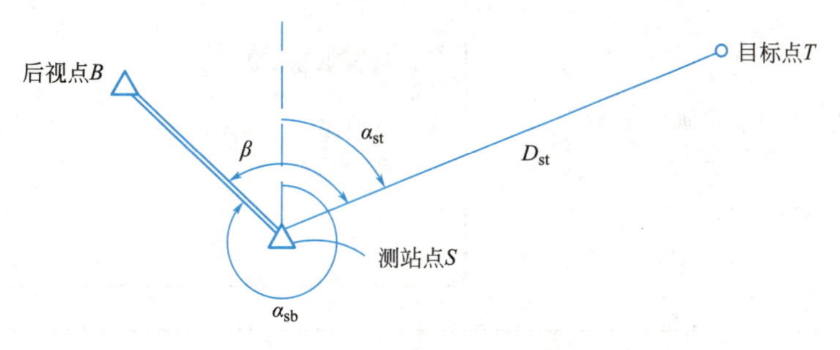

图 3-20　目标点坐标测量

目标点坐标测量操作流程　　**表 3-13**

操作步骤	示意图
①进入"坐标测量"界面，选取"2. 测量"开始进行坐标测量，在屏幕上显示出所测目标点的坐标值（按[F2]"标高"键可重新输入测站数据）	坐标测量 1.测站定向 2.测量 3.EDM 4.文件选取 坐标测量 N 645.079m E 320.006m Z 90.060m 垂直角 87°16′08″ 水平角 90°00′18″ 观测 标高 记录

续表

操作步骤	示意图
②照准下一目标点后按[F1]“观测”键开始测量；用同样的方法对所有目标点进行测量	坐标测量 N 623.242m E 346.407m Z 92.764m 垂直角 84° 15′ 02″ 水平角 47° 50′ 15″ 观测 标高 记录
③按[Esc]键结束坐标测量返回“坐标测量”界面	坐标测量 1.测站定向 2.测量 3.EDM 4.文件选取

任务实施

平面坐标测量：

外业：在测区内进行碎部点的坐标测量，并存储测量数据。

内业：将外业碎部点坐标数据导入电脑，并进行地形图的绘制。

巩固训练

在校园一定区域范围内，根据已知点坐标用全站仪测量未知点坐标，最后上交坐标测量数据一份，见表 3-14。

全站仪坐标测量记录表 **表 3-14**

日期： 班级： 组别： 天气：

测站点：X 坐标，Y 坐标，H 高程，仪器高

后视点：X 坐标，Y 坐标

点号	棱镜高(m)	X 坐标值(m)	Y 坐标值(m)	H 高程值(m)	备注

续表

点号	棱镜高(m)	X 坐标值(m)	Y 坐标值(m)	H 高程值(m)	备注

习题

简述全站仪平面坐标测量的主要步骤。

3.2 小区域平面控制测量

为了限制测量误差的累积，保证测图及施工测量的精度及速度，测量工作必须遵循"从整体到局部，先控制后碎部"的原则。控制测量分为平面控制测量和高程控制测量，平面控制测量即精密测定控制点平面位置（x、y）的工作。平面控制测量的主要方法有三角测量和导线测量，这里主要介绍导线测量。

在进行平面控制测量时，当测区内已有的控制点密度不能满足要求，但需加密的控制点数量不多时，可采用交会定点测量来加密控制点。

3.2.1 导线测量

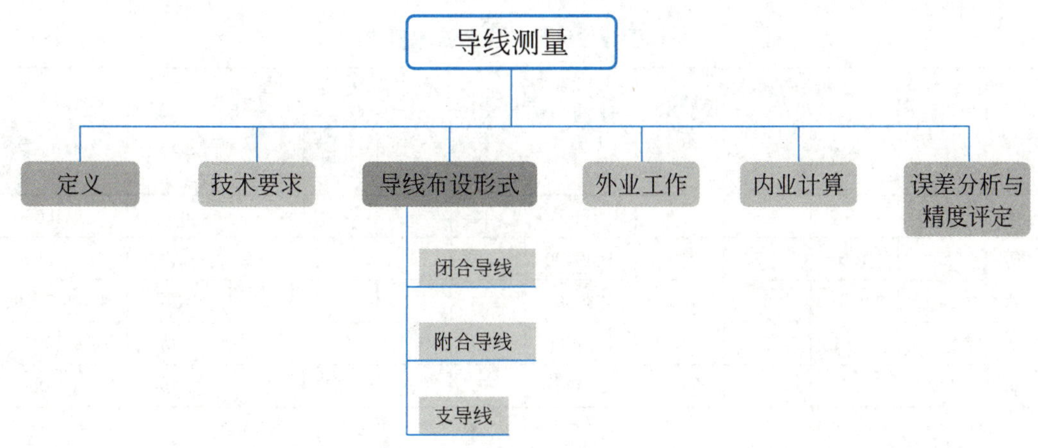

学习目标

1. 知识目标：了解导线定义和布设形式，熟悉导线测量的主要技术要求，掌握导线测量外业工作的内容和内业计算的步骤。

2. 能力目标：会埋设施工控制点，能规范地进行导线外业测量，熟练地填写内业计算表格。

3. 素质目标：培养严谨认真、耐心细致的工作态度，以及吃苦耐劳、诚实守信的品质。

任务导入

导线测量是建立小地区平面控制网常用的一种方法，特别是地物分布较复杂的建筑区、视线障碍较多的隐蔽区和带状地区，多采用导线测量的方法。

知识链接

用全站仪测量导线的转折角，用光电测距仪测定导线边长，称为电磁波测距导线。

3.2.1.1 导线测量的定义

导线是一种将控制点用直线连接成折线形式的控制网，其控制点称为导线点，点间的直线边称为导线边，相邻导线边之间的夹角称为转折角（又称导线折角，导线角）。其中，与坐标方位角已知的导线边（称为定向边或起算边）相连接的转折角，称为连接角（又称定向角）。通过观测导线边的边长和转折角，依据起算数据经计算而获得导线点的平面坐标，即为导线测量。

3.2.1.2 导线测量的主要技术要求

根据《工程测量标准》GB 50026—2020，各等级导线测量的主要技术要求应符合表 3-15 的规定。

各等级导线测量的主要技术要求　　表 3-15

等级	导线长度（km）	平均边长（km）	测角中误差（″）	测距中误差（mm）	测距相对中误差	测回数				方位角闭合差（″）	导线全长相对闭合差
						0.5″级仪器	1″级仪器	2″级仪器	6″级仪器		
三等	14	3	1.8	20	1/150000	4	6	10	—	$3.6\sqrt{n}$	≤1/55000
四等	9	1.5	2.5	18	1/80000	2	4	6	—	$5\sqrt{n}$	≤1/35000
一级	4	0.5	5	15	1/30000	—	—	2	4	$10\sqrt{n}$	≤1/15000
二级	2.4	0.25	8	15	1/14000	—	—	1	3	$16\sqrt{n}$	≤1/10000
三级	1.2	0.1	12	15	1/7000	—	—	1	2	$24\sqrt{n}$	≤1/5000

注：1. 表中 n 为测站数；

2. 当测区测图的最大比例尺为 1∶1000 时，一、二、三级导线的导线长度、平均边长可放长，但最大长度不应大于表中规定相应长度的 2 倍。

3.2.1.3　导线布设形式

根据测区的不同情况和要求，导线可布设成下列三种形式：

1. 闭合导线

从一个已知控制点和已知方向出发，经过若干个导线点 1、2、3、4…最后又回到原已知点和已知方向，形成一个闭合多边形的导线，称为闭合导线，如图 3-21 所示。

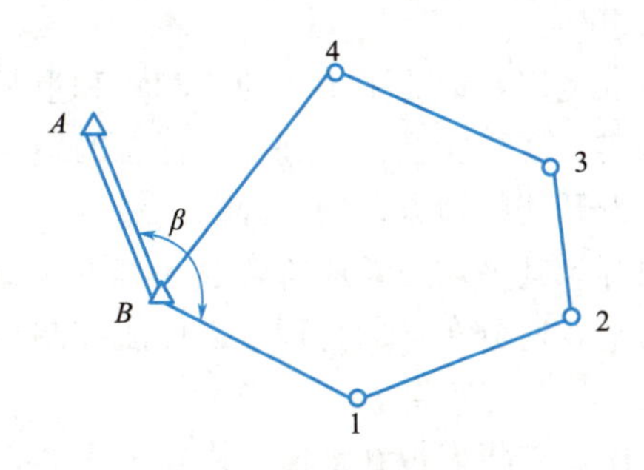

图 3-21　闭合导线图

2. 附合导线

从一个已知控制点和已知方向出发，经过一系列导线点，最后附合到另一个已知控制点和已知方向的导线，称为附合导线。此种布设形式，具有检核观测成果的作用，并能提高成果的精度，如图 3-22 所示。

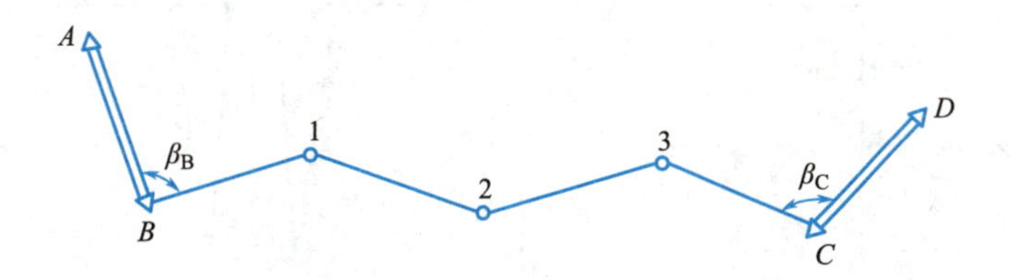

图 3-22　附合导线图

3. 支导线

从一个已知控制点和已知方向出发，既不附合到另一已知控制点，也不回到原起始点的导线，称为支导线，如图 3-23 所示。

支导线缺乏检核条件，因此仅用于图根导线测量，而且一条导线上布设的导线点一般不能超过 2 个。

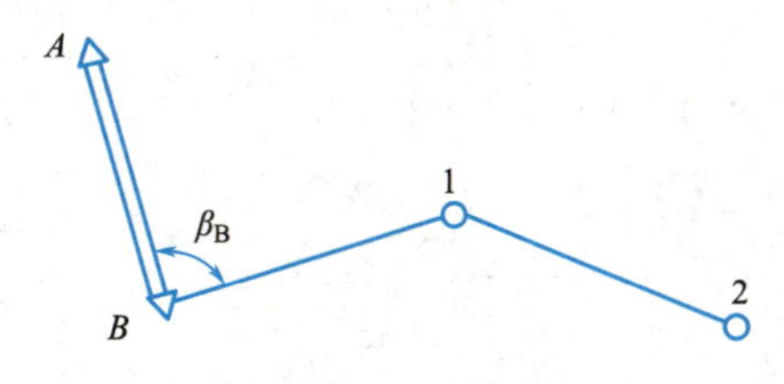

图 3-23　支导线图

3.2.1.4　导线测量的外业工作

导线测量的外业工作包括：踏勘选点、建立标志、导线转折角测量、导线边长测量和导线连接测量等。

1. 踏勘选点

在选点前，应先收集测区已有地形图和高一级控制点的成果资料，然后到现场踏勘，了解测区现状和寻找已知控制点，再拟订导线的布设方案。最后到野外踏勘，选定导线点的位置。

选点时一般应注意下列事项：

(1) 相邻点间应相互通视良好，地势平坦，便于测角和量距。

(2) 点位应选在土质坚实，便于安置仪器和保存标志的地方。

(3) 导线点应选择在视野开阔的地方，便于碎部测量。

(4) 导线边长应大致相等，其平均边长应符合表 3-15 的规定。

(5) 导线点应有足够的密度，分布均匀合理，以便能控制整个测区。

2. 建立标志

导线点位置选定后，要用标志将点位在地面上固定下来。一般的图根点，常在点位上打一大木桩，在桩顶钉一小钉作为标志，如图 3-24 所示。也可在水泥地面上用红漆画“十”字，作为临时标志。导线点如需长期保存，则应埋设混凝土桩，桩顶刻“十”字，作为永久性标志，如图 3-25 所示，并做“点之记”，见图 3-26。

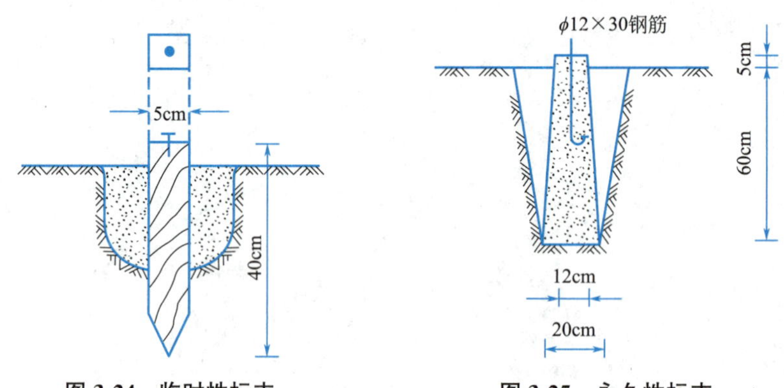

图 3-24　临时性标志　　图 3-25　永久性标志

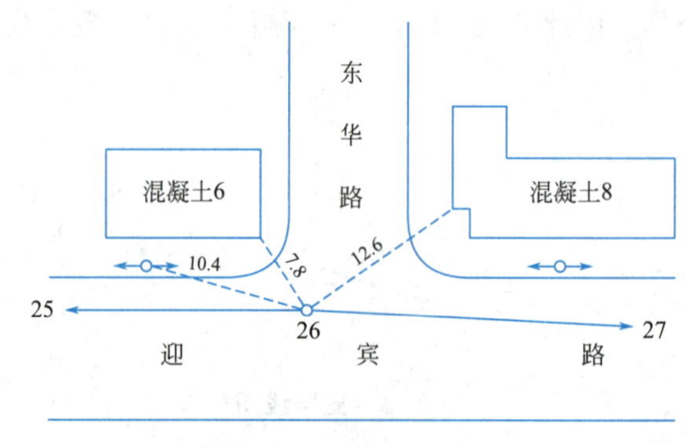

图 3-26　点之记

3. 导线转折角（水平角）测量

导线中两相邻导线边构成的转折角通常用经纬仪或全站仪进行观测，转折角的观测一般根据具体情况而定，单角采用测回法观测，三个或更多的方向采用方向观测法。为了方便计算，附合导线通常观测导线前进方向的左角；闭合导线通常观测闭合多边形的内角；支导线通常观测左、右角以方便检核。

4. 导线边长测量

导线边长需要往返测量，可以采用电磁波测距仪观测，也可以采用全站仪在测定转折角的同时测定导线边的边长。

5. 导线连接测量

当有条件时导线应与高级控制点连接，以便通过连接测量，由高级控制点求出导线起始点坐标和起始边坐标方位角，作为导线起算数据。也可以单独建立坐标系，假设起始点坐标，用罗盘仪测出导线起始边的磁方位角，作为起算数据。注意连接测量时，角度和距离的精度均应比实测导线高一个等级。

3.2.1.5　导线测量的内业计算

1. 闭合导线坐标计算

（1）绘制导线略图

导线内业计算时首先绘制导线略图，把起算数据与观测数据注于图上相应位置。略图为了示意导线的走向，需要大小适中，与实际相似，方位相似，并将已知数据正确抄录图上。如图 3-27 所示，已知起算数据 $x_1=506.321\text{m}$，$y_1=215.652\text{m}$，$\alpha_{12}=125°30'00''$，求该闭合导线中 2、3、4 点的坐标。

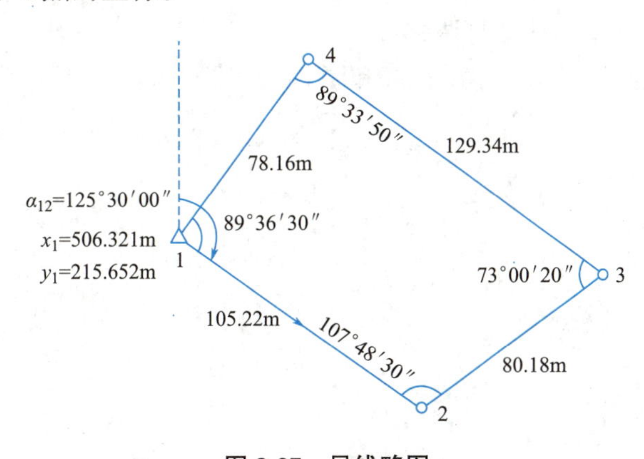

图 3-27　导线略图

（2）列表填写有关数据

列表填写有关数据，其中起算数据用单线表明，见表 3-16。

（3）角度闭合差的计算与调整

1）计算角度闭合差（实测内角之和与理论值的差值），用 f_β 表示。

$$f_\beta=\sum\beta_{测}-\sum\beta_{理}=\sum\beta_{测}-(n-2)\times180° \tag{3-12}$$

2）计算角度容许闭合差，用 $f_{\beta容}$ 表示。根据图根导线技术要求：

$$f_{\beta容}=\pm60''\sqrt{n} \tag{3-13}$$

3）精度评定。若 $|f_\beta|>|f_{\beta容}|$，则说明所测角度不符合要求，应重新观测角度；若 $|f_\beta|\leqslant|f_{\beta容}|$，精度符合要求，可以进行下一步角度闭合差的调整。

4）计算角度改正数。将 f_β 若反号平均，取到秒位，把多余的整秒加在短边构成的角上，即

$$v_{\beta i}=-\frac{f_\beta}{n} \tag{3-14}$$

计算检核

$$\sum v_{\beta i}=-f_\beta$$

5）计算改正后角值

$$\beta_{改i}=\beta_{测i}+v_{\beta i} \tag{3-15}$$

计算检核

$$\sum \beta_{改i}=(n-2)\times 180°$$

（4）各边坐标方位角推算

根据起始边方位角和改正后各内角，用左角和右角公式依次推算各边方位角。

计算检核

$$\alpha_{始推算}=\alpha_{始已知}$$

（5）坐标增量计算

$$\left.\begin{aligned}\Delta x_{i,i+1}&=D_{i,i+1}\cos\alpha_{i,i+1}\\ \Delta y_{i,i+1}&=D_{i,i+1}\sin\alpha_{i,i+1}\end{aligned}\right\} \tag{3-16}$$

（6）坐标增量闭合差的计算与调整

1）坐标增量闭合差计算，见图 3-28 和图 3-29，即

$$\left.\begin{aligned}f_x&=\sum\Delta x_{i,i+1}-\sum\Delta x_{理}=\sum\Delta x_{i,i+1}\\ f_y&=\sum\Delta y_{i,i+1}-\sum\Delta y_{理}=\sum\Delta y_{i,i+1}\end{aligned}\right\} \tag{3-17}$$

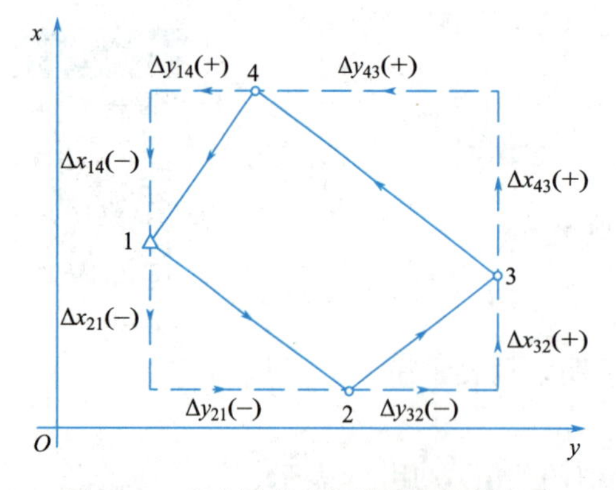

图 3-28　闭合导线坐标增量理论闭合差

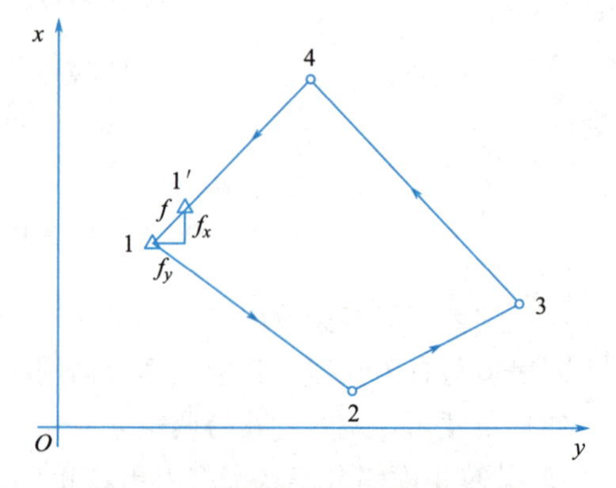

图 3-29　闭合导线坐标增量实测闭合差

2）导线全长闭合差 f_D 的计算

$$f_D=\sqrt{f_x^2+f_y^2} \tag{3-18}$$

3）精度评定。仅从 f_D 值的大小还不能真正反映出导线测量的精度，应当将 f_D 与导线全长 $\sum D$ 相比，用相对误差 k 来表示导线测量的精度水平，即

$$k=\frac{f_D}{\sum D}=\frac{1}{\sum D/f_D} \tag{3-19}$$

对于图根导线，对图根电子测距导线，其 $k_{容}=1/4000$；对图根钢尺测距导线，其 $k_{容}=1/4000$。

若 $k>k_{容}$，则说明测量不合格，此时，应首先检查内业计算有无错误，若无误，再检查外业观测成果资料，必要时应重测；若 $k\leqslant k_{容}$，则说明精度符合要求，可以对坐标增量闭合差进行分配调整，即将 f_x、f_y 反其符号按“与边长成正比”的原则分配到相应边纵、横坐标增量中去。

4）坐标增量改正数的计算

$$\left.\begin{aligned} v_{xi,i+1}&=-f_x\frac{D_{i,i+1}}{\sum D}\\ v_{yi,i+1}&=-f_y\frac{D_{i,i+1}}{\sum D}\end{aligned}\right\} \tag{3-20}$$

计算检核

$$\left.\begin{aligned}\sum v_{xi,i+1}&=-f_x\\ \sum v_{yi,i+1}&=-f_y\end{aligned}\right\}$$

5）改正后坐标增量的计算。

$$\left.\begin{aligned}\Delta x_{i,i+1改}&=\Delta x_{i,i+1}+v_{xi,i+1}\\ \Delta y_{i,i+1改}&=\Delta y_{i,i+1}+v_{yi,i+1}\end{aligned}\right\} \tag{3-21}$$

计算检核

$$\left.\begin{aligned}\sum \Delta x_{i,i+1改}&=0\\ \sum \Delta y_{i,i+1改}&=0\end{aligned}\right\}$$

（7）导线坐标计算

$$\left.\begin{aligned}x_i&=x_{i-1}+\Delta x_{i-1,i改}\\ y_i&=y_{i-1}+\Delta y_{i-1,i改}\end{aligned}\right\} \tag{3-22}$$

计算检核

$$\left.\begin{aligned}x_{起计算}&=x_{起已知}\\ y_{起计算}&=y_{起已知}\end{aligned}\right\}$$

说明：在本例中，计算结果均填在表 3-16 中。在实际工作中列表计算即可，但在表中一般应写出精度评定及主要公式，另外计算检核也应在表中体现。

2. 附合导线坐标计算

如图 3-30 所示，已知起算数据 $x_A=2507.69\text{m}$，$y_A=1215.63\text{m}$，$\alpha_{BA}=237°59'30''$；$x_C=2166.74\text{m}$，$y_C=1757.27\text{m}$，$\alpha_{CD}=46°45'24''$，求该附合导线中 1、2、3、4 点的坐标。

闭合导线坐标计算表（使用计算器计算） **表 3-16**

点号	观测左角（° ′ ″）	改正数（″）	改正后角值（° ′ ″）	坐标方位角（° ′ ″）	距离（m）	坐标增量 Δx(m)	坐标增量 Δy(m)	改正后坐标增量 Δx′(m)	改正后坐标增量 Δy′(m)	坐标(m) x	坐标(m) y
1										506.321	215.652
				125 30 00	105.22	−2 −61.10	+2 +85.66	−61.12	+85.68		
2	107 48 30	+13	107 48 43							445.2	301.33
				53 18 43	80.18	−2 +47.90	+2 +64.30	−47.88	64.32		
3	73 00 20	+12	73 00 32							493.08	365.64
				306 19 15	129.34	−3 +76.61	+2 −104.21	+76.58	−104.19		
4	89 33 50	+12	89 34 02							569.66	261.46
				215 53 17	78.16	−2 −63.32	+1 −45.82	−63.34	−45.81		
1	89 36 30	+13	89 36 43							506.321	215.652
				125 30 00							
2											
∑	359 59 10	+50	360 00 00		392.9	+0.09	−0.07	0.00	0.00		

辅助计算：

$f_\beta = \sum\beta_{测} - (n-2) \times 180° = -50''$

$f_{\beta容} = \pm 60''\sqrt{4} = \pm 120''$

$f_\beta < f_{\beta容}$（合格）

$f_z = \sum\Delta x = +0.09\text{m}, f_y = \sum\Delta y = -0.07\text{m}$

导线全长闭合差 $f_D = \sqrt{f_x^2 + f_y^2} = 0.011\text{m}$

导线相对闭合差 $K = \dfrac{1}{\sum D/f_D} \approx \dfrac{1}{3500}$

允许相对闭合差 $K_{允} = \dfrac{1}{2000}$

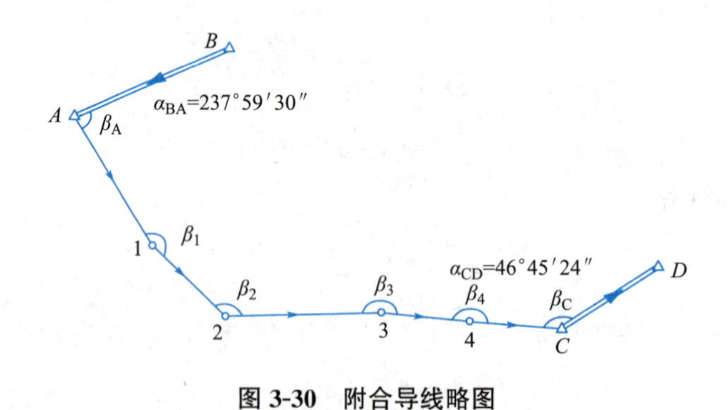

图 3-30　附合导线略图

附合导线的坐标计算与闭合导线基本相同，但由于导线布置的形式不同，首先表现为二者的起算数据不同，因而在角度闭合差与坐标增量闭合差的计算上也稍有差别，归纳如下。

（1）起算数据不同

闭合导线：起点坐标，起始边坐标方位角。

附合导线：起点与终点坐标，起始边和终边的坐标方位角。

（2）角度闭合差的计算方法不同

闭合导线

$$f_\beta = \sum \beta_{测} - (n-2) \times 180°$$

附合导线

$$f_\beta = \alpha_{始已知} + \sum \beta_{测左角} - n \times 180° - \alpha_{终已知} \tag{3-23a}$$

或

$$f_\beta = \alpha_{始已知} - \sum \beta_{测右角} + n \times 180° - \alpha_{终已知} \tag{3-23b}$$

（3）坐标增量闭合差的计算方法不同

闭合导线

$$\left.\begin{aligned} f_x &= \sum \Delta x_{i,i+1} \\ f_y &= \sum \Delta y_{i,i+1} \end{aligned}\right\} \tag{3-24}$$

附合导线

$$\left.\begin{aligned} f_x &= \sum \Delta x_{i,i+1} - (x_{终} - x_{始}) \\ f_y &= \sum \Delta y_{i,i+1} - (y_{终} - y_{始}) \end{aligned}\right\} \tag{3-25}$$

（4）改正后坐标增量及导线坐标计算检核也做相应变化

附合导线的计算过程，可见表 3-17。

附合导线坐标计算表（使用计算器计算）　　　**表 3-17**

点号	观测左角（° ′ ″）	改正数（″）	改正后角值（° ′ ″）	坐标方位角（° ′ ″）	距离（m）	坐标增量		改正后坐标增量		坐标(m)	
						Δx(m)	Δy(m)	Δx′(m)	Δy′(m)	x	y
B											
				237 59 30							
A	99 01 00	+6	99 01 06							2507.69	1215.63
				157 00 36	225.85	+5 −207.91	−4 +88.21	−207.86	+88.17		
1	167 45 36	+6	167 45 42							2299.83	1303.80
				144 46 18	139.03	+3 −113.57	−3 +80.20	−113.54	+80.17		
2	123 11 24	+6	123 11 30							2186.29	1383.97
				87 57 48	172.57	+3 +6.16	−3 +172.46	+6.16	+172.43		
3	189 20 36	+6	189 20 42							2192.45	1556.40
				97 18 30	100.07	+2 −12.73	−2 +99.26	−12.71	+99.24		
4	179 59 18	+6	179 59 24							2179.74	1655.64
				97 17 54	102.48	+2 −13.02	−2 +101.65	−13.00	+101.63		
C	129 27 24	+6	129 27 30							2166.74	1757.27
				46 45 24							
D											
Σ	888 45 18	+36	888 45 54		740.00	−341.00	+541.78	−340.95	+541.64		

续表

点号	观测左角(° ′ ″)	改正数(′)	改正后角值(° ′ ″)	坐标方位角(° ′ ″)	距离(m)	坐标增量		改正后坐标增量		坐标(m)	
						Δx(m)	Δy(m)	$\Delta x'$(m)	$\Delta y'$(m)	x	y
辅助计算	$\alpha'_{CD} = 46°94'48''$ $\alpha_{CD} = 46°45'24''$ $f_\beta = \alpha'_{CD} - \alpha_{CD} = \pm 24''$ $f_{\beta容} = \pm 60''\sqrt{5} = \pm 147''$ $f_\beta < f_{\beta容}$(合格)				$f_x = \sum \Delta x_{测} - (x_C - x_A) = -0.15\text{m}$，$f_y = \sum \Delta y_{测} - (y_C - y_A) = +0.14\text{m}$ 导线全长闭合差 $f_D = \sqrt{f_x^2 + f_y^2} = 0.20\text{m}$ 导线相对闭合差 $K = \dfrac{1}{\sum D / f_D} \approx \dfrac{1}{3700}$ 允许相对闭合差 $K_{允} = \dfrac{1}{2000}$						

3. 支导线坐标计算

由于支导线中没有多余观测值，因此不会产生任何的闭合差，导线的转折角和计算的坐标增量不需要进行改正。支导线坐标计算的具体步骤如下：

（1）根据观测的转折角推算各边的坐标方位角。

（2）根据各边的坐标方位角和边长计算坐标增量。

（3）根据各边的坐标增量计算各点的坐标。

特别注意，因支导线缺乏检核条件，不易发现错误，故一般不宜采用。

3.2.1.6 导线测量误差分析与精度评定

在导线内业计算中，若角度闭合差或导线全长相对闭合差超限，很可能是转折角或导线边水平距离观测值中含有粗差，或可能在计算时出现了计算错误。一般说来，测角错误将表现为角度闭合差超限，而测距出错或计算中用错导线边的坐标方位角，则表现为导线全长相对闭合差超限。

1. 若角度闭合差超限，应检查角度观测错误

在图 3-31 所示的附合导线中，假设所测的转折角中含有错误，则可根据未经调整的角度观测值自 A 向 C 计算各导线边的坐标方位角和各导线点的坐标，并同样自 C 向 A 进行推算。若只有一点的坐标极为相近，而其余各点坐标均有较大的差异，则表明坐标很接近的这一点上，其测角有误差。若错误较大（如 5° 以上），也可直接用图解法来发现错误所在。即先自 A 向 C 用量角器和比例直尺按所测角度和边长画导线，然后再自 C 向 A 也画导线，则两条导线相交的导线点上所测出的角度有问题。

若为闭合导线也可按此方法进行检查，但检查或画导线时不是从两点对向进行，而是从一点开始以顺时针方向和逆时针方向分别计算各导线点的坐标，并按上述方法来检查判断，找出测角错误所在。

2. 若导线全长相对闭合差超限，应检查边长或坐标方位角错误

由于在角度闭合差未超限时才可进行导线全长相对闭合差的计算，所以若导线全长相对闭合差超限，只可能是边长或坐标方位角错误所致。若导线某边长有较大误差，如图 3-32 中的 de 边上错了 ee'，则全长闭合差 BB' 将平行于该导线边 de。若计算坐标增量时用错了某导线边的坐标方位角，则全长闭合差的方向将大致垂直于方向错误的导线边。所以，在查找错误时，为了确定出错误之处，先必须确定全长闭合差的方向。

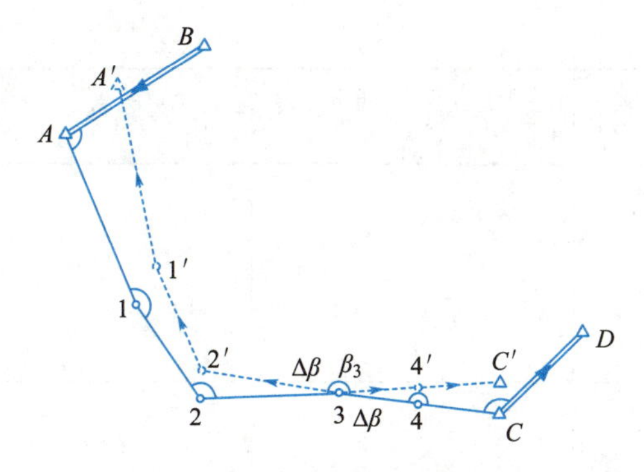

图 3-31　导线测量角度错误检查

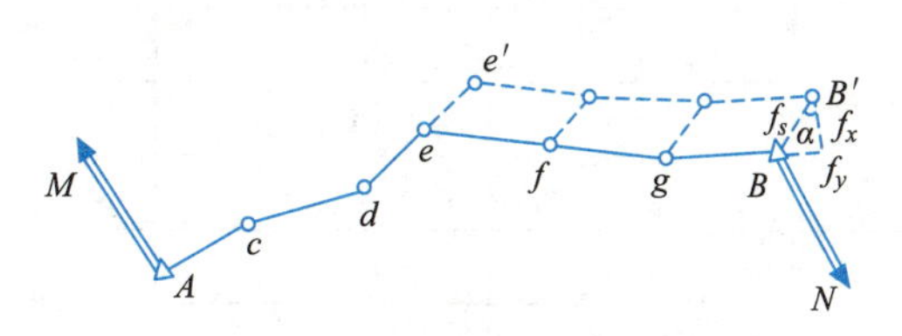

图 3-32　导线测量边长错误检查

如图 3-32 所示，导线全长闭合差 BB' 的坐标方位角的正切值为：$\tan\alpha = f_y / f_x$，根据此式可先求得导线全长闭合差 BB' 的坐标方位角 α，然后将其与导线各边的坐标方位角相比较，若有与之相差 90°者，则可检查该边的坐标方位角有无用错或是算错；若有与之大致相等（或相近）者，则应检查该导线边的边长是否有错误。如果从记录手簿或导线成果计算表中检查不出错误，则应到现场检查相应导线边的边长观测。

在此特别说明，上述导线测量错误的查找方法，仅仅只对导线成果中只有一个错误之处时有效，若有多处错误，本方法无法查找，只能重新进行导线的外业工作。

任务实施

导线测量：

外业：在建筑施工场地埋设施工控制点，进行导线边长和转折角测量以及连接测量，并填好测量手簿。

内业：根据外业测量数据，列表格进行导线内业计算，确定施工控制点的 X、Y 平面坐标。

巩固训练

在校园内选定导线点，构成四边形的闭合导线，并打上木桩或建立相应的测量控制点标志，用全站仪进行四边形闭合导线测量，最后上交闭合导线外业观测记录表（表 3-18）一份和闭合导线坐标计算表（表 3-19）一份。

闭合导线外业观测记录表　　表 3-18

日期：　　班级：　　组别：　　观测者：

天气：　　仪器：　　成像：　　记录者：

测站	竖盘位置	目标	水平度盘读数（° ′ ″）	半测回角值（° ′ ″）	一测回平均角值（° ′ ″）	备注

续表

测站	竖盘位置	目标	水平度盘读数(° ′ ″)	半测回角值(° ′ ″)	一测回平均角值(° ′ ″)	备注
			$\sum$			
校核	角度闭合差 $f_\beta=$ ________；$f_{\beta容}=\pm60''\sqrt{4}$；精度要求					

边长	往测(m)	返测(m)	往返平均值(m)	相对误差(k 值)	备注

闭合导线坐标计算表 **表 3-19**

点号	观测左角(° ′ ″)	改正数(″)	改正后角值(° ′ ″)	坐标方位角(° ′ ″)	距离(m)	坐标增量		改正后坐标增量		坐标(m)	
						Δx(m)	Δy(m)	$\Delta x'$(m)	$\Delta y'$(m)	x	y

续表

辅助计算	

习题

1. 什么叫导线、导线点、导线边和转折角？

2. 什么是导线测量？导线测量的布设形式有哪几种？导线测量的内、外业工作包括哪些内容？

3. 闭合导线与附合导线的内业计算有何异同点？

4. 闭合导线 1、2、3、4 的观测数据如下：$\beta_1 = 89°36'36''$，$\beta_2 = 107°48'34''$，$\beta_3 = 73°00'18''$，$\beta_4 = 89°33'42''$，$D_{12} = 105.22\text{m}$，$D_{23} = 80.18\text{m}$，$D_{34} = 129.34\text{m}$，$D_{41} = 78.16\text{m}$，其已知数据为：$x_A = 1000.00\text{m}$，$y_A = 1000.00\text{m}$，$\alpha_{12} = 125°30'30''$。试用表格计算 2、3、4 点的坐标并画出略图（所测内角为左连接角）。

5. 如图 3-33 所示为某附合导线（图根），其观测数据标于图上，已知数据为：$x_A = 200.00\text{m}$，$y_A = 200.00\text{m}$，$x_C = 155.37\text{m}$，$y_C = 756.06\text{m}$，$\alpha_{AB} = 45°00'00''$，$\alpha_{CD} = 116°44'48''$。试用表格计算 1、2 点的坐标。

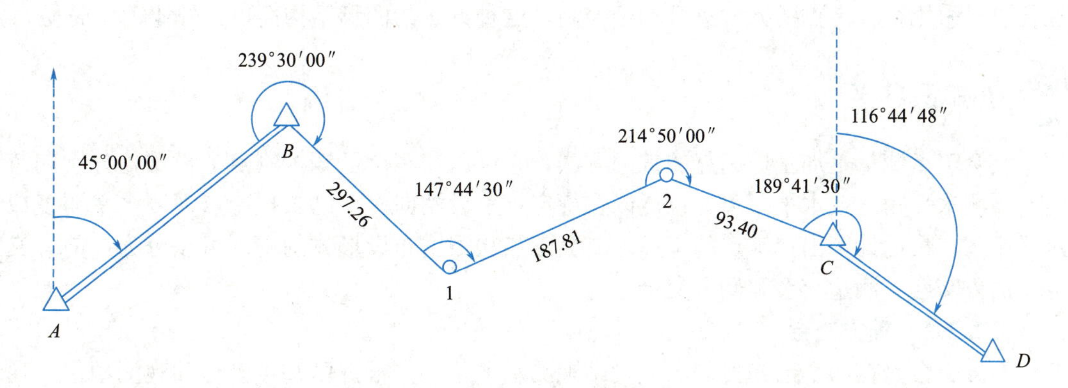

图 3-33　附合导线测量数据略图

3.2.2 交会定点测量

思维导图

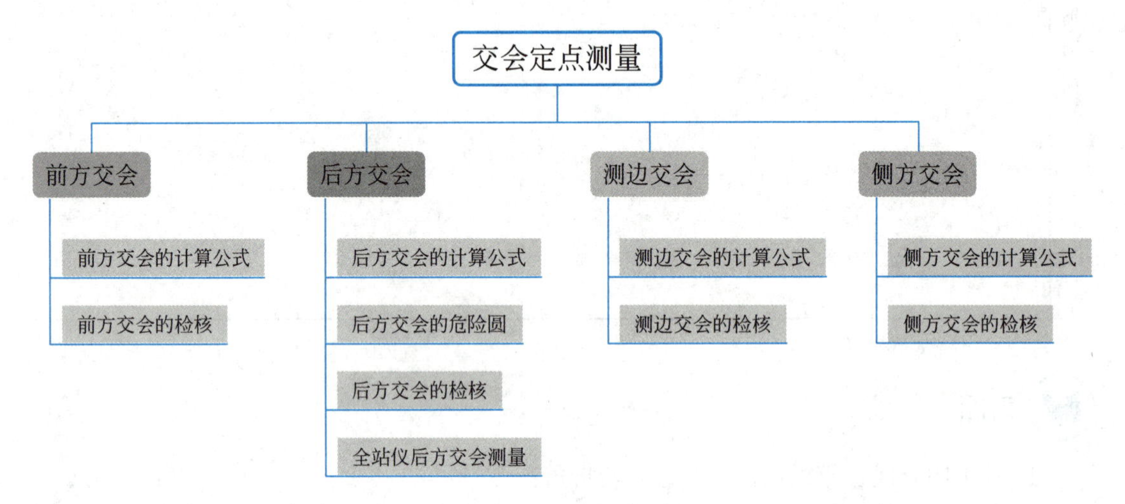

学习目标

1. 知识目标：熟悉交会定点法的布设形式；掌握各布设形式的测量方法、计算公式和检核方法。

2. 能力目标：能熟练运用全站仪进行交会测量；能填写交会测量计算表格。

3. 素质目标：培养吃苦耐劳的品质，团队协作的精神，严谨细致的工作态度。

任务导入

在山区或通视条件良好的地方，如果原有控制点的数量不能满足施工或测图需要时，往往可以采用交会定点的方法进行加密控制，这种方法的图形结构简单，外业工作简易。

知识链接

交会定点测量是加密控制点的常用方法，它可以在多个已知控制点上设站，分别向待定点观测水平角度或水平距离，也可以在待定点上设站向多个已知控制点观测水平角度或水平距离，最后计算出待定点的坐标。交会定点法根据布设形式的不同可以分为：前方交会、后方交会、测边交会和侧方交会。

3.2.2.1 前方交会

前方交会是在两个已知控制点上设站观测水平角，并根据已知点坐标和观测角值，通过平面坐标反算方法，计算出加密点坐标的一种控制测量方法。

1. 前方交会的计算公式

如图 3-34，在已知点 A（x_A，y_A）、B（x_B，y_B）上安置全站仪分别向加密点 P 观测水平角 α 和 β，便可以计算出 P 点的坐标。为保证交会定点的精度，在选定 P 点时，应使交会角 γ 处于 30°～150°之间，最好接近 90°。

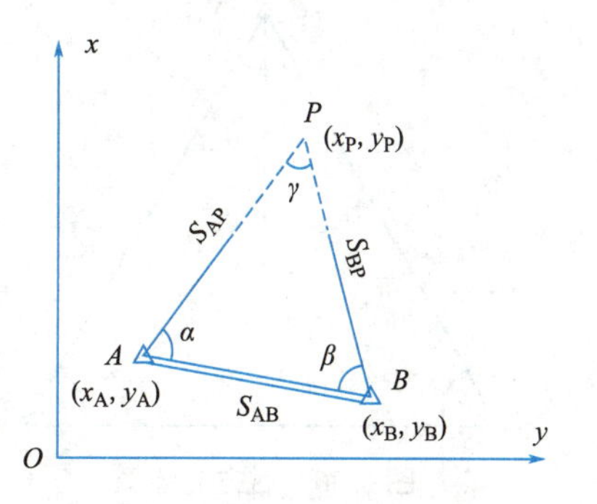

图 3-34　前方交会定点测量

通过坐标反算公式，计算出已知边 AB 的坐标方位角 α_{AB} 和边长 S_{AB}，然后根据观测角 α 推算出 AP 边的坐标方位角 α_{AP}，由正弦定理计算出 AP 边的边长 S_{AP}。最终，依据坐标正算公式，即可求得加密点 P 的坐标，即：

$$\begin{cases} x_P = x_A + S_{AP} \times \cos\alpha_{AP} \\ y_P = y_A + S_{AP} \times \sin\alpha_{AP} \end{cases} \tag{3-26}$$

若△ABP 的点号 A（已知点）、B（已知点）、P（待定点）按逆时针编号时，可得到前方交会法求加密点 P 的坐标的余切公式，即：

$$\left.\begin{aligned} x_P &= \frac{x_A \times \cot\beta + x_B \times \cot\alpha + (y_B - y_A)}{\cot\alpha + \cot\beta} \\ y_P &= \frac{y_A \times \cot\beta + y_B \times \cot\alpha - (x_B - x_A)}{\cot\alpha + \cot\beta} \end{aligned}\right\} \tag{3-27}$$

若 A、B、P 按顺时针编号，则相应的余切公式为：

$$\left.\begin{aligned} x_P &= \frac{x_A \times \cot\beta + x_B \times \cot\alpha - (y_B - y_A)}{\cot\alpha + \cot\beta} \\ y_P &= \frac{y_A \times \cot\beta + y_B \times \cot\alpha + (x_B - x_A)}{\cot\alpha + \cot\beta} \end{aligned}\right\} \tag{3-28}$$

2. 前方交会的检核

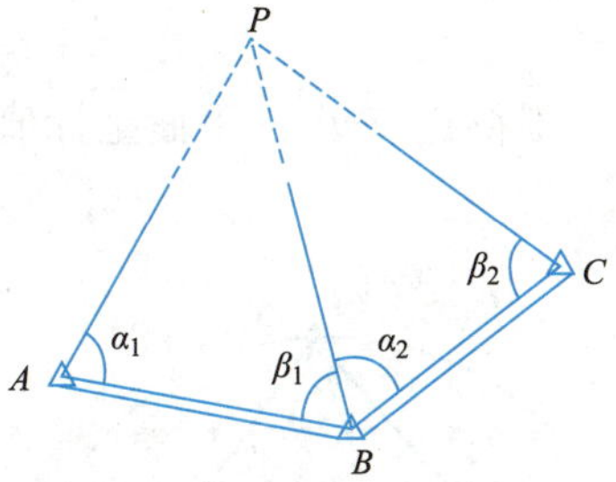

在实际工作中，为了避免外业观测发生错误，检校测量成果的可靠性，一般都是选择三个已知控制点组成两个三角形作两组前方交会。如图 3-35 所示，在 A、B、C 三个已知点向加密点 P 观测水平角 α_1、β_1、α_2、β_2，分别按 A、B、P 和 B、C、P 两组求出 P 点的坐标（x'_P，y'_P）和（x''_P，y''_P）。

图 3-35　两组前方交会图

若两组计算出的坐标的较差 e 在允许限差之内，则取两组坐标的平均值为加密点 P 的最后坐标。对于图根控制测量，两组坐标较差的限差可按不大于两倍测图比例尺精度来规定，即：

$$e = \sqrt{(x'_P - x''_P)^2 + (y'_P - y''_P)^2} \leqslant 2 \times 0.1 \times M(\text{mm}) \tag{3-29}$$

式中 M 为测图比例尺分母。

3.2.2.2　后方交会

后方交会是在待定的加密点上设站，对三个或三个以上的已知控制点进行角度观测，计算出待定点坐标的定点控制测量方法。

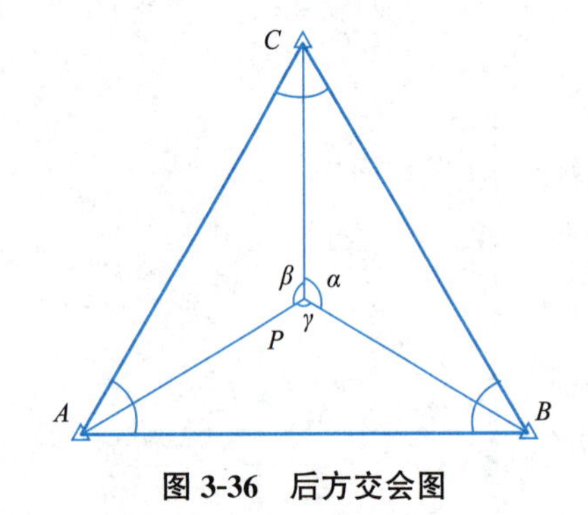

图 3-36　后方交会图

1. 后方交会的计算公式

后方交会的计算方法有多种，这里仅介绍一种仿权计算公式。如图 3-36 所示，A、B、C 为已知控制点，P 为待定的加密控制点，在 P 点上安置仪器，分别观测 A、B、C 各个方向之间的夹角 α、β、γ。设由三个已知点 A、B、C 所组成的三角形的三个内角分别表示为 A、B、C，直线 PA、PB、PC 的坐标方位角分别为 α_{PA}、α_{PA}、α_{PA}，则三个水平角 α、β、γ 为：

$$\left.\begin{aligned}\alpha &= \alpha_{PB}-\alpha_{PC}\\ \beta &= \alpha_{PC}-\alpha_{PA}\\ \gamma &= \alpha_{PA}-\alpha_{PB}\end{aligned}\right\}\tag{3-30}$$

必须强调：起始点 A、B、C 的编号顺序应与观测角 α、β、γ 相对应，即 BC 边所对应的角为 α，AC 边所对应的角为 β，AB 边所对应的角为 γ。

设 A、B、C 三个已知点的平面坐标为（x_A，y_A）、（x_B，y_B）、（x_C，y_C），令：

$$\left.\begin{aligned}P_A &= \frac{1}{\cot A-\cot\alpha}=\frac{\tan\alpha\tan A}{\tan\alpha-\tan A}\\ P_B &= \frac{1}{\cot B-\cot\beta}=\frac{\tan\beta\tan B}{\tan\beta-\tan B}\\ P_C &= \frac{1}{\cot C-\cot\gamma}=\frac{\tan\gamma\tan C}{\tan\gamma-\tan C}\end{aligned}\right\}\tag{3-31}$$

则，待定点 P 的坐标计算公式为：

$$\left.\begin{aligned}x_P &= \frac{P_A\times x_A+P_B\times x_B+P_C\times x_C}{P_A+P_B+P_C}\\ y_P &= \frac{P_A\times y_A+P_B\times y_B+P_C\times y_C}{P_A+P_B+P_C}\end{aligned}\right\}\tag{3-32}$$

如果将 P_A、P_B、P_C 看作 A、B、C 三个已知点的权，则待定点 P 的平面坐标值就是三个已知点坐标的加权平均值。

2. 后方交会的危险圆

如图 3-37 所示，若待定点 P 正好选在三个已知点 A、B、C 所组成△ABC 的外接圆的圆周上时，观测角 α、β 在圆周上的任何位置其角值均不变，在这种情况下，无论运用后方交会的哪一种计算公式都解不出 P 点的坐标，我们把已知△ABC 的外接圆的圆周称为后方交会的危险圆。后方交会点不能布设在危险圆上，也不能靠近危险圆，因此规定待定点 P 到危险圆圆周的距离不得小于该危险圆半径的 1/5。

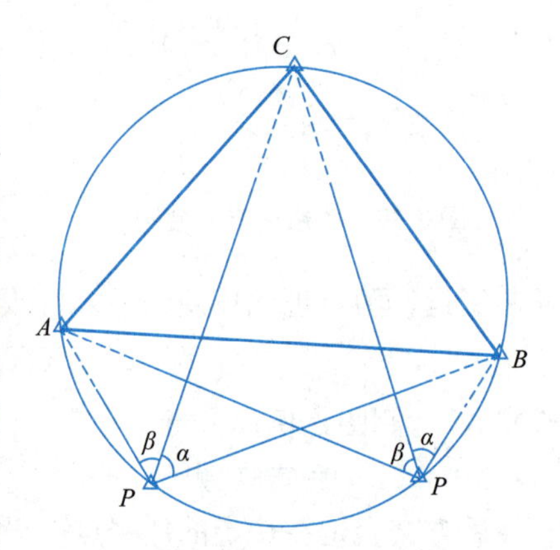

图 3-37　后方交会图

在实际工作中，选取计算图形时一定要考虑危险圆问题，当待定点 P 位于已知点构成的三角形内部时，既能避开危险圆又能提高交会精度。

3. 后方交会的检核

实际作业时，为避免错误发生，通常应从 A、B、C、D 四个已知点分成两组，并观测出交会角，计算出待定点 P 的两组坐标值便于检核（图 3-38）。检核的方式有两种：一种是取四个已知点中的三个点为一组，分别作两个后方交会图形，根据两组图形计算出两组 P 点坐标值，求其较差 e（计算公式同前方交会），若较差在限差之内，取两组坐标值的平均值作为待定点 P 的最终平面坐标；另一种是取图形结构较好的三个已知点计算 P 点的坐标值，第三个角 ε 用作检核角，计算出 $\Delta\varepsilon$ 值，再用 P 点的横向位移允许值作为检核条件（同后面的侧方交会的检核）。

必须注意：不要选三个点在一条直线上的图形，若 α、β、ε 三个角可能为 0°或 180°时，$\cot\alpha$、$\cot\beta$ 或 $\cot\varepsilon$ 将为∞。通常为了简便，只选取交会角较好的图形进行计算，当算得的横向位移 e 满足要求时，取两组坐标的平均值作为 P 点的最后坐标值。

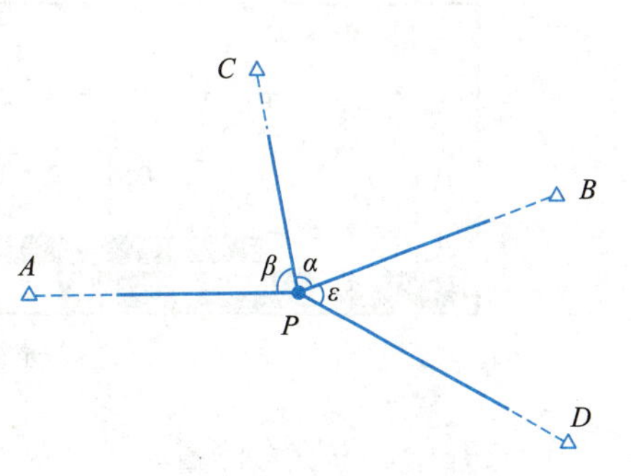

图 3-38　后方交会定点测量

4. 全站仪后方交会测量

全站仪进行后方交会测量可以直接显示待定点 P 的坐标（图 3-39），步骤如下：

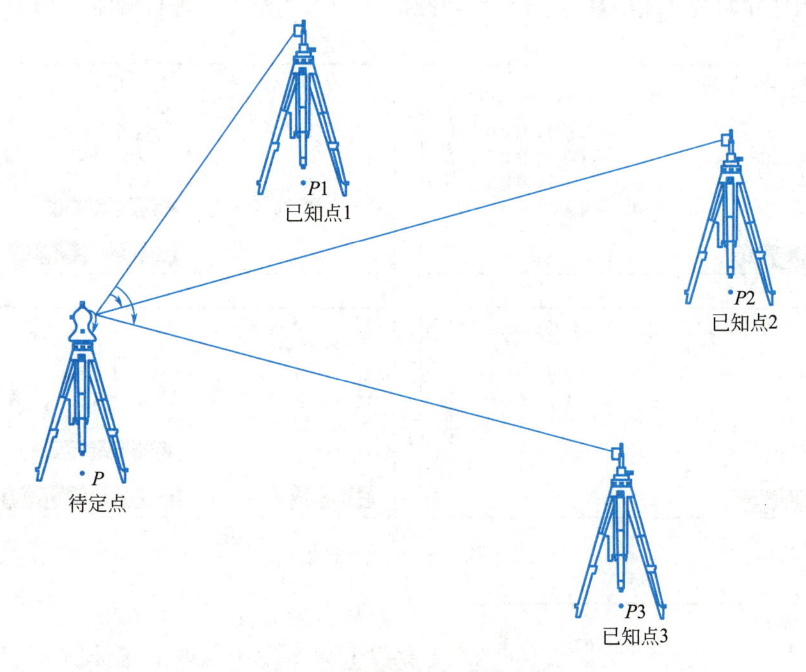

图 3-39　后方交会测量示意

（1）选择全站仪后方交会程序，如图 3-40 所示。

（2）输入已知点坐标

按键【往下】可以继续输入已知点坐标，如图 3-41 所示。

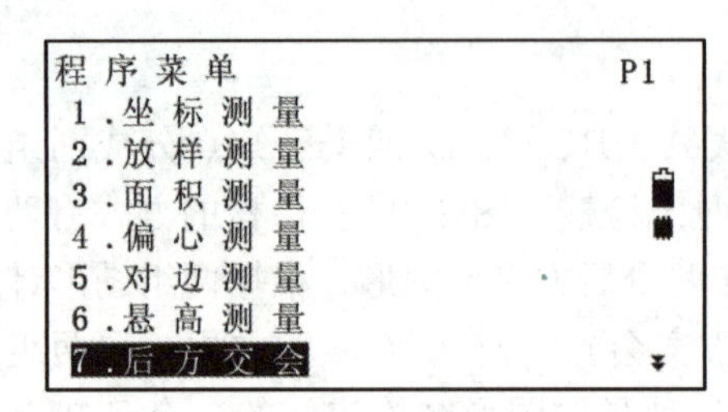

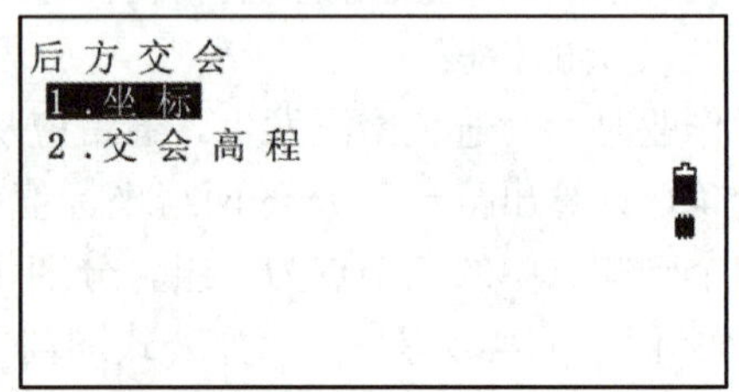

图 3-40 后方交会测量 1

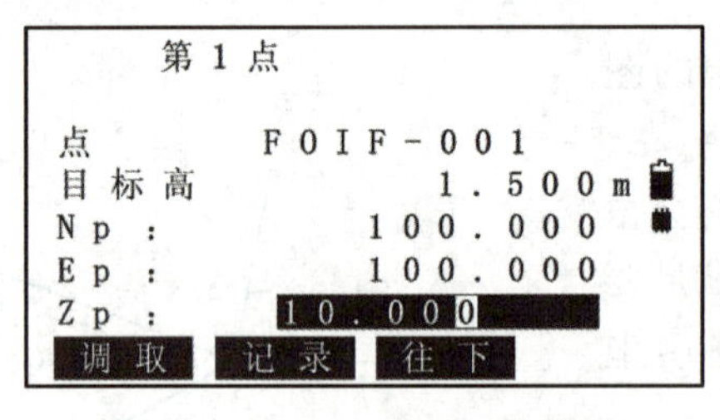

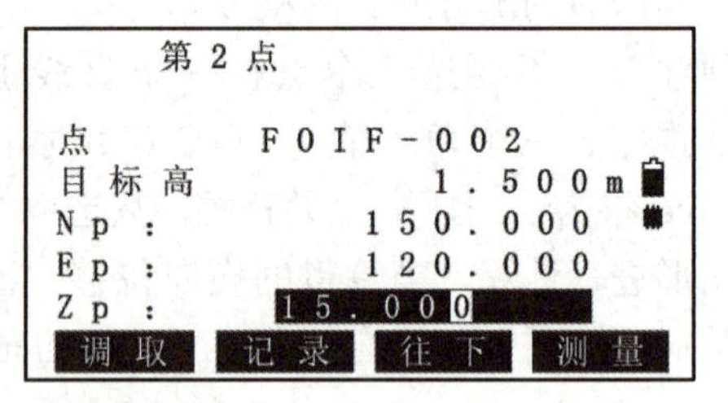

图 3-41 后方交会测量 2

（3）开始后方交会测量

在输入已知点坐标界面选择【测量】键进入后方交会测量功能，瞄准 1 号点，点击【测距】，弹出测量界面选择【是】；重复操作，瞄准 2 号和 3 号点，进行测距，如图 3-42 所示。

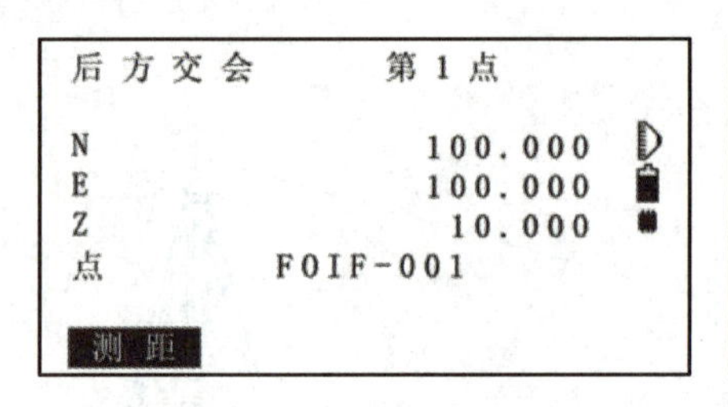

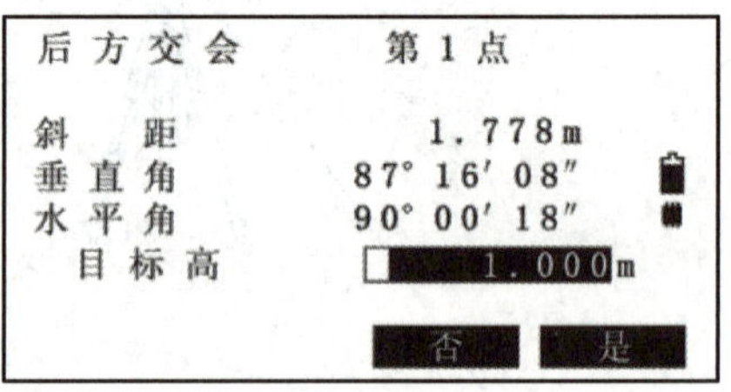

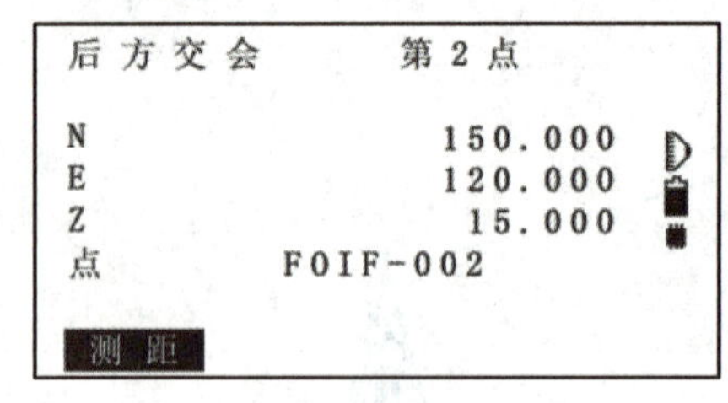

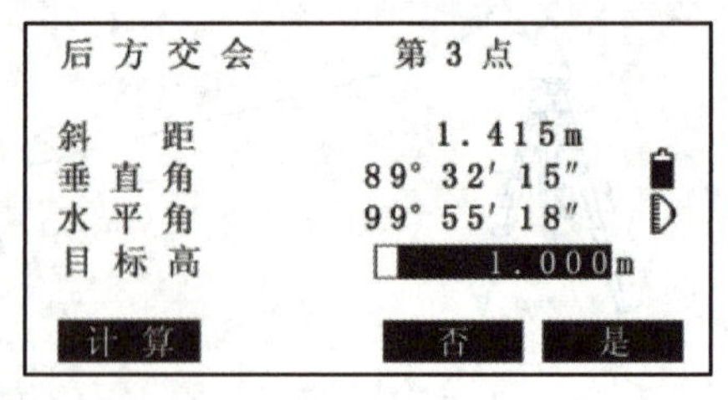

图 3-42 后方交会测量 3

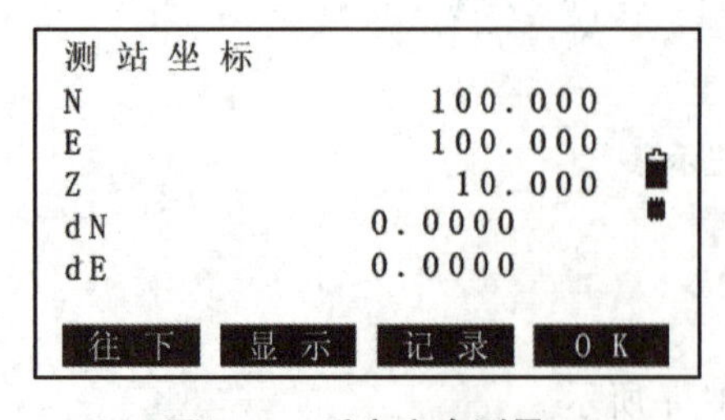

图 3-43 后方交会测量 4

（4）显示后方交会测量成果

完成上述操作后，点击【计算】，即可计算出待定点坐标及其标准差值，如图 3-43 所示。

3.2.2.3 测边交会

测边交会又称三边交会，是一种测量边长交会定点的控制方法。

如图 3-44 所示，A、B、C 为三个已知点，P 为待定点，A、B、C 按逆时针排列，a、b、c 为边长观测数据。依据已知点按坐标反算方法，反求已知边的坐标方位角和边长为 α_{AB}、α_{CB} 和 S_{AB}、S_{CB}。

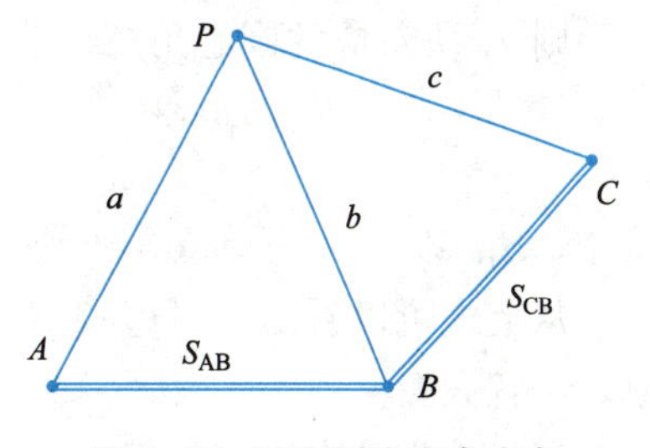

图 3-44　平面测边交会定点

在△ABP 中，由余弦定理得：

$\cos A=\dfrac{S_{AB}^2+a^2-b^2}{2a\times S_{AB}}$，顾及 $\alpha_{AP}=\alpha_{AB}-A$，

则：

$$\left.\begin{aligned}x'_P&=x_A+a\times\cos\alpha_{AP}\\y'_P&=y_A+a\times\sin\alpha_{AP}\end{aligned}\right\}\tag{3-33}$$

同理，在△BCP 中，有：$\cos C=\dfrac{S_{CB}^2+c^2-b^2}{2c\times S_{CB}}$，顾及 $\alpha_{CP}=\alpha_{CB}+C$，则：

$$\left.\begin{aligned}x''_P&=x_C+c\times\cos\alpha_{CP}\\y''_P&=y_C+c\times\sin\alpha_{CP}\end{aligned}\right\}\tag{3-34}$$

根据此两式计算出待定点的两组坐标，并计算其较差，若较差在允许限差之内，则可取两组坐标值的算术平均值作为待定点 P 的最终坐标。

3.2.2.4　侧方交会

侧方交会就是在一个已知控制点和待定点上测角来计算待定点坐标的方法。

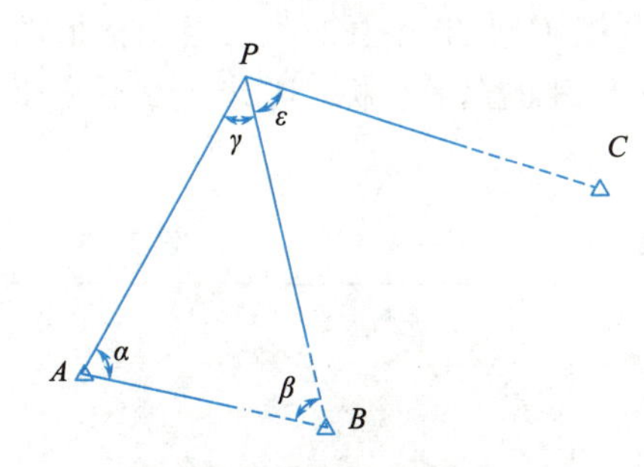

图 3-45　侧方交会示意图

1. 侧方交会的计算公式

如图 3-45 所示，在已知点 A 和待定点 P 架设仪器分别观测了观测角 α 和 γ，则可以计算出 B 点角度 β，即：$\beta=180°-(\alpha+\gamma)$，这样就和前方交会的方法一致，可根据 A、B 两点的坐标和 α、β 角度，按前方交会的公式计算出 P 点的坐标。

2. 侧方交会的检核

侧方交会测定 P 点时，一般采用检查角的方法来检核观测成果的正确性，就是在 P 点向另一已知点 C 观测检查角 $\varepsilon_{测}$，再根据已知点 B、C 的坐标和求得的 P 点坐标算出 $\varepsilon_{算}$：

$$\varepsilon_{算}=\alpha_{PB}-\alpha_{PC}\tag{3-35}$$

则可求得计算值 $\varepsilon_{算}$ 和检查角 $\varepsilon_{测}$ 的较差为：

$$\Delta\varepsilon=\varepsilon_{算}-\varepsilon_{测}\tag{3-36}$$

根据 $\Delta\varepsilon$ 和 S_{PC} 可以求出 P 点的横向位移 e：

$$e=\frac{S_{PC}\cdot\Delta\varepsilon''}{\rho''}$$

即有：

$$\Delta\varepsilon=\frac{e}{S_{PC}}\cdot\rho\tag{3-37}$$

一般测量规范中规定允许的最大横向位移 e 不应大于测图比例尺的 2 倍，即：$e_{允}\leqslant 2\times 0.1M$（$M$ 为测图比例尺的分母）

则 $e_{允}$所对应的圆心角 $\Delta\varepsilon_{允}$为：

$$\Delta\varepsilon_{允} \leqslant \frac{0.2M}{S_{PC}} \cdot \rho \tag{3-38}$$

式中，S_{PC} 以 mm 为单位，$\rho=206265$。

从上式可以看出，当边长 S_{PC} 太短时 $\Delta\varepsilon_{允}$ 会太大，因此对检核边的长度应作适当限制，不宜太短。

通过检查角来检核是否有错误或误差是否超限，实际上是通过 P 点对于 PC 方向的横向位移来检查的，但 PC 方向的纵向位移却不能由此发现，所以侧方交会法是不够全面的。

任务实施

交会测量：

外业：在建筑施工场地加密施工控制点，进行交会测量，并记录测量数据。

内业：根据外业测量数据，计算加密点的 X、Y 坐标，并进行检核。

巩固训练

在校园内选定加密点 P，打上木桩或建立相应的测量控制点标志。取四个已知点中的三个点为一组，用全站仪进行后方交会测量，测量出两组 P 点坐标值，若两组坐标值的较差 e 在允许限差之内，则取两组坐标的平均值为加密点 P 的最后坐标。要求上交后方交会测量成果表（表 3-20）一份。

全站仪后方交会测量表 表 3-20

日期：	班级：		组别：	天气：	
第一组 示意图 1			第二组 示意图 2		
点名	X 坐标值(m)	Y 坐标值(m)	点名	X 坐标值(m)	Y 坐标值(m)
已知点 1			已知点 1		
已知点 2			已知点 2		
已知点 3			已知点 4		
待求点 P			待求点 P		
P 点坐标的平均值					
检核					

习题

1. 何谓交会定点？常用的交会定点方法有哪些？各适用于什么情况？
2. 什么是后方交会的危险圆？

项目四 Chapter 04

GNSS测量技术

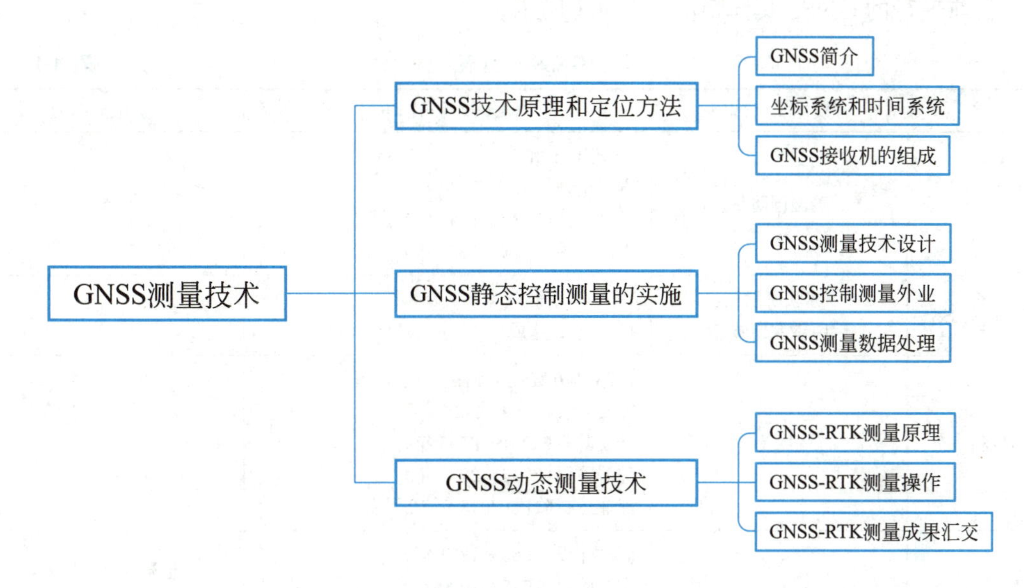

4.1 GNSS 技术原理和定位方法

4.1.1 GNSS 简介

学习目标

1. 知识目标：了解卫星定位的发展；掌握 GNSS 的组成部分；熟悉 GNSS 卫星的发射信号。

2. 能力目标：能描述 GNSS 的组成部分。

3. 素质目标：通过介绍中国北斗系统的发展历程，增强学生自豪感、荣誉感和责任感。

知识链接

4.1.1.1　卫星定位的发展概况

目前，GNSS 包含了美国的全球定位系统（Global Positioning System，GPS）、俄罗斯的格洛纳斯导航卫星系统（Global Navigation Satellite System，GLONASS）、欧盟的伽利略卫星导航系统（Galileo Satellite Navigation System）、中国的北斗卫星导航系统（BeiDou Navigation Satellite System，BDS)，全部建成后其可用的卫星数目达到 100 颗以上，截至目前欧盟的伽利略卫星导航系统还未进入有规模的民用阶段。

目前现行的 GNSS 具体情况如表 4-1 所示。

GNSS 一览表　　表 4-1

系统	开发国家或部门	研发及运行时间	覆盖区域
GPS	美国国防部	1973 年开始 方案论证(1974—1978 年) 系统论证(1979—1987 年) 生产实验(1988—1993 年)	全球
GLONASS	苏联研发， 后由俄罗斯接替	1982 年开始 1995 年底建成	全球
伽利略	欧盟	1978 年方案认证和初步设计阶段 定义阶段(1999—2000 年) 开发阶段(2001—2005 年) 部署阶段(2006—2007 年) 商业运行阶段(2016 年 12 月及以后)	全球
北斗 (BDS)	中国	研制建设(1985—1994 年) 实验阶段(1995—2000 年) 2012 年覆盖亚太地区 2020 年建成全球卫星导航系统	北斗一号:区域 北斗二号:区域 北斗三号:全球
QZSS	日本	概念研究阶段(2003 年) 系统定义和设计阶段(2004—2005 年) 开发阶段(2006—2018 年) 完成在轨测试(2018 年 3 月)	东亚和大洋洲、 南北极地区
IRNSS	印度	2006 年 5 月 9 日开始 2016 年投入使用	印度境内和周边 1500km 以内区域
EGNOS	欧洲空间局、欧盟及 欧洲航空安全组织	2009 年开始提供服务	欧盟成员国
MSAS	日本气象局和 日本交通部	1996 年开始	日本所有飞行服 务区及亚太地区

4.1.1.2　GNSS 的组成部分

GNSS 一般由三部分组成，即地面监控部分、空间卫星部分和用户部分。各 GNSS 的组成如表 4-2 所示。

GNSS 组成　　表 4-2

系统	部分	组件	作用
GPS	地面监控部分	1 个主控站、5 个监测站和 3 个注入站	测定卫星轨道、计算卫星钟改正值
	空间卫星部分	32 颗卫星分布在 6 个轨道面上，运行周期 11h58min，卫星高度为 20200km	提供卫星星历、高精度原子钟、L1 与 L2 载波、伪随机噪声码
	用户部分	GPS 接收机或与北斗、伽利略、GLONASS 兼容的接收机	接收卫星发射的导航信号，测定接收机所在三维位置及时间

续表

系统	部分	组件	作用
GLONASS	地面监控部分	系统控制中心、中央同步器、遥测遥控站（含激光跟踪站）和外场导航控制设备	跟踪卫星，以便确定和预报卫星轨道和卫星钟差；卫星时间同步及控制GLONASS时间与协调世界时（Coordinated Universal Time，UTC）之间的时间偏差；控制段还要进行很多非控制操作活动，如组织和发射活动
	空间卫星部分	24（21＋3）颗卫星；分布在3个轨道面，卫星轨道面倾角为64.8°，卫星高度19100km，卫星运行周期11h15min	通过载波向外发射导航信号和测距码
	用户部分	GLONASS接收机或与北斗、GPS、伽利略兼容的接收机	接收卫星发射的导航信号，并测量其伪距和伪距变化率，同时从卫星信号中提取并处理导航电文
伽利略	地面监控部分	1个主控站、5个全球监测站和3个地面控制站；监测站均配装有精密的铯钟和能够连续接收到所有可见卫星的接收机	跟踪卫星
	空间卫星部分	30（27＋3）颗中低轨卫星，分布在3个轨道面上，轨道面倾角56°，卫星高度为23000km，卫星的公转周期14h4min45s	通过载波发射导航电文与测距码
	用户部分	伽利略接收机或与北斗、GPS、GLONASS兼容的接收机	接收卫星信号
北斗一号	地面监控部分	1个配有电子高程图的中心站	接收用户定位申请，解算用户位置数据，发回用户位置数据
	空间卫星部分	两颗经差为60°的地球静止卫星、一颗备用卫星，卫星高度为36000km	用于地面中心站与用户之间的信号中继
	用户部分	带有定向天线的收发器	既能为用户提供卫星无线电导航服务，又具有位置报告以及短报文通信功能
北斗二号	地面监控部分	1个配有电子高程图的地面中心、网管中心、测轨站、测高站和32个分布在全国的地面基准站	监测、调控
	空间卫星部分	5颗地球静止轨道卫星、5颗倾斜地球同步轨道卫星和4颗中圆地球轨道卫星	播发测距码和导航电文
	用户部分	北斗接收机	三维定位，对GPS和北斗系统自身的增强，短消息通信
北斗三号	地面监控部分	32个分布在全国的地面参考站，包括主控站、注入站和监测站	对卫星进行检测、调控，以及短消息通信
	空间卫星部分	3颗地球静止轨道卫星，3颗倾斜地球同步轨道卫星和24颗中圆地球轨道卫星	播发测距码和导航电文
	用户部分	北斗接收机或与其他导航系统兼容的终端	三维定位，对GPS、GLONASS、伽利略和BDS系统自身的增强，短消息通信

4.1.1.3 GNSS卫星发射信号

不同的导航定位系统发射的信号不尽相同，但基本上有三种：①供用户计算卫星位置的导航电文；②用来测距的测距码；③加载信号和测距的载波。

GNSS卫星上配有频率相当稳定的原子钟，由此产生一个频率为10.23MHz的基准钟频信号。

习题

1. GNSS主要包括哪些定位系统？
2. GNSS的组成部分有哪些？

4.1.2 GNSS坐标系统和时间系统

学习目标

1. 知识目标：掌握地心坐标系和参心坐标系的概念；了解常用的坐标系WGS-84大地坐标系和2000国家大地坐标的基本参数；了解GNSS的时间系统。
2. 能力目标：能阐述几种GNSS常见的坐标系统。
3. 素质目标：增强学生的测绘精度概念，培养精益求精的科学精神。

知识链接

4.1.2.1 地心坐标系

地心坐标系（ECEF）是以地球质心为原点建立的空间直角坐标系，或以球心与地球质心重合的地球椭球面为基准面所建立的大地坐标系。以地球质心（总椭球的几何中心）为原点的大地坐标系，通常分为地心空间直角坐标系（图4-1）（以x、y、z为其坐标元素）和地心大地坐标系（图4-2）（以B、L、H为其坐标元素）。其中，地心空间直角坐

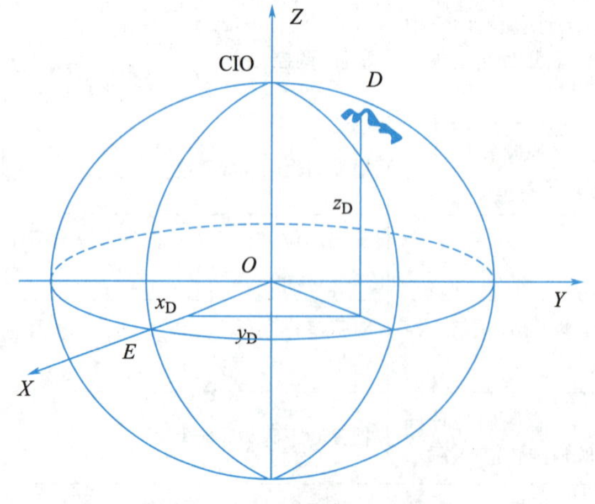

图4-1 地心空间直角坐标系

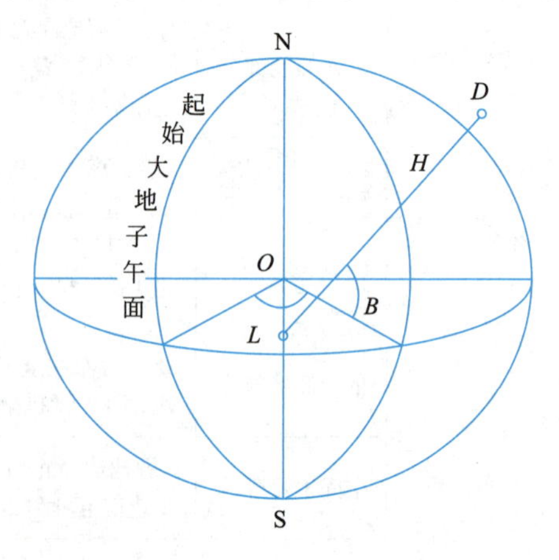

图4-2 地心大地坐标系

标系是在大地体内建立的O-XYZ坐标系，原点O设在大地体的质量中心，用相互垂直的X、Y、Z三个轴来表示，X轴与首子午面与赤道面的交线重合，向东为正；Z轴与地球旋转轴重合，向北为正；Y轴与XZ平面垂直构成右手系。

4.1.2.2 参心坐标系

参心坐标系是以参考椭球的几何中心为基准的大地坐标系，由于参考椭球中心无法与地球质心重合，故又称其为非地心坐标系。参心坐标系按其应用又分为参心空间直角坐标系（以x、y、z为其坐标元素）和参心大地坐标系（以B、L、H为其坐标元素）两种。

4.1.2.3 WGS-84 坐标系

WGS-84 坐标系的几何定义是：以地球的质心为坐标系的原点，Z轴指向 BIH1984.0 定义的协议地球极（Conventional Terrestrial Pole，CTP）方向，X轴指向 BIH1984.0 的零度子午面和 CTP 赤道的交点，Y轴和Z轴、X轴构成右手坐标系。对应于 WGS-84 大地坐标系的椭球为 WGS-84 椭球。

WGS-84 椭球及有关常数采用国际学和地球物理学联合会（IUGG）第 17 届大会大地测量常数推荐值，采用的四个基本参数为：

长半轴 $a=6378137\text{m}$

地心引力常数（含大气层）$G_M=39860418\times10^8\text{m}^3/\text{s}^2$

正常化二阶带球谐系数 $\overline{C}_{2.0}=-484.16685\times10^{-6}\pm1.3\times10^{-9}$

地球自转角速度 $\omega=7292115\times10^{-11}\text{rad/s}$

自 1987 年 1 月 10 日之后，GNSS 卫星星历均采用 WGS-84 坐标系统，因此 GPS 网的测站坐标均属于 WGS-84 坐标系统，若要求得 GPS 测站点在参心坐标系中的坐标，就必须进行坐标系的转换。

4.1.2.4 2000 国家大地坐标系

国家大地坐标系是测制国家基本比例尺地图的基础。根据《中华人民共和国测绘法》规定，我国建立全国统一的大地坐标系统。经国务院批准，根据《中华人民共和国测绘法》，我国自 2008 年 7 月 1 日起启用 2000 国家大地坐标系。

2000 国家大地坐标系采用的地球椭球参数如下：

长半轴 $a=6378137\text{m}$

短半轴 $b=6356752.31414\text{m}$

扁率 $f=1/298.257222101$

第一偏心率 $e=0.0818191910428$

第二偏心率 $e=0.0820944381519$

地心引力常数 $\text{GM}=3.986004418\times10^{14}\text{m}^3/\text{s}$

自转角速度 $\omega=7.292115\times10^{-5}\text{rad/s}$

4.1.2.5 时间系统

时间系统与坐标系统一样，应有其尺度（时间单位）与原点（历元）。只有把尺度与原点结合起来，才能给出时刻的概念（表 4-3）。

GNSS 时间系统 表 4-3

卫星导航系统	时间系统	说明
GPS	GPS时(GPST)	GPS时的起始历元为1980年1月6日0时(UTC)。此时国际原子时(International Atomic Time,TAI)与协调世界时相差19s;GPS时不作国秒调整,在任何时候都在整数秒上与TAI相差19s
北斗(BDS)	北斗时(BDT)	北斗时是一个连续的时间系统,秒长取国际单位制SI秒,起始历元为2006年1月1日0时0分0秒(UTC);BDT与UTC的偏差保持在100ns以内(模1s)

习题

1. 北斗系统和GPS系统采用的坐标系统、时间系统有什么区别?
2. 2000国家大地坐标系的主要参数有哪些?

4.1.3 GNSS接收机的组成

学习目标

1. 知识目标:掌握GNSS接收机的组成;了解GNSS接收机的分类、各类GNSS测量接收机的特征。
2. 技能目标:能独立使用测地型GNSS接收机;能独立使用导航型GNSS接收机。
3. 素质目标:养成热爱仪器的习惯;培养语言表达与交流能力。

知识链接

4.1.3.1 GNSS接收机的组成

GNSS接收机的主要作用:①接收由卫星发射的信号,对信号进行放大;②将电磁波信号转换成电流,并对这种信号电流进行放大和变频处理;③对经过放大和变频处理的信号进行跟踪、处理和测量。GNSS接收机各组成部分及其功能见表4-4。

GNSS接收机各组成部分及其功能 表 4-4

接收机		功能
硬件部分	天线单元	接收由天空中运行的卫星发射的信号,将GNSS卫星信号非常微弱的电磁波转换为信号电流,并对这种信号电流进行放大和变频处理
	接收单元	对经过放大和变频处理的信号电流进行跟踪、处理和测量
	电源	为天线单元和接收机单元供电
软件部分	内软件	控制接收机信号通道、按时序对各卫星信号进行量测的软件,以及内存或固化在中央处理器(CPU)中的自动操作程序等
	外软件	观测数据后处理的软件系统

4.1.3.2　GNSS 接收机的认识与使用

GNSS 接收机按用途分类可分为测地型、导航型和授时型接收机。

（1）测地型接收机主要是指适于进行各种测量工作的接收机（图 4-3～图 4-5）。这类接收机一般采用载波相位测量进行相对定位，精度很高。测地型接收机与导航型接收机相比，其结构较复杂，价格较贵。

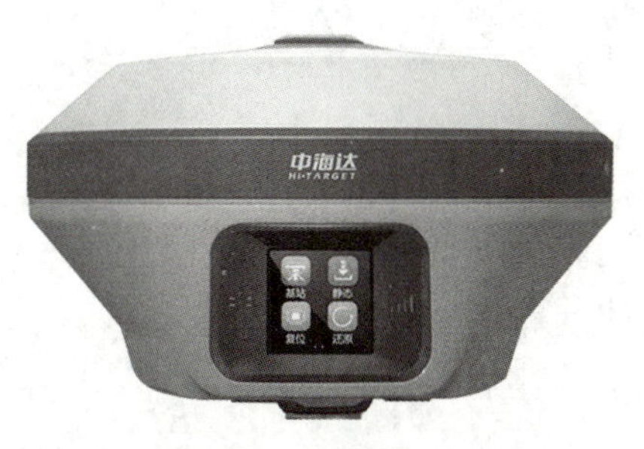

图 4-3　测地型 GNSS 接收机中海达 V98

图 4-4　测地型 GNSS 接收机南方极点

（2）导航型接收机主要用于确定船舶、车辆、飞机和导弹等运动载体的实时位置和速度，以保障这些载体按预定的路线航行。导航型接收机，一般采用以测距码伪距为观测量的单点实时定位，或实时差分定位，精度较低。这类接收机的结构较为简单，价格便宜，应用极为广泛。

（3）授时型接收机的结构根据授时精度而定，一般授时精度分为 50ns、30ns、20ns、10ns 和 1ns。这类接收机主要利用 GNSS 卫星提供的高精度时间标准进行授时，常用于天文台及无线电通信中时间同步（图 4-6）。

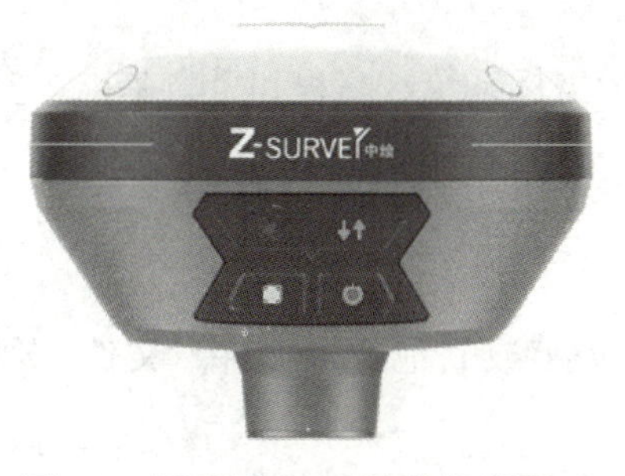

图 4-5　测地型 GNSS 接收机华测 i70

图 4-6　司南 M300TD 精密授时型接收机

习题

1. GNSS 接收机的主要作用是什么？
2. GNSS 接收机按用途的不同，可以分为哪几种？

4.2 GNSS 静态控制测量的实施

4.2.1 GNSS 测量技术设计

学习目标

1. 知识目标：了解 GNSS 测量技术设计的主要内容。
2. 能力目标：能够根据已有条件完成简单的设计方案。
3. 素质目标：培养学生项目意识与管理意识。

知识链接

GNSS 测量技术设计书的内容通常包括概述、测区自然地理概况与已有资料情况、引用文件、成果主要技术指标和规格、设计方案等部分。

1. 概述

概述部分主要说明任务的来源、目的、任务量、作业范围和作业内容、行政隶属及完成期限等任务基本情况。

2. 测区自然地理概况与已有资料情况

(1) 自然地理概况

应根据不同专业测绘任务的具体内容和特点，根据需要说明与测绘作业有关的测区自然地理概况。

(2) 已有资料情况

主要说明已有资料的数量形式、施测年代、采用的坐标系统、高程和重力基准，资料的主要质量情况（包括已有资料的主要技术指标和规格等）和评价；说明已有资料利用的可能性和利用方案等。

3. 引用文件

说明专业技术设计书编写过程中所引用的标准、规范或其他技术文件。文件一经引用，便构成专业技术设计书设计内容的一部分。

4. 成果主要技术指标和规格

根据具体成果，规定其主要技术指标和规格，一般可包括成果坐标系统、高程基准、重力基准、时间系统、投影方法、精度或技术等级以及其他主要技术指标等。

5. 设计方案

设计方案的主要内容包括作业所需的主要装备、工具、材料和其他设施，作业的主要过程、各工序作业方法和精度质量要求，上交和归档成果及其资料的内容和要求。

GNSS 测量技术设计书包括哪些内容？

4.2.2　GNSS 控制测量外业

1. 知识目标：掌握 GNSS 静态测量的基本操作流程。
2. 能力目标：能够用 GNSS 进行外业控制测量。
3. 素质目标：培养学生规范作业的意识，步步校核的专业素养。

GNSS 外业观测是利用接收机接收来自 GNSS 卫星的无线电信号，它是外业阶段的核心工作，包括准备工作、天线安置接收机操作、数据观测成果记录及数据检核等内容。

1. GNSS 选点

点位的正确选择对观测工作的顺利进行和测量结果的可靠性具有重要意义。

(1) 选点准备及点位基本要求

点位选取应便于安置接收设备和操作，视野应开阔，视场内障碍物的高度角不宜超过 15°。远离大功率无线电发射源（如电视台、电台、微波站等），其距离不应小于 200m；远离高压输电线和微波无线电信号传送通道，其距离不应小于 50m。附近不应有强烈反射卫星信号的物件（如大型建筑物等）。交通方便，有利于用其他测量手段扩展和联测。地面基础稳定，易于标石的长期保存。充分利用符合要求的已有控制点。

(2) GNSS 点命名

GNSS 点应以该点位所在地命名，无法区分时可在点名后加注（一）、（二）等予以区别。少数民族地区应使用规范的音译汉语名，在译音后可附上原文。

(3) 选点作业及上交资料

选点人员应按照技术设计书经过踏勘，在实地按选点要求选定点位，并在实地加以标定。

(4) 标石及埋石作业

中心标石是地面 GNSS 点的永久性标志，为了长期使用 GNSS 测量成果，点的标石必须稳定、坚固以利长期保存和利用。

(5) 制订实测方案

GNSS 卫星定位网的技术设计是在室内完成的，它注重 GNSS 网的科学性和完整性。实测方案则是依据接收机的台数和点位的分布特点，充分考虑测区交通和地理环境，精心安排多台接收机进行的同步观测计划。

2. 选择最佳观测时段

GNSS 定位精度同卫星与测站构成的图形强度有关，与能同步跟踪的卫星数和接收机使用的通道数有关。根据伪距定位时求解公式推算出的选星原则，空间位置的几何图形精度衰减因子（PDOP值）应符合表4-5要求。

空间位置的几何图形精度衰减因子规定值　　表4-5

级别	二等	三等	四等	一级	二级
PDOP值	≤6	≤6	≤6	≤8	≤8

3. 编排作业调度表

作业小组应在观测前根据测区地形、交通状况、控制网的大小、精度的高低、仪器的数量、GNSS网的设计、星历预报表及测区的天气、地理环境等编排作业调度表，以提高工作效率。

4. 安置天线

为了避免严重的重影及多路径现象干扰信号接收，确保观测成果质量，必须妥善安置天线。

5. 外业作业

观测组应严格按规定的时间进行作业。GNSS接收机在开始观测前，应进行预热和静置，具体要求按《接收机操作手册》进行。

每时段观测开始及结束前后各记录一次观测卫星号、天气状况、实时定位经纬度和大地高、PDOP值等，一次在时段开始时，一次在时段结束时。时段长度超过2h，应每当UTC整点时增加观测记录上述内容一次，夜间放宽到4h。每时段观测前后应各量取天线高一次。两次量高之差不应大于3mm，取平均值作为最后天线高。若互差超限，应查明原因，提出处理意见，记入测量手簿记事栏。

除特殊情况外，不宜进行偏心观测。观测期间，不应在天线附近50m以内使用电台，10m以内使用对讲机。天气较冷时，接收机应适当保暖；天气较热时，接收机应避免阳光直接照晒，确保接收机正常工作。

经检查，所有规定作业项目均已全面完成并符合要求，记录与资料完整无误，方可迁站。

在外业观测过程中，作业人员应遵守相应要求。

（1）观测组必须严格遵守调度命令，按规定时间同步观测同一组卫星。当没按计划到达点位时，应及时通知其他各组，并经观测计划编制者同意对时段作必要调整，观测组不得擅自更改观测计划。

（2）一个时段观测过程中严禁进行以下操作：关闭接收机重新启动，进行自测试（发现故障除外），改变接收设备预置参数等，改变天线位置，按关闭和删除文件功能等。

（3）观测期间作业员不得擅自离开测站，并应防止仪器受振动和被移动，要防止人员或其他物体靠近、碰动天线或阻挡信号。

（4）在作业过程中，不应在天线附近使用无线电通信。当必须使用时，无线电通信工具应距天线10m以上。雷雨过境时应关机停测，并卸下天线以防雷击。

6. 外业观测记录

在外业观测过程中，所有信息资料和观测数据都要妥善记录。观测记录由接收设备自动完成，均记录在存储介质（如磁带、磁卡等）上。记录项目主要有：载波相位观测值及其相应的 GNSS 时间，GNSS 卫星星历参数，测站和接收机初始信息（测站名测站号、时段号、近似坐标及高程、天线及接收机编号、天线高）。测量手簿记录格式如表 4-6 所示。

GNSS 测量手簿　　　　**表 4-6**

点号		点名		图幅编号	
观测记录员		观测日期		时段号	
接收机型号 及编号		天线类型 及编号		存储介质 类型及编号	
原始观测 数据文件名		RINEX 格式 数据文件名		备份存储介质 类型及编号	
近似纬度	° ′ ″N	近似经度	° ′ ″E	近似高程	m
采样间隔		开始记录时间		结束记录时间	
天线高测定		天线高测定方法及略图		点位略图	
测前： 测定值 修正值 天线高 平均值	测后： mm mm mm mm				
时间(UTC)		跟踪卫星数		PDOP 值	
记事					

7. 外业成果记录

GNSS 测量作业所获取的成果记录应包括以下三类：观测数据；测量手簿；其他记录，包括偏心观测资料等。

观测记录项目包括以下主要内容：观测数据（原始观测数据和 RINEX 格式数据）；对应观测值的 GNSS 时间；测站和接收机初始信息，如测站名、测站号、观测单元号、时段号、近似坐标、高程、天线及接收机型号和编号、天线高、天线高量取位置及方式；观测时期、采样间隔、卫星截止高度角。

8. 野外数据检核

观测成果的外业检核是外业工作的最后一个环节。每当观测任务结束，必须对观测数据的质量进行分析并做出评价，以确保观测成果和定位结果的预期精度。

习题

1. GNSS控制测量外业观测的主要步骤有哪些?
2. GNSS选点有哪些注意事项?

4.2.3 GNSS测量数据处理

学习目标

1. 知识目标：熟悉GNSS数据处理的流程；掌握软件处理数据的方法。
2. 能力目标：能够运用GNSS后处理软件解算数据。
3. 素质目标：培养严谨、细致、实事求是的科学精神。

任务导入

静态数据处理的流程包括数据预处理、基线向量解算、网平差、高程计算、成果输出等。要想处理数据，需要先选择数据处理软件，然后根据数据处理流程进行处理，最后将成果输出。

知识链接

1. 数据预处理

GNSS数据的预处理，主要目的是对原始观测数据进行编辑加工与整理，删除相差，删除无效无用数据，分流出各种专用的信息文件，通常转换成GNSS标准数据格式RINEX文件。同时，探测整周跳变，修复载波相位观测值，为下一步的平差计算做准备。

2. 基线向量解算

基线向量是利用两台或两台以上的接收机，采集同步观测数据形成的差分观测值，再通过参数估计方法计算出两接收机间的三维坐标差。与常规地面测量所测定的基线边长不同，基线向量是既具有长度性，又具有方向特性的矢量。基线解算是GNSS静态相对定位数据处理的重要环节，其解算结果是GNSS是基线向量网平差的基础数据，其质量好坏直接影响到GNSS静态相对定位测量的成果精度。

3. GNSS网平差

GNSS基线向量网平差的目的是消除基线向量网中各类图形闭合条件的不符值，并建立网的基准，即网的位置、方向和尺度基准。GNSS网平差根据所采用的观测量和已知条件的类型、数量，通常分为三维无约束平差、约束平差和联合平差三种模型。

4. GNSS的高程计算

由GNSS测得P点的大地高H是以椭球面（WGS-84）起算的，其相对定位得到的基线向量，通过 GNSS 网平差，可以得到高精度的大地高 H。但在实际应用中，由于大地水准面起算的正高无法精确算出，故地面点的高程常采用正常高系统。其正常高 H，是以似大地水准面起算的。似大地水准面与大地水准面十分接近，其中 ζ 表示似大地水准面至椭球面的高差，叫作高程异常。

当测区中有一部分点已用 GNSS 定位技术和常规高程测量方法求得其大地高和正常高，可计算出该点处的高程异常。若测区内测量点的数量足够多，且分布较为均匀，则可拟合测区的似大地水准面形状，进而推算测区中其余未进行水准联测的 GNSS 点的高程异常，并求定未测点的正常高。

任务实施

下面主要以南方 GNSS 后处理软件 SGO 为例，具体介绍解算静态数据的操作流程。

1. 新建项目

在 SGO 软件主菜单下选择“文件”→“新建工程”创建新项目，如图 4-7 所示，弹出“新建工程”对话框。在“名称”中输入项目名称，同时设置项目存储路径。项目建成后可以进行项目坐标系统、时间系统、单位格式等配置。

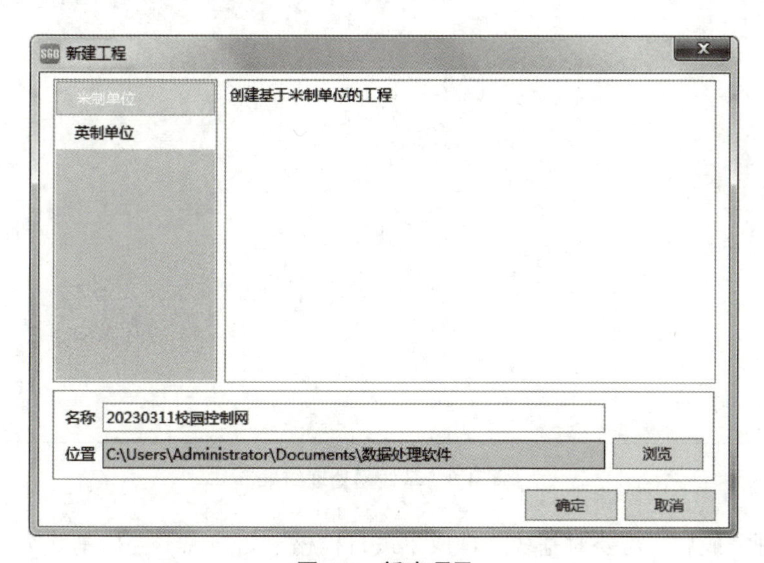

图 4-7　新建项目

2. 导入数据

项目创建完之后，需要加载 GNSS 观测数据文件。单击“常用操作”→“导入”→“观测值文件”，弹出数据导入对话框，选择要导入的数据。默认数据格式扩展名为 STH 格式，精密星历文件也可在此导入。

3. 处理基线

单击“处理基线”，系统将采用默认的基线处理设置，解算所有的基线向量。处理过程中，对话框显示整个基线处理过程的进度。通过主界面下方的“消息区”，可以查看每条基线实时处理的情况，如图 4-8 所示。通过基线页面列表可以查看所有基线的处理结果。同时网图中原来未解算的基线由白色变为绿色，如图 4-9 所示。

		基线	同步时间	解类型	固定比率	RMS(m)	HRMS(m)	VRMS(m)	基线长度(m)
1	☑	G001007Q-G002007Q	0 hour(s)59 min(s)59.0 sec(s)	固定解	99.900	0.006	0.003	0.006	108.407
2	☑	G001007Q-G005007Q	0 hour(s)59 min(s)59.0 sec(s)	固定解	71.535	0.006	0.003	0.005	537.971
3	☑	G001007Q-G007007Q	0 hour(s)59 min(s)58.0 sec(s)	固定解	99.900	0.006	0.003	0.006	699.319
4	☑	G001007Q-JZ25007Q	0 hour(s)59 min(s)59.0 sec(s)						
5	☑	G002007Q-G005007Q	1 hour(s)0 min(s)0.0 sec(s)						
6	☑	G002007Q-G007007Q	0 hour(s)59 min(s)59.0 sec(s)						
7	☑	G002007Q-JZ25007Q	1 hour(s)0 min(s)0.0 sec(s)						
8	☑	G005007Q-G007007Q	0 hour(s)59 min(s)59.0 sec(s)						
9	☑	G005007Q-JZ25007Q	1 hour(s)0 min(s)0.0 sec(s)						
10	☑	G007007Q-JZ25007Q	0 hour(s)59 min(s)59.0 sec(s)						

☑ 全选　　备注："不可用"表示该基线软件狗验证失败，不支持处理　　处理　停止　关闭

(4/10)处理基线 - G001007Q-JZ25007Q　9%

图 4-8　处理基线

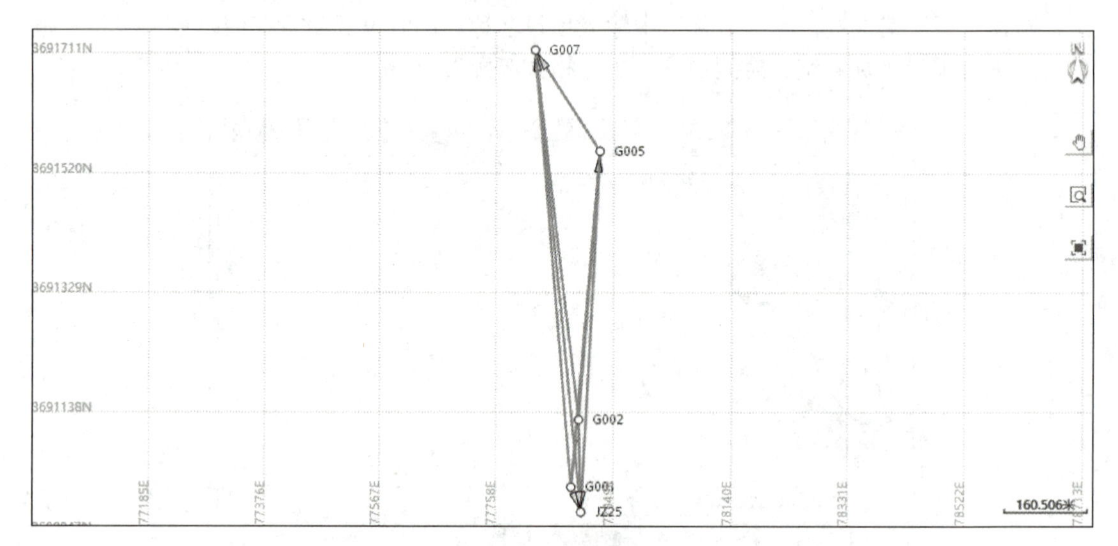

图 4-9　基线网处理结果

基线处理完成后，需要对基线处理成果进行检核。如发现不合格基线需要对基线处理参数进行设置，然后重新进行基线处理。设置的内容包括高度截止角、最小历元数、观测值与最佳值、自动化处理模式、星历选择、卫星系统。对于中、长基线还要进行对流层和电离层的模型设置。

4. 平差设置

基线解算合格后，进行网平差的准备工作。在工程管理器中，右键单击需要作为控制点的测站，左键单击"作为控制点"，操作界面如图 4-10 所示。

左键单击该控制点下的"控制点信息"，在属性管理器中输入控制点的坐标。所有的控制点信息输入完毕后，点击常用操作下的"网平差"按钮，进行网平差。

需要注意的是，进行自由网平差，不录入已知点直接进行平差。三维约束平差是在 WGS-84 或本地坐标系统中录入已知点，约束方式包括 XYZ、BLH、BL。二维约束平差

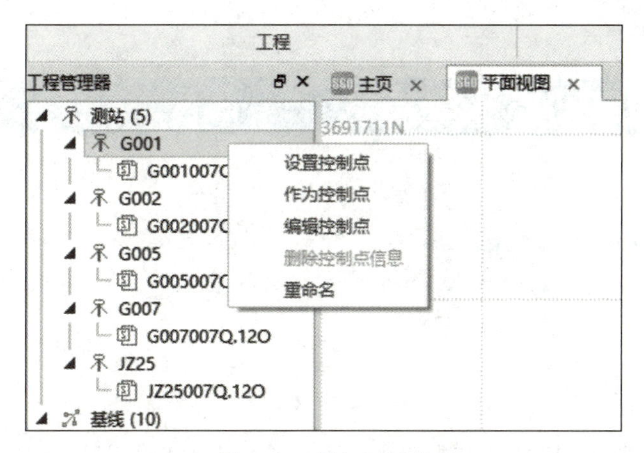

图 4-10　录入已知点

是在本地坐标系统下录入已知点，约束方式包括 NEh、NE、(N，带号+E，h)、(N，带号+E)。

5. 成果输出

单击“报告”，可在线生成并打开网平差报告，计算完毕后可以直接查看各类报告，还可以在项目路径下的“Reports”子文件夹中查看，如图 4-11 所示。

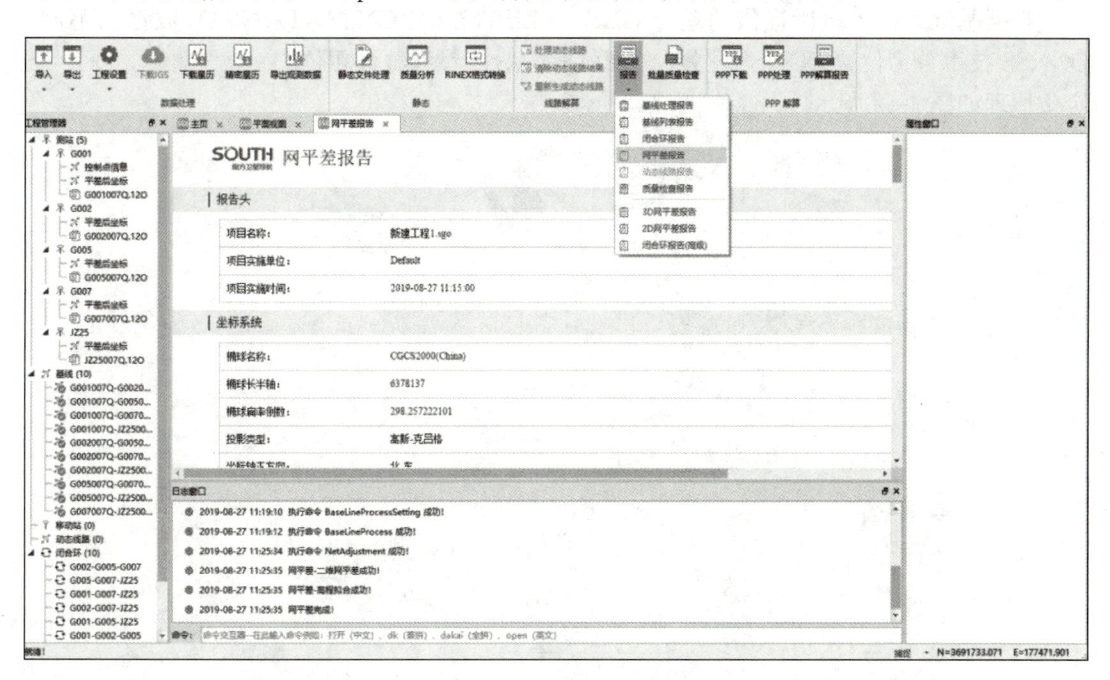

图 4-11　网平差报告

巩固训练

利用已有的 GNSS 静态控制测量数据以及 GNSS 数据处理软件，进行测量数据的处理。

4.3 GNSS 动态测量技术

4.3.1 GNSS-RTK 测量原理

学习目标

1. 知识目标：掌握 RTK 的基本概念；了解 GNSS-RTK 测量工作原理和类型。
2. 能力目标：能够表述出 GNSS-RTK 测量工作原理。
3. 素质目标：培养良好的职业道德；培养仔细认真的工作态度。

知识链接

1. RTK 基本概念

根据基准站接收机所提供的差分 GNSS（Differential GNSS，DGNSS）数据的不同，DGNSS 技术分为位置 DGNSS 测量、伪距 DGNSS 测量和载波相位 DGNSS 测量。DGNSS 定位原理如图 4-12 所示。

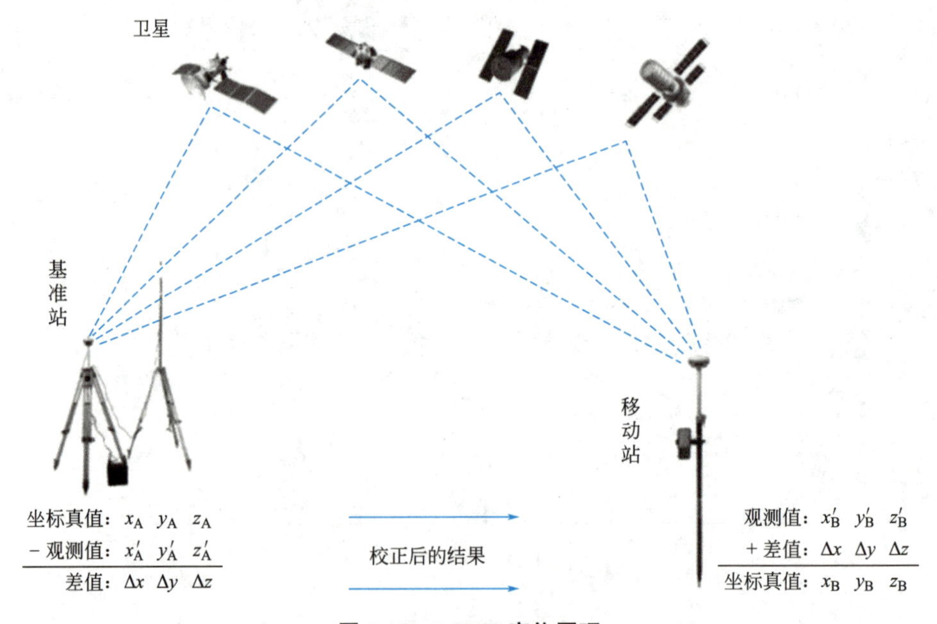

图 4-12 DGNSS 定位原理

RTK 技术即单基站载波相位 DGNSS 测量，是一种将 GNSS 与数传技术相结合，实时处理两个测站载波相位观测量的差分方法，经实时解算进行数据处理，其在 1～2s 的时间里可得到高精度位置信息。

2. RTK 工作原理

RTK 的工作原理是在基准站上安置一台 GNSS 接收机，另一台或几台接收机置于载体（称为流动站）上；基准站和流动站同时接收同一时间、相同 GNSS 卫星发射的信号，基准站所获得的观测值与已知位置信息进行比较，得到 GNSS 差分改正值；然后将这个改正值及时地通过无线电数据链电台传递给共视卫星的流动站以精化其 GNSS 观测值，得到经差分改正后流动站较准确的实时位置。

3. RTK 类型

（1）常规 RTK

常规 RTK 是只设置一个基准站，并通过数据通信技术接收广播星历改正数的 RTK 测量技术。

（2）网络 RTK

网络 RTK（Network RTK）指在一定区域内建立多个基准站，对该地区构成网状覆盖，并进行连续跟踪观测，通过这些站点组成卫星定位观测值的网络解算，获取覆盖该地区和该时间段的 RTK 改正参数，用于该区域内 RTK 测量用户进行实时 RTK 改正的定位方式。

习题

1. 简述 RTK 测量工作原理。
2. RTK 的类型主要有哪些？

4.3.2 GNSS-RTK 测量操作

学习目标

1. 知识目标：掌握 GNSS-RTK 测量操作流程。
2. 能力目标：能够用 GNSS-RTK 进行测量。
3. 素质目标：培养良好的职业道德；培养仔细认真的工作态度。

知识链接

RTK 作业流程包括架设基准站、流动站初始化、坐标转换、RTK 测量。

1. 架设基准站

在进行野外工作之前，要检查基准站系统的设备是否齐备，电源是否充足。基准站的点位选择必须严格。因为基准站接收机每次卫星信号失锁将会影响网络内所有流动站的正常工作。选择基准站站点主要考虑以下几点：

（1）基准站 GNSS 接收机天线与卫星之间应没有或少有遮挡物，也即截止高度角应超过 15°。截止高度角是为了削弱多路径效应、对流层延迟和电离层延迟等卫星定位测量误差影响所设定的角度值，低于此角度视野域内的卫星不予跟踪。

基准站 GNSS 接收机最好安置在开阔的地方，周围无信号反射物（大面积水域、大型建筑物等），以减少多路径干扰，并要尽量避开交通要道、过往行人的干扰。

（2）用电台进行数据传输时，基准站宜选择在测区相对较高的位置，以方便播发差分改正信号用移动通信进行数据传输时，基准站必须选择在测区有移动通信接收信号的位置。

（3）基准站要远离微波塔、电视发射塔、雷达、电视手机信号发射天线等大型电磁辐射源 200m 外，要远离高压输电线路通信线路 50m 外。

（4）基准站最好选在地势相对高的地方以利于电台的作用距离。

（5）地面稳固，易于点的保存。

2. 流动站初始化

流动站进行任何测量工作之前，必须先进行初始化工作。初始化是接收机在定位前确定整周未知数的过程。初始化所需时间与当时流动站周围是否有遮挡物、当时接收机是否观测到足够卫星数、距基准站的距离有关。如果测站点没有遮挡物影响，且能观测到至少五颗卫星，通常可在 5s 内完成初始化。

测量点的类型有单点解（single）、差分解（DGNSS）、浮动解（float）和固定解（fixed）。浮动解是指整周未知数已被解出，测量还未被初始化。固定解是指整周未知数已被解出，测量已被初始化。只有当流动站获取到了固定解后初始化过程才完成。

3. 坐标转换

GNSS-RTK 采集到的数据是 WGS-84 坐标系数据，如果使用的是 2000 国家大地坐标系或是地方（任意）独立坐标系为基础的坐标数据，则须将 WCGS84 坐标转换到 2000 国家大地坐标系或地方（任意）独立坐标系。

4. RTK 测量

实施点位的测量或放样工作。

习题

1. RTK 作业流程包括哪几个步骤？
2. 选择基准站站点需要考虑哪些方面？

4.3.3 GNSS-RTK 测量成果汇交

学习目标

1. 知识目标：了解 GNSS-RTK 测量成果汇交需提交的资料。
2. 能力目标：能够表述出 GNSS-RTK 测量成果汇交工作。
3. 素质目标：培养良好的职业道德；培养仔细认真的工作态度。

知识链接

1. RTK 测量任务完成后提交的资料

（1）技术设计、技术总结和检查报告。

(2) 接收机检定资料。

(3) 按要求应提交的控制点点之记。

(4) 坐标系统转换资料。

(5) 测量数据成果资料。

2. RTK 成果验收内容

(1) 技术设计和技术总结是否符合要求。

(2) 转换参考点的分布及残差是否符合要求。

(3) 观测的参数设置、观测条件及检测结果和输出的成果是否符合要求。

(4) 实地检验控制点的精度及选点、埋石质量是否符合要求。

(5) 实地检验地形测量各质量元素的质量是否符合要求。

习题

RTK 成果验收的主要内容有哪些？

项目五 Chapter 05

大比例尺数字地形图测绘

思维导图

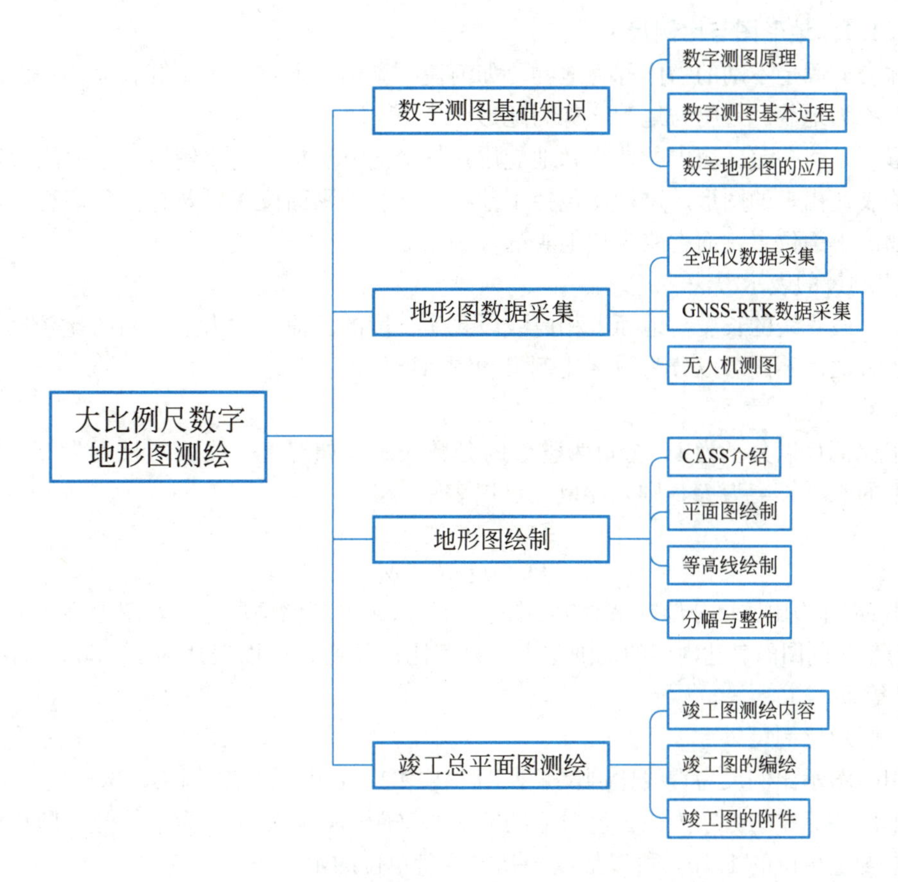

5.1 数字测图基础知识

5.1.1 地形图基础知识

学习目标

1. 知识目标：了解地形图基础知识；了解大比例尺地形图分幅和编号方法；能够正确使用地形图符号及注记；掌握等高线的特性及表示方法。

2. 能力目标：能正确识读地形图。

3. 素质目标：培养学生版图意识。

知识链接

5.1.1.1 地形图与比例尺

地球表面固定不动的物体称为地物，如河流、湖泊、道路、建筑等。地球表面高低起伏的形态称为地貌。地物与地貌合称为地形。

地形图是将一定区域内的地物和地貌用正投影的方法按一定比例尺缩小并用规定的符号及方法表达出来的图形。这种图包括了地物与地貌的平面位置以及它们的高程。如果仅表达地物的平面位置，而省略表达地貌的称为平面图。

1. 比例尺的表示方法

图上一段直线的长度与地面上相应线段真实长度的比值，称为地形图的比例尺。根据具体表示方法的不同可以分为数字比例尺和图示比例尺。

(1) 数字比例尺

数字比例尺以分子为1，分母为整数的分数表示，如图上一线段的长度为 d，对应实际地面上的水平长度为 D，则其比例尺可以表示为：

$$\frac{d}{D}=\frac{1}{D/d}=\frac{1}{M} \tag{5-1}$$

式中 M 称为比例尺分母，该值越小即上式分数越大则比例尺越大，图上表示的内容越详细，但是相同图面表达内容的范围越小。数字比例尺通常可以表达为 1∶500、1∶1000、1∶2000 等。

(2) 图示比例尺

常用的图示比例尺为直线比例尺，如图 5-1 中 1∶1000 直线比例尺，取长度 1cm 为基本度量单位，标注的数字为该长度对应的真实水平距离，首格又分为十等分，即可以直接读出基本度量单位的 1/10，可以估读到基本度量单位的 1/100。

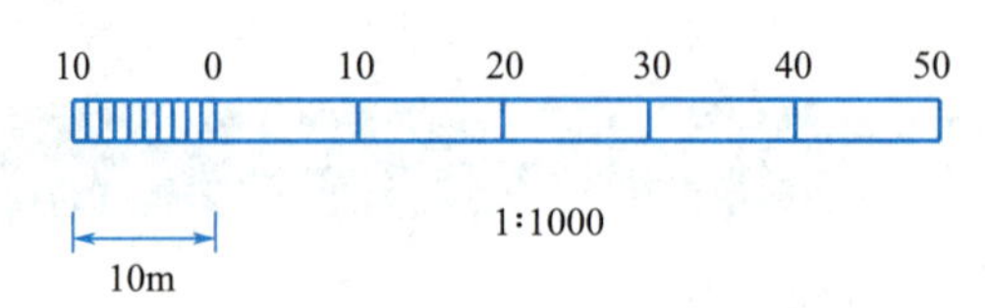

图 5-1 图示比例尺示意

视频
地形图的基本知识

2. 比例尺精度

在正常情况下，人肉眼可以在图上进行分辨的最小距离是 0.1mm，当图上两点之间的距离小于 0.1mm 时，人眼将无法进行分辨而将其认成同一点。因此可以将相当于图上长度 0.1mm 的实际地面水平距离称为地形图的比例尺精度，即比例尺精度值为 $0.1M$。

表 5-1 为常见比例尺对应的比例尺精度。比例尺精度对测图非常重要。如选用比例尺为 1∶500，对应的比例尺精度为 0.05m，在实际地面测量时仅需测量距离大于 0.05m 的物体与距离，而即使测量得再精细，小于 0.05m 的物体也无法在图纸上表达，因此可以根据比例尺精度来确定实地量距的最小尺寸。再比如在测图上需反映地面上大于 0.1m 细节，则可以根据比例尺精度选择测图比例尺为 1∶1000，即根据需求来确定合适的比例尺。

常见比例尺对应的比例尺精度　　表 5-1

比例尺	1∶500	1∶1000	1∶2000	1∶5000	1∶10000
比例尺精度(m)	0.05	0.1	0.2	0.5	1.0

5.1.1.2　地形图的分幅、编号

地形图的分幅与编号主要有两种：一种是按经线和纬线划分的梯形分幅与编号，主要用于中小比例尺的国家基本图的分幅和编号；另一种是按坐标格网划分的矩形分幅与编号，主要用于大比例尺地形图的分幅与编号。本节仅介绍矩形分幅与编号的方法。

1∶500～1∶5000 的大比例尺地形图通常采用矩形分幅，其中 1∶5000 地形图采用 40cm×40cm 的正方形分幅，1∶500、1∶1000 和 1∶2000 地形图一般采用 50cm×50cm 的正方形分幅，或 40cm×50cm 的矩形分幅。

矩形分幅的编号方法主要有三种：

（1）以 1∶5000 地形图图号为基础编号法

正方形图幅以 1∶5000 图作为基础，以该图幅西南角之坐标数字（阿拉伯数字，单位 km）作为图号，纵坐标在前，横坐标在后，同时也作为 1∶2000～1∶500 图的基本编号。如图 5-2 中 1∶5000 地形图的图号为 20-30。

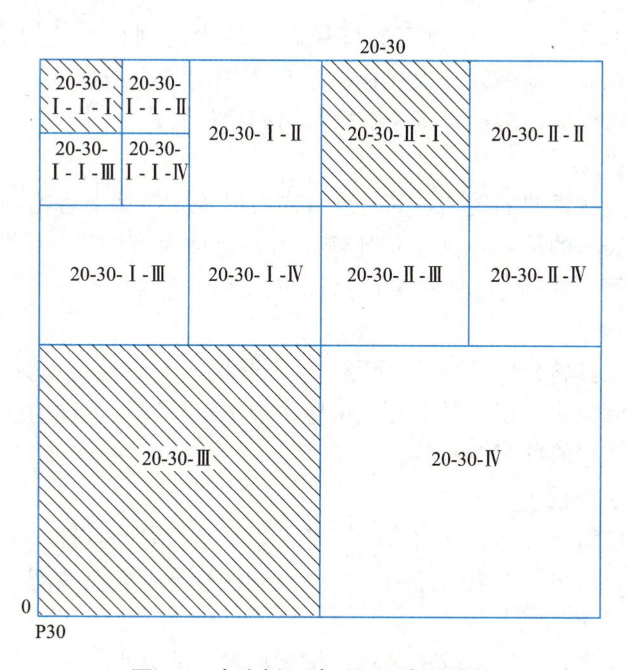

图 5-2　大比例尺地形图正方形分幅

在 1∶5000 地形图基本图号的末尾，附加一个子号数字（罗马数字，下同）作为 1∶2000 图的图号。如图 5-2 中将 1∶5000 图作四等分，便得到四幅 1∶2000 地形图，其中阴影所示图编号（左下角）为 20-30-Ⅲ。同样将 1∶2000 图四等分。得到四幅 1∶1000 图，而将 1∶1000 图四等分得到四幅 1∶500 图，1∶1000 或 1∶500 图的图幅号分别以对应 1∶2000 或 1∶1000 图的图号末尾再附加一罗马数字形成，如图 5-2 中阴影所示，1∶1000 图（右上角）编号为 20-30-Ⅱ-Ⅰ，1∶500 图（左上角）编号为 20-30-Ⅰ-Ⅰ-Ⅰ。

（2）按图幅西南角坐标公里数编号法

当采用矩形分幅时，大比例尺地形图的编号，可以采用图幅西南角坐标公里数编号法。编号时，比例尺为1∶500的地形图坐标值取至0.01km，而1∶1000、1∶2000的地形图的坐标取值至0.1km。

（3）按数字顺序编号法

对于带状地形图或小面积测量区域，可以按测区统一顺序进行编号，编号时一般按从左到右，从上到下用数字1，2，3…编定。对于特定地区，也可以对横行用代号A，B，C…，从上到下排列，纵列用数字1，2，3…排列来编定，编号时先行后列。

5.1.1.3　地物符号与地貌符号

为了便于测图与识图，可以用各种简明、准确、易于判断实物的图形或符号，将实地的地物或地貌在图上表示出来，这些符号统称为地形图图式。地形图图式由国家测绘地理信息主管部门组织编制并颁布，是测绘与识图的重要参考依据。

1. 地物符号在图上的表示方法

地物在图中用地物符号表示，地物符号可以分为比例符号、半依比例符号、非比例符号和注记。

（1）比例符号

按照测图比例尺缩小后，用规定的符号画出的为比例符号。如房屋、草地、湖泊及较宽的道路等在大比例尺地形图中均可以用比例符号表示。其特点是可以根据比例尺直接进行度量与确定位置。

（2）半依比例符号

对于一些呈长带状延伸的地物，其长度方向可以按比例缩小后绘制，而宽度方向缩小后无法直接在图中表示的符号称为半依比例符号，也称为线性符号。如小路、通信线路、管道、篱笆或围墙等。其特点是长度方向可以按比例度量。

（3）非比例符号

对于有些地物，其轮廓尺寸较小，无法将其形状与大小按比例缩小后展绘到地形图上，则不考虑其实际大小，仅在其中心点位置按规定符号表示，称为非比例符号。如导线点、水准点、路灯、检修井或旗杆等。

（4）文字或数字注记

有些地物用相应符号表示还无法表达清楚，则对其相应的特性、名称等用文字或数字加以注记。如建筑物层数、地名、路名、控制点的编号与水准点的高程等。

2. 地貌符号的表示方法

地貌形态比较丰富，对于局部地区可以按地形起伏的大小划分为如下四种类型：地面倾斜角在2°以下的地区称为平坦地；地面倾斜角在2°～6°的地区称为丘陵地；地面倾斜角在6°～25°的地区称为山地；而地面倾斜角超过25°的地区称为高山地。

地形图上表示地貌的主要方法为等高线。

（1）等高线的概念

地面上高程相同的相邻点依次首尾相连而形成的封闭曲线称为等高线。如图5-3所示有一静止水面包围的小山，水面与山坡形成的交线为封闭曲线，曲线上各点的高程是相等的。

随着水位的不断上升，形成不同高度的闭合曲线，将其投影到平面上，并按比例缩小后绘制的图形，即为该山头用等高线表示的地貌图。

相邻等高线之间的高差称为等高距，用 h 表示。在同一幅地形图上等高距是相同的，因此也称为基本等高距。相邻等高线之间的水平距离称为等高线平距，用 d 表示。在同一幅地形图上由于等高距是相同的，则等高线平距的大小反映了地面起伏的状况，等高线平距小，相应等高线越密，则对应地面坡度大，即该地较陡；等高线平距越大，相应等高线越稀疏，则对应地面坡度较小，即该地较缓；如果一系列等高线平距相等，则该地的坡度相等。

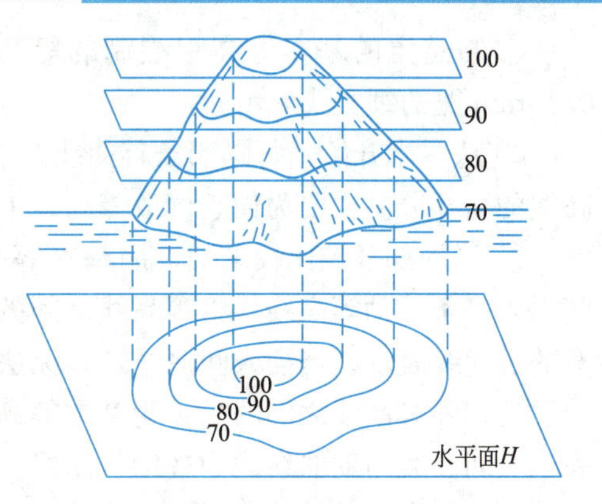

图 5-3　等高线形成示意

在一个区域内，如果等高距过小，则等高线非常密集，该区域将难以表达清楚，因此绘制地形图以前，应根据测图比例尺和测区地面坡度状况，按照规范要求参考表 5-2 选择合适的基本等高距。

地形图的基本等高距（m）　　表 5-2

地形类别	比例尺		
	1∶500	1∶1000	1∶2000
平地	0.5	0.5	0.5、1
丘陵地	0.5	0.5、1	1
山地	0.5、1	1	2
高山地	1	1、2	2

（2）等高线的种类

等高线可以分为基本等高线和辅助等高线等，如图 5-4 所示。

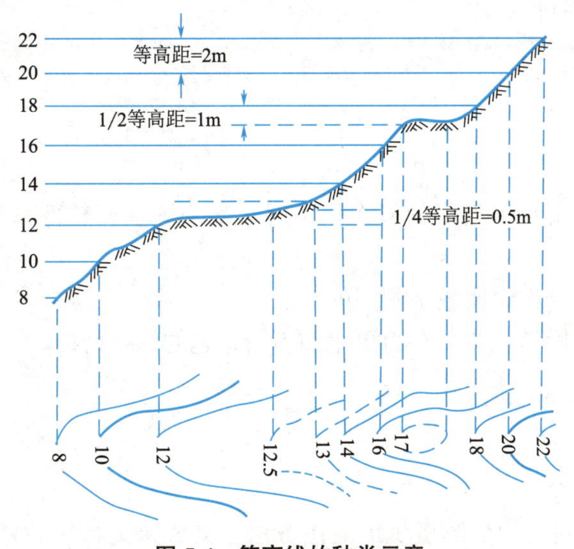

图 5-4　等高线的种类示意

① 按选定的基本等高距绘制的等高线，称为首曲线，是基本等高线的一部分。用0.15mm宽的细实线表示。

② 从零米开始，每隔四条首曲线绘制的一条加粗等高线，称为计曲线，也是基本等高线的一部分。主要为便于读取等高线上的高程，用0.3mm宽的粗实线表示。

③ 当局部区域比较平缓，用基本等高线无法完全表达时，可以在两条基本等高线中间插入一条辅助等高线，将等高线之间的高差变成1/2等高距，称为间曲线。用0.15mm宽的长虚线表示。当插入间曲线还是无法清楚表达时，可以再插入描绘1/4等高距的等高线，使相邻等高线之间的高差为基本等高距的1/4，称为助曲线。用0.15mm宽的短虚线表示。间曲线与助曲线均为辅助等高线。

（3）等高线的特性

① 同一条等高线上点的高程都相等。

② 等高线是一条封闭的曲线，不能中断，如不能在同一图幅内封闭，也必然在图外或其他图幅内封闭。

③ 不同高程的等高线不得相交，在特殊地貌，如悬崖等是用特殊符号表示其等高线重叠而非相交。

④ 同一地形图中的等高距相等，等高线平距越大，则该地区坡度愈缓，反之亦然。

⑤ 等高线与山脊线或山谷线正交。

习题

1. 什么叫比例尺精度？
2. 地形图分幅与编号一般有哪些方法？
3. 地物符号分哪几类？
4. 等高线的特性有哪些？

5.1.2 数字测图原理

学习目标

1. 知识目标：了解数字测图的概念；了解数字测图主要软件系统和硬件；掌握数字测图的特点。
2. 能力目标：能详细说明数字测图的特点。
3. 素质目标：激励学生树立自力更生和不断超越的创新精神。

知识链接

1. 数字测图的概念

数字测图的实质是一种全解析机助测图方法，其成果是数字化的地图。其基本思想：将采集的各种有关的地物和地貌信息转化为数字形式，通过数据接口传输给计算机进行处理，得到内容丰富的电子地图，需要时由计算机的图形输出设备（如显示器、绘图仪）绘出地形图或各种专题地图。

事实上，除上述方式外，广义的数字测图包括：利用全站仪或GNSS-RTK等其他测量仪器进行野外数据采集，用数字成图软件进行内业；用无人机采集地面航测相片，用航测软件绘制地形图；卫星或飞机搭载遥感设备对地面进行遥感测图；利用GNSS-RTK配合测深仪进行水下地形数字测图；利用扫描仪对纸质地形图进行扫描，用软件对图形进行数字化等，如图5-5所示。

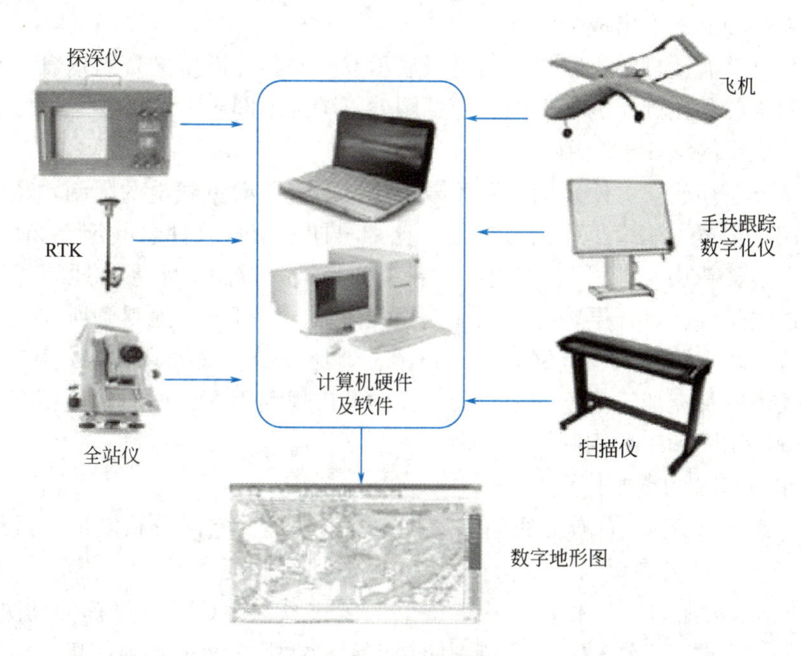

图5-5　数字测图

2. 数字测图的特点

（1）点位精度高

测定地物点的误差在距离450m内约为±22mm，测定地形点的高程误差在450m内约为±21mm。若距离在300m以内时测定地物点误差约为±15mm，测定地形点高差约为±18mm。在全过程中原始数据的精度毫无损失，从而获得高精度（与仪器测量同精度）的测量成果。数字地形图最好地反映了外业测量的高精度，也最好地体现了仪器发展更新、精度提高的高科技进步的价值。

（2）测图用图自动化

数字测图使野外测量自动记录，自动解算，使内业数据自动处理，自动成图，自动绘图，并向用图者提供可处理的数字地形图文件，用户可自动提取图数信息，使其作业效率高，劳动强度小，错误概率小，绘制的地形图精确、美观、规范。

（3）改进了作业方式

数字测图野外测量自动记录、自动解算处理、自动成图，并且提供了方便使用的数字地图软盘。数字测图自动化的程度高，出错（读错、记错、展错）的概率小，能自动提取坐标、距离、方位和面积等。绘图的地形图精确、规范、美观。

(4) 便于图件成果的更新

数字测图的成果是以点的定位信息和绘图信息存入计算机，实地房屋在改建扩建、变更地籍或房产时，只需输入变化信息的坐标、代码，经过数据处理就能方便地做到更新和修改，始终保持图面整体的可靠性和现势性，数字测图可谓“一劳永逸”。

(5) 避免因图纸伸缩带来的各种误差

数字测图的成果以数字信息保存，能够使测图用图的精度保持一致，精度无一点损失。

(6) 能以各种形式输出成果

计算机与显示器、打印机联机时，可以显示或打印各种需要的资料信息。与绘图仪联机，可以绘制出各种比例尺的地形图、专题图，以满足不同用户的需要。

(7) 方便成果的深加工利用

数字测图分层存放，可使地面信息无限存放，不受图面负载量的限制，从而便于成果的深加工利用，拓宽了测绘工作的服务面。比如早期 CASS 软件总共定义 26 个层（用户还可根据需要定义新层）。房屋、电力线、铁路、植被、道路、水系、地貌等均存于不同的层中，通过关闭层、打开层等操作来提取相关信息，便可方便地得到所需的测区内各类专题图、综合图，如路网图、电网图、管线图、地形图等。又如在数字地籍图的基础上，可以综合相关内容补充加工成不同用户所需要的城市规划用图、城市建设用图、房地产图以及各种管理的用图和工程用图。

(8) 可作为 GIS 的重要信息源

地理信息系统（GIS）具有方便的信息查询检索功能、空间分析功能以及辅助决策功能。在国民经济、办公自动化及人们日常生活中都有广泛的应用。然而，要建立一个 GIS，花在数据采集上的时间和精力约占整个工作的 80%。GIS 要发挥辅助决策的功能，需要现势性强的地理信息资料。数字测图能提供现势性强的地理基础信息。经过一定的格式转换，其成果即可直接进入并更新 GIS 的数据库。一个好的数字测图系统应该是 GIS 的一个子系统。

习题

1. 数字测图的概念是什么？
2. 数字测图有哪些特点？

5.1.3 数字测图基本过程

学习目标

1. 知识目标：掌握数字测图的基本工作流程。
2. 能力目标：能说明数字测图的基本流程。
3. 素质目标：通过对测图项目的总体把握，培养学生的大局意识。

知识链接

大比例尺数字测图的比例尺一般为1∶500、1∶1000和1∶2000，通常指利用全站仪或GNSS-RTK进行地面数字测图，下面介绍利用全站仪或RTK进行数字测图的基本过程。

1. 收集资料及测区踏勘

根据测图任务书或合同书，确定测图范围，收集测区内人文、交通、控制点、植被等信息。进行测区踏勘，分析测区测图难易程度、控制点可利用情况等为技术设计做准备。

2. 技术设计

技术设计是数字测图的基本工作，在测图前对整个测图工作做出合理的设计和安排，可以保证数字测图工作的正常实施。

3. 控制测量

所有的测量工作必须遵循“由整体到局部，先控制后碎部，从高级到低级”的原则，大比例尺数字测图也不例外。控制测量包括平面控制测量和高程控制测量两个方面，主要步骤：先在测区范围内建立高等级的控制网，其布点密度、采用仪器与测量方法、控制点精度需满足技术设计的要求；然后在高等级控制网的基础上布设加密控制网和图根控制网。控制网的等级和密度，根据测图范围大小及测图比例尺等因素来确定。

4. 碎部测量

全站仪和GNSS-RTK的定位精度较高，是长期以来大比例尺数字测图碎部测量的主要仪器，所以我们主要采用全站仪或GNSS-RTK进行野外碎部测量。操作时实地测定地形特征点的平面位置和高程，将这些点位信息自动存储于仪器存储卡或电子手簿中。

5. 数字地形图的绘制

内业成图是数字测图过程的中心环节，它直接影响最后输出地形图的质量和数字地形图在数据库中的管理。内业成图是通过相应的软件来完成：文件操作、图形显示、展绘碎部点、地物绘制、等高线绘制、地物编辑、文字编辑、分幅编号、图幅整饰、图形输出、地形图应用等。

6. 数字地形图的检查验收

测绘产品的检查验收是生产过程必不可少的环节，是测绘产品的质量保证，是对测绘产品质量的评价。为了控制测绘产品的质量，测绘工作者必须具有较高的质量意识和管理才能。

7. 技术总结

测区工作结束后，根据任务的要求和完成情况来编写。通过对整个测图任务的各个步骤及工作完成情况认真分析研究并加以总结，为今后的数字测图项目生产积累经验。

习题

数字测图项目的基本流程是什么？

5.1.4 数字地形图在工程建设中的应用

学习目标

1. 知识目标：能够用数字地形图查询地形图常见几何要素；能够进行面积计算、土石方量计算、断面图绘制。

2. 能力目标：能够利用相关软件计算面积、土石方量，会绘制断面图。

3. 素质目标：培养学生的工程意识、服务意识。

知识链接

在经济建设和国防建设中，各项工程建设在规划、设计和施工阶段，都需要应用工程建设区域的地形和环境条件等基础资料。其中地形图是主要地形资料，数字地形图是进行规划、设计、工程建设的重要依据和基础资料。

在数字化成图软件环境下，利用数字地形图可以很容易地获取各种地形信息，如量测任意点的坐标、点与点之间的距离，量测直线的方位角、点的高程、两点间的坡度和在图上设计坡度线等，而且查询速度快，精度高，还可以很方便地制作各种专题图。因此，数字地形图现在被广泛地应用于国民经济建设、国防建设和科学研究等各个方面。

目前，大部分数字化成图的软件具有在工程中应用的功能。本节针对工程建设对地形信息的需求及量测工作，以南方 CASS 数字化成图软件中工程应用部分为例，结合实际情况，对软件操作步骤进行详细说明。主要内容包括：①基本几何要素的查询；②土石方量的计算；③断面图的绘制；④面积应用。

1. 基本几何要素的查询

利用数字地形图查询基本几何要素，几何要素包括指定点坐标、两点距离及方位、线长，以及实体面积、表面积等。

2. 土石方量的计算

工程建设常见的土木工程中，土石方工程有场地平整、基坑（槽）与管沟开挖、路基开挖、人防工程开挖、地坪填土、路基填筑及基坑回填。要合理安排施工计划，尽量不要安排在雨季，同时为了降低土石方工程施工费用，贯彻不占或少占农田和可耕地并有利于改地造田的原则，要做出土石方的合理调配方案，统筹安排。这就需要进行填挖土方量的概预算和精确计算。

利用数字地形图计算土石方量，CASS 提供了 DTM 法土方计算、断面法土方计算、方格网法土方计算、等高线法土方计算、区域土方量平衡等方法。

3. 断面图的绘制

断面图在地形图上分为纵断面图和横断面图，纵断面图是采用直角坐标，以横坐标表示里程桩号，纵坐标表示高程，为了明显地反映沿着中线地面起伏形状的道路剖面图。横断面图是指中桩处垂直于道路中线方向的剖面图。理论上，一条道路只有一个纵断面，有无数个横断面。在工程设计中，当需要知道某一方向的地面起伏情况时，常按此方向直线与等高线的交点的平距和高程，绘制断面图。

CASS 中应用数字地形图绘制断面图一般来说有以下四种方法：

（1）由坐标文件生成；（2）根据里程文件；（3）根据等高线；（4）根据三角网。

其中根据里程文件可以绘制出由里程文件定义的多个断面图，即横断面图，其他三种方法只能绘制单个断面图。

4. 面积应用

面积应用是数字地图在工程建设中应用的一个重要内容，应用范围非常广泛，如在地籍和土地管理等方面有广泛的应用，应用功能与专业应用软件密切相关。在工程建设中常用的面积应用方法，其中包括用复合线凑面积、计算并注记实体面积、统计指定区域的面积、计算指定范围的面积和指定点所围成的面积等。

习题

1. 南方 CASS 软件中可在地形图上查询哪些常见的几何要素？
2. 在南方 CASS 软件中计算土石方量都有什么方法？
3. 在南方 CASS 软件中绘制断面图都有什么方法？

5.2 地形图数据采集

5.2.1 全站仪数据采集方法

学习目标

1. 知识目标：掌握用全站仪进行草图法数据采集工作的步骤和方法。
2. 能力目标：能用全站仪进行数据采集。
3. 素质目标：激发学生树立团队意识，养成耐心细致的工作作风。

任务导入

全站仪数据采集由于具有精度高、速度快、人工干预少、不易出错、能进行数据采集等特点，所以是目前大比例尺数字测图野外数据采集的主要方法。

知识链接

全站仪数据采集的实质是极坐标测量数据采集的应用，即在已知坐标的测站点（等级控制点、图根控制点或支站点）上安置全站仪，在测站设置和后视定向后，观测测站点至碎部点的方向、天顶距和斜距，利用全站仪内部自带的计算程序，进而计算出碎部点的三维坐标。如图 5-6 所示。

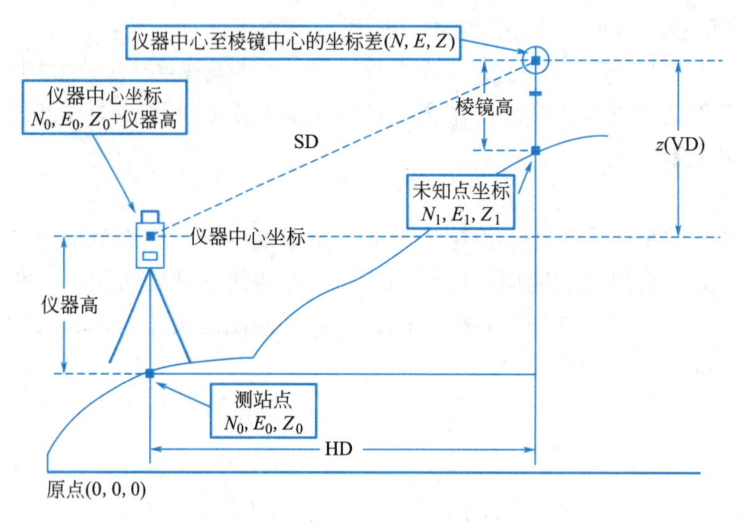

图 5-6 全站仪坐标测量示意图

任务实施

以苏一光 NTS110 全站仪为例说明数据采集的操作步骤（表 5-3～表 5-5）。

（1）安置仪器

在测站点（等级控制点、图根控制点或支站点）安置全站仪，完成对中和整平工作，并量取仪器高。测出测量时测站周围的温度、气压，并输入全站仪；根据实际情况选择测量模式（如反射片、棱镜、无合作目标），当选择棱镜测量模式时，应在全站仪中设置棱镜常数；同时，检查全站仪角度、距离的单位设置是否正确。

（2）测站设置

建立文件（项目、任务），为便于查找，文件名称根据习惯（如：测图时间）或个性化（如：作业员姓名）等方式命名。建好文件后，将需要用到的控制点坐标数据录入并保存至该文件中。打开文件，进入全站仪野外数据采集功能菜单，进行测站点设置。键入或调入测站点点名及坐标、仪器高等。

全站仪的操作　　表 5-3

操作过程	操作	显示
①按[MENU]进入主菜单	MENU	菜单 1/3 F1:数据采集 F2:放样 F3:存储管理 P↓

续表

操作过程	操作	显示
②在主菜单 1/3 页按[F1]	F1	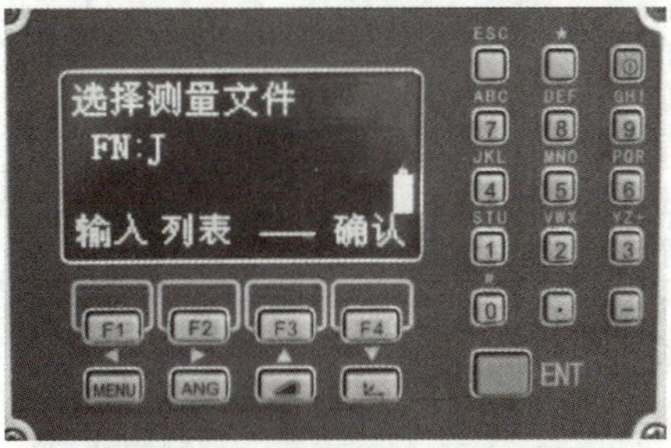
③新建或者选择已建测量文件，按[F4]确认	F4	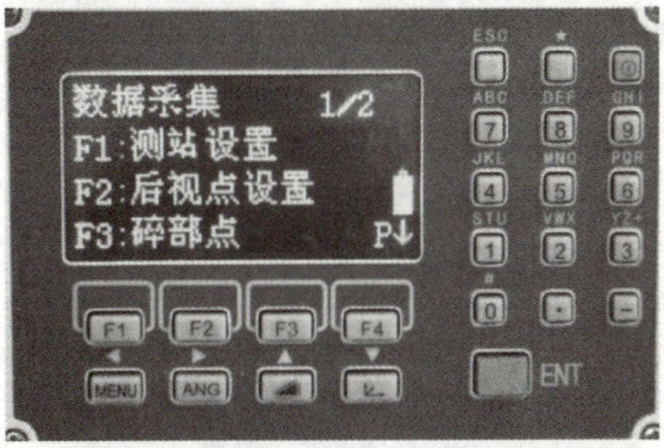
④在数据采集菜单 1/2 中，按[F1]进入测站设置	F1	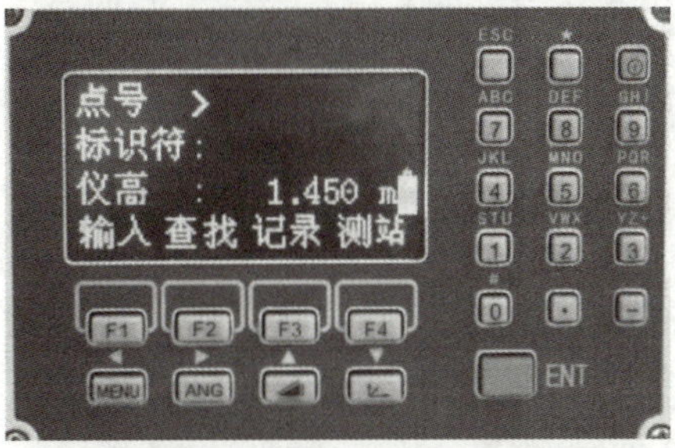
⑤输入测站点号、标识符(可为空)、仪高，按[F4]确认	F4	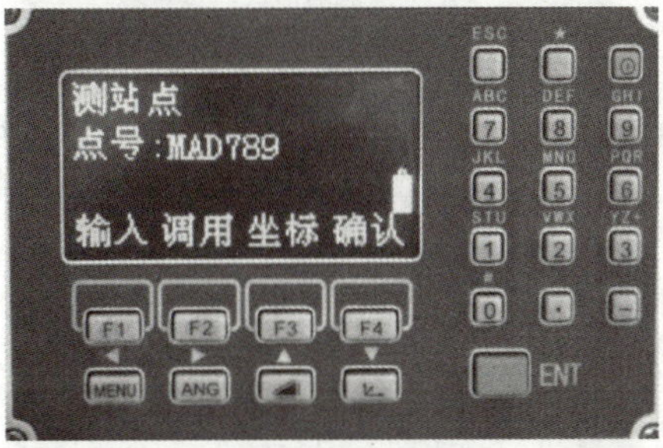
⑥按[F3]进入坐标输入界面，输入测站点的坐标及高程 $X(N)$、$Y(E)$、$H(Z)$后确认，完成测站设置	F3	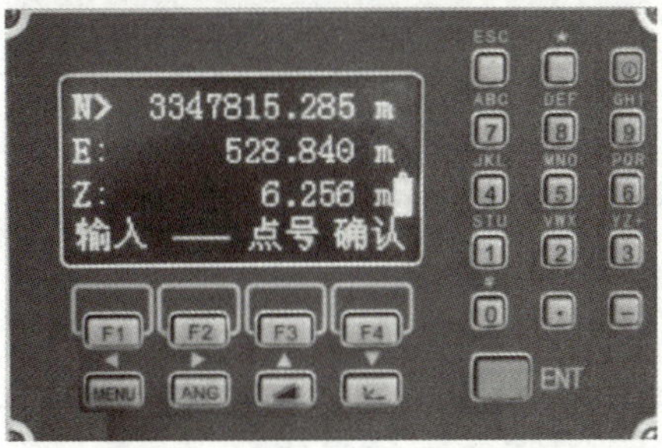

(3) 定向

选择较远的后视点（等级控制点、图根控制点或支站点）作为测站定向点，输入或调入后视点点号及坐标和棱镜高。精确瞄准后视定向点，设置后视坐标方位角（全站仪水平读数与坐标方位角一致）。

全站仪定向操作 **表 5-4**

操作过程	操作	显示
①测站设置完成后按[F4]回到数据采集菜单	F4	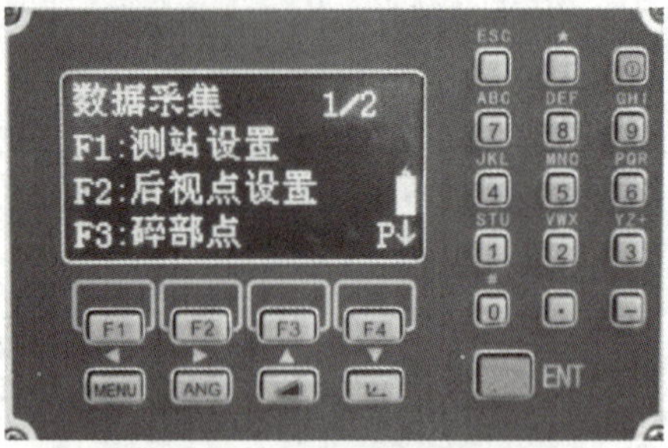 数据采集 1/2 F1:测站设置 F2:后视点设置 F3:碎部点 P↓
②在数据采集菜单 1/2 中，按[F2]进入后视点设置	F2	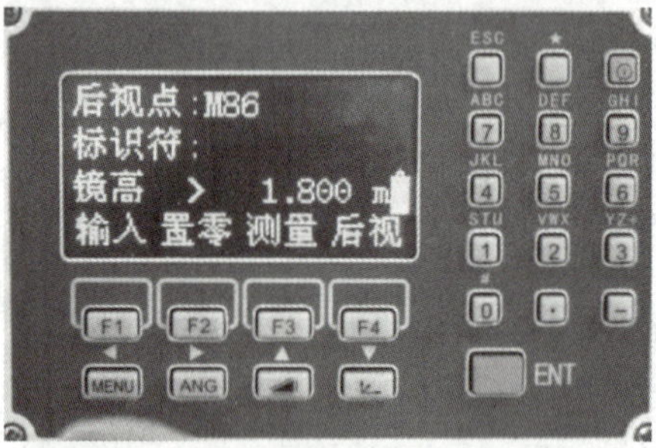 后视点:M86 标识符: 镜高 > 1.800 m 输入 置零 测量 后视
③输入后视点号、棱镜高后，按[F4]进入后视点设置	F4	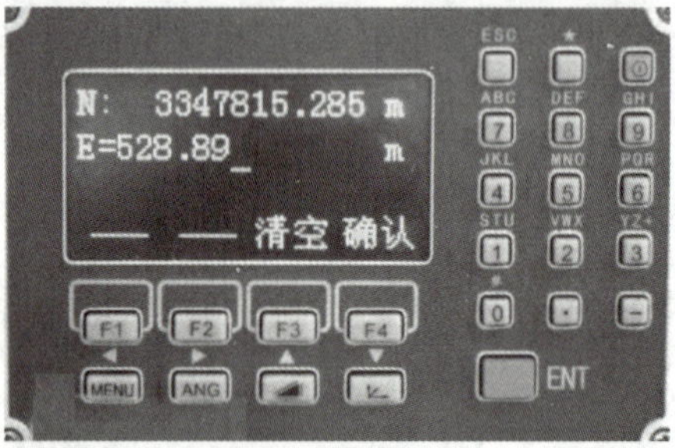 N: 3347815.285 m E=528.89_ m — — 清空 确认
④输入后视点坐标 $X(N)$、$Y(E)$，按[F4]确认	F4	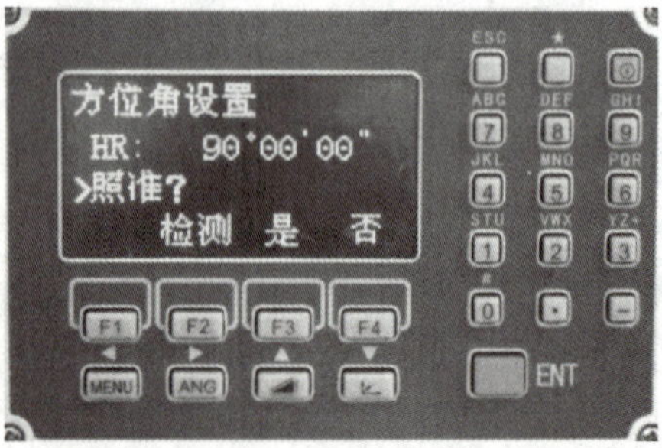 方位角设置 HR: 90°00′00″ >照准? 检测 是 否

续表

操作过程	操作	显示
⑤照准后视点的棱镜，按[F3]	F3	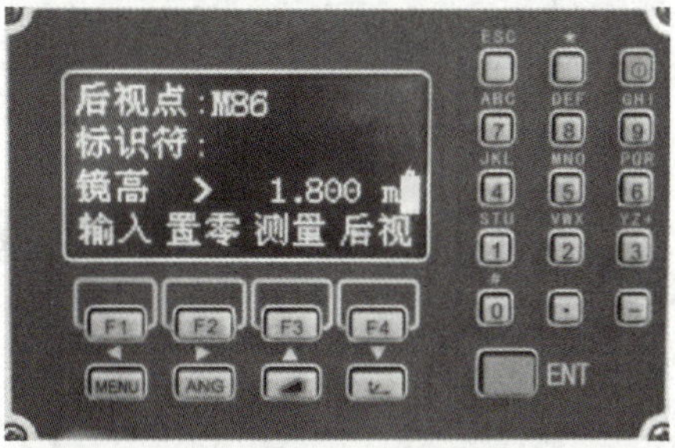
⑥按[F3]测得后视点的坐标，完成后视站设置	F3	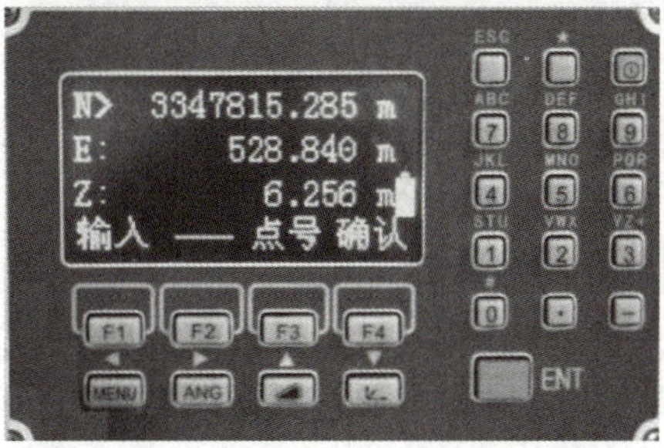

（4）检核

定向完毕后，施测检核点（等级控制点、图根控制点或支站点）的坐标和高程，作为测站检核。检核点的平面坐标较差不应大于图上的 $0.2\times M\times 10^{-3}$m，高程较差不应大于1/6倍基本等高距。

每站数据采集结束时应重新检测标定方向，检测结果若超出上述两项规定的限差，其检测前所测的碎部点成果须重新计算，并应检测不少于两个碎部点。

（5）数据采集

测站定向与检核结束后，进行碎部点坐标测量。输入碎部点的点名、编码（可选）、棱镜高后，开始测量。存储碎部点坐标数据，然后按照相同的方法测量并存储周围碎部点坐标。注意，当棱镜有变化时，在测量该点前必须重新输入棱镜高，再测量该碎部点坐标。

全站仪数据采集操作　　　　表 5-5

操作过程	操作	显示
①检核无误后返回数据采集菜单		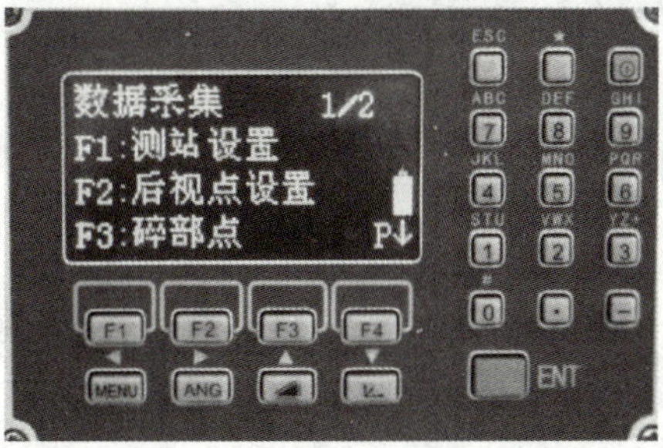

续表

操作过程	操作	显示
②按[F3]开始碎部点采集	F3	点号 >1 标识符: 镜高 : 1.800 m 输入 查找 测量 自动
③确认棱镜高后，按[F3]进行测量，获得第一个碎部点坐标，按[F3]保存	F3	N: 3347815.285 m E: 535.795 m Z: 7.146 m >OK? [是][否]
④其他碎部点的采集以此类推		点号 >2 标识符: 镜高 : 1.800 m 输入 查找 测量 自动

巩固训练

选择校园的一角作为测区，利用全站仪进行数据采集。

5.2.2 GNSS-RTK 数据采集

学习目标

1. 知识目标：掌握 GNSS-RTK 进行数据采集的方法和步骤。
2. 能力目标：能用 RTK 进行数据采集。
3. 素质目标：激发学生树立团队意识，养成耐心细致的工作作风。

在开阔区域，RTK 定位技术较常规测量技术有着精度高、不要求通视等优点，所以在数字测图中 RTK 技术已得到了广泛的应用，成为野外数据采集的主要设备。

知识链接

RTK（Real Time Kinematic）是一种利用 GNSS 载波相位观测值进行实时动态相对定位的技术。进行 RTK 测量时，位于基准站上的 GNSS 接收机通过数据通信链实时地把载波相位观测值以及已知的测站坐标等信息播发给在附近工作的流动用户。这些用户就能根据基准站及自己所采集的载波相位观测值利用 RTK 数据处理软件进行实时定位，进而根据基准站的坐标求得自己的三维坐标，并估算其精度，如有必要，还可将求得的 WGS-84 坐标转换为用户所需的坐标系中的坐标。

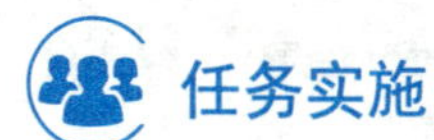

本项目任务将以南方极点 GNSS 接收机与工程之星 5.0 采集系统为例，介绍 RTK 的数据采集过程。

5.2.2.1　安置基准站

1. 安置基准站的方法

基准站可以安置在已知控制点上，也可安置在任意合适的位置。具体步骤如下：

（1）安置脚架于控制点上（或未知点上），安装基座，再将基准站主机装上连接器置于基座之上，对中整平。

（2）安置发射天线和电台，建议使用对中杆支架，将连接好的天线尽量升高，再在合适的位置安放发射电台，连接好主机、电台和蓄电池。

（3）检查连接无误后，打开电池开关，再打开电台和主机，并进行相关设置（主机设置为动态模式、电台通道则根据经验设置）。

2. 安置基准站应遵循的原则

（1）基准站要尽量选在地势高、视野开阔的地带。

（2）要远离高压输电线路、微波塔及其他微波辐射源，其距离不小于 200m。

（3）要远离树林、水域等大面积反射物。

（4）要避开高大建筑物及人员密集地带。

5.2.2.2　安置移动站

1. 连接碳纤对中杆、移动站主机和接收天线，完毕后主机开机。

2. 安装手簿托架，固定数据采集手簿，打开手簿，进行蓝牙连接，连接完毕后即可进行仪器设置操作。

5.2.2.3　设置

利用“工程之星”软件连接 GNSS 接收机，并进行必要的设置（图 5-7、图 5-8）。手簿能对移动站接收机进行动态、静态、数据链的设置，用手簿切换其他模式后，要对各模

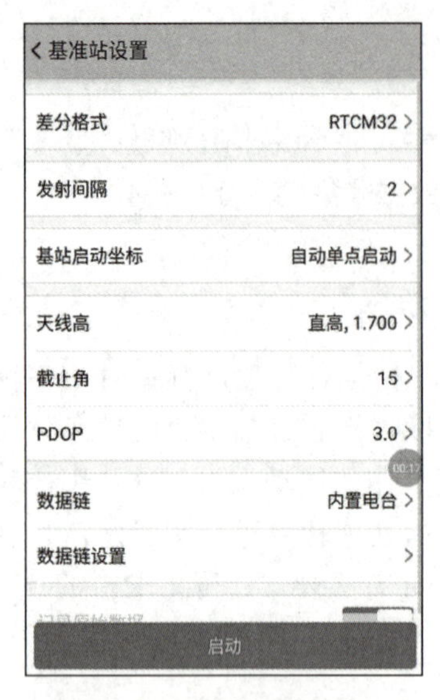

图 5-7　接收机测量模式选择

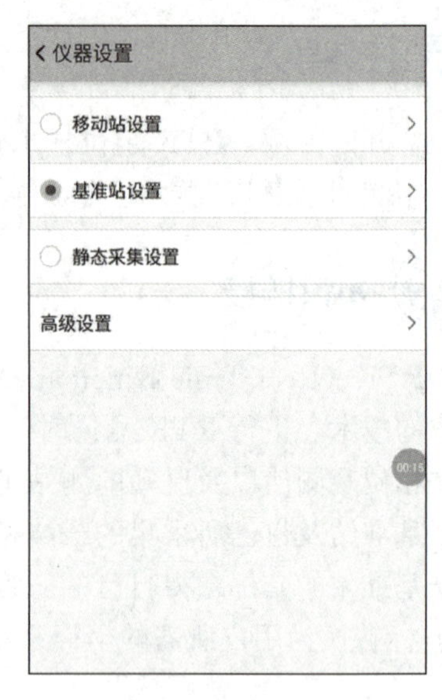

图 5-8　基准站设置

式的参数进行设置。

5.2.2.4　新建工程

打开工程之星，执行【工程】→【新建工程】命令，出现“新建工程”对话框，如图 5-9 所示，在对话框中输入作业名称，一般为工程名称或日期命名。

5.2.2.5　建立坐标系

在如图 5-10 所示的“坐标系统设置”界面，依次设置目标椭球、投影参数、中央子午线，如果没有四参数、七参数和高程拟合参数，可以单击【确定】，则工程已经建立完毕。

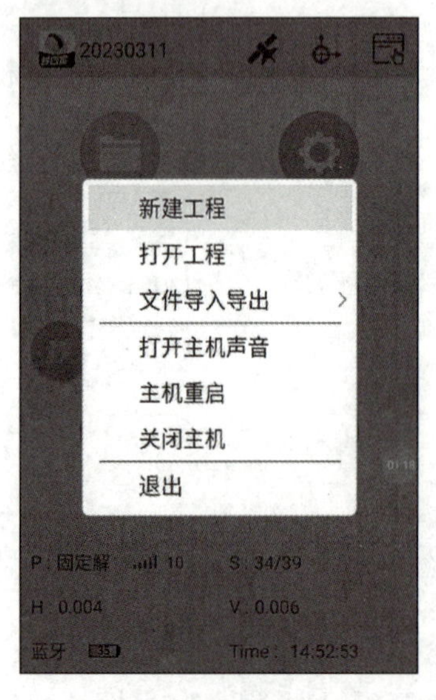

图 5-9　新建工程

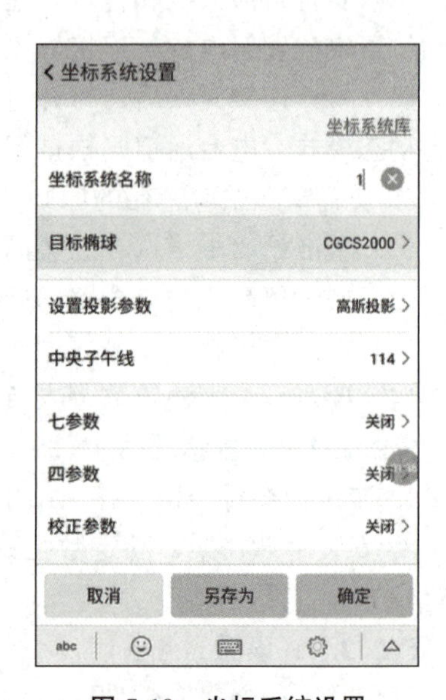

图 5-10　坐标系统设置

5.2.2.6　求解转换参数

求解转换参数的目的是将 GNSS 所获得的 WGS-84 坐标转换至工程所需要的当地坐标。根据测区范围面积可选择四参数或七参数，四参数的理想控制范围一般都在 5～7km 以内，七参数的控制范围可达到 10km 以上。以四参数为例，四参数是 WGS-84 坐标与平面坐标的转换参数，参与计算的控制点原则上至少要用两个公共点，控制点等级的高低和分布直接决定了四参数的控制范围。经验上，四参数的四个基本项分别是 X 平移、Y 平移、旋转角和缩放比例（尺度比）。其操作步骤如下：

在至少 2 个已知控制点上测定各点 WGS-84 坐标系统下的坐标【输入】→【求转换参数】→【添加】→【增加】→【输入两个不同坐标系下的公共点】→【确定】→【计算】，计算出参数后应用到工程中。如图 5-11、图 5-12 所示。

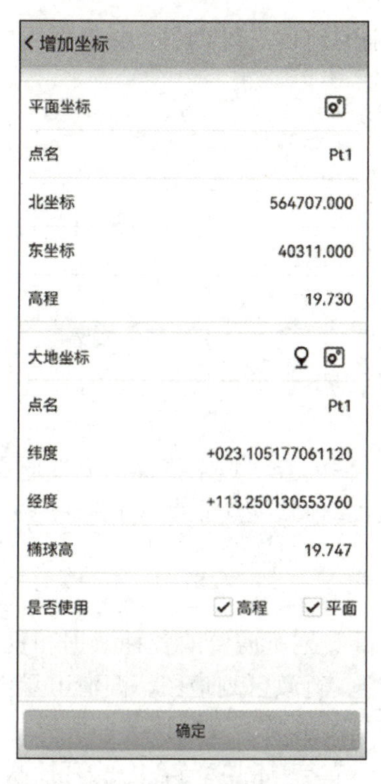

图 5-11　不同坐标系的公共点输入

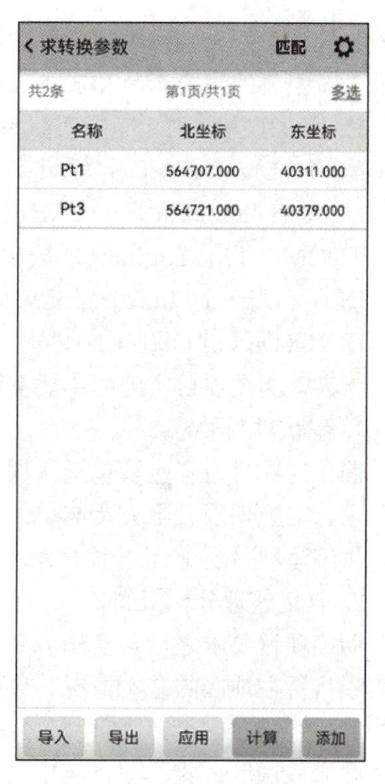

图 5-12　求解转换参数

5.2.2.7　检查

为确定参数求解的正确性，并避免给后续工作带来不必要的麻烦，必须测定其他控制点的坐标，与已知坐标比较，结果需符合相关规范规定的限差要求，然后进入点测量进行数据采集工作。

巩固训练

选择校园的一角作为测区，利用 GNSS-RTK 进行数据采集。

5.2.3 无人机测图的工作流程

学习目标

1. 知识目标：了解无人机测图的工作流程。
2. 能力目标：能正确说出无人机测图的工作流程。
3. 素质目标：测绘新技术让学生树立文化自信和制度自信。

知识链接

一般来说，无人机测图项目的主要目的就是建立精细的地表三维模型，并根据用户的要求生产相关的测绘产品和成果数据，主要包括：

3DM（3D Model）三维实景模型。

DSM（Digital Surface Model）数字表面模型。

DEM（Digital Elevation Model）数字高程模型。

TDOM（True Digital-Orthophoto Map）数字真正射影像图。

DLG（Digital Line Graphic）核心要素数字线划图。

DOB（Digital Object Model）对象化模型。

无人机测图项目实施的主要流程和工作内容大致包括以下十个步骤。

1. 确认项目要求

确认的项目内容应该包括：项目范围、成果用途、工作内容、技术指标、成果形式工艺要求、实施期限、甲方参与单位和联系人、适用标准、其他特殊要求等，并形成文字材料，供编写项目实施计划书参考。

2. 收集整理分析资料

明确项目要求之后，实施方要通过多种渠道收集项目实施所需要的各种数据和资料。收集项目所在地区的基本情况，包括行政区划、地理位置、行政区划地图、高清卫星影像地貌和地物特征、建筑物形态（密集程度、高度等）、交通情况、天气情况、民风民俗、相关政府机构等。收集项目实施所涉及的信息和数据，建立与项目参与各方的直接联系，了解项目成果的应用场景和相关业务工作流程，进一步明确项目成果提交的格式、坐标系统、投影系统、精度指标、验收依据等。收集和了解相似项目案例资料、相关的技术标准和作业规定等资料。最后，对所有收集的信息和资料进行整理和分析，按照项目实施的需要，分别整理汇编成文，并针对项目的实施提出初步方案和建议，供参与项目实施的各方参考。

3. 编写实施计划书

明确了项目要求和各参与单位的任务分工后，就可以开始编写项目实施计划书。项目实施计划的主要内容包括：

项目简况：项目来源，招标和投标情况，业主单位，主要工作内容，项目实施周期等；

项目区域简况：行政区划，地理位置，地形地貌特征，交通，人口，气候，相关政府机构，主要用户等；

项目承担单位简况：各单位简况，任务分工，项目负责人等；

组织机构：根据需要设置项目组织机构（如总体组、专家组、技术组、实施组等）单位会商机制，部门会商机制等；

资金情况：资金来源，支付方式，支付节点和数量等；

成果要求：成果内容和数量，格式要求，数据生产标准，成果验收依据等；

技术路线：相关工序的主要技术指标和工艺流程，建议采用的设备和标准等；

进度计划：项目整体进度计划，分工序进度计划，分单位进度计划，成果提交的内容、数量和时间节点等；

成果验收：成果汇总单位，验收单位，验收模式等。

4. 编写技术设计书

按照项目工序安排，分别编写倾斜摄影、外业控制、外业调绘，三维建模、数字真正影像生产，核心要素数字线划图生产、对象化要素采集等技术设计书，明确技术要求和作业规程。

倾斜摄影技术设计书的主要内容包括：任务区基本情况，摄影分区划分原则和分区范围线，影像地面分辨率，航向和旁向重叠度，飞行平台选择，倾斜摄影系统选择，飞行天气标准，每日飞行时段，照片及曝光点位置文件命名方式，数据格式和提交介质，存储目录命名，飞行记录文件，影像验收标准等。

外业控制点测量技术设计书的主要内容包括：任务区基本情况，外业控制点（像控点）布设原则和点位略图，成果的坐标系统和投影系统，测量精度要求，测量方法，点之记内容和格式。倾斜摄影一般是根据影像地面分辨率和成果精度要求，采用等间距格网田字形法布设外业控制点，其经验值可参考表 5-6 所列数据。

外业控制点间距与影像地面分辨率的关系满足成图比例尺　　表 5-6

影像地面分辨率(cm)	三维模型测量精度(cm)	外业控制点测量精度(cm)	外业控制点间距(m)	满足成图比例尺
2	5～10	±(2～5)	500～1000	1∶500
5	20～30	±(5～10)	1000～2000	1∶1000
10	30～50	±(5～10)	2500～3000	1∶2000

外业调绘技术设计书的主要内容包括：任务区基本情况，调绘的内容和要求，调查成果提交格式等。由于倾斜摄影三维模型能够从多角度展现地物和地貌特征，因此可以通过三维模型判断出大部分地物和地貌显性属性，如房屋结构和建筑材料、道路铺装材料、植被类型、土地利用类型等。而对地名、房屋用途、权属、管理属性等隐性属性，则需要通过收集资料和现场调查等方式进行补充和核实。

三维建模技术设计书的主要内容包括：任务区基本情况，航摄分区范围，每个分区的航线数量和照片数量，外业控制点布测方法和点位略图，三维模型建模精度要求，采用的空三计算软件和三维建模软件，成果的坐标系统和投影系统，提交的数据格式等。三维建模计算的分区通常与摄影分区相同。

数字真正射影像生产技术设计书的主要内容包括：任务区基本情况，航摄分区范围维模型建模精度指标，成果的坐标系统和投影系统，影像图分幅范围和尺寸，提交成果的数据格式等。

核心要素数字线划图生产技术设计书的主要内容包括：任务区基本情况，三维模型建模精度指标，需要采集的核心要素内容和方法，要素编码体系，成果的坐标系统和投影系统，分幅范围和尺寸，提交成果的数据格式等。

对象化要素采集技术设计书的主要内容包括：任务区基本情况，三维模型建模精度指标，对象化要素采集的内容和方法，对象化要素编码体系，成果的坐标系统和投影系统提交成果的数据格式等。

5. 倾斜摄影飞行

执行倾斜摄影飞行的单位，应及时向有关单位申请飞行空域，并在实施飞行前对任务区进行现场踏物，准确掌握任务区的地貌和地物特征，特别是要标识出任务区及周边 2km 范围内的高大建筑物、高压线塔、飞行禁区范围，如根据现场情况需要对摄影分区、航高等进行调整时，应征得甲方的同意，并确定最终的摄影分区范围线、影像地面分辨率、航向和旁向重叠度等参数。

执行倾斜摄飞行的机组，应根据倾斜摄影技术设计书的要求和给定的参数进行航线设计和飞行任务安排，发送每日飞行计划，做好飞行日志，提交相应的成果。

6. 外业控制点测量

外业控制点测量作业单位应按照外业控制点测量技术设计书的要求组织，布设和施测外业控制点，通常情况下，外业控制点测量采用 GNSS-RTK 方法施测。

与传统摄影测量外业控制点布设方法不同，倾斜摄影的外业控制点布设方法是按照一定的格网间距均匀布设的，而不必考虑航线数和基线数的间隔。外业控制点布设的格网间距一般与摄影分区的范围和影像地面分辨率相关。

为了及时检查三维模型的精度，外业控制点布设时可以采用双点法，即在同一布点范围内相距 50m 以内布测主点和副点两个控制点，主点作为控制点参与三维模型的定向，副点不参与定向计算，仅作为检查点使用。

7. 倾斜影像三维建模

三维建模计算的第一步就是要对所有倾斜影像进行检查，研究摄影分区、飞行架次、照片数量等，配准照片 GNSS 定位数据，剔除试片、空片等，根据三维建模软件和计算机集群的计算能力，在摄影分区的基础上进行计算分区。然后根据计算分区范围将照片导入三维建模软件中进行三维建模计算。

8. 测绘产品生产

按照测绘产品生产技术设计书的要求，制作相应的测绘产品。标准测绘产品主要包括：3DM、DSM、DEM、TDOM、DLG，所有测绘产品都要按要求进行质量检查，并提交质检报告。

9. 编写总结报告

完成所有倾斜摄影三维建模和测绘产品生产工作后，需要编写项目执行的总结报告，汇总相关技术设计书和作业规定，统计原始数据和成果数据的数量和工作量，做好验收和向用户提交成果准备工作。

总结报告要说明任务来源、项目要求、技术标准、成果形式、实施过程、成果数量检查验收情况等，还应说明成果的使用范围和注意事项。如果对用户的应用场景和使用环境有一定的了解，也可以就如何更好地使用成果提出一些建议。

10. 成果交付

按照项目要求完成所有数据生产并经检查验收后，就可以根据项目进度和数量要求向甲方交付成果。

习题

无人机测图的主要流程有哪些？

5.3 地形图绘制

5.3.1 CASS 成图系统简介

学习目标

1. 知识目标：了解 CASS 的界面及菜单命令。
2. 能力目标：能知道 CASS 常用菜单及相关命令。
3. 素质目标：培养学生细致、耐心的素养。

任务导入

CASS 软件是广东南方数码科技股份有限公司基于 CAD 平台开发的一套集地形、地籍、空间数据建库、工程应用、土石方算量等功能为一体的软件系统。CASS11 是当前的最新版本，由软件光盘和一个加密狗组成，适用于 AutoCAD2010 及以上的版本。

知识链接

视频

SOUTHMAP安装

视频

SOUTHMAP绘图标准流程

1. CASS 的主界面

CASS11 的操作主界面如图 5-13 所示。主要由下拉菜单栏、CAD 标准工具栏、CASS 实用工具栏、属性面板、屏幕菜单栏、图形编辑区、命令行、状态栏等组成。标有“A”符号的下拉菜单表示还有下一级菜单，每个菜单项均以对话框或命令行提示的方式与用户交互应答。

图形编辑区是图形显示窗口，用户在该区域内进行图形编辑操作。图形窗口有自己的标准 Windows 特征，如滚动条、最大化、最小化及控制按钮等，使用户可以在图形界面的框架内移动或改变它的大小。CASS 命令行缺省界面中一般显示三行命令行，其中最下面一行等待键

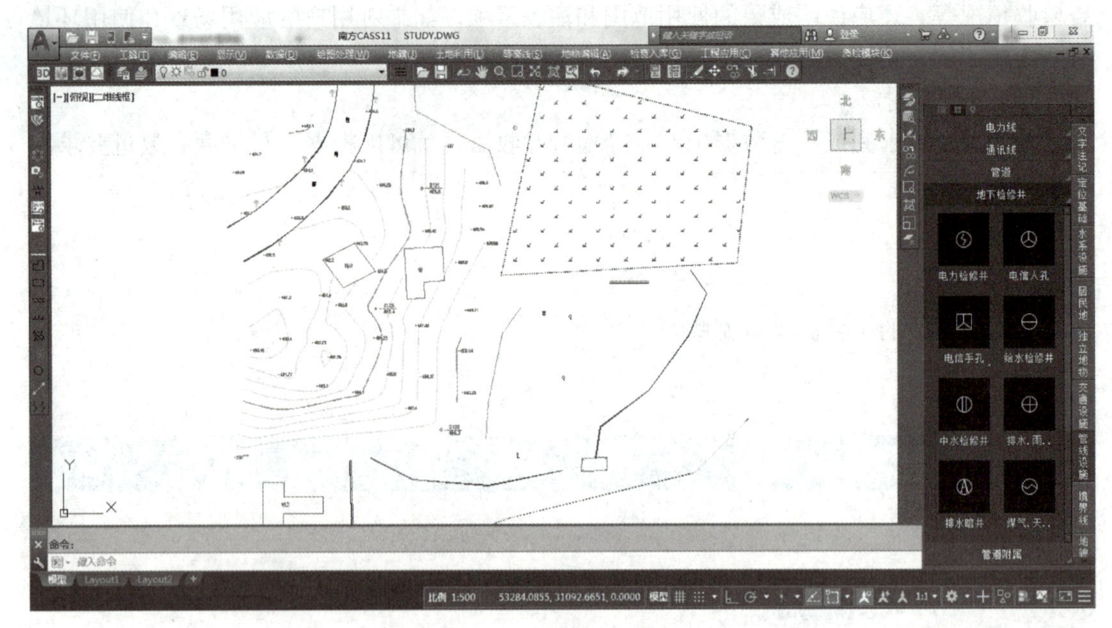

图 5-13　CASS11 主界面

入命令，上面两行一般显示命令提示符或与命令进程有关的其他信息。操作时要随时注意命令行提示。有些命令有多种执行途径，用户可根据自己的喜好灵活地选用快捷工具按钮、下拉菜单或在命令行输入命令。

2. 菜单与工具栏

（1）顶部下拉菜单栏

操作界面标题栏下面即为下拉菜单栏，包括文件、工具、编辑、显示、数据、绘图处理、地籍、土地利用、等高线、地物编辑、检查入库、工程应用、其他应用等 13 个下拉菜单。利用这些菜单功能，可满足数字图绘制、编辑、应用、管理等操作需要。

（2）地物绘制菜单栏

地物绘制菜单栏一般设置在操作界面右侧，是用于绘制各类地物的交互式菜单。坐标定位选项卡提供了坐标定位、点号定位、电子平板和地物匹配等 4 种定点方式。进入地物绘制菜单的交互编辑功能时，必须先选定某一定点方式。如果想从第二页菜单返回到第一页菜单，单击屏幕菜单顶部的“定点方式”条目提示，即可返回上级屏幕菜单。

（3）CASS 实用工具栏

CASS 实用工具栏如图 5-14 所示。

图 5-14　CASS 实用工具栏

CASS 实用工具栏具有 CASS 的一些常用功能，如查看实体编码、加入实体编码、批量选取目标、线型换向、查询坐标、距离与方位角、文字注记、常见地物绘制、交互展点等。当光标在工具栏某个图标停留时就显示该图标的功能提示。使用 CASS 实用工具栏，配合命令行提示操作，可简化对下拉菜单和屏幕菜单的操作。

（4）CAD 标准工具栏

CAD 标准工具栏如图 5-15 所示。它包含了 AutoCAD 的许多常用功能，如图层的设置、线型管理器、打开已有图形、图形存盘、重画屏幕、图形平移、缩放、对象特征编辑器等（这些功能在下拉菜单中也都有）。

图 5-15　CAD 标准工具栏

3. 属性面板

CASS11 的属性面板（图 5-16）是传统版本“对象特性管理器”的升级，它不只是具有显示、编辑属性的功能，而是集图层管理、常用工具、检查信息、实体属性为一体，分别有图层、常用、信息、快捷地物、属性 5 个选项。属性面板可关闭，也可缩小成一列，排在 CASS 界面的左侧。如果关闭后，再打开它，快捷命令为“casstoolbox”。

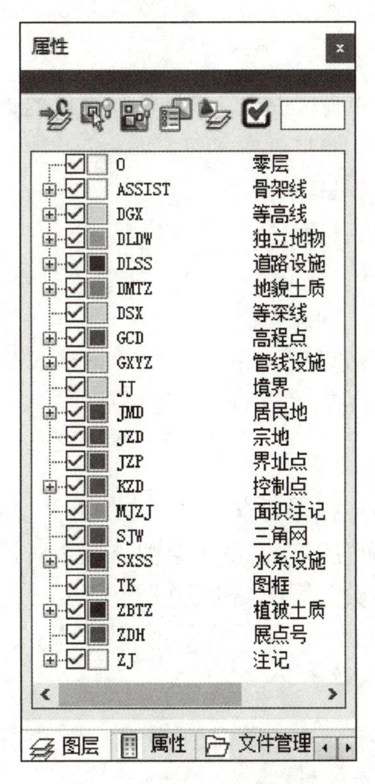

图 5-16　CASS11 属性面板

习题

1. CASS11 主界面都包括什么内容？
2. CASS11 属性面板的主要功能是什么？

5.3.2 平面图绘制

学习目标

1. 知识目标：掌握利用 CASS 软件进行数字地形图绘制的方法及步骤。
2. 能力目标：能用 CASS 绘制地物及注记。
3. 素质目标：培养学生耐心细致、实事求是的工匠精神。

任务导入

外业数据采集获得碎部点的坐标信息、属性信息以及连接信息，结合软件完成地物的绘制和相关注记。

知识链接

CASS 坐标数据文件的后缀为“dat”，坐标数据文件的数据格式如下：

点号 1，编码 1，Y1，X1，H1

点号 2，编码 2，Y2，X2，H2

点号 3，编码 3，Y3，X3，H3

……

点号 n，编码 n，Yn，Xn，Hn

该文件属于文本文件，一般可用 Windows 中“记事本”来编辑和修改。

任务实施

在绘制平面图之前，一般应根据要求对 CASS 的有关参数进行设置。用鼠标左键单击“文件”菜单的“CASS 参数配置”项，系统会弹出一个对话框，如图 5-17 所示。该对话框内可进行绘图参数、地籍参数、图廓属性等设置。

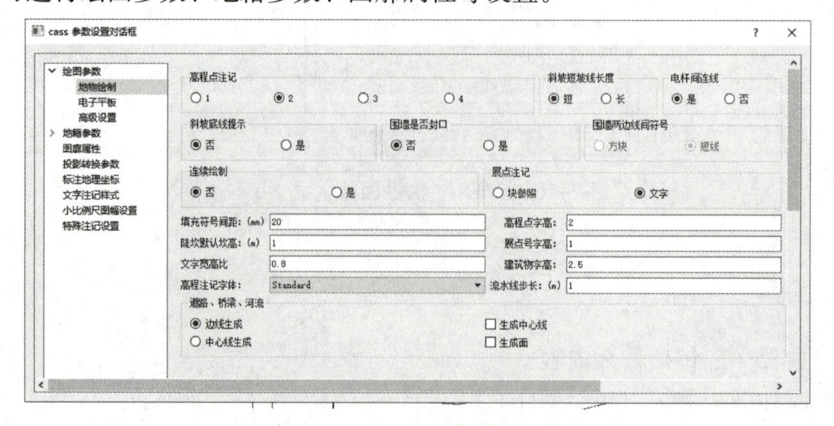

图 5-17　CASS 参数设置对话框

参数设置完成就可以进行地形图绘制，本节用点号定位方式介绍地物绘制的基本操作，将坐标文件中碎部点点号展在屏幕上，利用屏幕菜单“测点点号”中各图示符号，按照草图上标示的各点点号、地物属性和连接关系，将地物绘出。

1. 定显示区

定显示区的作用是根据输入坐标数据文件的坐标数据大小定义屏幕显示区域的大小，以保证所有点可见，同时也起到检查坐标数据文件中出现错误数据的作用，所以建议每个新的绘图项目在展绘碎部点之前都操作这一步。

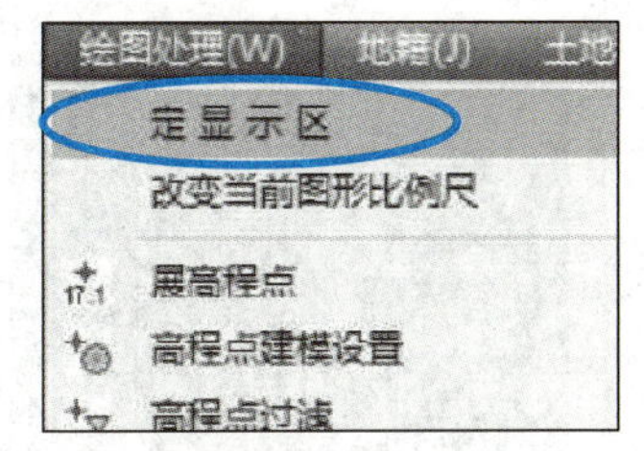

图 5-18　定显示区

单击“绘图处理”项，即出现如图 5-18 所示下拉菜单，选中“定显示区”并单击，系统提示输入数据坐标文件名，把数据输入时所存放的坐标数据文件名及其相应路径输入文件名对话框（图 5-19）。单击“打开”后，系统将自动检索相应的文件中所有点的坐标，找到最大和最小 X、Y 值，并在屏幕命令区显示坐标范围（图 5-20）。

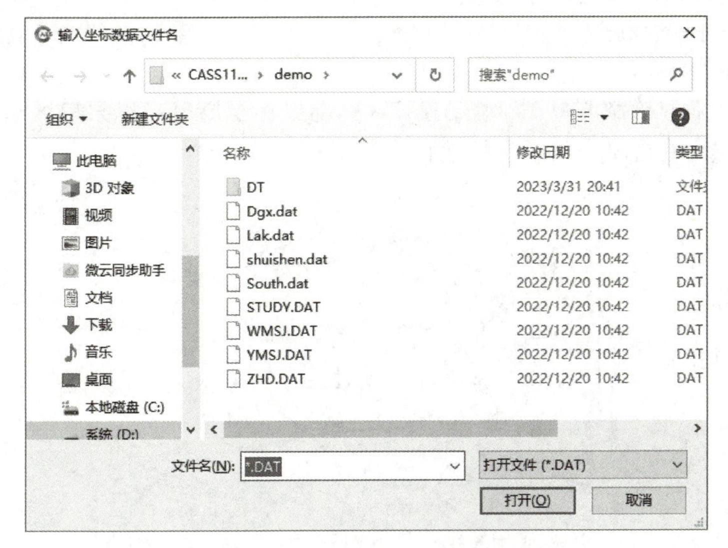

图 5-19　定显示区时输入数据文件

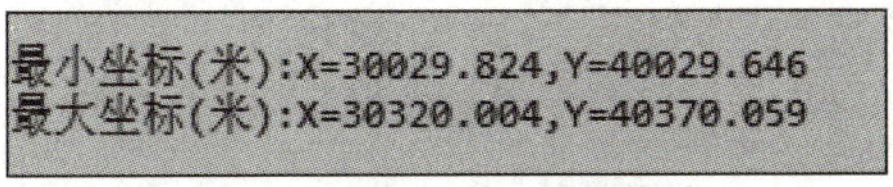

```
最小坐标(米):X=30029.824,Y=40029.646
最大坐标(米):X=30320.004,Y=40370.059
```

图 5-20　定显示区时的命令行显示

2. 测点点号定位

移动鼠标至屏幕右侧菜单区之“坐标定位/点号定位”项，选择“点号定位”（图 5-21），选择点号坐标数据文件名后，命令区提示：“读点完成！共读入 60 个点。”

3. 绘平面图

为了更加直观地在图形编辑区内看到各测点之间的关系，可以先将野外测点点号在屏幕中展出来，供交互编辑时参考。

其操作方法是：执行如图 5-22 所示菜单后，命令行会提示输入测图比例尺，并且系统会弹出一个“输入坐标数据文件名”的对话框。找到野外测量的坐标数据所存放的文件夹和文件名（后缀为 *.DAT），确定即可。

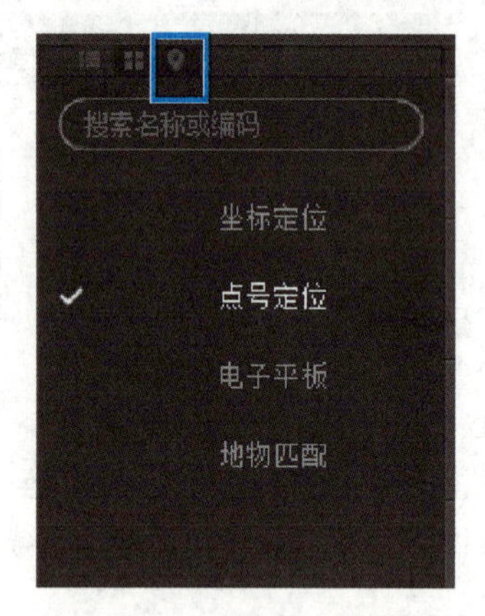

图 5-21　点号定位选择

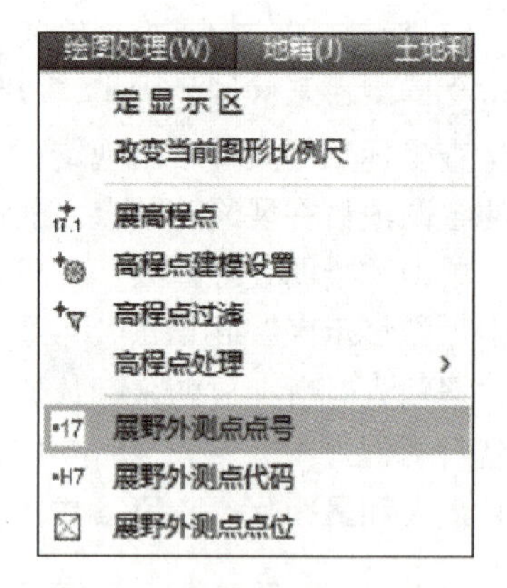

图 5-22　展野外测点点号菜单

根据野外作业时绘制的草图（图 5-23），移动鼠标至屏幕右侧菜单区选择相应的地形图图式符号，然后在屏幕中将所有的地物绘制出来。

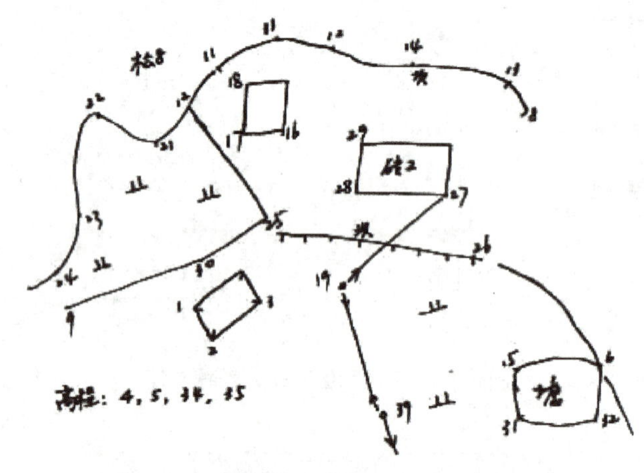

图 5-23　外业草图

例如，由 27、28、29 号点连成一间普通房屋。

移动鼠标至右侧菜单“居民地/一般房屋”处按左键，再移动鼠标到“四点一般房屋”的图标处按左键，出现如图 5-24 所示的对话框。

1. 已知三点/2. 已知两点及宽度/3. 已知四点＜1＞：输入 1，回车（或直接回车默认选 1）。

说明：已知三点是指测矩形房子时测了三个点；已知两点及宽度则是指测矩形房子时测了两个点及房子的一条边；已知四点则是测了房子的四个角点。

点 P/＜点号＞：输入 27，回车。

说明：点 P 是指由您根据实际情况在屏幕上指定的一个点；点号是指绘地物符号定位点的点号（与草图的点号对应），此处使用点号。

点 P/<点号>：输入 28，回车。

点 P/<点号>：输入 29，回车。这样，即将 27、28、29 号点连成一间普通房屋。

需要注意的是，绘房屋时，输入的点号必须按顺时针或逆时针的顺序输入，如上例的点号按 27、28、29 或 29、28、27 的顺序输入，否则绘出来的房屋就不对。

重复上述操作，将 16、17、18 号点绘成简单房屋，1、2、3 号点绘成四点棚房。

同样在“地貌土质”层单击“人工地貌”找到“未加固陡坎”的图标，分别将 25、26 和 8、13、14、12、33、11 号点绘成土坎；在“水系设施”层找到“有坎池塘”的图标将 6、15、31、32 号点绘成池塘的符号；在“管线设施”栏单击“通信线”找到“地面上的通信线”将 39、19、27 点号绘成通信线。完成这些操作后，其平面图如图 5-25 所示。

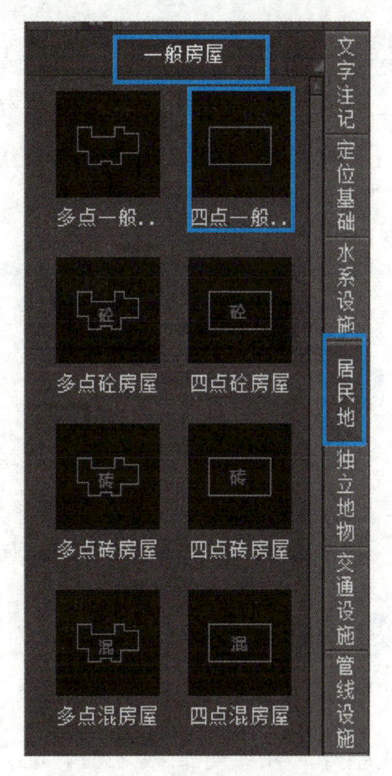

图 5-24　右侧菜单提示

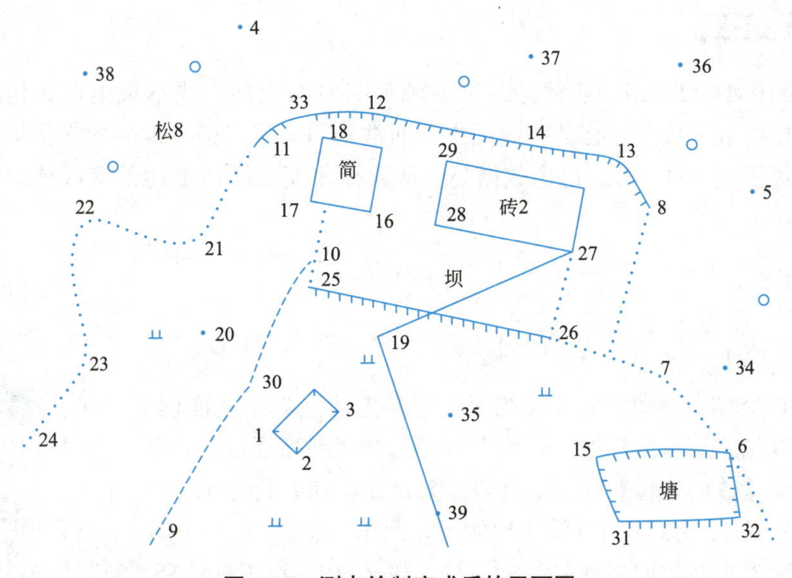

图 5-25　测点绘制完成后的平面图

在操作的过程中，可以嵌用 CAD 的透明命令，如放大显示、移动图纸、删除、文字注记等。

坐标定位成图法操作类似于测点点号定位成图法。不同的是绘图时点位的获取不是输入点号而是启用捕捉功能直接在屏幕上捕捉所展的点，故该方法较点号定位法成图更方便。

巩固训练

将前期外业采集的数据在 CASS 中绘制平面图。

5.3.3 等高线绘制

学习目标

1. 知识目标：能够利用 CASS 软件进行等高线的绘制；掌握等高线的修饰方法。
2. 能力目标：能绘制并修饰等高线。
3. 素质目标：培养学生耐心细致、实事求是的工匠精神。

任务导入

CASS11 在绘制等高线时，充分考虑了等高线通过地性线和断裂线的处理，如陡坎、陡崖等。在绘等高线之前，必须先将野外测的高程点建立数字地面模型（DTM），然后在数字地面模型上生成等高线。

知识链接

数字地面模型（DTM）通常是一定区域范围内由规则点或不规则点集构成的对地面形态进行描述的数字模型，在数字测图中，通常是用高程来描述地表的起伏情况，因此又称为数字高程模型（DEM）。这个数据集合从微分角度三维地描述了该区域地形地貌的空间分布。

任务实施

1. 建立数字地面模型

在使用 CASS11 自动生成等高线时，也要先建立数字地面模型。在这之前，可以先定显示区及展点，展点时可选择【展高程点】选项。

执行菜单【数据处理】→【展高程点】命令，命令行显示：

绘图比例尺 1：<500>（输入比例尺，回车）。

打开“输入坐标数据文件名”对话框，输入文件名（如 CASS 安装目录下 \ demo \ dgx. dat），单击【打开】按钮。命令区显示：

注记高程点的距离（米）：（根据规范要求输入高程点注记距离，回车默认为注记全部高程点的高程）。

这时，所有高程点和控制点的高程均自动展绘到图上。

执行【等高线】→【由数据文件建立 DTM】命令，出现“建立 DTM”对话框，如图 5-26 所示。

输入文件名，如CASS安装目录下\demo\dgx.dat，在对话框中分别选择建立DTM的方式、结果显示等相关选项，完成后，单击【确定】按钮，绘图区出现建网结果，如图5-27所示，命令区提示生成的三角形个数（如“连三角网完成！共224个三角形”）。

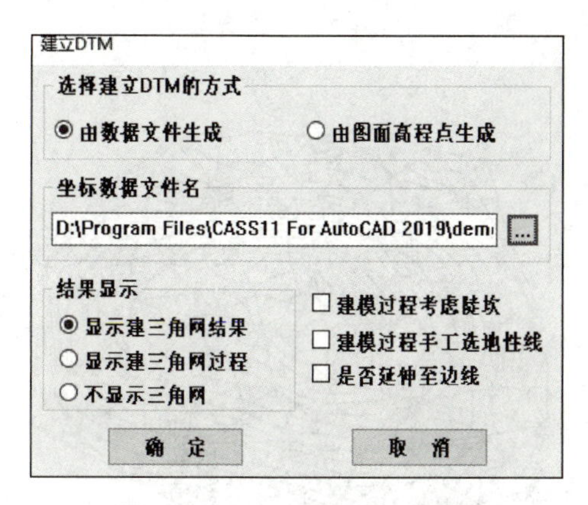

图5-26　“建立DTM”对话框

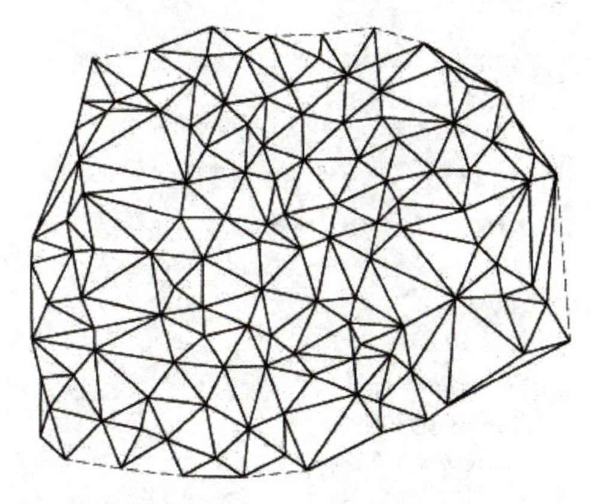

图5-27　用dgx.dat数据建立的三角网

2. 修改数字地面模型

一般情况下，由于地形条件的限制，在野外采集的碎部点很难一次性生成理想的等高线，如楼顶上有控制点等情况。另外，因现实地貌的多样性和复杂性，自动构成的数字地面模型与实际地貌不太一致，这时可以通过修改三角网来修改这些局部不合理的地方。三角网修改菜单如图5-28所示。

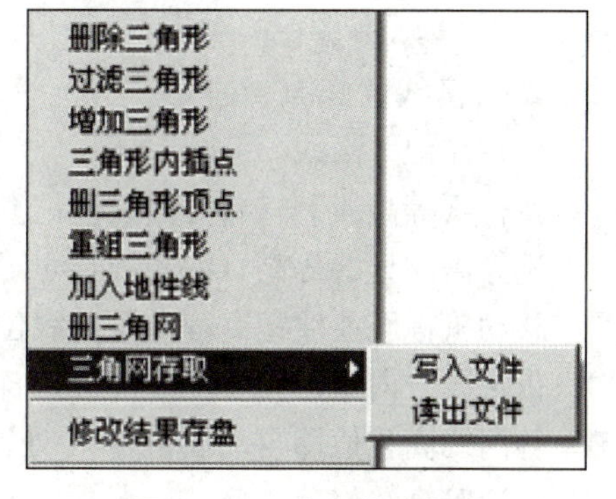

图5-28　三角网修改菜单

3. 绘制等高线

完成上述操作后，便可绘制等高线了。等高线的绘制可以在平面图的基础上叠加，也可以在“新建图形”的状态下绘制。如在“新建图形”状态下绘制等高线，系统会提示输入绘图比例尺。

执行【等高线】→【绘制等高线】项，弹出“绘制等值线”对话框，如图5-29所示。

对话框中会显示参加生成DTM的高程点的最小高程和最大高程。如果只生成单条等高线，那么就在单条等高线高程中输入此条等高线的高程；如果生成多条等高线，则在等高距框中输入相邻两条等高线之间的等高距。最后选择等高线的拟合方式，有不拟合（折线）、张力样条拟合、三次B样条拟合和SPLINE拟合四种拟合方式。观察等高线效果时，可输入较大等高距并选择“不拟合（折线）”，以加快速度。如选“张力样条拟合”，则拟合步距以2m为宜，但这时生成的等高线数据量比较大，速度会稍慢。当测点较密或等高线较密时，最好选择“三次B样条拟合”，也可选择不光滑，最后再用“批量拟合”功能对等高线进行拟合。选择“SPLINE拟合”，则用标准SPLINE样条曲线来绘制等高线，输入样条曲线容差（容差是曲线偏离理论点的允许差值），SPLINE线的优点在于即使其被断开后仍然是样条曲线，可以进行后续编辑修改，缺点是较“三次B样条拟合”容易发生线条交叉现象。各选项选择完成后，单击【确定】或直接回车。

当命令区显示“绘制完成!”，便完成绘制等高线的工作，如图 5-30 所示。

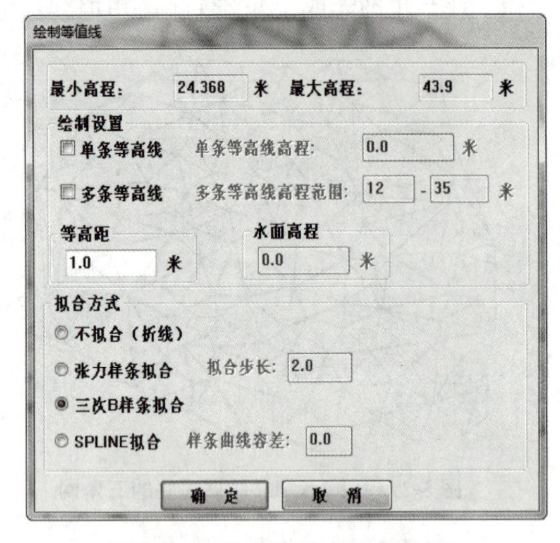

图 5-29 “绘制等值线”对话框

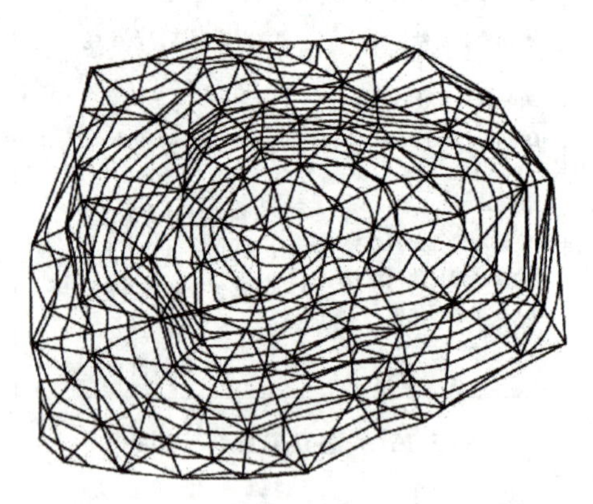

图 5-30 用 dgx. dat 数据绘制的等高线

4. 等高线的修饰

(1) 注记等高线

执行【等高线】→【等高线注记】→【单个高程注记】命令。命令区提示：

选择需注记的等高（深）线：

移动鼠标至要注记高程的等高线位置，如图 5-31 位置 A，按左键。

依法线方向指定相邻一条等高（深）线：移动鼠标至图 5-31 之等高线位置 B，按左键。等高线高程值即自动注记在 A 处，且字头朝 B 处。

(2) 等高线修剪

执行【等高线】→【等高线修剪】命令，弹出如图 5-32 所示对话框。

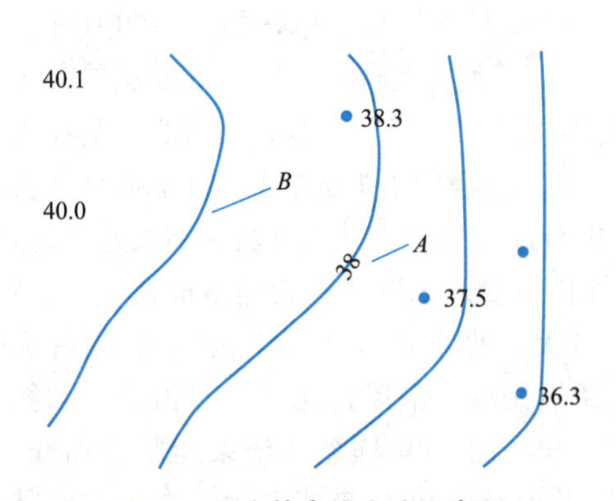

图 5-31 在等高线上注记高程

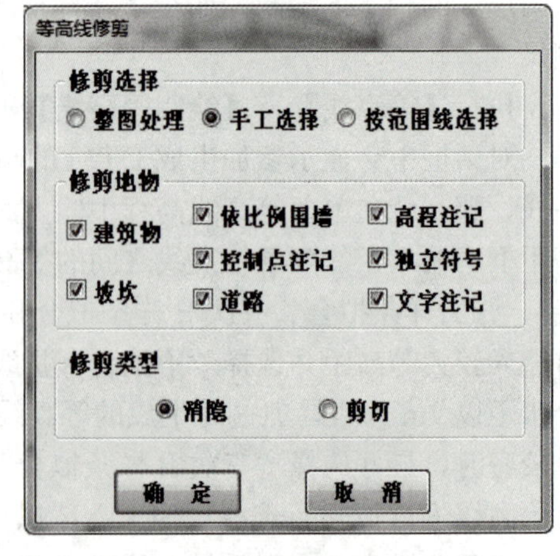

图 5-32 “等高线修剪”对话框

首先选择是消隐还是剪切等高线，然后选择是整图处理还是手工选择需要修剪的等高线，最后选择“修剪穿地物等高线”和“修剪穿注记符号等高线”各选项，单击【确定】后会根据输入的条件修剪等高线。

切除指定二线间等高线：

执行【等高线】→【等高线修剪】→【切除指定二线间等高线】命令，命令区提示：

选择第一条线：（用鼠标指定一条线，例如选择公路的一边）。

选择第二条线：（用鼠标指定第二条线，例如选择公路的另一边）。

程序将自动切除等高线穿过此二线间的部分。

切除指定区域内等高线：

执行【等高线】→【等高线修剪】→【切除指定区域内等高线】命令，命令区提示：

选择要切除等高线的封闭复合线：（选择一封闭复合线，系统将该复合线内所有等高线切除）。注意：封闭区域的边界一定要是复合线，如果不是，系统将无法处理。

巩固训练

将前期外业采集的高程数据在CASS中绘制等高线。

5.3.4　地形图的分幅与整饰

学习目标

1. 知识目标：掌握CASS图形分幅和整饰。
2. 能力目标：能用CASS进行图形分幅和整饰。
3. 素质目标：培养学生耐心细致、实事求是的工匠精神。

知识链接

数字地形图编辑好后即可根据上交成果的要求进行图幅整饰及输出。

1. 图形分幅

图形分幅前，首先应了解图形数据文件中的最小坐标和最大坐标。同时应注意CASS11信息栏显示的坐标，前面的为 y 坐标（东方向），后面的为 x 坐标（北方向）。

执行【绘图处理】→【批量分幅】命令，命令行提示：

请选择图幅尺寸：(1) 50×50 (2) 50×40<1>（按要求选择或直接回车默认选1）。

请输入分幅图目录名：（输入分幅图存放的目录名，回车）。

输入测区一角：（在图形左下角点击左键）。

输入测区另一角：（在图形右上角点击左键）。

这样在所设目录下就产生了各个分幅图，自动以各个分幅图的左下角的东坐标和北坐标结合起来命名，如：“31.00—53.00”“31.00—53.50”等。

如果要求输入分幅图目录名时直接回车，则各个分幅图自动保存在安装了CASS11的

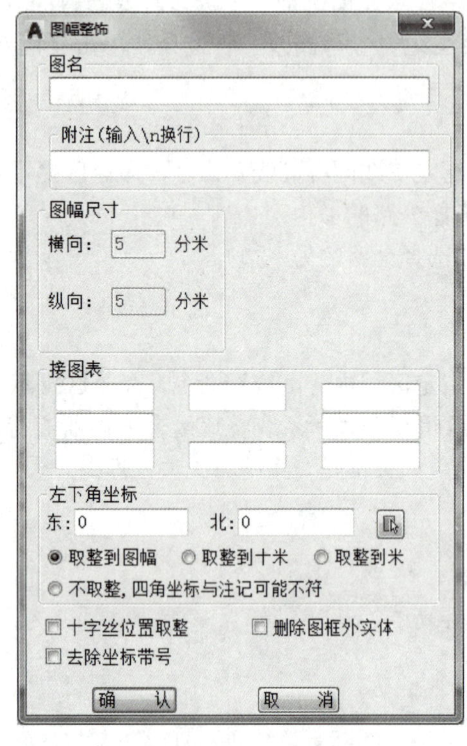

图 5-33 “图幅整饰”对话框

驱动器的根目录下。

2. 图幅整饰

先把图形分幅时所保存的图形打开，并执行【文件】→【加入 CASS 环境】命令。然后执行【绘图处理】→【标准图幅】命令，打开如图 5-33 所示的对话框。输入图幅的名字、邻近图名、测量员、绘图员、检查员，在左下角坐标的“东”“北”栏内输入相应坐标，如此处输入“53000”“31000”（最好拾取）。在“删除图框外实体”前打钩则可删除图框外实体，按实际要求选择。最后用鼠标单击【确定】按钮即可得到加上标准图框的分幅地形图。

图廓外的单位名称、日期、图式和坐标系、高程系等可以在加框前定制，即在“CASS 参数配置 \ CASS11 综合设置、图廓属性”对话框中依实际情况填写，定制符合实际的统一的图框，也可以直接打开图框文件，利用【工具】菜单【文字】项的【写文字】、【编辑文字】等功能，依实际情况编辑修改图框图形中的文字，不改名存盘，即可得到满足需要的图框。

地形图绘制完成后，用绘图仪或打印机等设备输出。执行【文件】→【绘图输出】→【打印】命令，打开“打印”对话框，在对话框中可完成相关打印设置，并打印出图。

习题

标准图幅是如何调用菜单建立的？

5.4 竣工总平面图测绘

5.4.1 竣工总平面图测绘的内容

学习目标

1. 知识目标：了解竣工总平面图测绘内容。
2. 能力目标：能够描述竣工总平面图测绘的内容。

3. 素质目标：培养工程意识，顾全大局的观念。

知识链接

竣工总平面图是设计总平面图在施工结束后实际情况的全面反映。设计总平面图与竣工总平面图一般不会完全一致，如在施工过程中可能由于设计时没有考虑到的问题而使设计有所变更，这种临时变更设计的情况必须通过测量反映到竣工总平面上。因此，施工结束后应及时编绘竣工总平面图，以便于日后进行各种设施的维修工作，特别是地下管道等隐蔽工程的检查和维修工作。竣工图的测绘既是对建筑物竣工成果和质量的验收测量，又为企业的扩建提供了原有各项建筑物、地上和地下各种管线及测量控制点的坐标、高程等资料。

竣工总平面图的绘制内容包括：

（1）现场保存的测量控制点，和建筑方格网、主轴线、矩形控制网等平面及高程控制点位；

（2）地面建筑及地下建筑的平面位置、屋角坐标、层数、底层及室外标高；

（3）室外给水、排水、电力、电信及热力管线等位置，与建筑物的关系、编号、标高、坡度、管径、流向及管材等；

（4）铁路、公路等交通线路，桥涵等构筑物的位置及标高；

（5）沉淀池、污水处理池、烟囱、水塔等及其附属构筑物的位置及标高；

（6）室外场地、绿化环境工程的位置及高程。

习题

标准图幅是如何调用菜单建立的？

5.4.2　竣工总平面图的编绘

学习目标

1. 知识目标：了解竣工总平面图的编绘方法。
2. 能力目标：能够描述竣工总平面图编绘的方法。
3. 素质目标：培养工程意识及顾全大局的观念。

知识链接

竣工总平面图体现设计变更，为检修、扩建提供资料，其绘制流程与地形图测绘相同，比例尺一般为1/500或1/1000。

1. 竣工总平面图的编绘

在建筑物施工过程中，在每一个单位工程完成后，应该进行竣工测量，并提出该工程的竣工测量成果。对有竣工测量资料的工程，若竣工测量成果与设计值之比差不超过所规定的定位容许误差时，按设计值编绘；否则应按竣工测量资料编绘。

对于各种地上、地下管线，应用各种不同颜色的墨线绘出其中心位置，注明转折点及井位的坐标、高程及有关注记。在一般没有设计变更的情况下，墨线绘的竣工位置与按设计原图用铅笔绘的设计位置应该重合。随着施工的进展，逐渐在底图上将铅笔线都绘成墨线。在图上按坐标展绘工程竣工位置时，与在图纸上展绘控制点的要求一样，均以坐标格网为依据进行展绘，展点对临近的方格而言，其容许误差为±0.3mm。

另外，建筑物的竣工位置应到实地去测量，如根据控制点采用极坐标法或直角坐标法实测其坐标。外业实测时，必须在现场绘出草图，最后根据实测成果和草图，在室内进行展绘，就成为完整的竣工总平面图（图 5-34）。

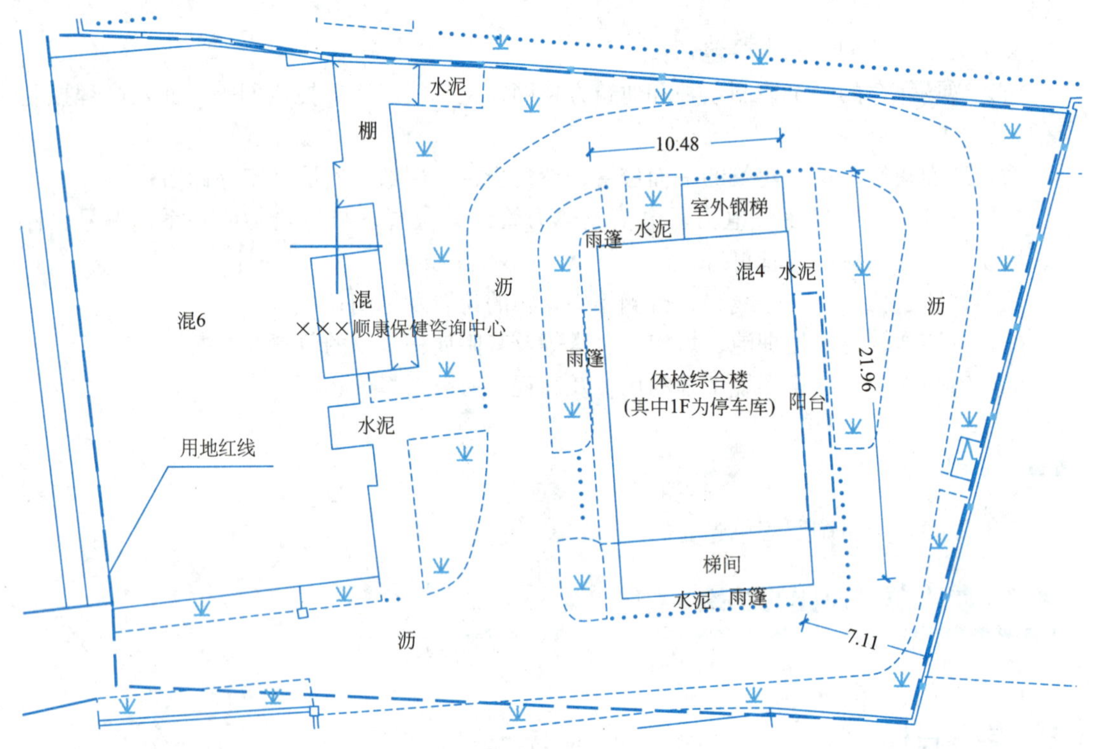

图 5-34　某工程竣工总平面图

2. 竣工总平面图的附件

为了全面反映竣工成果，便于管理、维修和日后的扩建或改建，下列与竣工总平面图有关的一切资料，应分类装订成册，作为竣工总平面图的附件保存：

（1）建筑场地及其附近的测量控制点布置图及坐标与高程一览表；

（2）建筑物或构筑物沉降及变形观测资料；

（3）地下管线竣工纵断面图；

（4）工程定位、检查及竣工测量的资料；

（5）设计变更文件；

（6）建设场地原始地形图等。

习题

1. 竣工总平面图的绘制内容包括哪些？
2. 竣工总平面图包括哪些附件？

项目六 Chapter 06

测设基本工作

6.1 地面点位测设

6.1.1 水平角测设

思维导图

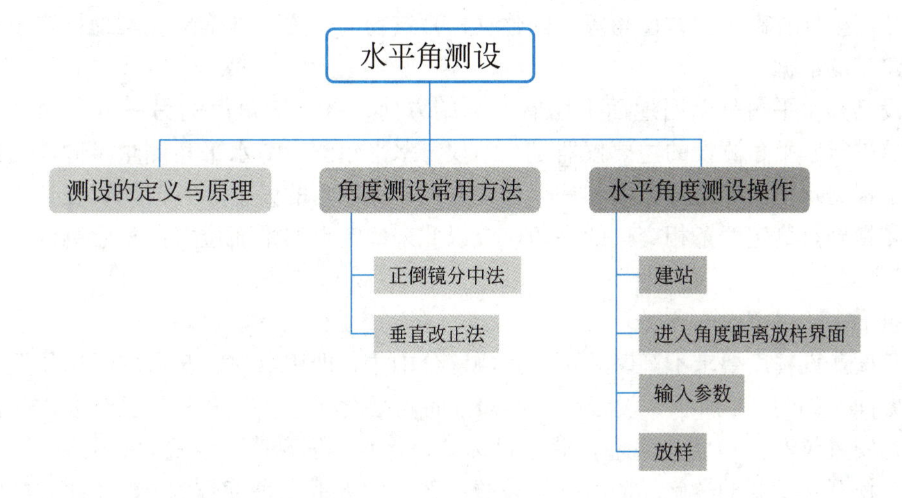

学习目标

1. 知识目标：了解测设的基本概念，掌握水平角测设的技术方法。

2. 能力目标：对测设工作有一个综合性的了解，掌握使用全站仪测设（放样）水平角的方法，加深测量工作在工程中应用的认识，提高测量的综合能力。

3. 素质目标：认识测设工作的严谨性和准确性对提升施工测量工作效率和工作精准度的重要作用，树立严肃认真的科学态度，坚持做到测量、运算工作步步有校核，层层有检查。

任务导入

使用全站仪进行水平角、水平距离和点的平面测设，将线路设计图纸中平面元素准确无误地测设于实地。测设工作广泛应用于建筑施工测量过程，直接影响着工程的质量等级、结构、安全及以后的运行情况。本部分将介绍水平角测设的原理和方法，帮助了解水平角测设的操作过程和技术要求。

知识链接

在道路、桥梁、渠道、管道、建筑物及构筑物的施工中，往往要将已知的水平角、已知的水平距离、已知点的位置按设计施工图纸的要求，在地面上测设出来，以便指导施工。因此，施工测设工作既是施工中必不可少的重要环节，同时又贯穿在整个施工过程之中，成为施工质量控制和技术指导的有效手段。在各单位、各分项、分部工程施工及设备安装之前进行施工测设（也称为施工放样），可以为后续的施工和设备安装提供轴线、中心线等施工标志，从而确保工程的质量和进度。施工测设工作对于保证工程质量、节约财力物力、避免浪费和加快施工进度都起着十分重要的作用。

测设在建筑工程上也称为放线，它是测定的反过程，即是将工程图样上设计好的具有数字特征（坐标、高程、方位角等）的建（构）筑物的位置，准确地在实地标定出来，作为工程建设的依据。

测设已知水平角是根据地面上已有的起始方向，将已知角值的另一方向测设到地面上。当前进行水平角测设的主要仪器是全站仪。水平角测设与水平角测量不同，测设已知水平角是根据水平角的已知数据和一个已知方向，把该角的另一个方向测设在地面上。而水平角测量则是测定两条相交边的夹角，或以此来确定点的平面位置。角度测设的常用方法如下：

1. 正倒镜分中法

当角度测设精度要求不高时，可用正倒镜分中法，即用盘左、盘右取平均位置来获得测设的方向。如图 6-1 所示，设 OA 为已知方向，测设已知水平角 β，定出 OB 方向：

（1）安置仪器于 O 点，盘左，瞄准目标 A，将水平度盘读数设置为 $0°00'00''$。

（2）松开水平制动螺旋，顺时针旋转照准部，使水平度盘读数为 β，在此方向线上定出 B'。

（3）倒转望远镜成盘右位置，重复上述步骤，再测设一次，定出 B''。

（4）取 B'和 B''的中点 B，则$\angle AOB$ 就是要测设的 β 角。

2. 垂线改正法

当角度测设精度要求较高时，可用垂线改正法，步骤如下：

（1）用正倒镜分中法测设出 β 角，定出 B 点。

（2）用测回法对$\angle AOB$ 观测若干个测回（测回数根据要求的精度而定），测出角值平均值 β'，并计算出 $\Delta\beta=\beta-\beta'$，如图 6-2 所示。

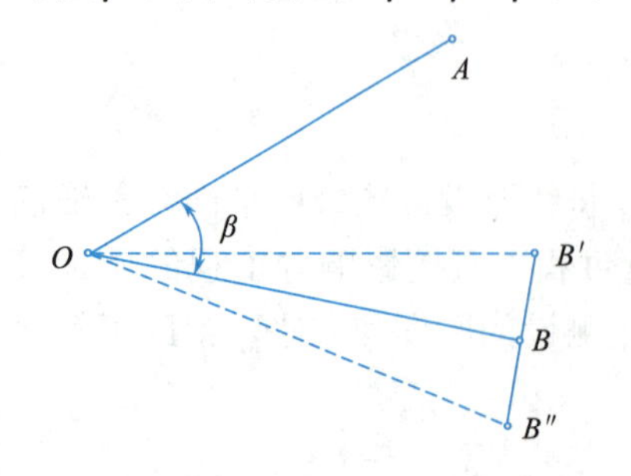

图 6-1　正倒镜分中法角度测设

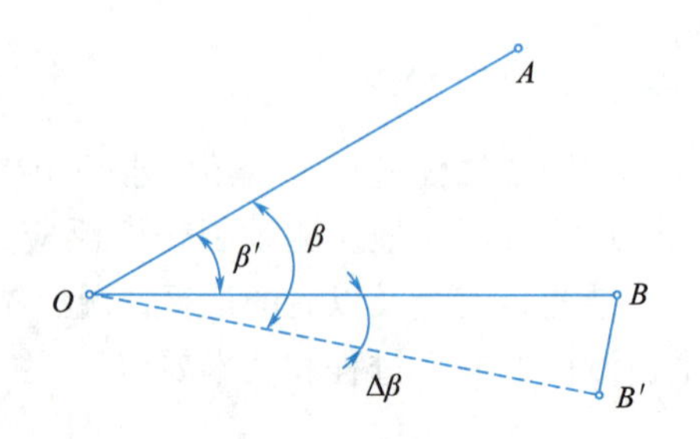

图 6-2　垂线改正法

（3）量取 OB 的水平距离。

（4）按式（6-1）计算改正距离：

$$BB' = OB\tan\Delta\beta = OB\,\frac{\Delta\beta}{\rho}(\rho = 206265') \tag{6-1}$$

（5）自 B 点沿 OB 垂线方向量出 BB' 定出 B' 点，则 $\angle AOB'$ 就是要测设的角度。

注意：量取改正距离时，如果 $\Delta\beta$ 为正，则沿 OB 的垂线方向向外量取；如果 $\Delta\beta$ 为负，则沿 OB 的垂线方向向内量取。

任务实施

使用全站仪测设水平角。

1. 建站

在给定的方向线的起点安置（对中、整平）智能全站仪，安装电池后开机。将智能全站仪开机后，进入测绘之星主界面，然后点击“建站”图标，进行建站（图 6-3）。

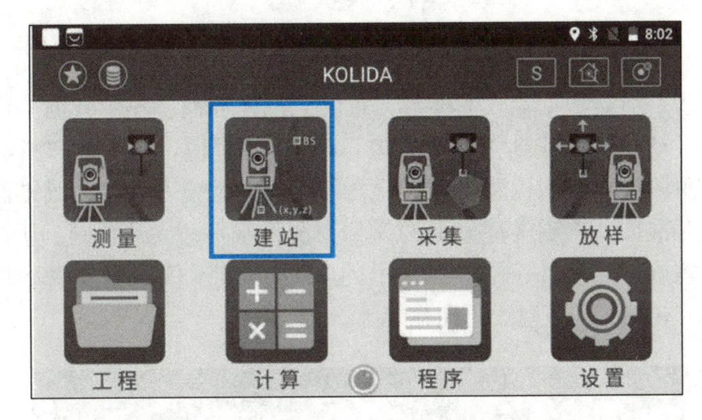

图 6-3　建站

2. 进入角度距离放样界面

在建站完成后，在主菜单点击“放样”图标，选择“角度距离放样”，进入角度距离放样界面对目标点进行放样操作（图 6-4）。

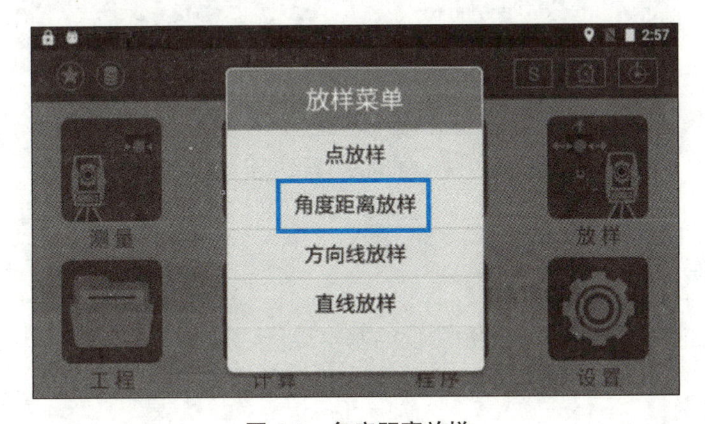

图 6-4　角度距离放样

3. 输入参数

在角度距离放样界面，根据所需，输入 HA 参数，即需要进行放样的水平角值（如无需放样水平距离和高程可不输入数值），参数输入完毕后点击【下一步】（图 6-5）。

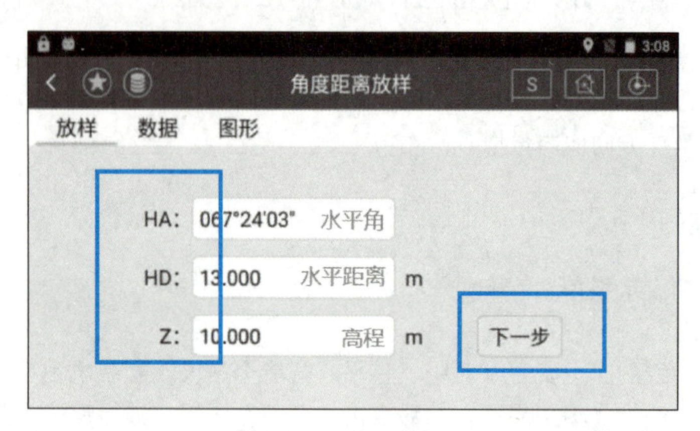

图 6-5　输入参数

4. 放样

点击【下一步】后会根据输入的参数，跳转到放样界面，显示数据（图 6-6）。根据计算得出的方位差转动望远镜找到正确的方位，单击【测量】，按照放样指挥提示完成放样工作。注意水平角测设应使用盘左位置进行，即仪器望远镜（盘左）瞄准给定方向线的终点，顺时针旋转照准部，直到屏幕显示 HA 值与测设水平角大致相同。用制动螺旋固定照准部，转动微动螺旋，照准目标使屏幕显示的 dHA（表示仪器当前水平角与放样点方位角的差值）值为 0°00′00″，在视线方向作标志。

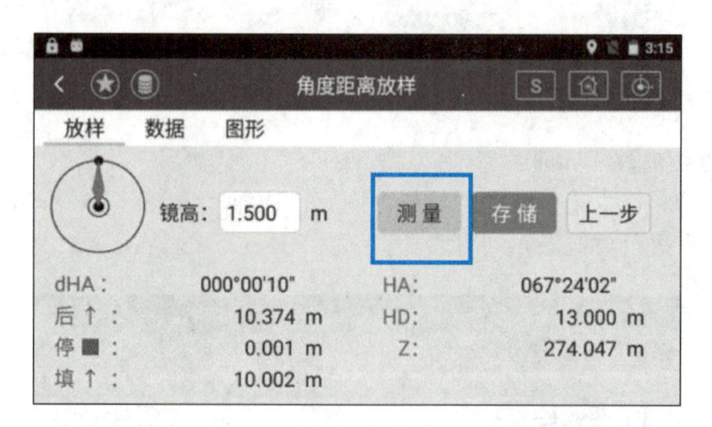

图 6-6　放样

巩固训练

学会使用智能全站仪进行水平角测设的基本操作，选择地面某一已知方向线，分别练习 60°15′20″、150°30′45″、320°25′30″等三组水平角的测设工作。

6.1.2　水平距离测设

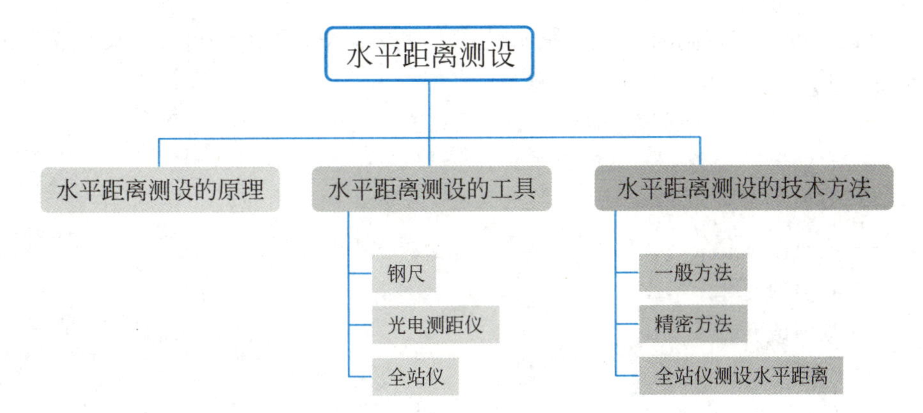

1. 知识目标：了解水平距离测设的原理；掌握水平距离测设的技术方法。

2. 能力目标：掌握使用钢尺和全站仪进行距离测设（放样）的能力；能够根据实际情况选择合适的距离测设方法，正确设置测量点和目标点。

3. 素质目标：认识距离测设工作的严谨性和准确性的认识，降低误差和提高精度；提高对测设工作的认识，树立热爱和敬畏专业工作的精神。

在实际的工程中，距离测设不仅需要准确地确定各点之间的距离，还需要保证测量工作的效率。测量人员需要掌握距离测设的原理和方法，了解不同距离测设方法的适用范围和优缺点，并选择适合的测量方法进行测设。本部分将介绍距离测设的原理和常用方法。

在建筑施工过程中，经常需要测量两点之间的距离以确定它们的相对位置和关系。例如确定建筑物的位置和大小，以及各部分之间的关系，以确保施工的准确性和质量。此外，在道路、桥梁、隧道等基础设施建设过程中，也需要进行距离测量，以确定线路的走向、长度和高度等参数。距离测设是工程施工必不可少的一个环节，为后续的施工和设备安装提供准确的指导，保证工程的顺利实施。

已知水平距离的测设，是从地面上一个已知点出发，沿给定的方向，量出已知（设计）的水平距离，在地面上标定出这段距离另一端点的位置。水平距离测设的工具一般是钢尺、光电测距仪、全站仪。

1. 一般方法

当对测设精度要求不高时，可以从起始点开始，沿给定的方向，用钢尺直接量出已知水平距离，定出这段距离的另一端点。为了校核与提高测设精度，则需在起点处改变读数，按同法量出已知水平距离。若两次测设之差在允许范围内，则取平均位置作为最终位置。

2. 精密方法

当对测设精度要求较高时，先按照一般方法测设出水平距离，再进行尺长、温度和倾斜三项改正。用式（6-2）计算出实地测设长度 L：

$$L = D - (\Delta L_d + \Delta L_t + \Delta L_h) \tag{6-2}$$

式中：L——实地测设长度；

D——两点间的水平距离；

ΔL_d——尺长改正值；

ΔL_t——温度改正值；

ΔL_h——倾斜改正值。

然后根据计算结果，用钢尺进行测设。

3. 全站仪测设水平距离

由于全站仪的普及，目前水平距离的测设，尤其是长距离的测设多采用全站仪。如图6-7所示，安置全站仪于 A 点，瞄准后视点 B。反光棱镜在已知方向上左右移动，当全站仪瞄准棱镜中心时会反射回来信号，在全站仪屏幕上可显示出 A 点与棱镜之间的水平距离 D'，根据所测的水平距离 D' 和应测设的水平距离 D 的差值，确定向前或向后移动棱镜，直到全站仪屏幕上显示的水平距离与应测设的水平距离一致为止，定出此点 C，并用木桩标定其点位。

为了检核，应将棱镜安置于 C 点，再实测 A、C 两点间的距离，其不符合值应在限差之内否则应再次进行改正，直至符合限差为止。

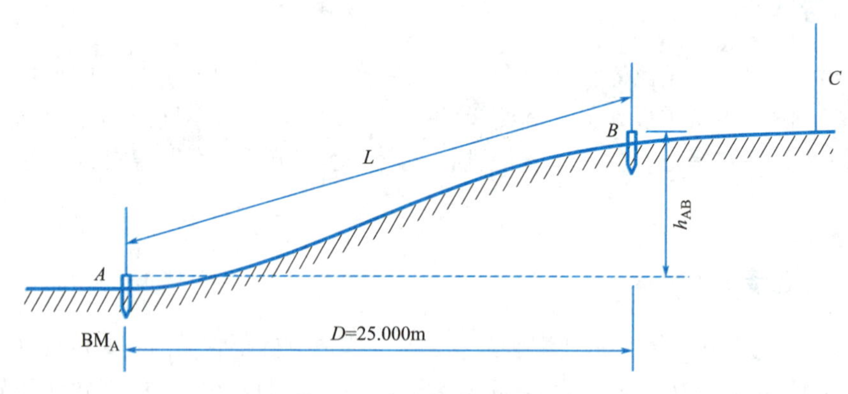

图 6-7 全站仪测设位置图

习题

1. 什么是距离测设？为什么它在建筑施工中如此重要？

2. 距离测设有哪些常用的方法？它们分别有什么优缺点？

6.1.3　点的平面位置测设

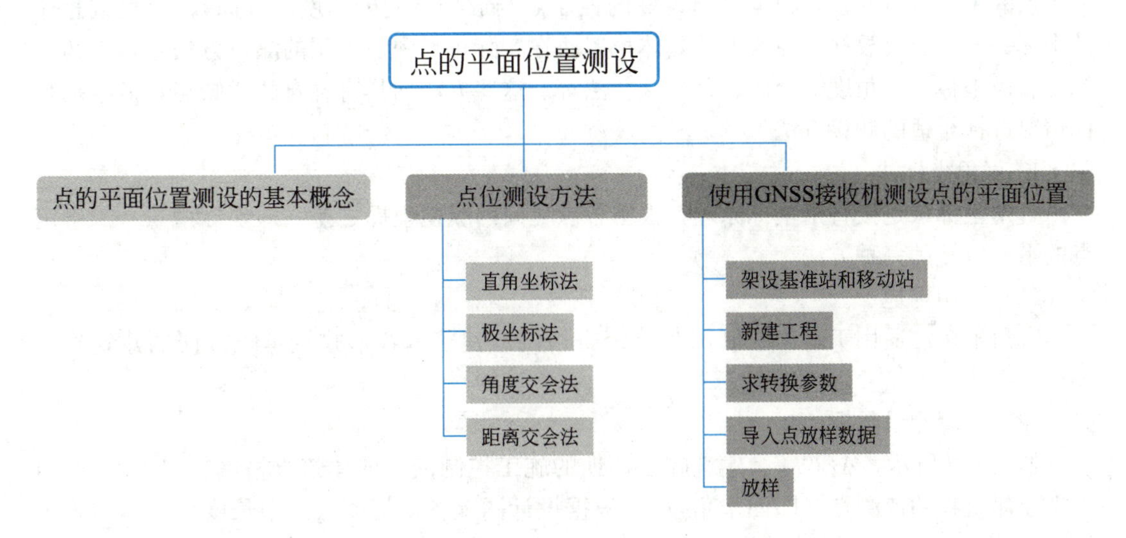

1. 知识目标：理解点的平面位置测设的基本概念和方法；掌握常见的点位测设方法。

2. 能力目标：掌握使用各种测量仪器进行点的平面位置测设，如全站仪、GNSS 等；具备根据实际工程需求选择合适的点位测设方法的能力。

3. 素质目标：认识点的平面位置测设工作的重要性和严谨性；树立规范安全作业、精益求精的观念。

任务导入

使用 GNSS 接收机进行点的平面测设，是将设计图纸中平面元素准确测设于实地的一种高精度、快速、便捷的测量方法。本节将介绍点的平面位置测设的原理和方法，帮助了解使用 GNSS 接收机进行点放样的操作过程和技术要求。

知识链接

点的平面位置测设是指根据设计要求，将点在平面上精确地定位和定向，以便进行施工、安装和监测等任务。具体来说，点平面位置放样的任务包括：①施工前的定位和放样：在施工前，需要根据设计图纸将各个点的位置和方向准确地定位和放样。这些点通常包括建筑物、构筑物、桥梁、隧道等的中心点、控制点和特征点等。②安装精度的确定：

在进行设备安装时，需要确定各设备的位置和姿态，以确保其精度和稳定性。这时需要根据设备的要求和实际情况，利用点平面位置放样技术确定安装位置和姿态。③监测点的布设和测量：在施工过程中和施工结束后，需要利用监测点对工程进行监测和评估。这时需要利用点平面位置测设技术将监测点布设在合适的位置，并对其精度进行保证。④工程验收和检测：在工程验收和检测时，需要利用点平面位置放样技术对工程进行全面的检测和测量，以便对工程的施工质量和精度进行评估和确认。

点的平面位置测设是根据已布设好的控制点与放样点间的角度（方向）、距离或相应的坐标关系，定出放样点在实地的具体位置。在实际工程中，常用的测设方法包括直角坐标法、极坐标法、角度交会法、距离交会法等。这些方法均具有各自的优缺点，需根据具体情况选择合适的测设方法。

1. 直角坐标法

直角坐标法是按直角坐标原理，根据各点之间的纵横坐标之差（即坐标增量）来确定点的平面位置的一种方法。

（1）适用场地

直角坐标法适用于施工控制网为建筑方格网或建筑基线形式且量距方便的建筑施工场地。

（2）计算测设数据

如图 6-8 所示，*ABCD* 为建筑施工场地的施工控制网（即建筑方格网），1、2、3、4 为拟建建筑物的待测点（即四个角点）。根据设计图上各坐标值（图中长度仅为示意，未按实际长度画出），求出建筑物的长度、宽度以及相应测设数据。

$$建筑物长度=y_3-y_1=630.00-580.00=50.00\ (\mathrm{m})$$

$$建筑物宽度=x_3-x_1=540.00-520.00=20.00\ (\mathrm{m})$$

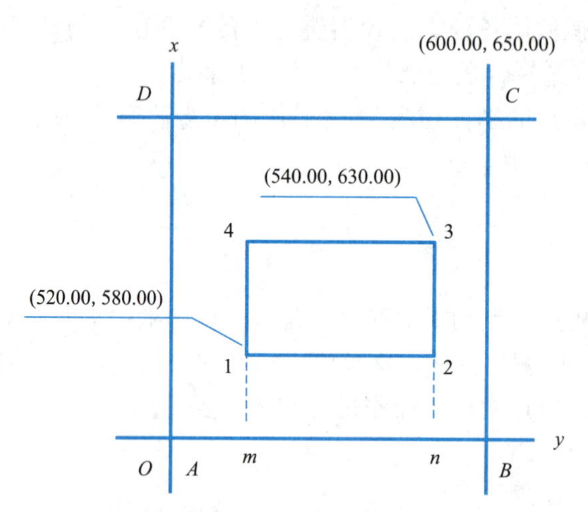

图 6-8 施工控制网（即建筑方格网）

测设点 1 与已知点 *A* 之间的测设数据（即 1 点与 *A* 点之间的坐标增量）为：

$$Am=\Delta y_{A1}=580.00-550.00=30.00\ (\mathrm{m})$$

$$1m=\Delta x_{A1}=520.00-500.00=20.00\ (\mathrm{m})$$

（3）测设步骤

1）在 A 点安置经纬仪，瞄准 B 点，沿视线方向测设距离 30.00m，定出 m 点；再从 A 点沿视线方向测设距离（30.00＋50.00）m，定出 n 点。

2）在 m 点安置经纬仪，瞄准 A 点，按顺时针方向测设 90°角，由 m 点沿视线方向测设距离 20.00m，定出 1 点，做出标志；再从 m 点沿视线方向测设距离（20.00＋20.00）m，定出 4 点，做出标志。

3）在 n 点安置经纬仪，瞄准 B 点，按逆时针方向测设 90°角，由 n 点沿视线方向测设距离 20.00m，定出 2 点，做出标志；再从 n 点沿视线方向测设距离（20.00＋20.00）m，定出 3 点，做出标志。

4）检查建筑物四角是否等于 90°，各边长是否等于设计长度，其误差均应在限差范围内。

2. 极坐标法

极坐标法是根据一个水平角和一段水平距离确定点的平面位置，利用数学中的极坐标的原理，以两个控制点的连线作为极轴（已知方向），以其中一控制点作为极点（测站点）建立极坐标系来确定点的平面位置的一种方法。

（1）适用场地

极坐标法适用于量距方便，且待测点距控制点较近的建筑施工场地。特别是在全站仪广泛使用的情况下，采用此法更为方便。

（2）计算测设数据

如图 6-9 所示，A、B 点为已知平面控制点，其坐标分别为 A（x_A，y_A）、B（x_B，y_B），P 点为建筑物的一个角点，其坐标 P（x_P，y_P）。

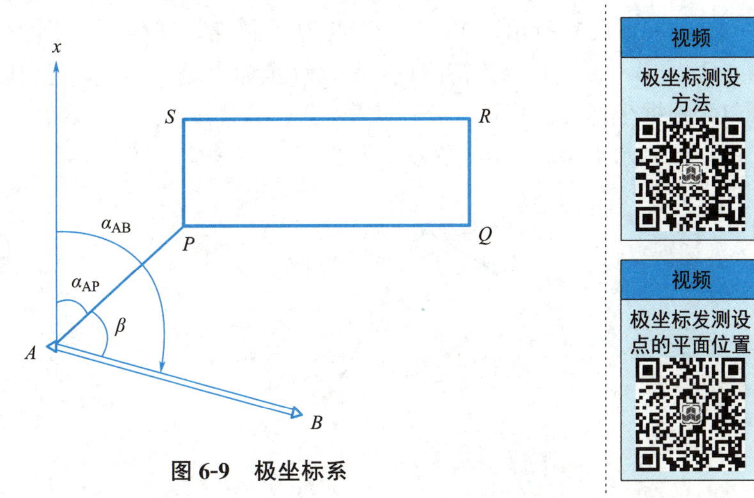

图 6-9　极坐标系

根据极坐标法的原理，利用控制点和待测点的坐标计算出水平角和水平距离，其测设数据计算方法如下：

1）计算 AB 边的坐标方位角 α_{AB} 和 AP 边的坐标方位角 α_{AP}，计算公式为：

$$\alpha_{AB}=\arctan\frac{y_B-y_A}{x_B-x_A}=\arctan\frac{\Delta y_{AB}}{\Delta x_{AB}} \tag{6-3}$$

$$\alpha_{AP}=\arctan\frac{y_P-y_A}{x_P-x_A}=\arctan\frac{\Delta y_{AP}}{\Delta x_{AP}} \tag{6-4}$$

注意：在计算各边的坐标方位角时，首先计算的是象限角，应该根据 Δx 和 Δy 的正负情况，判断该边所属的象限，再用之前所学的知识“直线定向”将象限角转换成坐标方位角。

2）计算 AB 和 AP 之间的夹角，计算公式为：

$$\beta=\alpha_{AB}-\alpha_{AP} \tag{6-5}$$

3）计算 A、P 两点间的水平距离，计算公式为：

$$D_{AP}=\sqrt{(x_P-x_A)^2+(y_P-y_A)^2}=\sqrt{\Delta x_{AP}^2+\Delta y_{AP}^2} \tag{6-6}$$

（3）测设步骤

1）在 A 点安置经纬仪、瞄准 B 点、按逆时针方向测设 β 角，定出 AP 方向。

2）沿 AP 方向自 A 点测设出水平距离 D_{AP}，做出标志。

3）用同样的方法测设 Q、R、S 点。

4）检查建筑物四角是否等于 90°，各边长是否等于设计长度，其误差均应在限差范围内。

3. 角度交会法

角度交会法是用经纬仪从两个控制点分别测设出相应的水平角，根据两个方向交会来定出点的平面位置的一种方法。

（1）适用场地

角度交会法适用于待测点距控制点较远且量距较困难的建筑施工场地。

（2）计算测设数据

如图 6-10（a）所示，A、B、C 点为控制点，其坐标分别为 A（x_A，y_A）、B（x_B，y_B）、C（x_C，y_C），P 点为待测点，其设计坐标为 P（x_P，y_P）。其测设数据计算方法如下：

1）根据坐标反算公式，分别计算 α_{AB}、α_{AP}、α_{BP}、α_{CB}、α_{CP}。

2）计算水平角 β_1、β_2、β_3。

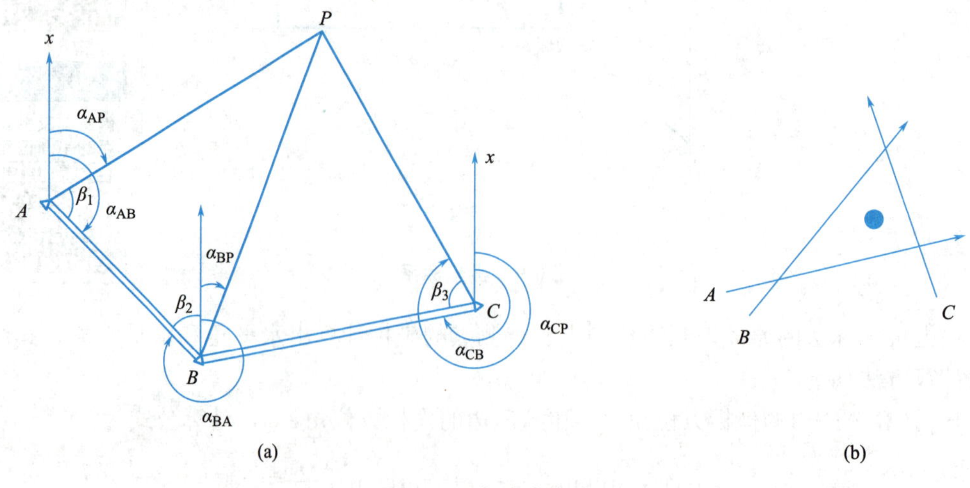

图 6-10　角度交会法

（3）测设步骤

1）在 A、B 两个控制点上分别安置经纬仪，测设出 β_1、β_2 角，方向线 AP、BP 的交点待测点 P。

2）当测设精度要求较低时，可用标杆作为照准目标，通过两个观测者指挥把标杆移到待定点的位置。

3）当精度要求较高时，应利用三个已知点交会，先在 P 点处打下一个大木桩，并在木桩上依 AP、BP 绘出方向线及其交点 P。然后在控制点 C 上安置经纬仪，测设出 CP 方向，若三条方向线没有误差，CP 方向线应通过前两个方向线的交点，否则将形成一个“示误三角形”，如图 6-10（b）所示。若“示误三角形”的最大边长不超过 1cm，则取三角形的重心作为待测点 P 的最终位置。若误差超限，应重新交会。

4. 距离交会法

距离交会法是由两个控制点测设两段已知水平距离，交会定出点的平面位置的一种方法。

（1）适用场地

距离交会法适用于待测设点至控制点的距离不超过一尺段长，且地势平坦、量距方便的建筑施工场地。

（2）计算测设数据

如图 6-11 所示，A、B 点为控制点，P 点为待测点，现根据 A、B 两点，用距离交会法测设 P 点。其测设数据计算方法为：根据 A、B、P 三点的坐标值，分别计算出 D_{AP} 和 D_{BP}。

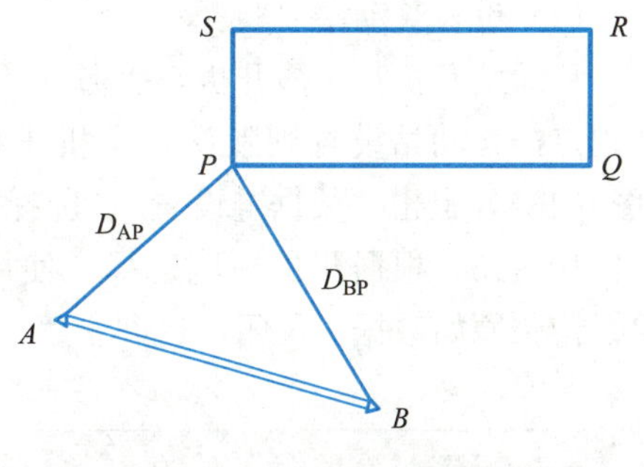

图 6-11　距离交会法

（3）测设步骤

1）将钢尺的零点对准 A 点，以 D_{AP} 为半径在地面上画一圆弧。

2）将钢尺的零点对准 B 点，以 D_{BP} 为半径在地面上再画一圆弧。两圆弧的交点即为 P 点的平面位置。

3）用同样的方法测设 Q、R、S 点。

4）检查建筑物各边长是否等于设计长度，其误差均应在限差范围内。

任务实施

使用 GNSS 接收机测设点的平面位置。

GNSS-RTK 测设作业流程主要包括架设基准站和移动站、新建工程、求转换参数、导入点放样数据、放样等五个步骤。下面以外挂电台模式进行点放样过程的介绍。

（1）架设基准站

将 GTK 基准站架设在视野较开阔（周围环境较空旷）、地势较高的地方，尽量避免架设在高压输变电设备附近、无线电通信设备收发天线旁边、树荫下以及水（湖）边，减少环境因素对 RTK 信号的接收以及无线电信号的发射产生的影响。

架设步骤：

1）架好三脚架，两个三脚架之间保持至少3m的距离；

2）用测高片固定好基准站接收机（如果架在已知点上，需要用基座并做严格的对中整平），打开基准站接收机；

3）安装好电台发射天线，把电台挂在三脚架上，将蓄电池放在电台的下方；

4）连接主机数据传输线及大电台数据传输线，夹上电瓶。

（2）启动基准站

第一次启动基准站时，需要对启动参数进行设置，设置步骤如下：

1）手簿蓝牙连接基准站：配置→仪器连接→扫描→选择基准站机号→连接。

2）设置基准站模式（图6-12）：配置→仪器设置→基准站设置→修改“差分格式”为RTCM32→“基站启动坐标”里选择为“自动单点启动”并在“外部获取”里选择“获取定位”→“数据链”设置为“外置电台”，电台通道在外挂大电台上设置→设置完成后点击“启动”。

（3）架设移动站

确认基准站发射成功后，将移动站的主机安装到对中杆上，安装UHF接收天线，安装托架，夹上手簿。

（4）设置移动站

移动站开机，手簿开机，手簿蓝牙连接移动站，然后点击配置→仪器设置→移动站设置，点击移动站设置则默认将主机工作模式切换为移动站，数据链设置为“内置电台”（图6-13），点击“数据链设置”，选择对应电台通道及对应协议，电台路由：关闭；截止角：10～15，根据测量环境选择；使用倾斜补偿：一般不选，根据测量需要选择是否开启；记录原始数据：关闭，返回主菜单，达到固定解。

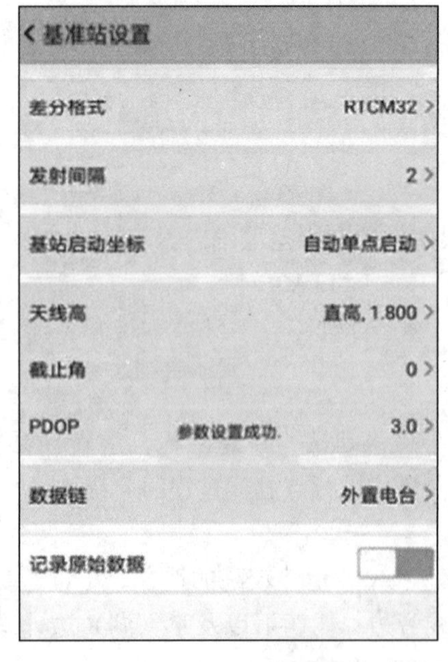

图6-12　基准站设置

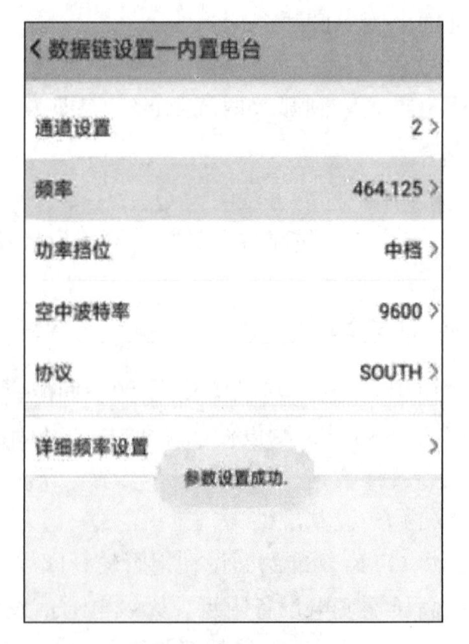

图6-13　内置电台

（5）新建工程

工程→新建工程→输入工程名称→确定→点击“目标椭球”（图 6-14），选择相对应的坐标系统→点击“设置投影参数”，修改对应地区的“中央子午线”值→确定。

图 6-14　目标椭球

（6）求转换参数

求转换参数至少有两个已知控制点，先通过“点测量”，测出两个控制点的大地坐标，然后再进行求转换参数。操作步骤如下：

1）测量→点测量→将碳钎杆放置在控制点上，气泡居中，在固定解状态下按键盘键→弹出窗口，修改点名和天线高（天线高选中为“杆高”）→确定→重复上述步骤将另一个控制点也采集下来。

2）输入→求转换参数→添加→“平面坐标”输入其中一个正确的已知控制点坐标→“大地坐标”输入对应的大地坐标→以同样方法添加另一个已知控制点→计算（在弹出的对话框中，检查比例尺是否正确，四参数的比例尺越接近 1 越好）→应用→通过“点测量”找一个已知控制点进行复核，查看采集坐标是否正确。

（7）导入点放样数据

1）将放样点数据按照“点名，x，y，h”的顺序导入 Excel 表格。

2）将 Excel 表格另存为 . * csv 格式。

3）将 . * csv 格式的点文件后缀名改成 . * txt，并保存。选中 csv 文件，以打开方式选择记事本，打开记事本后，把输入光标放到最后一行的下一行，再点另存为“ * * * 点数据”，格式为 * . txt。

4）将 txt 放样数据文件导入手簿（可选择数据线方式把点数据复制到手簿中）。

（8）放样操作

测量→点放样，进入放样界面，点击【目标】进入放样点库（图 6-15），点击【导入】，选择格式 . * txt-pn，x，y，h，找到拉进手簿的文件，选中打开。

在放样点库点击【添加】，选择手动输入（图 6-16），添加点坐标，输完后点击【确定】即可。

在放样点库列表中，直接选取要放样的点，弹出菜单，选择【点放样】（图 6-17），即可进入放样界面。

在点放样界面，利用罗盘导航放样模式，直观地找到放样点，当前 RTK 位置与目标点连线的方位角和蓝色箭头重合时，图中绿色小箭头上面显示就是 0°，相当于找到放样目标点的最短距离。罗盘模式需要返回地图放样界面，点击即可。除了跟着罗盘导航放样，还可以通过观察 DX、DY 的数值来移动 RTK 的位置，当 DX、DY 为“0”时，该 RTK 的位置即为放样点的位置（图 6-18）。

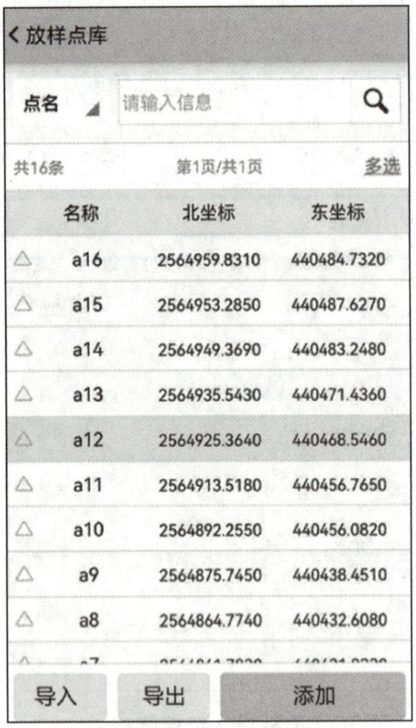

放样点库
点名
请输入信息
共16条
第1页/共1页
多选
名称
北坐标
东坐标
a16 2564959.8310 440484.7320
a15 2564953.2850 440487.6270
a14 2564949.3690 440483.2480
a13 2564935.5430 440471.4360
a12 2564925.3640 440468.5460
a11 2564913.5180 440456.7650
a10 2564892.2550 440456.0820
a9 2564875.7450 440438.4510
a8 2564864.7740 440432.6080
导入
导出
添加

图 6-15　放样点库

添加点
手动输入
定位获取
点库获取

图 6-16　添加点

点名-a15
编辑
点放样
导航
删除
取消

图 6-17　点放样

点放样
向后
2.718
318°
向右
0.225
2.727米
填
8.241
保存
目标
上点
下点
选项

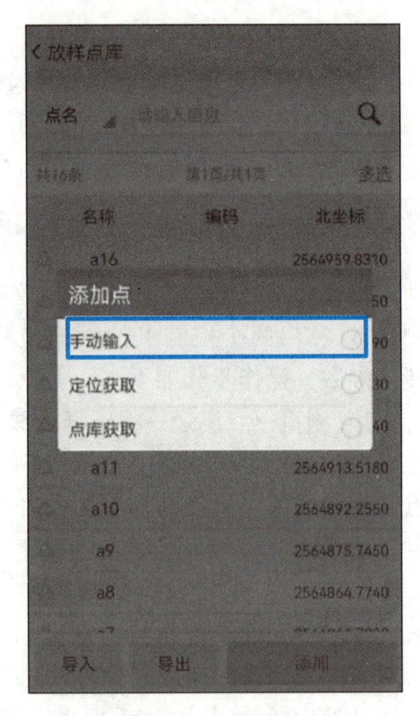

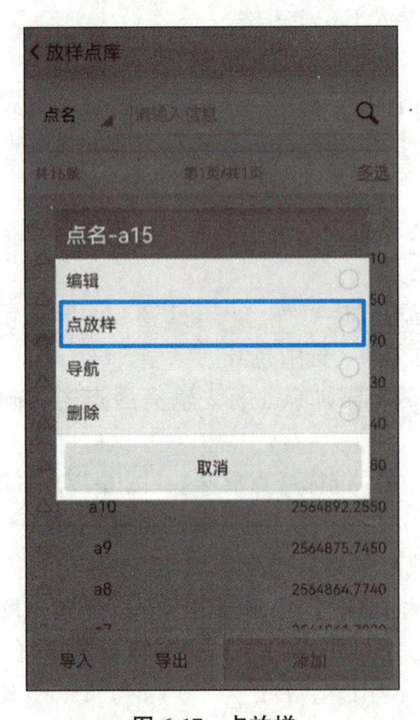

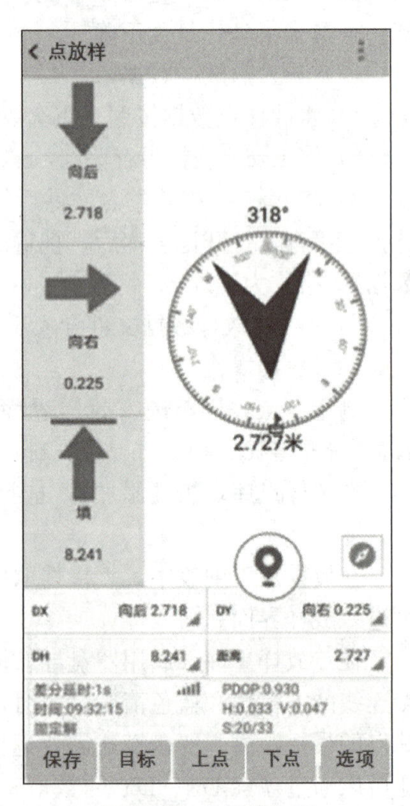

图 6-18　放样点位置

巩固训练

学会使用 GNSS 接收机进行点的平面位置测设的基本操作，在测量过程中，需要不断检查仪器是否对中、是否稳定，对测量数据进行及时处理和校核，发现错误或误差较大的数据应及时重新测量，确保测量结果的准确性。

6.2 高程测设

6.2.1　空间点高程测设

思维导图

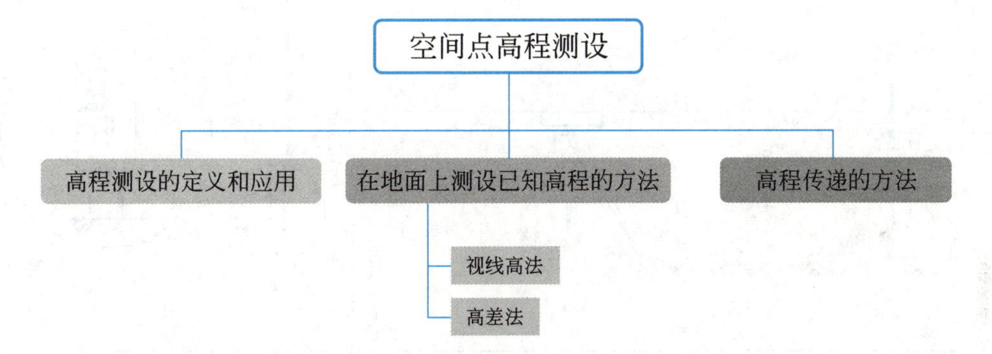

学习目标

1. 知识目标：了解空间点高程测设的基本原理、方法和步骤。

2. 能力目标：能够根据设计方案的要求，利用测量仪器和方法将设计高程放样到实地，能够掌握不同地形条件下的高程放样技术。

3. 素质目标：培养空间思维能力和实践操作能力，树立团队协作观念，增强职业素养和综合能力。

任务导入

根据图纸中的高程数据，利用测量仪器、选择适用方法将高程值放样到实地。在放样过程中，需要注意高程值的精度和稳定性，并及时进行调整和修正。本节将介绍空间点高程测设的测量技术和方法，帮助了解不同测量方法的适用性。

知识链接

空间点高程放样是指根据设计图纸或相关测量数据，将空间点的高程位置放样到实地的测量过程。它广泛应用于工程建设的各个领域，如建筑工程、道路桥梁工程、水利工程等。在实际工程中，空间点高程放样要考虑多种因素，包括工程设计要求、地形条件、测量仪器精度等。因此，需要不断更新和掌握先进的测量技术和方法，以便更好地完成空间点高程放样的任务。

测设空间点高程是根据已知水准点，将设计的高程放样到现场作业面上，作为施工控制的依据。高程测设适用于场地平整、开挖基坑（槽）、测设楼层面等实际工况。高程测设的仪器主要有水准仪和全站仪。

1. 在地面上测设已知高程

（1）视线高法

如图 6-19 所示，某建筑物的室内地坪设计高程为 45.000m，附近有一水准点 BM3 其高程为 H_3＝44.680m。现要求把该建筑物的室内地坪高程测设到木桩 A 上，以作为施工时控制高程的依据。其具体测设步骤如下：

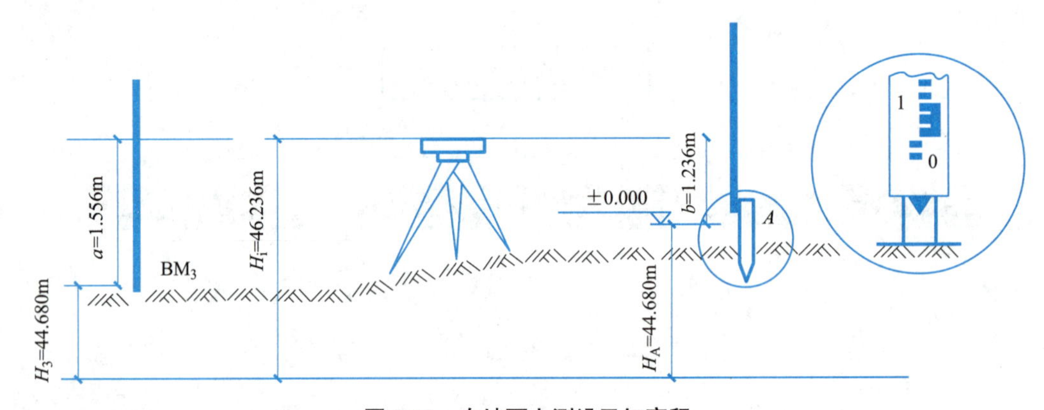

图 6-19　在地面上测设已知高程

1）在水准点 BM_3 和木桩 A 之间安置水准仪，在点 BM_3 上立水准尺，用水准仪的水平视线测得后视读数 a＝1.556m，此时视线高程 H_i 为：

$$H_i = H_A + a = 44.680 + 1.556 = 46.236(\text{m})$$

计算 A 点水准尺尺底为室内地坪高程时的前视读数 b：

由于

$$H_A + a = H_B + b \tag{6-7}$$

则

$$b = 46.236 - 45.000 = 1.236\ (\text{m})$$

2）将水准尺在木桩侧面上下移动，当水准仪视线对准 1.236m 时，沿尺底在木桩侧面画水平线，其高程即为 45.000m（即首层室内地坪±0.000 的设计高程）。需要注意的是，当所求的前视读数 b 值为负数时，则采用倒尺法来进行高程测设，即将水准尺倒过来（零刻度在上面）进行测设。

（2）高差法

已知水准点 BM_A 的高程 $H_A=143.567$m，欲在 B 点测设出某建筑物的室内地坪高程 H_B（已知 $H_B=144.683$m）作为施工时控制高程的依据，用一根木杆代替水准尺，也可以进行此项测设工作。其具体测设步骤如下：

1）在 BM_A 上立一木杆，观测者指挥立杆者在木杆上水准仪横丝瞄准的位置画一点 a。

2）在木杆上由 a 点量取高差：

$$h=H_{设}-H_A=144.683-143.567=1.116\ (\text{m})$$

做出标志 b（h 为正时向下量，h 为负时向上量）。

3）在木桩侧面上下移动木杆，当杆上 b 点与水准仪十字丝横丝重合时，沿木杆底在木桩侧面画水平线，其高程即为 144.683m。

高差法适用于安置一次仪器欲测设若干相同高程点的情况。

2. 高程传递

在较深的基坑或较高的建筑物上测设已知高程点时，如水准尺长度不够，可利用钢尺向下或向上引测。即当欲测设的高程与水准点之间的高差很大时，可以采用悬挂钢尺来代替水准尺进行测设。

如图 6-20 所示，欲在深基坑内设置一点 B，使其高程为 $H_{设}$。地面附近有一水准点 BM_A 其高程为 H_A。其具体测设步骤如下：

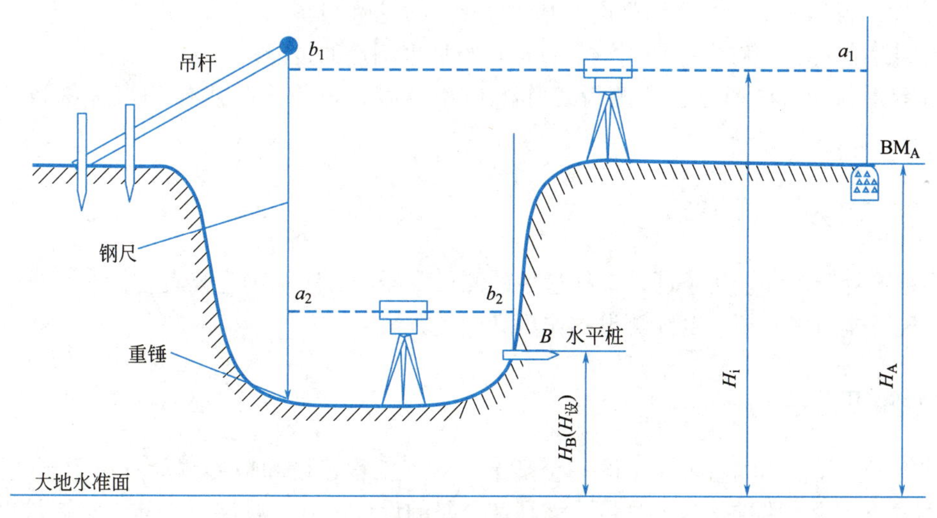

图 6-20　高程传递

（1）在基坑一边架设吊杆，杆上吊一根零点向下的钢尺，尺的下端挂上 10kg 的重锤。

（2）在地面安置一台水准仪，设水准仪在 BM_A 点所立水准尺上读数为 a_1 在钢尺上读数为 b_1。

（3）在坑底安置另一台水准仪，设水准仪在钢尺上读数为 a_2 则应有下列方程成立：

$$H_i=H_A+a_1=H_{设}+(b_1-a_2)+b_2 \tag{6-8}$$

（4）当 B 点水准尺底高程为 $H_{设}$时，B 点处水准尺的读数应为：

$$b_2=H_A+a_1-H_{设}-(b_1-a_2) \tag{6-9}$$

习题

1. 什么是点的高程测设（放样）？空间点高程测设在哪些领域有着广泛的应用？
2. 简述高程传递测设的步骤。

6.2.2 坡度线测设

思维导图

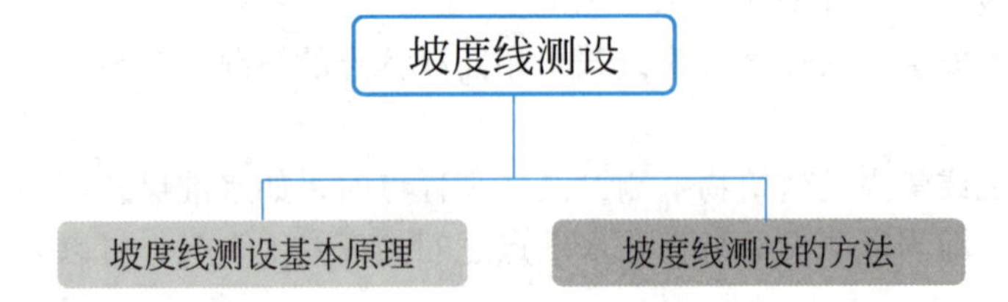

学习目标

1. 知识目标：了解坡度线测设的基本原理、方法和步骤。
2. 能力目标：能够掌握使用测量仪器进行坡度测量的技能。
3. 素质目标：认识坡度线测设工作的应用情景，培养团队协作和严谨细致的工作态度。

任务导入

根据设计图纸和现场条件，选择适用的测量仪器和方法来确定高程位置桩，使之构成已知坡度。本节将介绍坡度线测设的作用和测量方法。

知识链接

坡度线测设作为测量工作中的一个环节，对于工程建设和地形测量具有重要的意义。例如对一条高速公路进行施工测量，该高速公路的设计中有一段需要修建一段有坡度的道路，需要将坡度线放样到实地，为高速公路施工提供准确的依据。为了完成这个任务，需要进行以下步骤：①研究设计图纸，理解坡度线的位置和设计意图；②确定合适的测量方法和技术，选择合适的测量仪器；③根据现场条件，进行测量点的布设和测量计划制定；④进行现场测量，获取坡度线位置和高程数据；⑤进行数据处理和分析，得出坡度线的具体参数；⑥根据测量结果，调整坡度线位置，确定最终的坡度控制点；⑦提交测量报告，向委托方汇报测量结果。

道路、管道、地下工程、场地平整等工程施工中，常需要测设已知设计坡度的直线。已知坡度直线的测设工作，实际上就是每隔一定距离测设一个符合设计高程位置桩，使之构成已知坡度。

如图 6-21 所示，A、B 为设计坡度的两个端点，已知 A 点高程 H_A，设计的坡度 i'，则 B 点的设计高程可用下式计算：

$$H_B = H_A + i'D_{AB} \tag{6-10}$$

式中，坡度上升时 i' 为正，反之为负。

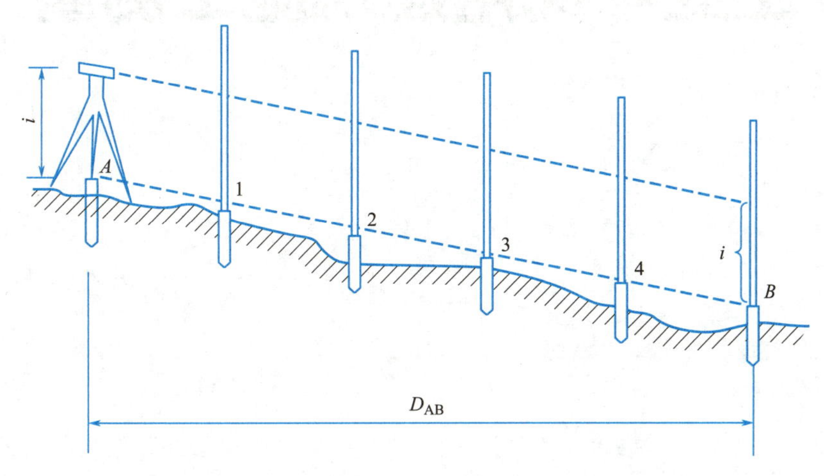

图 6-21　坡度线测设

测设时，可利用水准仪设置倾斜视线测设方法，其步骤如下：

(1) 先根据附近水准点，将设计坡度线两端 A、B 的设计高程 H_A、H_B 测设于地面上，并打入木桩。

(2) 将水准仪安置于 A 点，并量取仪器高 i，安置时使一个脚螺旋在 AB 方向上，另两个脚螺旋的连线大致垂直于 AB 方向线。

(3) 瞄准 B 点上的水准尺，旋转 AB 方向上的脚螺旋或微倾螺旋，使视线在 B 标尺上的读数等于仪器高 i，此时水准仪的倾斜视线与设计坡度线平行。

(4) 在 A、B 之间按一定距离打桩，当各桩点 P_1、P_2、P_3 上的水准尺读数都为仪器高 i 时，则各桩顶连线就是所需测设的设计坡度。

施工中有时需根据各地面点的标尺读数决定填挖高度。这时可利用以下方法确定，若各桩顶的标尺实际读数为 b_i 时，则可按下式计算各点的填挖高度：

$$\text{挖填高度} = i - b_i \tag{6-11}$$

此式中，$i = b_i$ 时，不填不挖；$i > b_i$ 时，须挖；$i < b_i$ 时，须填。

由于水准仪望远镜纵向移有限，若坡度较大，超出水准仪脚螺旋的调节范围时，可使用全站仪或 GNSS-RTK 测设。

习题

1. 坡度线放样的基本步骤是什么？
2. 坡度线放样与水准测量有什么不同？

项目七 Chapter 07

工业与民用建筑施工测量

7.1 建筑场地施工控制测量

7.1.1 施工平面控制网的建立

思维导图

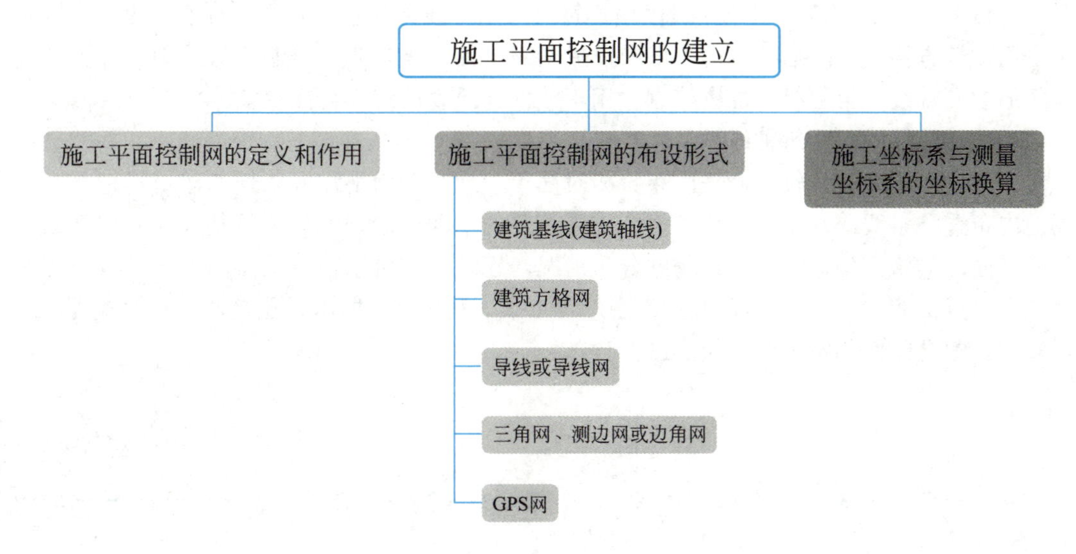

学习目标

1. 知识目标：了解施工平面控制网的布设形式和特点，掌握施工平面控制网的布设原则和布设要求。

2. 能力目标：能根据施工图纸确定控制网的布设。

3. 素质目标：认识施工平面控制网对测量精度的重要作用，树立正确的创新观念和精益求精的观念。

任务导入

施工控制测量是施工测量的基础性工作，目的是为工程建设物的施工放样提供位置基准，限制误差的传播与积累。为工程建设和工程放样而布设的测量控制网，称为施工控制网。建筑施工控制测量的主要任务是建立施工控制网，施工控制网分为平面控制网和高程控制网两种。平面控制网常用的有导线网、建筑基线、建筑方格网等。本部分将介绍施工平面控制网的布设形式和施工坐标系与测量坐标系的坐标换算。

知识链接

施工控制网是整个建筑施工场地内各幢建（构）筑物定位和确定高程的依据，是保证整个施工测量精度与分区、分期施工相互衔接顺利进行工作的基础。施工控制网布设的基本原则应因地制宜，做到技术先进，经济合理，方便使用。施工控制网控制范围小，控制网点使用频繁，易受施工干扰，因此要求施工控制点的位置应分布恰当，密度应较大，精度高，稳定且使用方便。

1. 施工平面控制网的布设形式

施工平面控制网的布设形式有建筑基线、建筑方格网、导线或导线网、三角网、测边网、边角网、GPS 网等。对于一般民用建筑可采用导线网和建筑基线；对于工业建筑区则常采用建筑方格网。平面控制网一般布设成两级，第一级为基本控制，目的为放样各个建筑物的主要轴线；第二级为加密控制，用于放样建筑物的细部特征点。

（1）建筑基线（建筑轴线）

对于建筑场地面积较小、平面布置相对简单、地势较为平坦而狭长的建筑场地，常在场地内布置一条线或几条基准线，作为施工测量的平面控制，称为建筑基线。根据建筑设计总平面图的施工坐标系及建筑物的分布情况，建筑基线可以在总平面图上设计成三点一字形、三点 L 形、四点 T 形及五点十字形等形式，如图 7-1 所示。建筑基线的形式可以灵活多样，适合于面积不大的建筑小区。

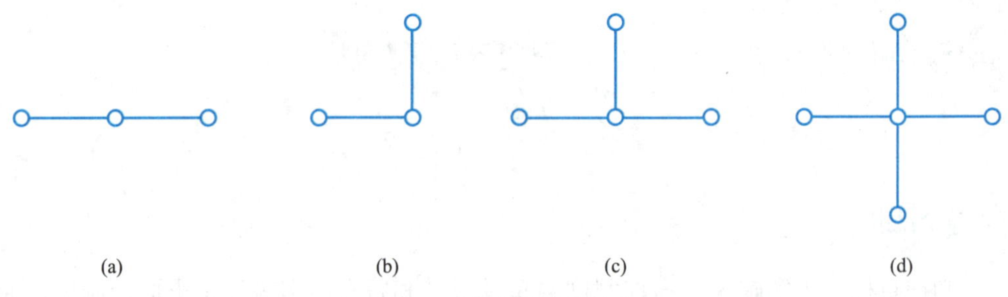

图 7-1　建筑基线的形式

(a) 三点一字形；(b) 三点 L 形；(c) 四点 T 形；(d) 五点十字形

建筑基线布设要求：建筑基线应平行或垂直于主要建筑物的轴线；建筑基线相邻点间应相互通视，且点位不受施工影响；为了能长期保存，各点位要埋设永久性的混凝土桩；基线点应不少于三个，以便检测建筑基线点有无变动；建筑基线的测设精度应满足施工放样的要求。

建筑基线点的测设根据施工现场具体情况，一般可采用极坐标法或直角坐标法等进行测设，注意满足精度要求。测设完成后，要用经纬仪严格检查所测设的角度是否等于 90°或 180°，其差值应小于±15″；用钢尺检查各边距离，其误差应小于 1/10000。

（2）建筑方格网

在大中型施工场地上，尤其是建筑物比较密集且规则的施工场地，常布设成正方形或矩形施工控制网，作为施工测量的平面控制，称为建筑方格网。建筑方格网的形式可布置成正方形或矩形。当建筑场地占地面积较大时，通常是分两级布设，首级为基本网，先测设十字形、口字形或田字形的主轴线，然后再加密次级的方格网，如图 7-2 所示。建筑方格网适用于大、中型民用或工业建筑的新建场地。

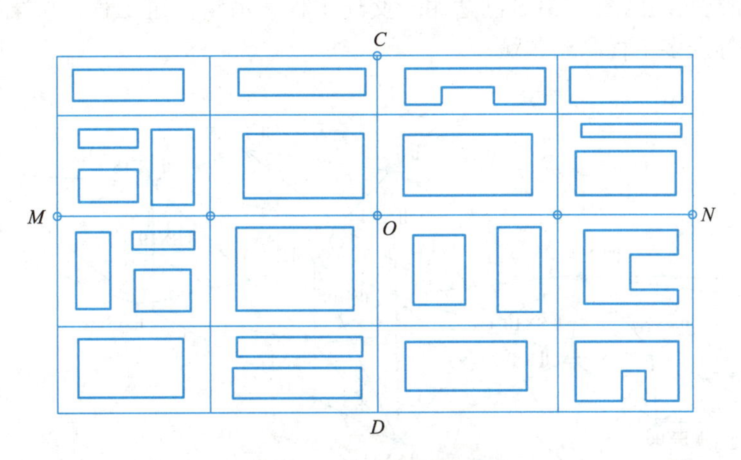

图 7-2　建筑方格网的布设

建筑建筑方格网轴线与主要建筑物轴线平行或垂直，因此可用直角坐标法进行建筑物的定位，测设比较方便，而且精度较高。其缺点是必须按照总平面图布置，其点位选择受到一定限制，不够灵活，从而导致一些点使用不够方便或易受破坏，而且测设工作量也较大。由于建筑方格网的测设工作量较大，且测设精度要求高，因此可委托专业测量单位进行。

（3）导线或导线网

导线是一种将控制点用直线连接成折线形式的控制网。导线布设的网型有闭合导线、附合导线、支导线、无定向导线及导线网等，如图 7-3 所示。导线适用于工程施工，特别是道路工程、受地形限制的旧城区改建或扩建的建筑场地等。

（4）三角网、测边网或边角网

三角网是由一系列连续三角形构成的网状的平面控制图形。三角网中只测三角形的边长，从而求算控制点坐标的控制网称为测边网。三角网中同时测角和测边的控制网称为边角网。网型：三角网或三角锁，如图 7-4 所示。三角网适用于水利枢纽工程、桥梁工程、隧道工程等工程建设场地。

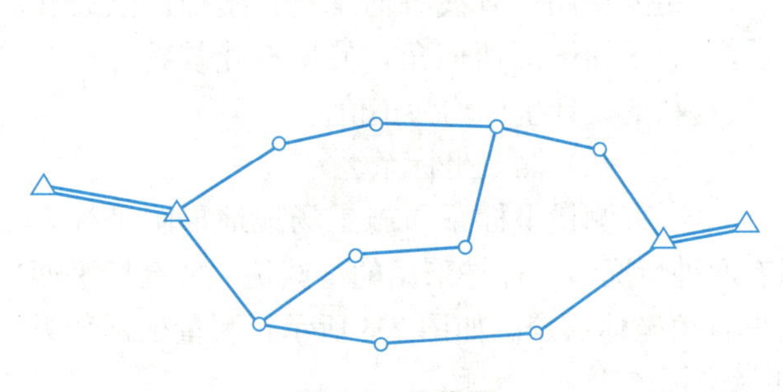

图 7-3　导线网

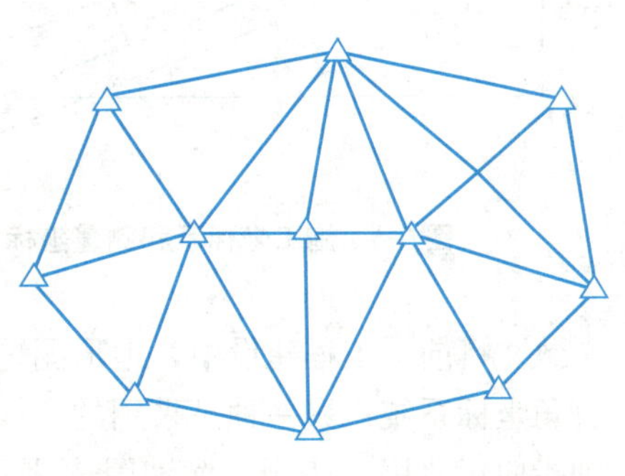

图 7-4　三角网

（5）GPS网

GPS网就是用GPS技术建立的测量控制网。GPS网减少了野外作业的时间和强度，观测速度快，定位精度高，不要求站间通视，经济效益高。如图7-5所示为某水利枢纽工程GPS施工控制网的网图。GPS网适用于交通工程、水利枢纽工程、桥梁工程、隧道工程、变形监测等众多工程测绘领域。

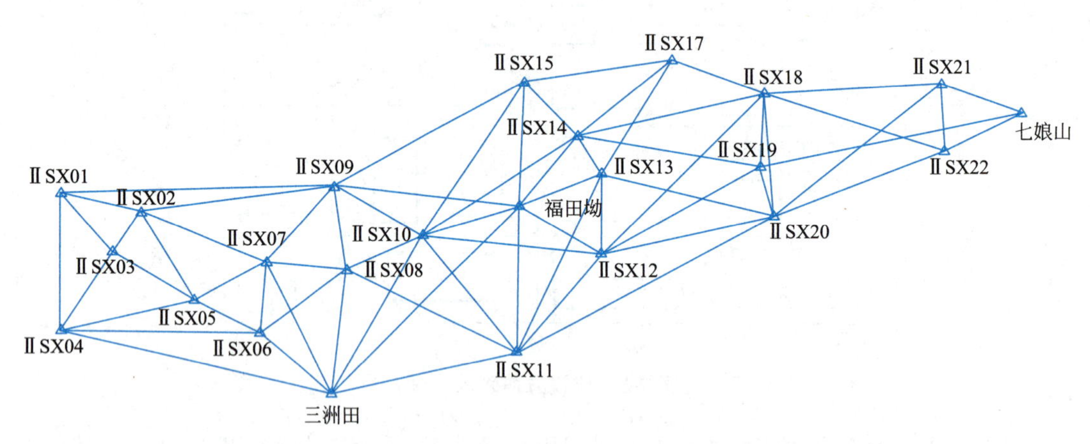

图7-5　某水利枢纽工程GPS施工控制网的网图

2. 施工坐标系与测量坐标系的坐标换算

在建筑总平面图上，建筑物的平面位置一般用施工坐标系来表示。施工坐标系亦称建筑坐标系，其坐标轴与主要建筑物的主轴线平行或垂直，以便用直角坐标系法进行建筑物的放样。施工控制测量的建筑基线和建筑方格网一般采用施工坐标系，而施工坐标系与测量坐标系往往不一致，因此，施工测量前常常需要进行施工坐标系与测量坐标系的坐标换算。

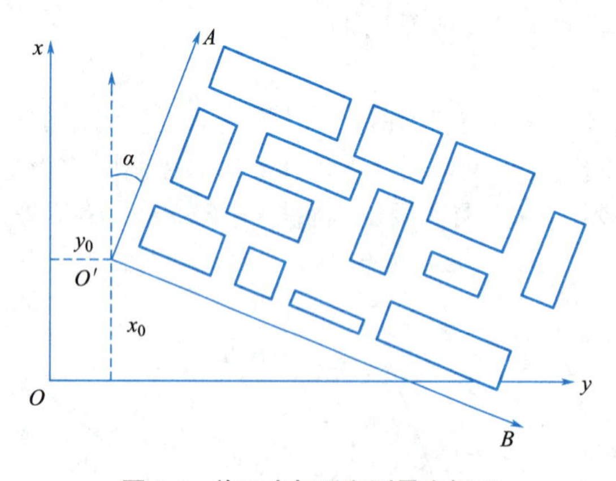

图7-6　施工坐标系和测量坐标系

（1）施工坐标系

在设计和施工部门，为了工作上的方便，常采用一种独立坐标系统，称为施工坐标系或建筑坐标系。如图7-6所示，施工坐标系的纵轴通常用A表示，横轴用B表示，施工坐标也叫AB坐标。施工坐标系的A轴和B轴，应与厂区主要建筑物或主要道路、管线方向平行。坐标原点设在总平面图的西南角，使所有建筑物和构筑物的设计坐标均为正值。

（2）测量坐标系

测量坐标系与施工场地地形图坐标系一致，目前，工程建设中，地形图坐标系有两种情况，一种是采用的全国统一的高斯平面直角坐标系统；另一种是采用的测区独立平直角坐标系统。如图7-6所示，测量坐标系纵轴指向正北用x表示，横轴用y表示，测量坐标也叫xy坐标。

（3）坐标换算

施工坐标系与测量坐标系之间的关系，可用施工坐标系原点 O' 在测量坐标系中的坐标 x_0、y_0 及 $O'A$ 轴的坐标方位角 α 来确定。在进行施工测量时，上述数据由勘测设计单位给出。

如图 7-7 所示，设 xOy 为测量坐标系，$AO'B$ 为施工坐标系，x_0、y_0 为施工坐标系的原点在测量坐标系中的坐标，α 为施工坐标系的纵轴在测量坐标系中的方位角。设已知 P 点的施工坐标为（A_p、B_p），换算为测量坐标时，可按下式计算：

$$x_p = x_0 + A_p\cos\alpha - B_p\sin\alpha \tag{7-1}$$

$$y_p = y_0 + A_p\sin\alpha - B_p\cos\alpha \tag{7-2}$$

如已知 P 点的测量坐标为（x_p、y_p），则可将其换算为施工坐标（A_p、B_p）：

$$A_p = (x_p - x_0)\cos\alpha + (y_p - y_0)\sin\alpha \tag{7-3}$$

$$B_p = -(x_p - x_0)\sin\alpha + (y_p - y_0)\cos\alpha \tag{7-4}$$

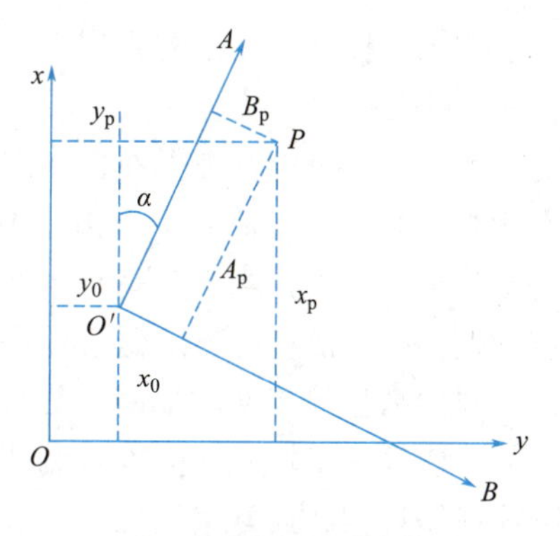

图 7-7　坐标换算示意

7.1.2　施工高程控制网的建立

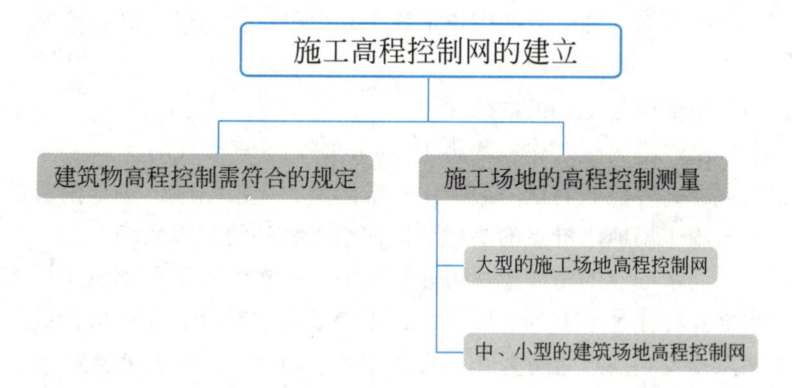

学习目标

1. 知识目标：了解建筑物高程控制符合的规定，掌握施工场地的高程控制测量。
2. 能力目标：能进行施工场地的高程控制测量。
3. 素质目标：认识施工场地高程控制测量的重要性，树立精益求精的观念。

任务导入

建筑施工场地高程控制测量的主要任务就是测定高程控制网内各控制点的高程，为进行施工测量提供必要的高程控制基础。本部分将介绍建筑物高程控制需符合的规定及施工场地的高程控制测量。

知识链接

建筑工程施工场地的高程控制网，应布设在闭合环线、附合路线或结点网。大中型施工项目的场区高程测量精度，不应低于三等水准。场区水准点，可单独布设在场地相对稳定的区域，也可设置在平面控制点的标石上。水准点间距宜小于1km，距离建（构）筑物不宜小于25m，距离回填土边线不宜小于15m。

建筑施工中，当少数高程控制点标石不能保存时，应将其高程引测至稳固的建（构）筑物上，引测的精度不应低于原高程点的精度等级。

建立高程控制网的常用方法有水准测量、三角高程测量、GPS高程测量和液体静力水准等。建筑施工场地的高程控制测量多采用水准测量方法，水准网布设成闭合环线、附合路线或结点网，通常采用二、三、四等水准测量，所布置的水准网应尽量与国家水准点联测。当测设精度低于三等水准时，也可以用电磁波三角高程测量来建立控制网。水准点可单独布设在场地相对稳定的区域，也可设置在平面控制点的标石上。水准点间距宜小于1km，距离建（构）筑物不宜小于25m，距离回填土边线不宜小于15m。建筑施工中，当少数高程控制点标石不能保存时，应将其高程引测至稳固的建（构）筑物上，引测的精度不应低于原高程点的精度等级。

1. 建筑物高程控制需符合的规定

在整个场地内各主要幢号附近设置2～3个高程控制点或±0.000水平线。高程控制点可设置在平面控制网的标桩或外围的固定地物上，也可单独埋设。高程控制点的个数不应少于2个。

相邻点之间的距离应为100m左右。

当场地高程控制点距离施工建筑物小于200m时，可直接利用。

建筑施工场地的高程控制测量一般采用水准测量，应根据施工场地附近的国家或城市已知水准点，测定施工场地水准点的高程，以便纳入统一的高程系统。

在施工场地上，水准点的密度应尽可能满足安置一次仪器即可测设出所需的高程。而测图时敷设的水准点往往是不够的，因此，还需增设些水准点。在一般情况下，建筑基线点、建筑方格网点以及导线点也可兼作高程控制点，只要在平面控制点桩面上中心点旁边设置一个突出的半球状标志即可。

为了便于检核和提高测量精度，施工场地高程控制网应布设成闭合路线或附合路线。高程控制网可分为首级网和加密网，相应的水准点称为基本水准点和施工水准点。

2. 施工场地的高程控制测量

施工场地的高程控制测量有以下要求：每个工地至少设2～3个预埋水准点，并定期校测；点位稳固，便于保存和使用；布设水准路线时应引测新设水准点的高程，精度满足施工要求。

大型的施工场地高程控制网一般布设两级。首级为整个场地的高程基本控制，相应的水准点为基本水准点，用来检核其他水准点是否稳定。它应布设在场地平整范围之外土质坚实的地方，以免受震，应埋设永久性标志，便于长期使用。控制点组成闭合水准路线，尽量与国家水准点联测，可按四等水准测量要求进行施测。另一级为加密网，相应的水准点称为施工水准点，用来直接测设建筑物的高程。由基本水准点开始组成闭合或附合水准路线，按四等水准测量要求进行施测。

中、小型的建筑场地，首级高程控制网可按四等水准测量要求进行布设；加密网根据不同的测设要求，可按四等水准测量要求进行施测。

此外，为了放样方便和减少误差，在一般厂房的内部或附近应专门设置±0.000 标高水准点。但需注意，设计中各建筑物的±0.000 高程不一定相等，应严格加以区别。

7.2 民用建筑施工测量

7.2.1 建筑物的定位和放线

思维导图

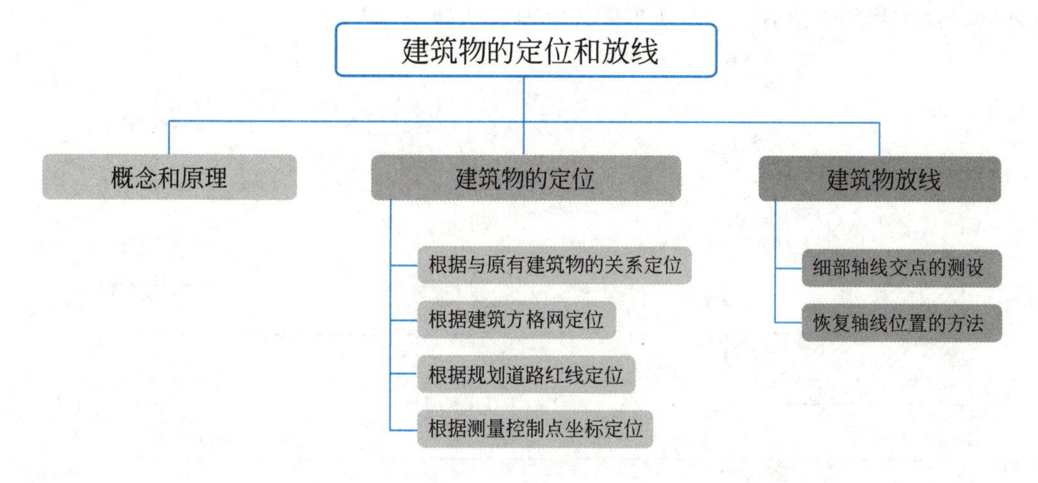

学习目标

1. 知识目标：了解建筑物定位和放线的基本概念和原理，掌握建筑物定位和放线的方法和步骤。

2. 能力目标：能够根据施工图纸和规范要求，进行建筑物定位和放线工作。

3. 素质目标：认识建筑物定位和放线在建筑施工测量中的重要作用，树立精益求精的观念。

任务导入

将建筑物的外廓（墙）轴线交点（简称角桩）测设到地面上，为建筑物的放线及细部放样提供依据；根据定位轴线，将建筑物在实地中进行放样。本部分将介绍建筑物定位和放线的主要方法，帮助了解建筑物定位和放线的测量步骤。

知识链接

民用建筑是指供人们居住、生活和进行社会活动用的建筑物，如住宅、医院、办公楼和学校等，民用建筑分为单层、低层（2～3 层）、多层（4～8 层）和高层（9 层以上）。因民用建筑的类型、结构和层数各不相同，因而施工测量的方法和精度要求也有所不同，民用建筑施工测量就是按照设计的要求将民用建筑的平面位置和高程测设出来。施工测量的过程主要包括建筑物定位、细部轴线放样、基础施工测量和墙体工程施工测量等。在进行施工测量前，应做好熟悉设计图纸、现场踏勘、确定测设方案和准备测设数据等准备工作。

1. 建筑物的定位

建筑物的定位就是根据设计条件将建筑物四周外廓主要轴线的交点测设到地面上，作为基础放线和细部轴线放线的依据。如图 7-8 所示，将建筑物外廓各轴线交点（E、F、G、H、I、J）测设在地面上，然后再根据这些点进行实地放样。由于设计条件和现场条件不同，建筑物的定位方法也有所不同，主要有四种定位方法。

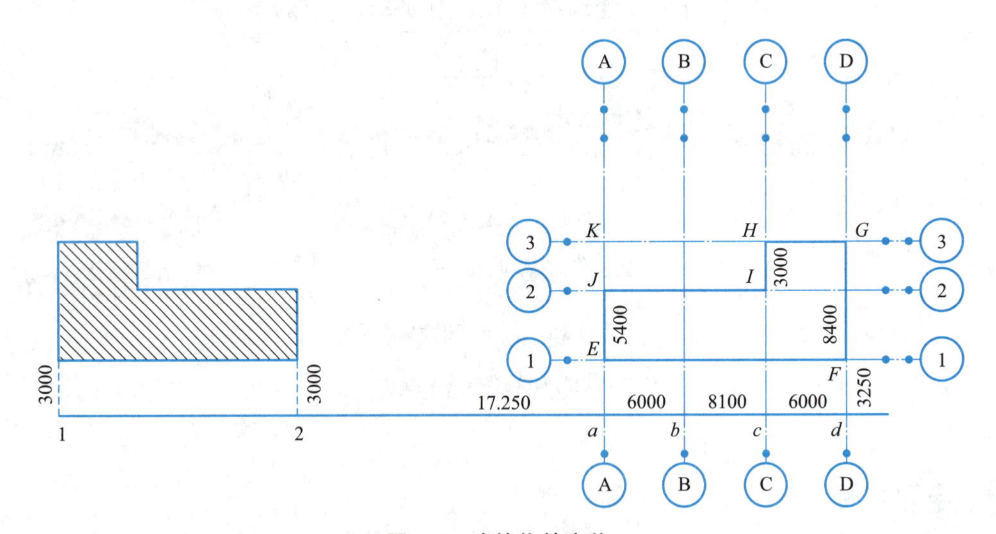

图 7-8　建筑物的定位

（1）根据与原有建筑物的关系定位

若无控制网时，可以采用根据已有建筑物定位的方法。如图 7-8 所示，拟建的二号楼（图中无阴影多边形）根据原有一号楼（图中阴影多边形）进行定位。

1）先沿一号楼的东西墙面向外各量出 3.000m，在地面上定出 1、2 两点作为建筑基线，在 1 点安置全站仪，照准 2 点，然后沿视线方向，从 2 点起根据图中注明尺寸，测设

出各基线点 a、b、c、d，并打下木桩，桩顶钉小钉以表示点位。

2）在 a、c、d 三点分别安置全站仪，并用正倒镜测设 90°，沿 90°方向测设相应的距离，以定出房屋各轴线的交点 E、F、G、H、I、J 等，并打木桩，桩顶钉小钉以表示点位。

3）用钢尺检测各轴线交点间的距离，其值与设计长度的相对误差不应超过 1/2000，如果房屋规模较大，则不应超过 1/5000，并且将全站仪安置在 E、F、G、K 四角点，检测各个直角，其角值与 90°之差不应超过 40″。

（2）根据建筑方格网定位

在建筑场地已测设有建筑方格网，可根据建筑物和附近方格网点的坐标，用直角坐标法测设。如图 7-9 和表 7-1 所示，由 A、B 点的坐标值可算出建筑物的长度 a 和宽度 b：

$$a = 268.24\text{m} - 226.00\text{m} = 42.24\text{m} \tag{7-5}$$

$$b = 328.24\text{m} - 316.00\text{m} = 12.24\text{m} \tag{7-6}$$

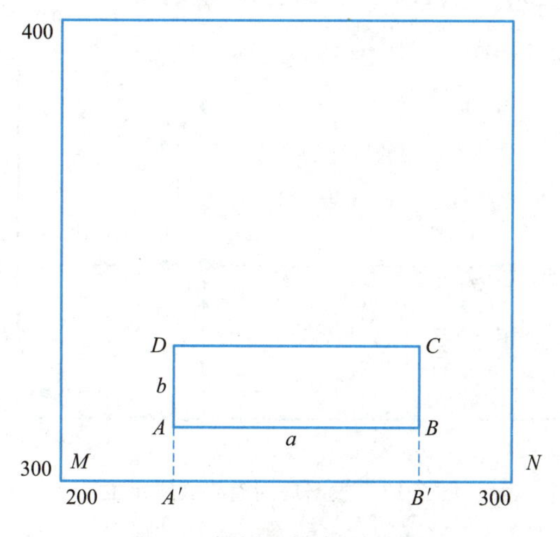

图 7-9　根据建筑方格网定位

建筑物和附近方格网点的坐标　　表 7-1

点	x(m)	y(m)
A	316.00	226.00
B	316.00	268.24
C	328.24	268.24
D	328.24	226.00

测设建筑物定位点 A、B、C、D 的步骤：

1）先把全站仪安置在方格点 M 上，照准 N 点，沿视线方向自 M 点用钢尺量取 A 与 M 点的横坐标差得 A'点，再由 A'点沿视线方向量建筑物长度 42.24m 得 B'点。

2）然后安置全站仪于 A'，照准 N 点，向左测设 90°，并在视线上量取 $A'A$，得 A 点，再由 A 点继续量取建筑物的长度 12.24m，得 D 点。

3）安置全站仪于 B' 点，同法定出 B、C 点，为了校核，应用钢尺丈量 AB、CD 及 BC、AD 的长度，看其是否等于设计长度以及各角是否为 90°。

（3）根据规划道路红线定位

规划道路的红线点是城市规划部门所测设的城市道路规划用地与单位用地的界址线，新建筑物的设计位置与红线的关系应得到政府部门的批准。因此靠近城市道路的建筑物设计位置应以城市规划道路的红线为依据。

如图 7-10 所示，A、BC、MC、EC、D 为城市规划道路红线点，其中，A—BC、EC—D 为直线段，BC 为圆曲线起点，MC 为圆曲线中点，EC 为圆曲线终点，IP 为两直线段的交点，该交角为 90°，M、N、P、Q 为设计高层建筑的轴线（外墙中线）的交点，规定 M—N 轴应离道路红线 A—BC 为 12m，且与红线相平行；N—P 轴线离道路红线 D—EC 为 15m。测设时，在红线上从 IP 点得 N' 点，再得到建筑物长度（MN）得 M' 点。在这两点上分别安置全站仪，测设 90°，并量 12m，得 M、N 点，并延长建筑物宽度（NP）得到 P、Q 点。再对 M、N、P、Q 进行检核。

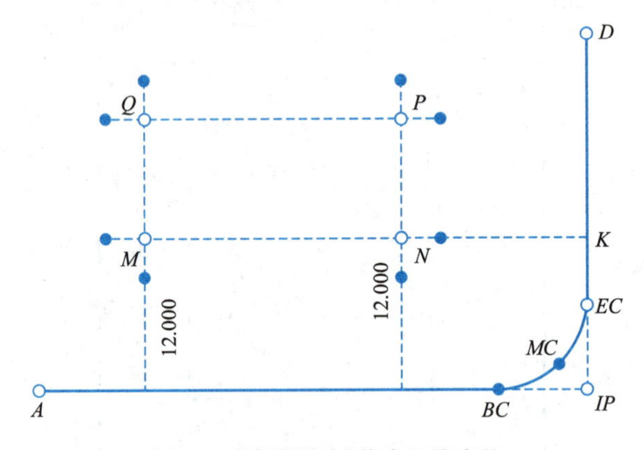

图 7-10　根据规划道路红线定位

（4）根据测量控制点坐标定位

在场地附近如果有测量控制点利用，应根据控制点及建筑物定位点的设计坐标，反算出交会角或距离后，因地制宜采用极坐标法或角度交会法将建筑物主要轴线测设到地面上。其中，极坐标法是用得较广泛的一种定位方法。

2. 建筑物放线

民用建筑物的放线是根据已定位的外墙轴线交点桩（或称角桩）详细测设出建筑物其他各轴线的交点桩（或称中心桩），并将其延长到安全的地方做好标志。然后，以细部轴线为依据，按基础宽度和放坡要求用白灰撒出基槽开挖边界线。

（1）细部轴线交点的测设

如图 7-11 所示，A 轴、D 轴、1 轴和 6 轴是建筑物的四条外墙主轴线，其交点 A1、A6、D1、D6（M、N、P、Q）是建筑物的定位点，这些定位点已在地面上测设完毕，并做好定位控制桩标志。现欲测设次要轴线与主要轴线的交点。在 A1 安置测角仪器，照准 A6 点，沿视线方向使用钢尺测设相邻轴线间的距离，定出 2、3、4、等轴线与 A 轴的交点，并打上木桩，在桩顶上精确画出各交点的位置。例如，测设 A2 点时，用仪器视线指挥在桩顶一条纵线，再拉好钢尺，在读数等于轴线间距处画一条横线，两线交点即为A轴与2轴交点A2。同理可定出其余各轴线的交点桩。测设完毕后，要用钢尺检查各相邻轴线间距是否等于设计值，误差应小于1/3000。

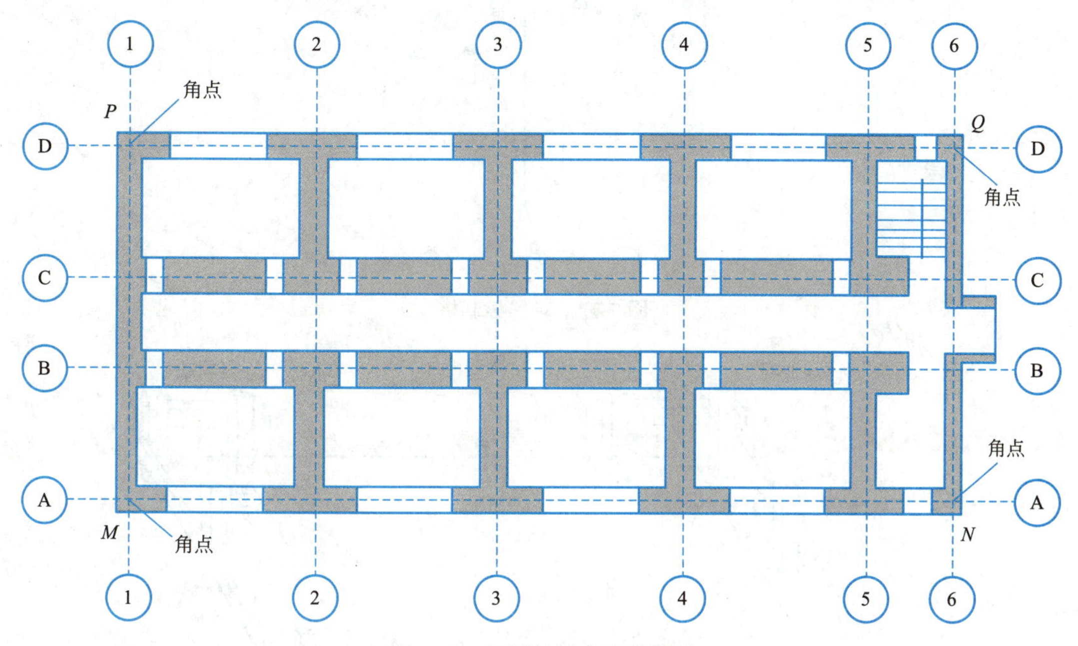

图7-11　细部轴线交点的测设

(2) 恢复轴线位置的方法

由于在开挖基槽时，角桩和中心桩要被挖掉，为了便于在施工中恢复各轴线位置，应把各轴线延长到基槽外的安全地点，并做好标志。其方法为设置轴线控制桩或设置龙门板。

1) 设置轴线控制桩

在大型复杂的建筑施工中，常设置轴线控制桩，也称为引桩法，主要适用于大型民用建筑。轴线控制桩设置在基槽外基础轴线的延长线上，作为开槽后各施工阶段恢复轴线的依据，如图7-11所示。

轴线控制桩一般设置在基槽外2～4m处，打下木桩，桩顶钉上小钉，准确标出轴线位置，并用混凝土包裹木桩，如图7-12所示。如附近有建筑物或构筑物，这时亦可把轴线投测到建筑物或构筑物上，用红漆做出标志，以代替轴线控制桩，使轴线更容易得到保护。

注意：每条轴线至少应有一个控制桩是设在地面上的，以便今后能安置全站仪来恢复轴线。

2) 设置龙门板

在小型民用建筑施工中，常将各轴线引测到基槽外的水平木板上。水平木板称为龙门板，固定龙门板的木桩称为龙门桩，如图7-13所示。

设置龙门板的步骤如下：

在建筑物四角与隔墙两端，基槽开挖至边界线2m以外，设置龙门桩。龙门桩要钉得

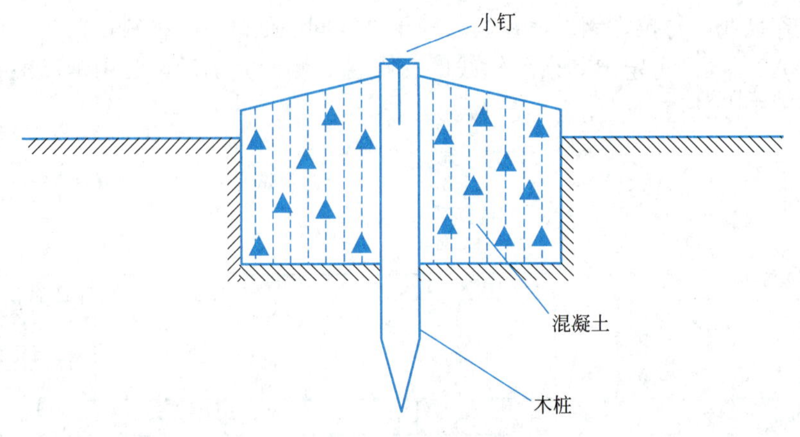

图 7-12　轴线控制桩

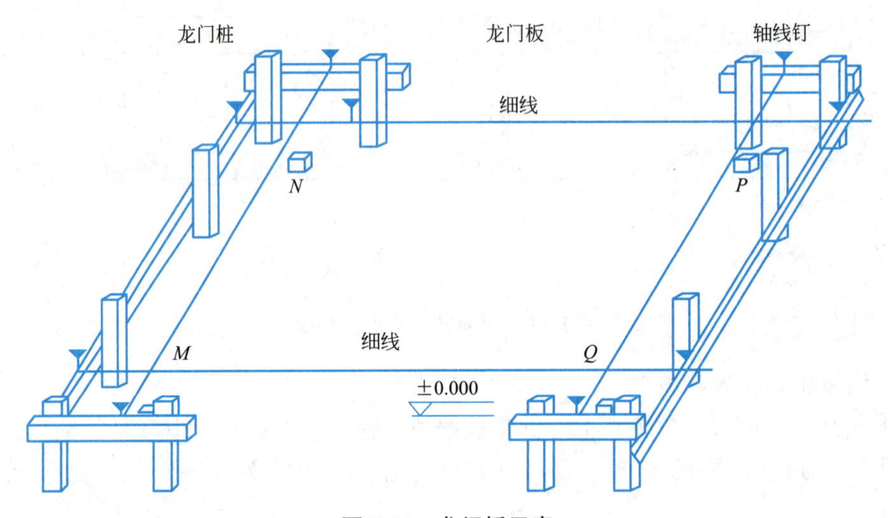

图 7-13　龙门板示意

竖直、牢固，龙门桩的外侧面应与基槽平行。

根据施工场地的水准点，用水准仪在每个龙门桩外侧测设出该建筑物室内地坪设计高程线（即±0.000标高线），并做出标志。

沿龙门桩上±0.000标高线钉设龙门板，这样龙门板顶面的高程就同在±0.000的水平面上。然后，用水准仪校核龙门板的高程，如有差错应及时纠正，其允许误差为±5mm。

在 N 点安置全站仪，瞄准 P 点，沿视线方向在龙门板上定出一点用小钉做标志，纵转望远镜，在 N 点上也钉一个小钉。用同样的方法，将各轴线引测到龙门板上，所钉的小钉称为轴线钉。轴线钉定位误差应小于±5mm。

最后，用钢尺沿龙门板的顶面检查轴线钉的间距，其相对误差不超过1/3000。检查合格后，以轴线钉为准，将墙边线、基础边线、基础开挖边线等标定在龙门板上。

恢复轴线时，将全站仪安置在一个轴线钉上方，照准相应的另一个轴线钉，其视线即为轴线方向，往下转动望远镜便可将轴线投测到基槽或基坑内。也可用细线绳将相对的两个轴线钉连接起来，借助于锤球，将轴线投测到基槽或基坑内。

7.2.2　建筑物基础施工测量

思维导图

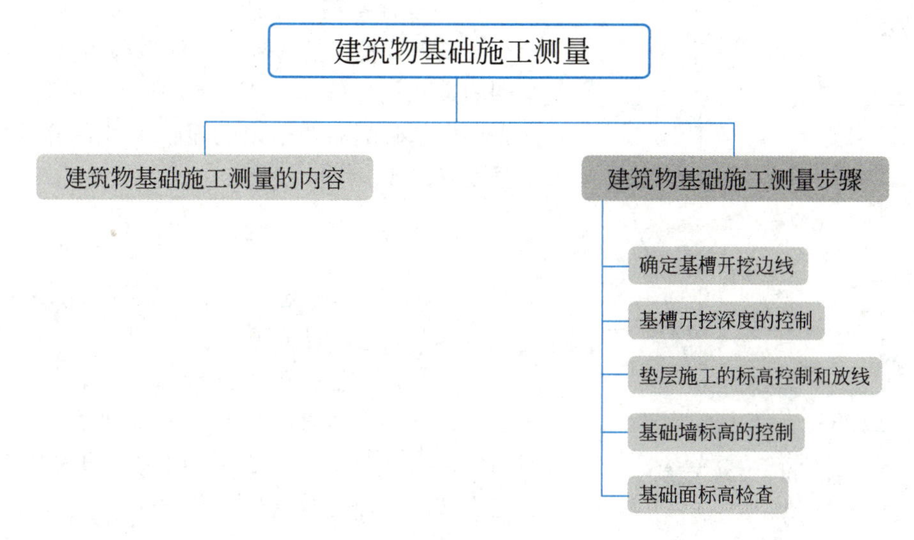

学习目标

1. 知识目标：了解建筑物基础施工测量的内容，掌握建筑物基础施工测量的步骤和方法。

2. 能力目标：能进行基槽开挖前的边线放线、水平桩测设、垫层施工的标高控制和放线、基础墙标高的控制、基础面标高检查等测量工作。

3. 素质目标：认识基础施工测量的目的和意义，培养规范操作意识和工作质量意识。

任务导入

建筑物基础施工测量主要包括确定基槽开挖边线、基槽开挖深度的控制、垫层施工的标高控制和放线、基础墙标高的控制、基础面标高检查等各项工作。本部分将介绍基础施工测量的基本概念、过程方法和实施步骤，帮助了解基础施工测量的内涵和要求。

知识链接

建筑物施工测量在建筑工程中具有非常重要的作用，它是保证施工质量、安全和进度的重要环节。建筑物施工测量的工作内容主要包括以下方面：

（1）施工场地标高测量放线：在土方开挖时，需要测量并放出场地标高，根据现场具体情况确定方格的大小，这通常由方格网来完成，方格越小精度越高，计算的土方量越准确。

（2）建筑物定位测量放线：根据开工前准备阶段业主提供的定位桩（坐标、高程）信息，将建筑物的外观轮廓在场地上标识出来，为场地标高测量放线、基础开挖放线提供施工依据。如果没有定位桩，可以依据与现有建筑的相对位置来进行测量放线。

（3）基础施工放线：建筑物定位测量放线和场地标高测量放线完成后，可以开始进行基础施工放线，包括基础开挖线、基础标高测量放线、基础桩的定位测量放线等。

（4）细部放样：在基础施工完成后，需要进行细部放样，如柱、墙体的控制线，梁的位置线和预留、预埋位置线等。

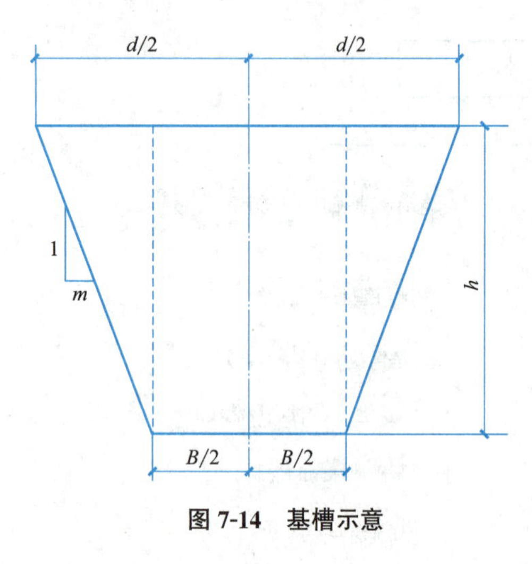

图 7-14　基槽示意

1. 确定基槽开挖边线

基槽开挖前的边界线放线也称为撒开挖边线，即确定开挖边线。如图 7-14 所示，基槽开挖前，先根据基础剖面图给出的设计尺寸计算基槽开挖宽度 d，即：

$$d = B + \frac{2mh}{l} \tag{7-7}$$

式中：B——基底宽度（可由基础剖面图中查取）；

h——基槽深度；

m——边坡坡度的分母。

根据计算结果，在地面上以轴线为中线往两边各量出 $d/2$，拉线并撒上白灰，即为开挖边线，挖土就可在开挖边线范围内进行。

如果是基坑开挖，则只需按最外围墙体基础的宽度及放坡确定开挖边线。

2. 基槽开挖深度的控制

为了控制基槽开挖深度，当基槽挖到接近槽底设计高程时应在槽壁上测设一些水平桩，使水平桩的上表面离槽底设计高程为某一整分米数，用以控制挖槽深度，也可作为槽底清理和打基础垫层时掌握标高的依据。

（1）水平桩设置要求

水平桩可以是木桩也可以是竹桩，如图 7-15 所示，使木桩的上表面离槽底的设计标高为一固定值（如 0.500m）。测设时，以画在龙门板或周围固定地物的±0.000 标高线为已知高程点，用水准仪进行测设，小型建筑物也可用连通水管法进行测设。为了施工时使用方便，一般在槽壁各拐角处、深度变化处和基槽壁上每隔 3～4m 处测设一个水平桩。水平桩上的高程误差应在±10mm 以内。

（2）水平桩的测设方法

如图 7-15 所示，槽底设计标高为－1.700m，欲测设比槽底设计标高高 0.500m 的水平桩，其测设方法如下：

1）在地面适当地方安置水准仪，在±0.000 标高线位置上立水准尺，读取后视读数为 1.518m。

2）计算测设水平桩的应读前视读数 $b_{应}$，计算过程为：

$$b_{应} = a - h = 1.518 - (-1.700 + 0.500) = 2.718(\mathrm{m})$$

3）测设时沿槽壁上下移动水准尺，当读数为 2.718m 时沿尺底水平地将木桩打进槽壁，然后检核该桩的标高，如超限便进行调整，直至误差在规定范围以内。

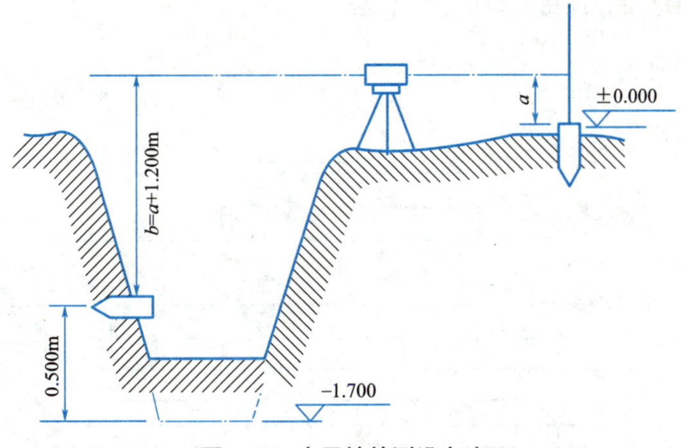

图 7-15　水平桩的测设方法

3. 垫层施工的标高控制和放线

如图 7-16 所示，基槽挖至规定标高并清底后，将全站仪安置在轴线控制桩上，瞄准轴线另一端的控制桩，即可把轴线投测到槽底，作为确定槽底边线的基准线。垫层打好后，用全站仪或用拉绳挂垂球的方法把轴线投测到垫层上，并用墨线弹出墙中线和基础边线，以便砌筑基础或安装基础模板。由于整个墙身砌筑均以此线为准，这是确定建筑物位置的关键环节，所以要严格校核后方可进行砌筑施工。

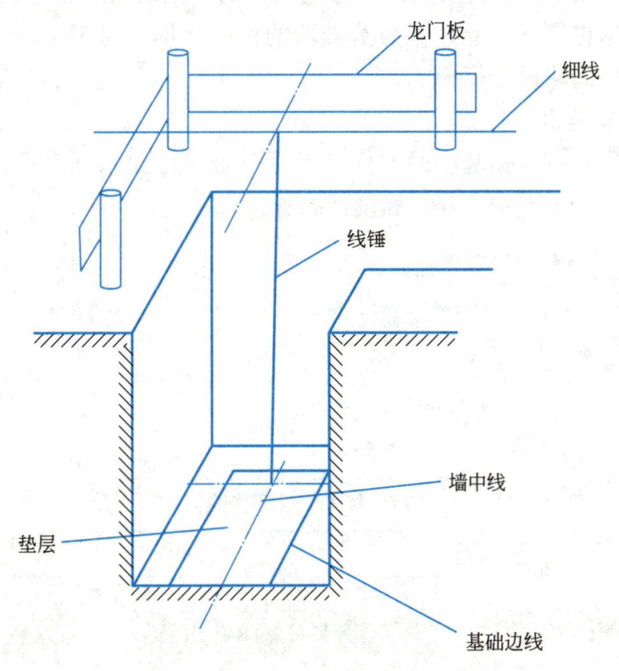

图 7-16　垫层施工的标高控制和放线

4. 基础墙标高的控制

房屋基础墙是指±0.000 以下的砖墙。它的高度是用基础皮数杆来控制的。基础皮数杆是一根木制的杆子（图 7-17），在杆上事先按照设计尺寸将砖、灰缝厚度画出线条，并标明±0.000、防潮层和预留洞口的标高位置。

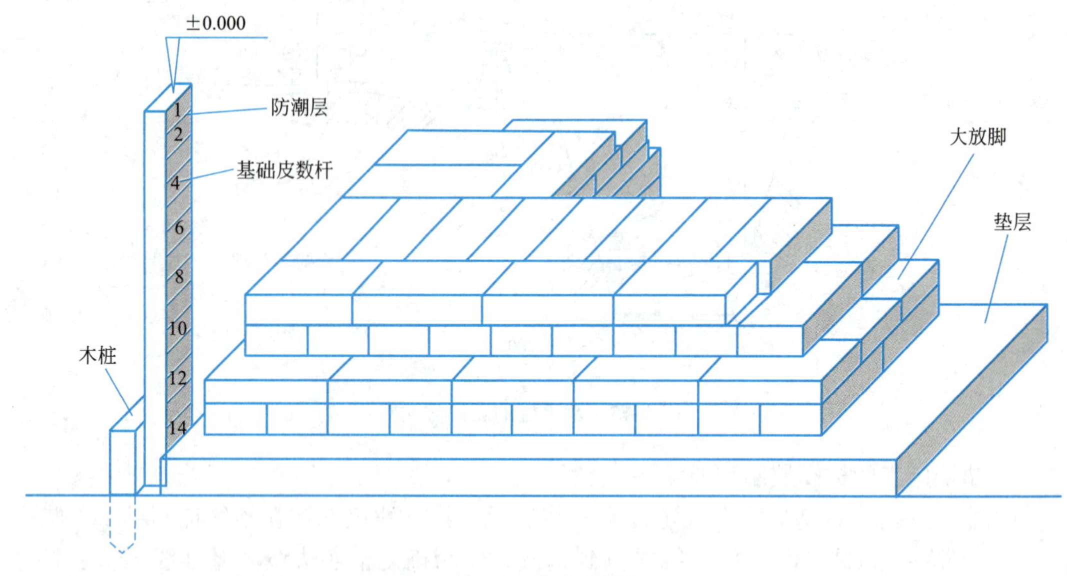

图 7-17　基础皮数杆

立皮数杆时，先在立杆处打木桩，用水准仪在木桩侧面定出一条高于垫层某一数值（如 200mm）的水平线，然后将皮数杆上标高相同的一条线与木桩上的水平线对齐，并用大铁钉把皮数杆与木桩钉在一起，作为基础墙的标高依据。对于采用钢筋混凝土的基础，可用水准仪将设计标高测设于模板上。

5. 基础面标高检查

基础施工结束后，应检查基础面的标高是否符合设计要求（也可检查防潮层）。可用水准仪测出基础面上若干点的高程，和设计高程进行比较，允许误差为±10mm。

7.2.3　墙体施工测量

思维导图

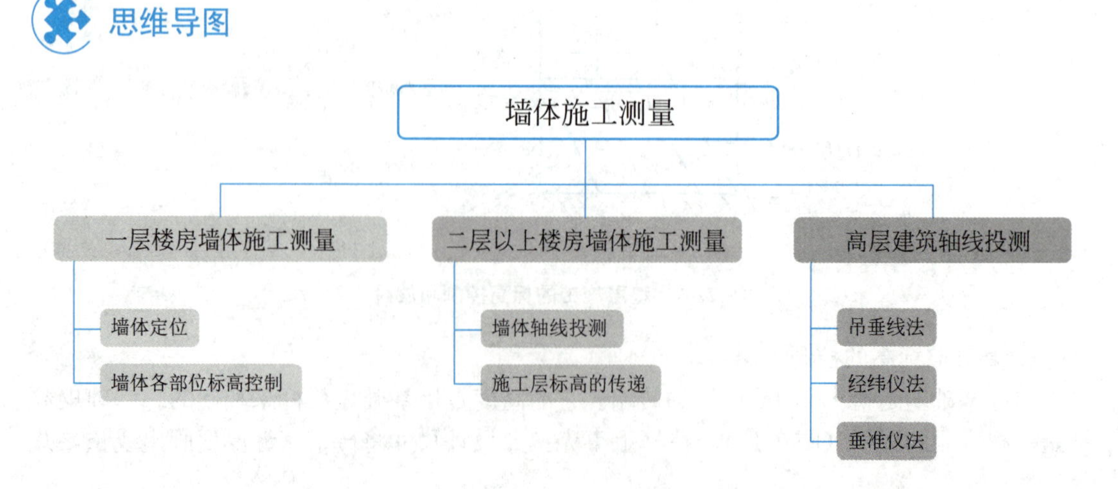

学习目标

1. 知识目标：了解墙体施工测量的工作内容，掌握一层楼房墙体施工测量的基本步骤和方法。

2. 能力目标：能进行墙体定位、墙体各部位标高控制、墙体轴线投测、施工层标高传递等测量工作；能根据实际工程情况选择适用的测量方法。

3. 素质目标：认识墙体施工测量的目的和意义，树立规范操作、精益求精的观念。

任务导入

墙体施工测量是建筑工程施工中的一项重要工作。在基础墙砌筑到防潮层以后，可以根据轴线控制桩或龙门板上中线钉，把墙轴线延伸到基础墙的侧面上画出标志，作为向上投测轴线的依据。首层楼房墙体施工测量和二层以上楼房墙体施工测量在测量工作的内容和方法上既有联系，又有区别。本部分将介绍墙体施工测量的工作内容、测量方法原理及实施步骤，帮助了解墙体施工测量的内涵和要求。

知识链接

高层建筑的定位放线与多层建筑物基本相同。但是，高层建筑物具有层数多、高度大、结构复杂、工程量大、施工期长、场地变化大的特点。因此，其在施工中对建筑物各部位的水平位置、垂直度及轴线尺寸、标高等精度要求都十分严格。

为了保证工程的整体与局部施工精度，在进行施工测量前，必须制定出严谨、合理的测量方案，建立稳固的测量控制点，严格检查、检校仪器工具，健全数据检核措施。密切配合工程进度，以便及时、快速、准确地进行测量放线，为下一步施工提供平面和标高依据。

1. 一层楼房墙体施工测量

(1) 墙体定位

在基础工程结束后，应对龙门板（或控制桩）进行认真检查复核，以防基础施工时，由于土方及材料的堆放与搬运产生碰动移位。复核无误后（检查外墙轴线交角是否等于 90°），利用龙门板或控制桩将轴线测设到基础面或防潮层等部位的侧面，如图 7-18 所示。这样就确定了上部砌体的轴线位置，施工人员可以照此进行墙体的砌筑，也可作为向上投测轴线的依据。此外，把门、窗和其他洞口的边线，也在外墙基础上标定出来。

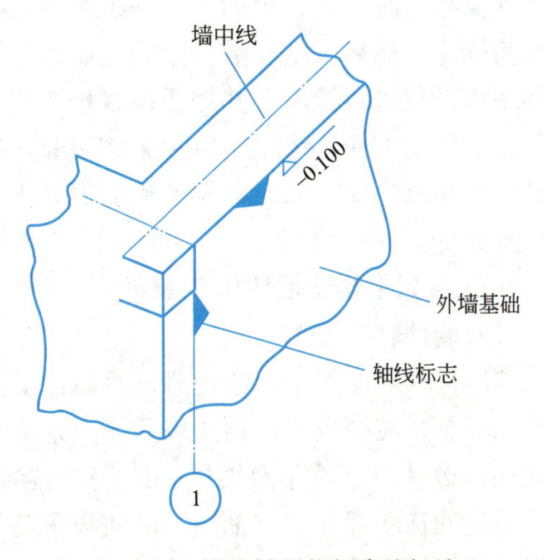

图 7-18　墙体轴线与标高线标注

（2）墙体各部位标高控制

在墙体砌筑施工中，墙身上各部位的标高通常是用皮数杆来控制和传递的。

皮数杆应根据建筑物剖面图画有每块砖和灰缝的厚度，并注明墙体上窗台、门窗洞口、过梁、雨篷、圈梁、楼板等构件高度位置，如图 7-19 所示。在墙体施工中，用皮数杆可以控制墙身各部位构件的准确位置，并保证每皮砖灰缝厚度均匀，且每皮砖都处在同一水平面上。

皮数杆一般都立在建筑物拐角和隔墙处，如图 7-19 所示。

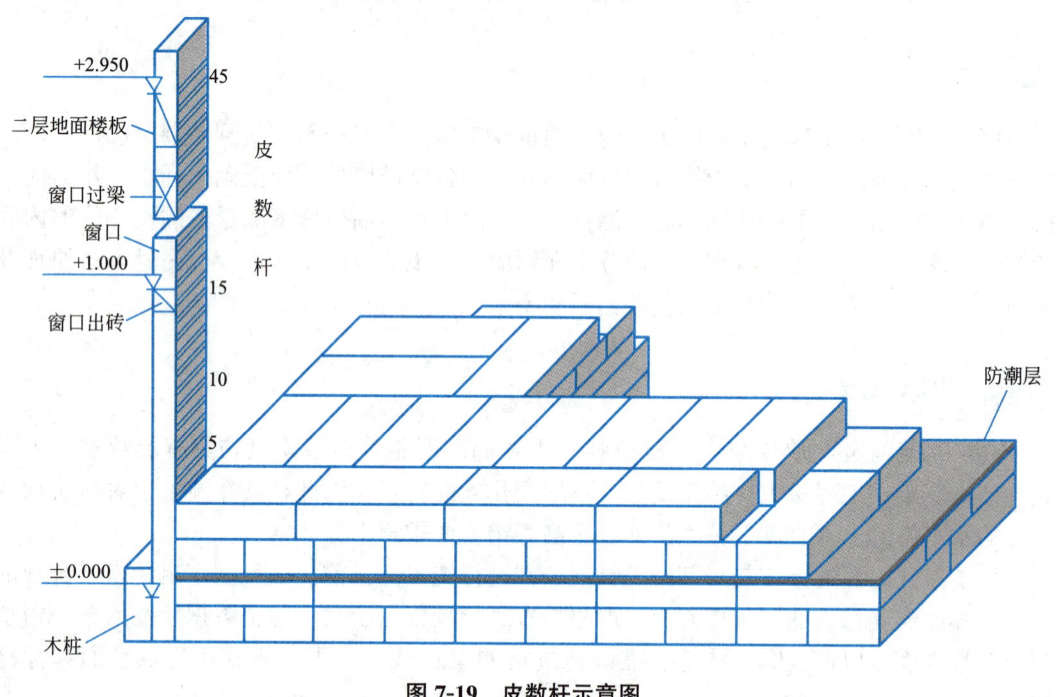

图 7-19　皮数杆示意图

立皮数杆时，先在地面上打一个木桩，用水准仪测出±0.000 标高位置，并画一条横线作为标志；然后，把皮数杆上的±0.000 线与木桩上±0.000 对齐，钉牢。皮数杆钉好后要用水准仪进行检测，并用垂球来校正皮数杆的竖直。

为了施工方便，采用里脚手架砌砖时，皮数杆应立在墙外侧，如采用外脚手架时，皮数杆应立在墙内侧，如系框架或钢筋混凝土柱间墙时，每层皮数杆可直接画在构件上，而不立皮数杆。

2. 二层以上楼房墙体施工测量

（1）墙体轴线投测

多层建筑在施工中，常用悬吊垂球法从下逐层向上进行墙体轴线投测。其做法是：将较重垂球悬吊在楼板或柱顶边缘，当垂球尖对准基础上（或墙底部）定位轴线时，线在楼板或柱顶边缘的位置即为楼层轴线端点位置，画一短线作为标志；同样投测轴线另一端点，两端的连线即为定位轴线。同法投测其他轴线，再用钢尺校核各轴线间距，然后继续施工，并把轴线逐层自下向上传递。

为减少误差累积，宜在每砌二三层之后，用全站仪把地面上的轴线投测到楼板或柱上去，以校核逐层传递的轴线位置是否正确。悬吊垂球简便易行，不受场地限制，一般能保证施工质量。但吊锤线法受风的影响较大，因此应在风小的时候作业，投测时应等待吊锤稳定下来后再在楼面上定点。此外，每层楼面的轴线均应直接由底层投测上来，以保证建筑物的总竖直度。

(2) 施工层标高的传递

在多层建筑物施工中，要由下往上将标高传递到新的施工楼层，以便控制新楼层的墙体施工，使其标高符合设计要求。标高传递一般可有以下两种方法。

1) 利用皮数杆传递标高

一层楼房墙体砌完并建好楼面后，把皮数杆移到二层继续使用。为了使皮数杆立在同一水平面上，用水准仪测定楼面四角的标高，取平均值作为二楼的地面标高，并在立杆处绘出标高线，立杆时将皮数杆的±0.000线与该线对齐，然后以皮数杆为标高的依据进行墙体砌筑。如此用同样方法逐层往上传递高程。

2) 利用钢尺传递标高

在标高精度要求较高时，可用钢尺从底层的+0.500m标高线起往上直接丈量，把标高传递到第二层，然后根据传递上来的高程测设第二层的地面标高线，以此为依据立皮数杆。在墙体砌到一定高度后，用水准仪测设该层的+0.500m标高线，再往上一层的标高可以此为准用钢尺传递，依此类推，逐层传递标高。根据具体情况也可用悬挂钢尺代替水准仪，用水准仪读数，从下向上传递高程。

3. 高层建筑轴线投测

高层建筑施工测量的工作内容很多，同样也包含建筑物定位、基础施工、轴线投测和高程传递等几方面的测量工作，下面重点介绍高层建筑的轴线投测和高程传递的常用方法。

高层建筑轴线投测的目的是将建筑物基础轴线向高层引测，保证各层相应的轴线位于同一竖直面内。高层建筑轴线投测的方法有以下几种。

(1) 吊垂线法

一般建筑在施工过程中常用较重的垂球悬吊在楼板或柱顶边缘，当垂球尖对准基础或墙底设立的定位轴线时，在各楼层定出该层的主轴线，经检测，各轴线间距符合要求后即可继续施工。但当测量时风力较大或楼层建筑物较高时，吊垂线法投测误差较大，此时应采用测角仪器投测法。

为了减小风力的影响，可将吊线位置放在建筑物内部。如图7-20所示，事先在首层室内地面上埋设轴线点的固定标志，轴线点之间要构成矩形或十字形等，作为整个高层建筑的轴线控制网。各标志的上方每层楼板都预留孔洞，供垂线通过。投测时，在预留孔上面安置十字架，

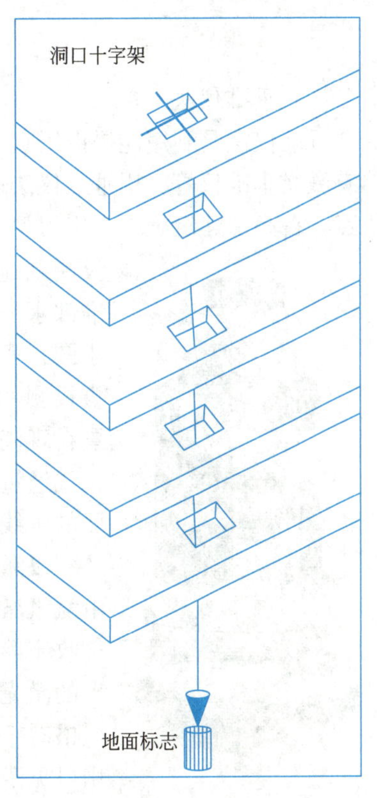

图7-20　吊垂线法

挂上垂球，对准首层预埋标志。当垂球线静止时，固定十字架，并在预留孔四周做出标记，作为以后恢复轴线及放样的依据。此时，十字架中心即为轴线控制点在该楼面上的投测点。

（2）经纬仪法

将测角仪器如激光电子经纬仪等安置于轴线控制桩上，分别以正、倒镜两个盘位照准建筑物底部的轴线标志，向上投测到上层楼面，取正、倒镜两次投测点的中点作为上层楼面的轴线点。

当建筑楼层增加至相当高度时，若轴线控制桩距建筑物较近，则测角仪器向上投测的仰角增大，投测精度随着仰角增大而降低，且操作不方便。因此，必须将主轴线控制桩引测到远处稳固地点或附近既有建筑顶上，以减小仰角，如图 7-21 所示。

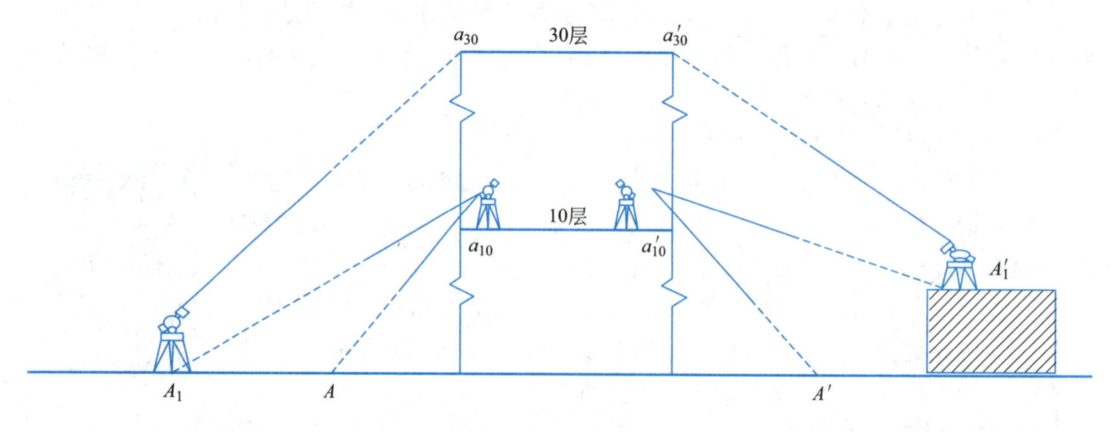

图 7-21　经纬仪法

（3）垂准仪法

垂准仪法是利用能提供铅直视线的专用测量仪器进行竖向投测的一种方法。常用的仪器有激光垂准仪等。用垂准仪法进行高层建筑的轴线投测具有占地小、精度高、速度快的优点，在高层建筑施工中用得越来越多。投测时，视线通过各层楼板预留孔洞，将轴线点投测到施工层楼板的透明板上。为了提高投测精度，应将仪器照准部水平旋转一周，在透明板上投测多个点，这些点应构成一个小圆，取小圆的中心作为轴线点的位置。同法用盘右（或盘左）再投测一次，取两次的中心作为最后结果。如果把垂准全站仪安置在现浇后的施工层上，将望远镜视准轴调成铅直向下的状态，视线通过楼板预留孔洞，照准首层地面的轴线点标志，也可将下面的轴线点投测到施工层上来。

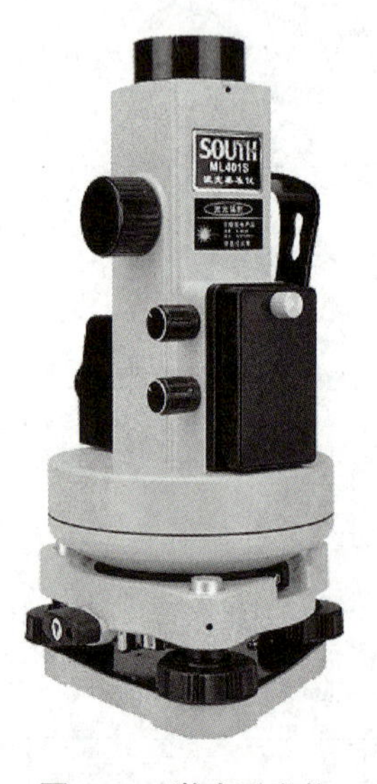

图 7-22　激光垂准仪

以激光垂准仪为例，激光垂准仪是一种专用的铅直定位仪器，由氦氖激光器、竖轴、发射望远镜、水准器和基座、激光电源及接收靶等部分组成，如图 7-22 所示。激光垂准仪用激光管尾部射出的激光束进行对中。将仪器安置在首层地面的轴线点标志上，严格对中、整平，旋转照准部由弯管目镜观测，若视线（可以使用可见激光代替视线）一直指向该点上，则说明视线方向处于铅直状态，可以向上投测。

投测时，在底层控制点上安置仪器，严格进行对中、整平，在施工面预留孔上安置有机玻璃制成的接收靶。接通电源，启动激光器，物镜调焦使接收靶上的激光束光斑最小，再水平旋转仪器，检查接收靶上光斑中心是否始终在同一点，或画出一个很小的圆圈，以保证激光束铅直。然后移动接收靶使其中心与光斑中心或小圆圈中心重合，将接收靶固定，则靶心即为投测的轴线点，如图 7-23 所示。

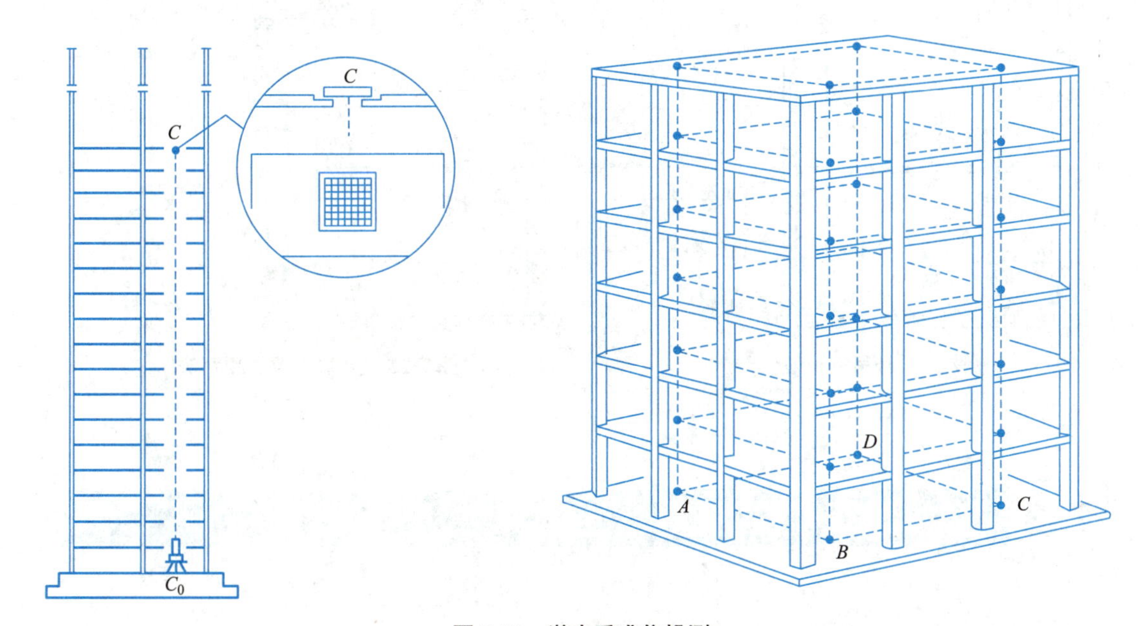

图 7-23 激光垂准仪投测

高层建筑施工中，要由下层楼面向上层传递高程，以使上层楼板门窗口、室内装修等的标高符合设计要求。高程传递的主要方法包括：

（1）钢尺直接测量法

一般用钢尺沿结构外墙、边柱和楼梯间由底层±0.000 标高线向上竖直量取设计高差，即可得到施工层的设计标高线。用这种方法传递高程时，一般至少由三处底层标高点向上传递后，再用水准仪进行检核同一层的几个标高点，其误差不应大于±3mm。

（2）悬吊钢尺法

在外墙或楼梯间悬吊钢尺，分别在地面和各楼面上安置水准仪，将标高传递到楼面上。高层建筑物至少要 3 个底层标高点向上传递，由下层传递上来的同一层的几个标高点必须用水准仪进行检核，检查各标高点是否在同一水平面上，如图 7-24 所示。

（3）全站仪天顶测距法

高层建筑中的垂准孔（或电梯井等）为光电测距提供了一条从底层至顶层的垂直通道，在底层安置全站仪，将望远镜指向天顶，在各层的垂直通道上安置反射棱镜，可测得垂直距离，加上仪器高和减去棱镜常数后，即可得到高差，再用水准仪测设该层设计标高线，如图 7-25 所示。

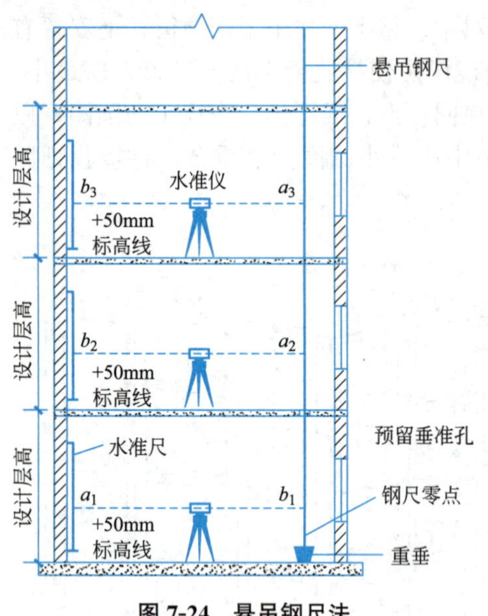

图 7-24　悬吊钢尺法

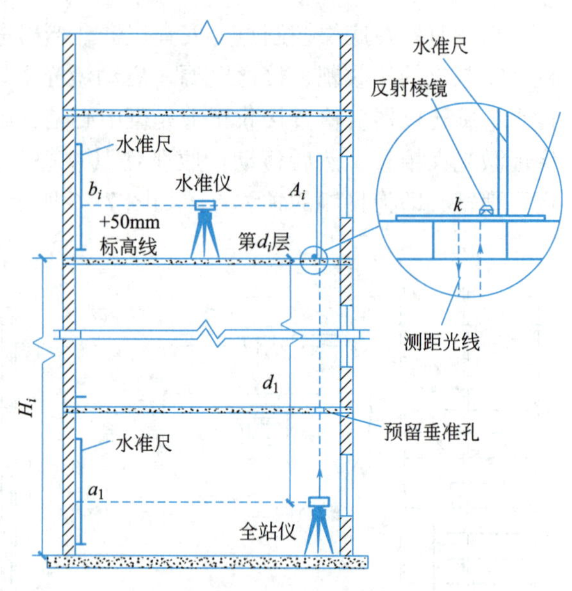

图 7-25　全站仪天顶测距法

7.3 工业建筑施工测量

7.3.1 厂房控制网的测设

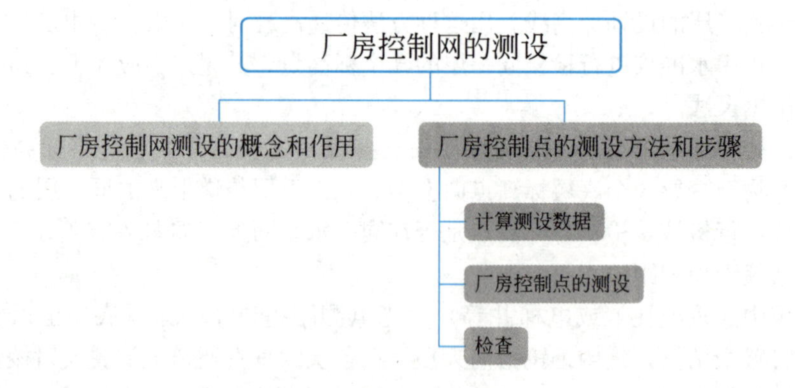

1. 知识目标：了解厂房控制网测设的基本概念和作用，掌握厂房控制点测设的方法和步骤。

2. 能力目标：能够根据设计图纸和规范要求，进行厂房控制网的测设。

3. 素质目标：认识厂房控制网测设的基本原理和方法，树立团队合作精神，形成严谨细致的工作态度。

任务导入

工业建筑主要以厂房为主，而工业厂房多为排柱式建筑，跨距和间距大，隔墙少，平面布置简单，而且其施工测量精度又明显高于民用建筑，故其定位一般是根据现场建筑方格网，采用由柱轴线控制桩组成的矩形方格网作为厂房的基本控制网。本部分将重点讲述厂房控制点的测设方法和步骤。

知识链接

工业厂房的建设非常重要，为了确保工业厂房的安全和质量，需要规范施工流程，其中工程测量和施工方案起着至关重要的作用。工业建筑中以厂房为主体，一般工业厂房多采用预制构件在现场装配的方法施工。厂房的预制构件有柱子、吊车梁和屋架等。因此，工业建筑施工测量的工作主要是保证这些预制构件安装到位。具体任务包括：厂房矩形控制网测设、厂房柱列轴线放样、厂房基础施工测量及厂房预制构件安装测量等。

在工业建筑施工场地，为了放样各厂房轴线，以及各生产车间的联系设备（比如皮带运输机、管道、道路等），首先应布设在整个场地起总体控制作用的厂区施工控制网。厂区平面控制网可布设成三角网、导线网、GPS 网、建筑方格网等。由于厂房各部分及设备基础工程相对于厂房主要轴线的细部放样精度的要求往往很高，厂区控制网点的密度和精度一般不能满足厂房细部及设备基础放样的需要，因此还应在厂区控制网的基础上，布设能满足厂房及基础设备精度要求，适应厂房规模大小和外围轮廓的厂房矩形控制网，作为厂房施工测量的基本控制。

工业厂房一般布设在施工控制网（建筑方格网，适用于较平坦的地区）内。建筑方格网通常由正方形格网或矩形格网所组成，方格网点的位置按照主要厂房、道路等建筑物的位置来布设，方格边应平行或垂直于建筑物的主轴线。顶点的坐标采用建筑坐标系统，高程控制网一般布设为水准网。水准点的密度要考虑施工放样中引测高程的方便，一般应满足安置一次水准仪即可测设所需放样的高程。稳固的导线点、建筑方格网点等可兼作为水准点。

由于对厂房柱列轴线测设有较高的精度要求，以及对厂房内部各构件的安装要进行测量控制，故要在施工控制网的基础上，在厂房四角基坑外 4～8m 处设立厂房控制点，建立矩形控制网（或称为厂房矩形控制网），作为厂房施工测设的依据。如图 7-26 所示，H、I、J、K 四点是厂房的四个角点，从设计图中已知 H、J 两点的坐标。S、P、Q、R 点为布置在基础开挖边线以外的厂房矩形控制网的四个角点，称为厂房控制桩。厂房矩形控制网的边线到厂房轴线的距离为 4m，厂房控制桩 S、P、Q、R 的坐标可按厂房角点的设计坐标加减 4m 算得。

1. 计算测设数据

根据厂房控制桩 S、P、Q、R 的坐标，计算利用直角坐标法进行测设时所需测设的

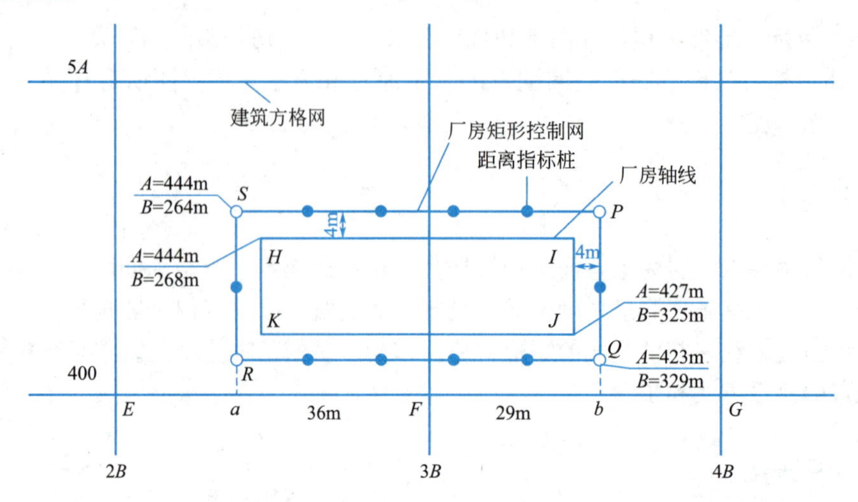

图 7-26　厂房矩形控制网的测设（图中长度仅为示意，未按实际比例）

数据。计算结果标注在图 7-26 中。

2. 厂房控制点的测设

（1）从 F 点起沿 FE 方向量取 36m，定出 a 点；沿 FG 方向量取 29m，定出 b 点。

（2）在 a 点与 b 点上安置全站仪，分别瞄准 E 点与 F 点，顺时针方向测设 90°，得两条视线方向，沿视线方向量取 23m，定出 R、Q 点。再向前量取 21m，定出 S、P 点。

（3）为了便于进行细部的测设，在测设厂房矩形控制网的同时，还应沿控制网测设距离指标桩（图 7-26），距离指标桩的间距大小一般等于柱子间距的整倍数。

3. 检查

（1）检查$\angle RSP$、$\angle SPQ$ 是否等于 90°，其误差不得超过±10″。

（2）检查 SP 是否等于设计长度，其相对误差不得超过 1/10000。

这种方法适用于中小型厂房，对于大型或较为复杂的厂房，应先测设厂房控制网的主轴线，再根据主轴线测设厂房矩形控制网。

7.3.2　厂房柱列轴线的测设与柱基施工测量

思维导图

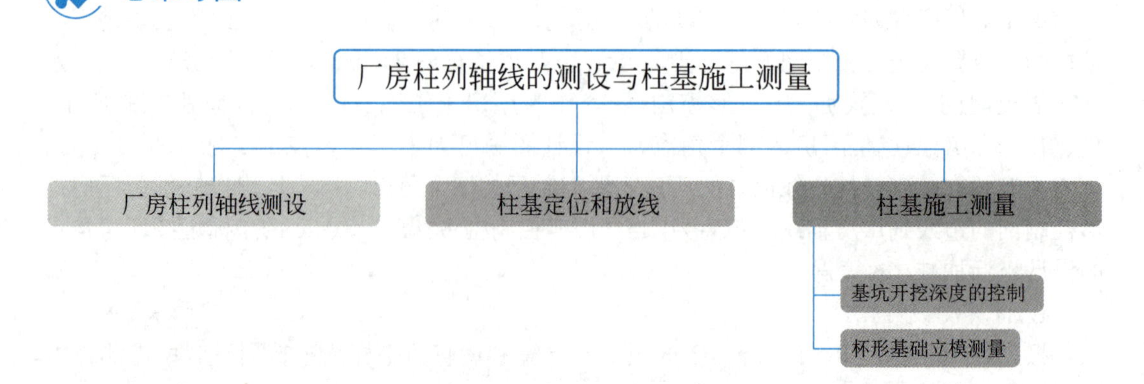

学习目标

1. 知识目标：了解厂房柱列轴线测设与柱基施工测量的方法。

2. 能力目标：能够根据厂房平面图上所注的柱间距和跨距尺寸，进行柱基定位和放线，开展柱基施工测量。

3. 素质目标：认识柱基定位和放线、杯形基础立模测量等原理和实施方法，树立团队合作精神，形成严谨细致的工作态度。

任务导入

根据厂房平面图上所注的柱间距和跨距尺寸，使用测量工具沿矩形控制网各边量出各柱列轴线控制桩的位置并设置标记，作为柱基测设和施工安装的依据。本部分将介绍柱基定位和放线与柱基施工测量的基本方法。

知识链接

工业建筑主要以厂房为主体，有单层、低层和多层，有砖混结构和钢结构之分。厂房的特点：跨度大，柱列轴线多。工业建筑总的放样程序与民用建筑基本相同，但由于结构类型、施工方法和用途的不同，精度要求有所不同。为了方便放样和保证放样精度，应在建筑基线或方格网的基础上先测设厂房控制网再利用厂房控制网放样柱列轴线。

1. 厂房柱列轴线测设

根据厂房平面图上所注的柱间距和跨距尺寸，用钢尺沿矩形控制网各边量出各柱列轴线控制桩的位置（如图 7-27 中的 1′、2′…），并打入大木桩，桩顶用小钉标出点位，作为柱基测设和施工安装的依据。丈量时应以相邻的两个距离指标桩为起点分别进行，以便检核。

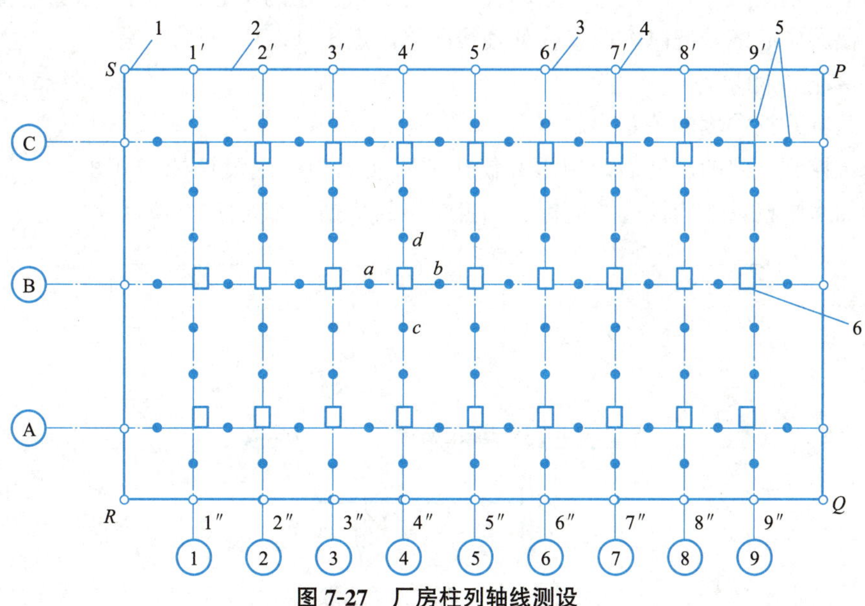

图 7-27　厂房柱列轴线测设

2. 柱基定位和放线

在两条互相垂直的柱列轴线控制桩上安置两台全站仪，沿轴线方向交会出各柱基的位置（即柱列轴线的交点），此项工作称为柱基定位。在柱基的四周轴线上，打入四个定位小木桩 a、b、c、d，如图 7-28 所示，其桩位应在基础开挖边线以外，比基础深度大 1.5 倍的地方，作为修坑和立模的依据。

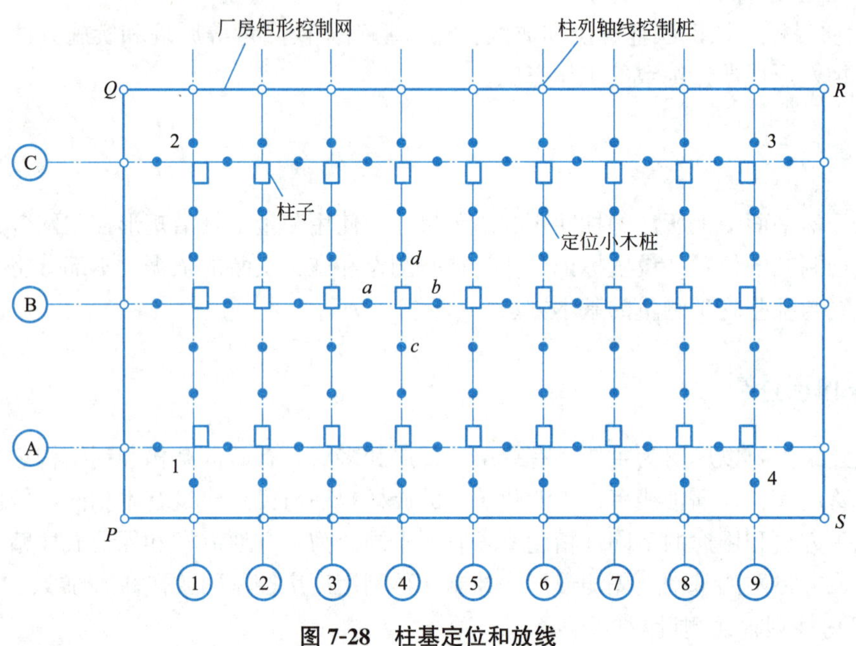

图 7-28 柱基定位和放线

按照基础详图所注尺寸和基坑放坡宽度，用特制角尺放出基坑开挖边线，并撒出白灰线以便开挖，此项工作称为基础放线。

在进行柱基测设时，应注意柱列轴线不一定都是柱基的中心线，而一般进行立模、吊装等时习惯用中心线，此时，应将柱列轴线平移，定出柱基中心线。

3. 柱基施工测量

(1) 基坑开挖深度的控制

当基坑挖到一定的深度后，用水准仪在坑壁四周距坑底设计标高 0.3～0.5m 处测设足够数量的水平桩，作为检查坑底标高和打垫层的依据，如图 7-29 所示。

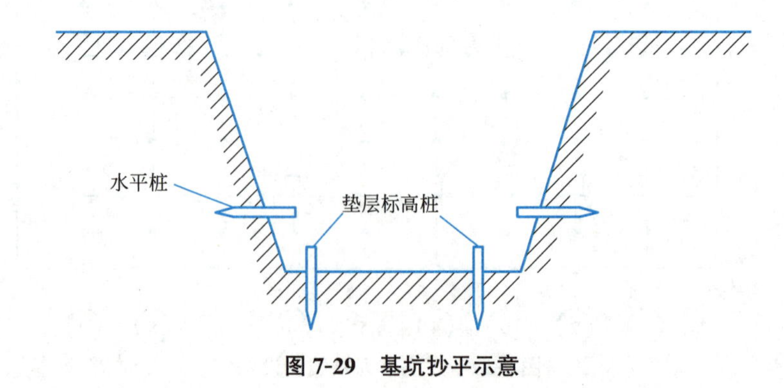

图 7-29 基坑抄平示意

（2）杯形基础立模测量

杯形基础立模测量是施工中的一种测量方法，用于确定柱基的定位和立模。其主要工作包括：

1）中心定位：垫层打好后，根据基坑周边定位小木桩，用拉线吊垂球的方法，把柱基定位线投测到垫层上，弹出墨线，用红漆画出标记，作为柱基立模板和布置基础钢筋的依据。

2）模板垂直度检查：立模时，将模板底线对准垫层上的定位线，并用垂球检查模板是否垂直。

3）标高测设：将柱基顶面设计标高测设在模板内壁，或用设计标高控制模板顶标高，作为浇灌混凝土的高度依据。

7.3.3　厂房预制构件安装测量

思维导图

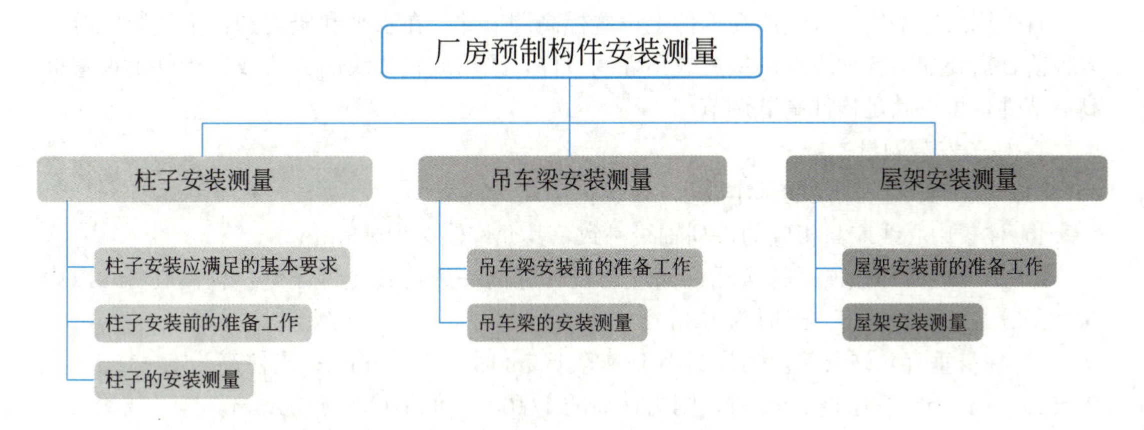

学习目标

1. 知识目标：了解厂房预制构件的基本概念，理解柱子安装测量、吊车梁安装测量、屋架安装测量的基本工作内容。

2. 能力目标：能够进行柱子安装、吊车梁安装、屋架安装前的测量准备工作，根据柱子、吊车梁、屋架等安装的技术要求，开展厂房预制构件安装测量。

3. 素质目标：认识厂房预制构件安装测量的目的和作用，柱子安装测量、吊车梁安装测量、屋架安装测量的技术要求和测量方法，树立团队合作精神，形成严谨细致的工作态度。

任务导入

厂房预制构件是指在工厂或现场预先制成的钢、木或混凝土构件，这些构件按照设计规格进行制作，以用于厂房建设中的不同需求。本部分将介绍柱子安装测量、吊车梁安装测量、屋架安装测量的基本方法和技术要求，帮助了解厂房预制构件安装测量的主要工作。

知识链接

厂房预制构件是指以混凝土为基本材料预先在工厂制成的建筑构件，包括梁、板、柱及建筑装修配件等，例如预制混凝土楼盖板、桥梁用混凝土箱梁、工业厂房用预制混凝土屋架梁、涵洞框构、地基处理用预制混凝土桩等。在安装这些构件时需要进行测量，以确保它们能正确对齐和定位。

(1) 预制构件轴线引测与控制

总体测量方法以内为主，以外为辅。通过按照楼层纵、横向控制线和构件“十”字墨线相对应对缝控制，可以使构件与构件之间、构件与楼面原始控制线保持吻合和对直。

(2) 竖向构件垂直度测量

宜在构件上设置用于垂直度测量的控制点。在不搭设着地外脚手架的作业时，预制墙板垂直度的测量控制点可以采用设置在构件内侧的办法，在构件上 4 个角设 4 点，作为垂直度测量的控制点，可控制内外、上下的构件测量与校核。

(3) 标高控制

宜采用放置垫块的方法或在构件上设置标高调节件。在水平和竖向构件上安装混凝土墙板前，需要加工各种厚度的垫皮或预埋调节件，采用放置垫块的方法或在构件上设置标高调节件，可以满足构件高低调节。

1. 柱子安装测量

(1) 柱子安装应满足的基本要求

1) 柱子中心线应与相应的柱列轴线一致，其允许偏差为±5mm。

2) 牛腿顶面和柱顶面的实际标高应与设计标高一致，其允许误差：柱高在 5m 以内时为±5mm；柱高大于 5m 时为±8mm。

3) 柱身垂直允许误差：当柱高小于或等于 5m 时，为±5mm；当柱高为 5～10m 时，为±10mm；当柱高超过 10m 时，则为柱高的 1/1000，但不得大于 20mm。

(2) 柱子安装前的准备工作

1) 柱基弹线

柱基拆模后，用全站仪根据柱列轴线控制桩，将柱列轴线投测到杯形基础的杯口顶面上，并弹出墨线，用红漆画出“▶”标志（图 7-30），作为安装柱子时确定轴线的依据。如果柱列轴线不通过柱子的中心线，应在杯形基础顶面上加弹柱中心线。

用水准仪在杯口内壁测设一条－0.600m 的标高线（一般杯口顶面的标高为－0.500m），并画出“▼”标志（图 7-30），作为杯底找平的依据。

2) 柱身弹线

柱子安装前，应将每根柱子按轴线位置进行编号。如图 7-31 所示，在每根柱子的三个侧面弹出柱中心线，并在每条线的上端和下端近杯口处画出“▶”标志。根据牛腿面的设计标高，从牛腿面向下用钢尺量出±0.000 及－0.600m 的标高线，并画出“▼”标志。

3) 杯底找平

先量出柱子的－0.600m 标高线至柱底面的长度，再在相应的柱基杯口内量出－0.600m

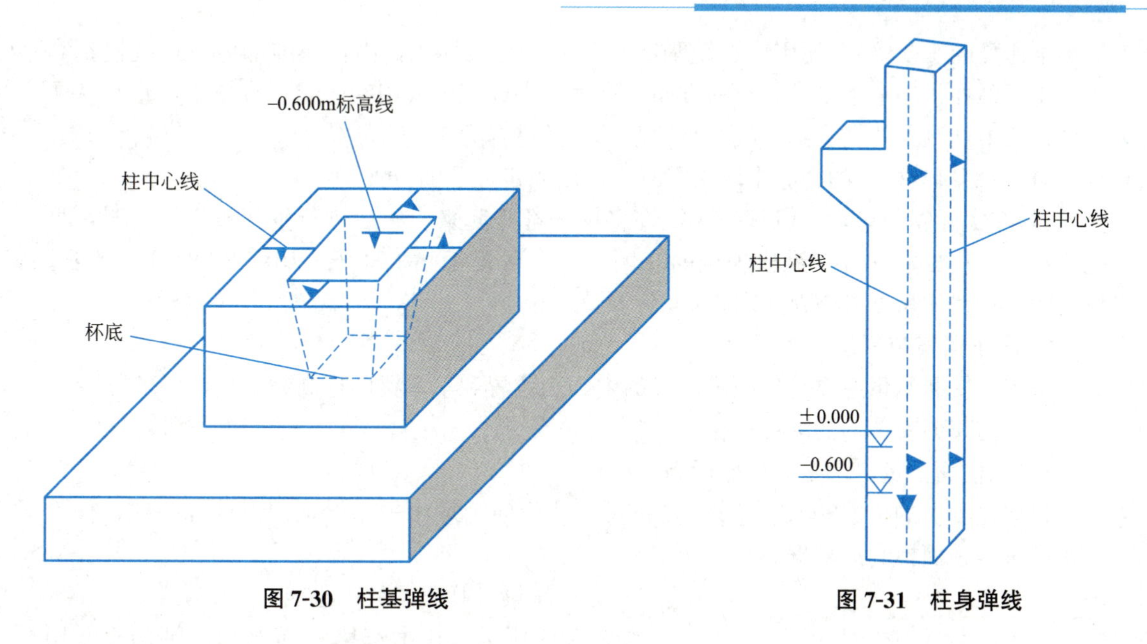

图 7-30 柱基弹线　　图 7-31 柱身弹线

标高线至杯底的高度，并进行比较，以确定杯底找平厚度。用水泥砂浆根据找平厚度在杯底进行找平，使牛腿面符合设计高程。

(3) 柱子的安装测量

柱子安装测量的目的是保证柱子平面位置和高程符合设计要求，柱身竖直。

1) 预制的钢筋混凝土柱子插入杯口后，应使柱子三面的中心线与杯口中心线对齐[图 7-32 (a)]，用木楔或钢楔临时固定。如有偏差可用锤敲打楔子进行校正。

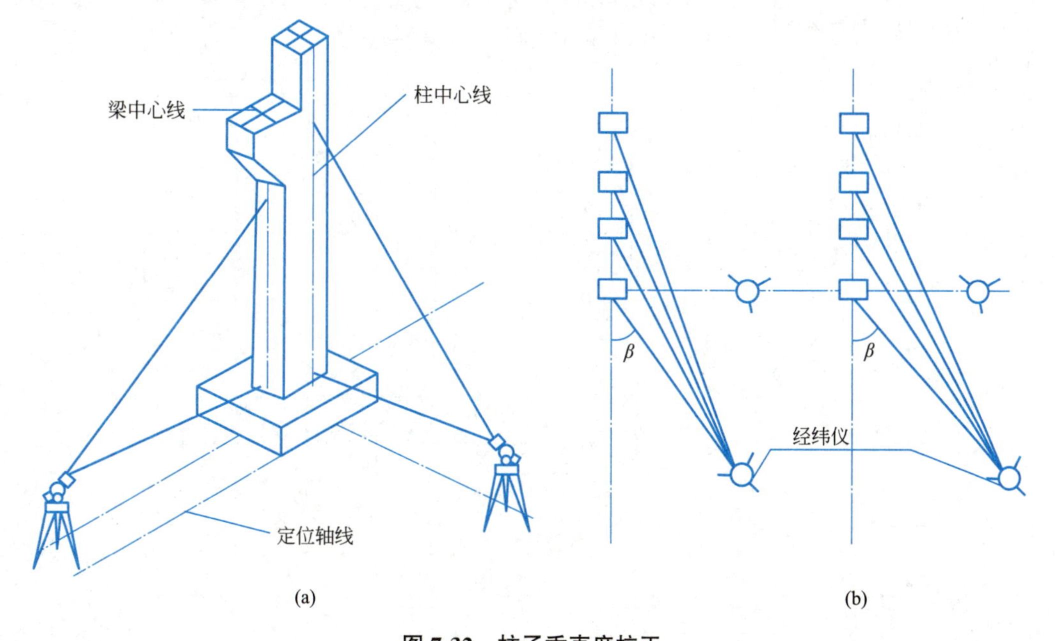

图 7-32 柱子垂直度校正

2) 柱子立稳后，立即用水准仪检测柱身上的±0.000 标高线，其容许误差为±3mm。

3) 如图 7-32 (a) 所示，将两台全站仪分别安置在柱基纵、横轴线上（离柱子的距离不小于柱高的1.5倍)。先用望远镜瞄准柱底的中心线标志，固定照准部后，再缓慢抬高望远镜观察柱子偏离十字丝竖丝的方向，指挥一人或若干人用钢丝绳拉直柱子，直至从两台全站仪中观测到的柱子中心线都与十字丝竖丝重合为止。

4）在杯口与柱子的缝隙中浇入混凝土，以固定柱子的位置。

5）在实际安装时，一般是一次把许多柱子都竖起来，然后进行垂直校正。这时，可把两台全站仪分别安置在纵横轴线的一侧，一次可校正几根柱子，如图7-32（b）所示。仪器偏离轴线的角度应该在15°以内。

2. 吊车梁安装测量

吊车梁安装测量主要是保证吊车梁的中心线位置和吊车梁的标高满足设计要求。

（1）吊车梁安装前的准备工作

1）在柱面上量出吊车梁顶面标高

根据柱子上的±0.000标高线，用钢尺沿柱面向上量出吊车梁顶面设计标高线，作为调整吊车梁顶面标高的依据。

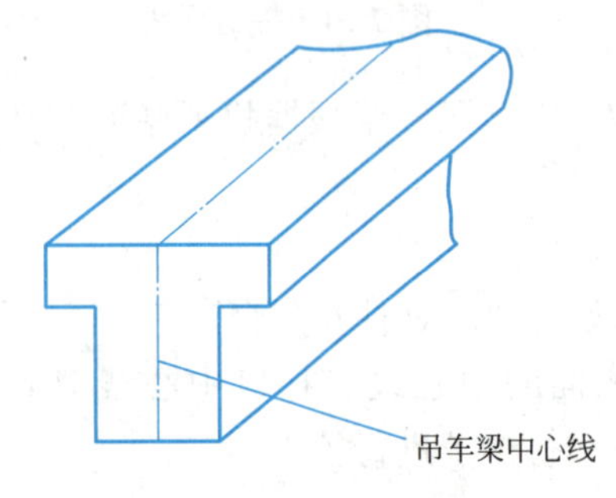

图7-33　吊车梁弹线

2）在吊车梁上弹出梁的中心线

如图7-33所示，在吊车梁的顶面和两端面上，用墨线弹出梁的中心线，作为安装定位的依据。

3）在牛腿面上弹出梁的中心线

根据厂房中心线，在牛腿面上投测出吊车梁的中心线，投测方法如下：

如图7-34（a）所示，利用厂房中心线A_1A_1，根据设计轨道间距，在地面上测设出吊车梁中心线（也是吊车轨道中心线）$A'A'$和$B'B'$。

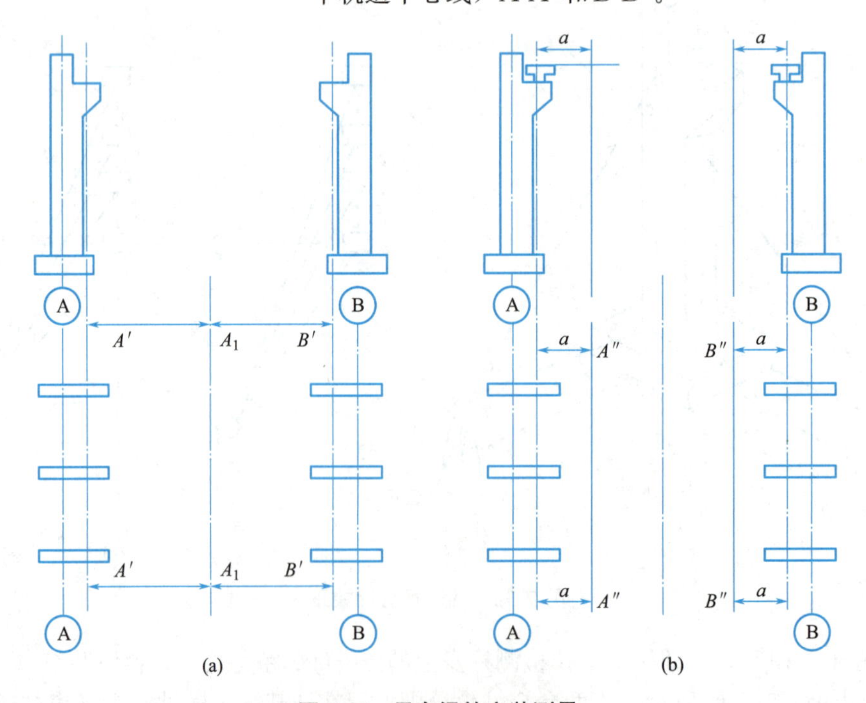

图7-34　吊车梁的安装测量

在吊车梁中心线的一个端点 A'（或 B'）上安置全站仪，瞄准另一个端点 A'（或 B'），固定照准部，抬高望远镜，即可将吊车梁中心线投测到每根柱子的牛腿面上，并用墨线弹出梁的中心线。

（2）吊车梁的安装测量

安装时，使吊车梁两端的梁中心线与牛腿面梁中心线重合，使吊车梁初步定位。采用平行线法对吊车梁的中心线进行检测，校正方法如下：

1）如图 7-34（b）所示，在地面上，从吊车梁中心线向厂房中心线方向量出长度 a（1m），得到平行线 $A''A''$ 和 $B''B''$。

2）在平行线一端点 A''（或 B''）上安置全站仪，瞄准另一端点 A''（或 B''），固定照准部，抬高望远镜，进行测量。

3）此外，另外一个人在梁上移动横放的木尺，当视线正对准尺上 1m 刻划线时，尺的零点应与梁的中心线重合。如果不重合，可用撬杠移动吊车梁，使吊车梁中心线到 $A''A''$（或 $B''B''$）的间距等于 1m 为止。

吊车梁安装就位后，先按柱面上定出的吊车梁设计标高线对吊车梁面进行调整，然后将水准仪安置在吊车梁上，每隔 3m 测一点高程，并与设计高程相比较，误差应在 3mm 以内。

3. 屋架安装测量

（1）屋架安装前的准备工作

1）屋架吊装前，用全站仪或其他方法在柱顶面上测设出屋架定位轴线。

2）在屋架两端弹出屋架中心线，以便进行定位。

（2）屋架的安装测量

屋架吊装就位时，应使屋架的中心线与柱顶面上的定位轴线对准，允许误差为 5mm。屋架的垂直度可用锤球或全站仪进行检查。用全站仪检校的方法如下：

1）如图 7-35 所示，在屋架上安装三把卡尺，一把卡尺安装在屋架上弦中点附近，另

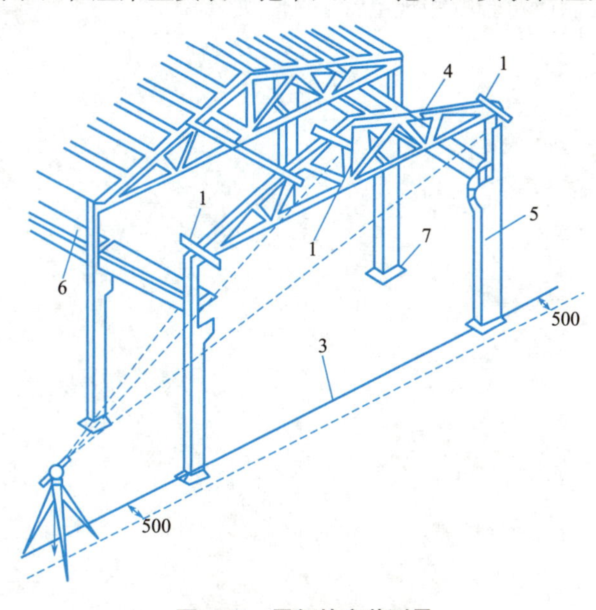

图 7-35　屋架的安装测量

1—卡尺；2—经纬仪；3—定位轴线；4—屋架；5—柱；6—吊木架；7—基础

外两把分别安装在屋架的两端。自屋架几何中心沿卡尺向外量出一定距离（一般为500mm），做出标志。

2）在地面上距屋架中心线同样距离处安置全站仪，观测三把卡尺的标志是否在同一竖直面内，如果屋架竖向偏差较大，则用机具校正，最后将屋架固定。垂直度的允许偏差：薄腹梁为5mm；桁架为屋架高的1/250。

习题

一、填空题

1. 控制点应选在________、________、________利于长期保存、便于施工放样的地方。

2. 根据建筑设计总平面图的施工坐标系及建筑物的分布情况，建筑基线可设计成________、________、________等形式。

3. 为了减少误差，在一般厂房的内部或附近应专门设置________。

二、判断题

1. 柱子安装测量时，柱子中心线应与相应的柱列轴线一致，其允许偏差为±3mm。（ ）

2. 为了施工时使用方便，一般在槽壁各拐角处、深度变化处和基槽壁上每隔3～4m处测设一水平桩。（ ）

3. 采用里脚手架砌砖时，皮数杆应立在墙外侧。（ ）

三、简答题

1. 简述建筑基线布设要求。

2. 简述柱子安装应满足的基本要求。

3. 建筑物高程控制应符合哪些规定？

下篇

项目八 Chapter 08

无人机测量技术

思维导图

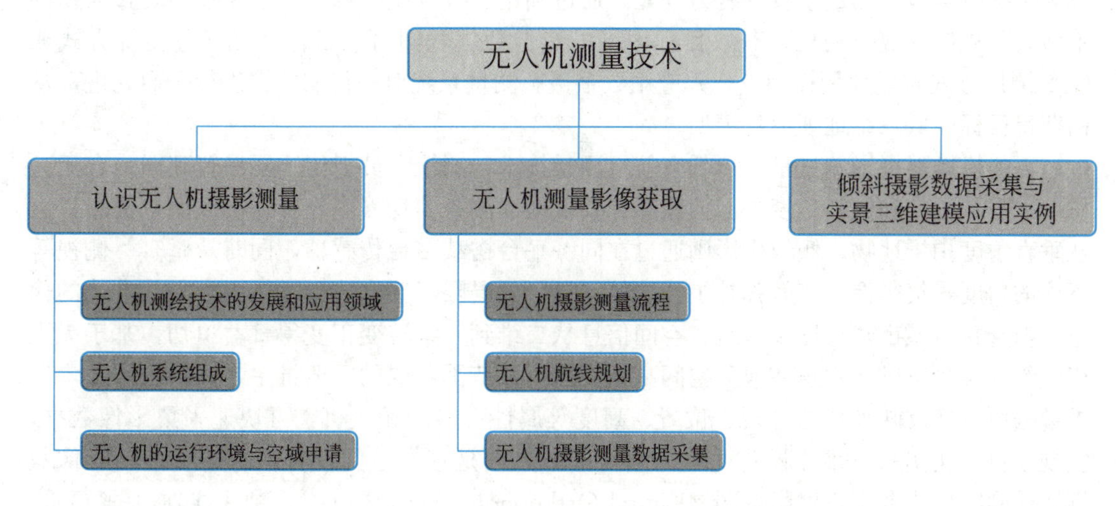

学习目标

1. 知识目标：了解无人机的类型和系统、无人机运行环境与无人机航空摄影空域申请相关要求；熟悉无人机摄影测量流程；掌握无人机测量航线规划及数据采集的方法。

2. 能力目标：能安全操控无人机，进行无人机摄影测量航线规划与数据采集。

3. 素质目标：认识数字化、智能化无人机测绘及应用前景。无人机航测技术在改变测绘行业传统作业模式的同时，为测绘行业的生产力革新和技术进步提供科技推力，促进行业的数字化、智能化建设进程。测量工作者需要创新工作思路和方法，勇于学习新技术，保持与时俱进。

知识链接

8.1 认识无人机摄影测量

8.1.1 无人机测绘技术的发展和应用领域

1. 无人机摄影测量概述

在当前市场需求多元化的发展趋势下，受空域管制、天气变化、使用成本等主要因素的影响，以有人机为任务平台的传统航空摄影测量在面对用户提出的大比例尺、高分辨率的航空遥感影像需求，尤其是在面对测区面积小、成图周期短、实时性要求高的测绘项目时，愈加凸显出局限性。随着无人机与数码相机技术的发展，基于无人机平台的数字航摄技术已显示出其独特的优势，无人机与航空摄影测量相结合使得“无人机数字低空遥感”成为传统航空摄影测量手段的有力补充。通过利用无线电遥控或自备程序控制装置操纵的不载人飞机搭载数码相机，获取目标区域的影像数据，同时在目标区域通过传统方式或GPS测量方式测量少量控制点，并应用数字摄影测量系统对获得的数据进行全面处理，从而获得目标区域三维地理信息模型。

无人机倾斜摄影测量是一项低空航空测量技术，测量人员把传感器设置到同一台无人机中，并从垂直和倾斜角度方面搜集影像获取地面测绘信息（图 8-1）。传统航空摄影只能从垂直角度拍摄地物，倾斜摄影则通过在同一平台搭载多台传感器，同时从垂直、侧视等不同的角度采集影像，有效弥补了传统航空摄影的局限，获取地面物体更为完整准确的信息。随着智慧城市建设逐步落地，空间信息从二维到三维转变正变得日益迫切，基于无人机测绘的实景三维技术正在成为空间高精度数据大范围获取的重要推手。倾斜摄影技术三维数据可真实反映地物的外观、位置、高度等属性；借助无人机，可快速采集影像数据，实现全自动化实景三维建模；此外，倾斜摄影数据是带有空间位置信息的可量测影像数据，能同时生成数字正射影像图（Digital Orthophoto Map，DOM）、数字线划地图（Digital Line Graphic，DLG）、数字地形模型（Digital Terrain Model，DTM）、数字表面模型（Digital Surface Model，DSM）等多种成果。

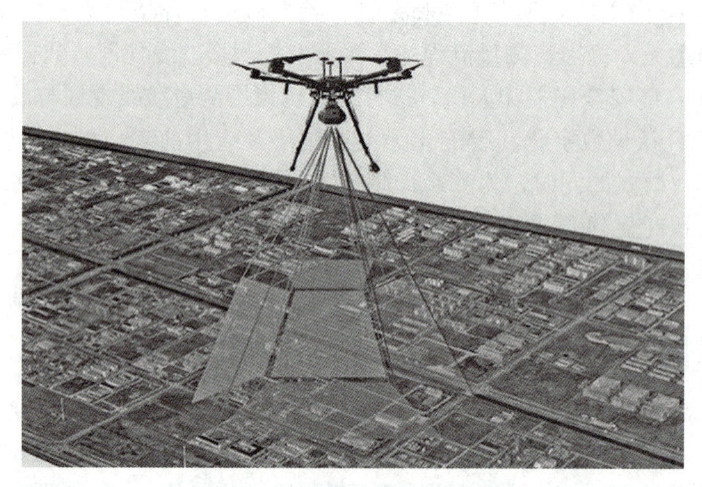

图 8-1　无人机倾斜摄影测量

2. 无人机在测绘中的应用

基础测绘在国民经济和社会发展中，起着基础性、先行性、公益性的作用。为适应城镇发展的总体需求，提供综合地理、资源信息，各地区、各部门在综合规划、国土整治监控、水利建设、基础设施建设、厂矿建设、居民小区建设、环保和生态建设等方面，无不需要最新、最完整的地形地物资料，这已成为各级政府部门和新建开发区亟待解决的问题。航空摄影测量方式是基础测绘获取小面积、真彩色、大比例尺、现势性强的空间数据的有效途径之一，但局限于数据处理工作复杂、分辨率低，时效性和灵活性也远不能满足实际需求。利用无人机从空中高效率采集、传输和处理数据，这大幅提升了测绘的效率，也节约了测绘的成本。无人机航摄系统作为传统航空摄影测量技术的有益补充，日益成为获取空间数据的重要手段，其具有机动灵活、高效快速、作业成本低的特点，逐步应用于国家重大工程建设、灾害应急与处理、国土监察、资源开发、新农村和小城镇建设，尤其在基础测绘、土地资源调查监测、土地利用动态监测、数字城市建设和应急救灾测绘数据获取等方面具有广阔前景。无人机摄影测量技术在建设工程项目上的应用，如以下几个方面：

（1）堆体测量

堆体测量是工程建设、矿业管理、农业生产等行业领域制定生产计划、盘点物料库存、清查矿产储量、掌握农业产量的重要手段。堆体测量可以使用无人机测绘并进行建模。在工作时，预先设置好无人机航线，使无人机在作业区域上空自动采集数据。数据采集完成后，可导入系统中，一键生成点云及三维模型数据，并据此进行空间距离、体积的测量，或者进行斜面等不规则堆体面积的模拟测量（图 8-2）。

图 8-2　堆体测量

（2）隧道、管道检查

无人机搭载的高清摄像机和激光雷达等设备，可以采集隧道内高精度的图像数据并生成三维模型。这不仅能够提供更高的检查精度，还能够让工程师有更多的时间专注于对所搜集到的资料进行分析，并快速提出需要采取的应对措施（图 8-3）。

图 8-3　隧道、管道检查

（3）桥梁监测

利用测绘无人机搭载的相机、激光雷达等控制设备可以完成对桥梁底面、柱面及横梁等结构面的拍摄取证，同时还可以进行桥梁整体的三维建模，通过模型来测算桥梁的外在结构，供专业人员分析桥梁状态，及时发现险情，可极大减轻桥梁维护人员的工作强度，提高桥梁检测维护效率（图 8-4）。

图 8-4　桥梁监测

（4）三维实景建模

三维实景英文名简称 3DIVR，是一种运用数码相机对现有场景进行多角度环视拍摄然后进行后期缝合并加载播放程序来完成的三维虚拟展示技术。三维实景建模作为“数字城市”地理空间框架建设工程的一个重要组成部分，多视角影像三维实景建模软件和倾斜无人机硬件的支持给三维实景建模带来改革性的变化，推动着三维实景建模飞速发展（图 8-5）。在建立建筑物表面模型的过程中，相比垂直影像，倾斜影像能够全方位地获取测量地点的数据，提供更好的视角去观察建筑物侧面，解决建筑物的遮挡问题，从而使得测量的精度更高。这一特点正好满足了建筑物表面纹理生成的需要。

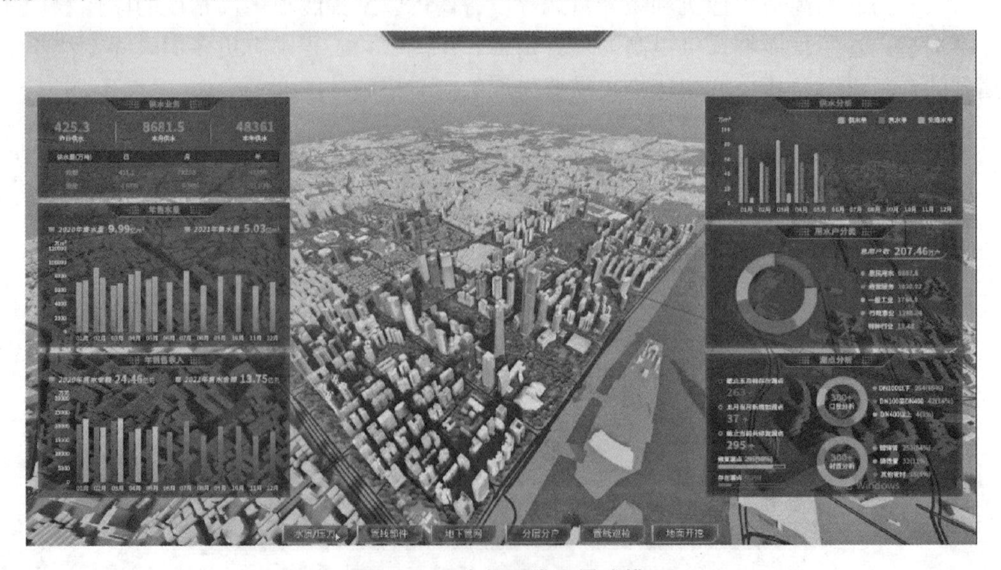

图 8-5　无人机三维实景建模

8.1.2　无人机系统组成

1. 无人机的分类

近年来，国内外无人机相关技术飞速发展。无人机系统种类繁多、用途广泛、特点鲜明，在尺寸、质量、航程、航时、飞行高度、飞行速度性能以及任务等多方面都有较大差异。根据无人机飞行平台的构型、尺度、活动半径、任务高度与用途等差异，将无人机划分为不同类别。

(1) 按飞行平台构型分类，无人机可分为固定翼无人机（图 8-6)、旋翼无人机（图 8-7)、无人飞艇、伞翼无人机、扑翼无人机等。

图 8-6　固定翼无人机

图 8-7　旋翼无人机

(2) 按尺度分类（民航法规），民用无人机可分为微型无人机（空机质量≤7kg)、轻型无人机 [7kg<空机质量≤116kg，且全马力平飞中，校正空速小于 100km/h（55nmile/h)，升限小于 3000m]、小型无人机（空机质量≤5700kg）以及大型无人机（空机质量>5700kg)。

（3）无人机测绘技术按活动半径分类，将无人机分为超近程无人机、近程无人机、短程无人机、中程无人机和远程无人机。超近程无人机活动半径在15km以内，近程无人机活动半径为15～50km，短程无人机活动半径为50～200km，中程无人机活动半径为200～800km，远程无人机活动半径大于800km。

（4）按任务高度分类，无人机可以分为超低空无人机、低空无人机、中空无人机、高空无人机和超高空无人机。超低空无人机任务高度一般为0～100m，低空无人机任务高度一般为100～1000m，中空无人机任务高度一般为1000～7000m，高空无人机任务高度般为7000～18000m，超高空无人机任务高度一般大于18000m。

2. 无人飞行器构造

无人机主要由飞行器和遥控器组成，一些飞行器具备自动返航以及视觉定位等系统，可实现稳定飞行甚至悬停等功能。无人飞行器根据结构不同，可分为固定翼飞行器和旋翼飞行器，固定翼飞行器和旋翼飞行器的结构和动力方式差异非常大。

（1）固定翼飞行器

固定翼飞行器与载人的飞机一样，主要由机身、发动机、机翼、尾翼、起落架五部分组成。

1）机身——将固定翼飞行器的各部分联结成一个整体的主干部分叫机身。同时机身内可以装载必要的控制机件、设备和燃料等。

2）发动机——固定翼飞行器产生飞行动力的装置。固定翼飞行器常用的动力装置有：橡筋束、活塞式发动机、喷气式发动机、电动机。

3）机翼——固定翼飞行器在飞行时产生升力的装置，并能保持固定翼飞行器飞行时的横侧安定。

4）尾翼——包括水平尾翼和垂直尾翼两部分。水平尾翼可保持固定翼飞行器飞行时的俯仰安定，垂直尾翼可保持固定翼飞行器飞行时的方向安定。水平尾翼上的升降舵能控制固定翼飞行器的升降，垂直尾翼上的方向舵可控制固定翼飞行器的飞行方向。

5）起落架——供固定翼飞行器起飞、着陆和停放的装置。前部一个起落架，后面两面三个起落架叫前三点式；前部两面三个起落架，后面一个起落架叫后三点式。

（2）旋翼飞行器

旋翼飞行器通常是具有3个及以上旋翼轴的特殊直升机。其通过每个轴上的电动机转动，带动旋翼，从而产生上升拉力。旋翼的总距固定，通过改变不同旋翼之间的相对转速，可以改变单轴推进力的大小，从而控制飞行器的运行轨迹。由于旋翼飞行器的结构简单，便于小型化生产，近年来在小型无人直升机领域大量应用。常见的有四轴飞行器、六轴飞行器和八轴飞行器。它体积小、重量轻、携带方便，出现飞行事故时破坏力小，不容易损坏，对人也更安全，通过这几年的快速发展，在测绘行业中得到广泛应用。旋翼飞行器一般由电机、螺旋桨、飞控板、电调、遥控器、电池等部分组成。

1）电机：电机给螺旋桨提供旋转的力量。将电机每分钟的空转速度定义为千伏值。千伏值越小，转动力越大。电机要与螺旋桨匹配，螺旋桨越大，需要较大的转动力和较小的转速就可以提供足够大的升力。因此螺旋桨越大，匹配电机的千伏值越小。

2）螺旋桨：螺旋桨主要提供升力，同时要抵消螺旋桨的自旋，所以需要正反桨，即对角的桨旋转方向相同，正反相同。相邻的桨旋转方向相反，正反也相反。

3）飞控板：通过 3 个方向的陀螺仪和 3 轴加速度传感器控制飞行器的飞行姿态。如果没有飞控板，飞行器就会因为安装、外界干扰、零件之间的不一致性等原因导致飞行力量不平衡，左右、上下胡乱翻滚，如果飞控板安装错误，会剧烈晃动，无法飞行。

4）电调：电调的作用就是将飞控板的控制信号转变为电流的大小，以控制电机的转速。电机的电流很大，平均有 3A 左右，如果没有电调，飞控板无法承受这样大的电流。

5）遥控器：需要控制俯仰（y 轴）、偏航（z 轴）、横滚（x 轴）、油门（高度），最少 4 个通道。遥控器油门在飞行器当中控制供电电流大小，电流大，电动机转得快、飞得高、力量大。判断遥控器的油门很简单，遥控器 2 个摇杆当中，上下扳动后不自动回到中间的那个就是油门摇杆。

6）电池：给飞行器提供能源。电池的型号一般以 mAh 为单位，表示电池容量。如 1000mAh 电池，如果以 1000mA 放电，可持续放电 1h；如果以 500mA 放电，可以持续放电 2h。电池后面的 2s、3s、4s 代表锂电池的节数，1 节锂电池的标准电压为 3.7V，那么 2s 电池，就代表有 2 节 3.7V 的电池在里面，电压为 7.4V。电池后面的 C 代表电池的放电能力，这是普通锂电池和动力锂电池最重要的区别，动力锂电池需要很大的电流放电，如 1000mAh 电池的标准为 5C，得出电池可以以 5000mAh 的电流强度放电。

测绘无人机最重要的功能是对目标拍摄照片，因此需要增加额外的摄像设备，通常摄像设备被称为云台相机。目前无人机所用的航拍相机，除无人机厂商预设于飞行器上的相机外，有部分机型容许用户自行装配第三方相机，例如 Canon5D 系列单反相机，PanasonicGH4 微单相机等。航拍相机主要通过云台（Gimbal）装设于飞行器之上，云台可以说是整个航拍系统中最重要的部件，航拍视频的画面是否稳定，全要看云台的表现如何。云台一般会内置两组电机，分别负责云台的上下摆动和左右摇动，让架设在云台上的摄像机可维持旋转轴不变，使航拍画面不会因飞行器震动而晃动起来。

以无人机测绘设备大疆精灵 Phantom3 为例，主要构成部分如图 8-8、图 8-9 所示。

8.1.3　无人机的运行环境与空域申请

1. 空域的概念及划分

（1）空域的概念

空域是航空器运行的空间，也是宝贵的国家资源。无人机空域是指专门分配给无人机运行的空间。为满足低空飞行需要，国家在低空空域管理方面，进一步完善相关管理法规、加强监控手段和评估监督体系建设等一系列措施。

低空空域通常是指 1000m（含）以下的空间范围。低空空域是国家的重要战略资源，是军航和通用航空的主要活动区域，同国土资源、海洋资源一样，蕴藏着极大的经济、国防和社会价值。

（2）空域的划分

目前无人机的运行高度空间规划为 0～1000m，水平空间根据需要划分为管制空域、报告空域、监视空域、目视飞行区域、融合空域和隔离区域。

1）管制空域。管制空域通常划设在飞行比较繁忙的地区，如机场起降地带、空中禁

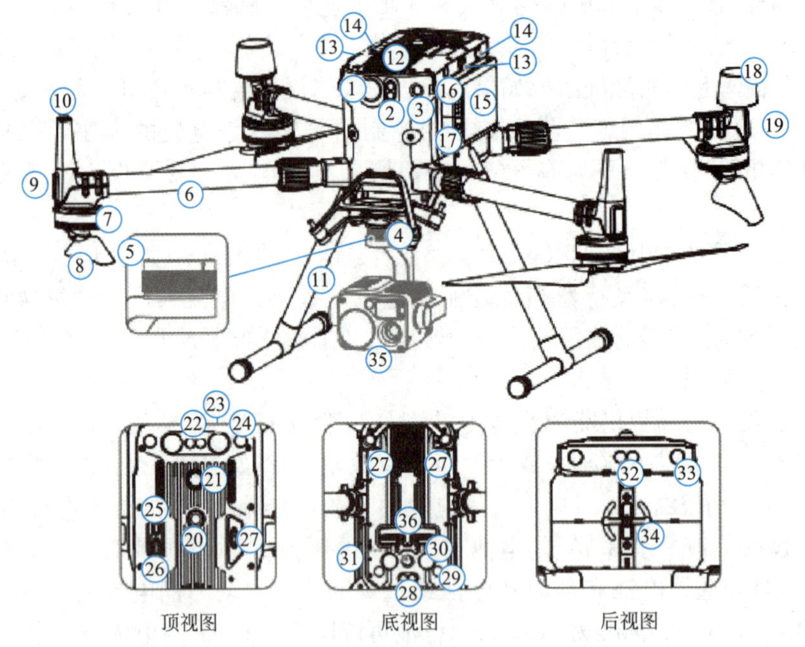

图 8-8　飞行器部件

①—FPV 摄像头；②—前视红外感知系统；③—前视视觉系统；④—云台接口；⑤—云台相机解锁按钮；⑥—机臂；⑦—电机；⑧—螺旋桨；⑨—电调 LED 指示灯；⑩—图传天线；⑪—起落架；⑫—防尘网；⑬—左视和右视红外感知系统；⑭—左视和右视视觉系统；⑮—智能飞行电池；⑯—电池电量指示灯；⑰—电池电量按键；⑱—D-RTK2 天线；⑲—飞行器状态指示灯；⑳—上视夜航灯；㉑—电源按键/指示灯；㉒—上视红外感知系统；㉓—上视补光灯；㉔—上视视觉系统；㉕—调参接口；㉖—OSDK 接口；㉗—PSDK 接口；㉘—下视红外感知系统；㉙—下视视觉系统；㉚—下视补光灯；㉛—下视夜航灯；㉜—后视红外感知系统；㉝—后视视觉系统；㉞—电池锁紧旋钮；㉟—云台相机；㊱—无线上网卡接口

区、空中危险区、空中限制区、地面重要目标、国（边）境地带等区域的上空。在此空域内的一切空域使用活动，必须经过飞行管制部门批准并接受飞行管制。

2）报告空域。报告空域通常划设在远离空中禁区、空中危险区、空中限制区、国（边）境地带、地面重要目标及飞行密集地区、机场管制地带等区域的上空。在此空域内的一切空域使用活动，空域用户向飞行管制部门报备飞行计划后，即可自行组织实施并对飞行安全负责，飞行管制部门根据用户需要提供航行情报服务。

3）监视空域。监视空域通常划设在管制空域周围。在此空域内的一切空域使用活动，空域用户向飞行管制部门报备飞行计划后，即可自行组织实施并对飞行安全负责，飞行管制部门严密监视空域使用活动，并提供飞行情报服务和告警服务。

4）目视飞行区域。目视飞行区域是指航空器处于驾驶员目视视距半径 500m，相对高度低于 120m 的范围。

5）融合空域。融合空域是指有其他航空器同时运行的空域。

6）隔离空域。隔离空域是指专门分配给无人机运行的空域，是通过限制其他航空器的进入以规避碰撞风险的区域。隔离空域通常划设在航路、航线附近的无人机基地、试验场、常用训练场的上空，其他地区上空可以根据需要划设临时隔离空域。在规定时限内未经航空管制部门许可，航空器不得擅自进入无人机隔离空域或临时隔离空域。无人机隔离

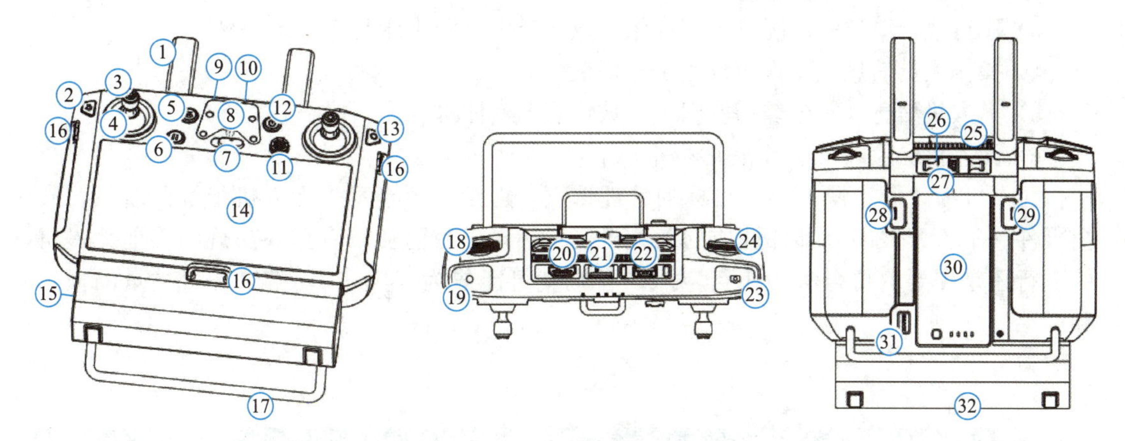

图 8-9　遥控器部件

①—天线；②—退回按键/系统功能按键，按一次退回至上一个页面，快速按两下可退回至首页，长按可查阅组合按键功能；③—摇杆；④—摇杆防尘罩；⑤—智能返航按键；⑥—急停按键使飞行器紧急刹车并原地悬停（GNSS或视觉系统生效时）；⑦—飞行模式切换开关；⑧—支架安装位置（正下方内置GNSS）；⑨—状态指示灯；⑩—电量指示灯；⑪—五维按键；⑫—电源按键；⑬—确认按键；⑭—触摸显示屏；⑮—充电接口（USB-C）；⑯—背带挂钩；⑰—提手；⑱—云台俯仰控制拨轮；⑲—录影按键；⑳—HDMI接口；㉑—microSD卡槽；㉒—USB-A接口，用于连接移动设备、U盘等，或连接至PC对进行固件升级；㉓—对焦/拍照按键，半按可进行自动对焦，全按可拍摄照片；㉔—云台水平控制拨轮；㉕—出风口；㉖—摇杆收纳槽；㉗—备用摇杆；㉘—自定义功能按键C2；㉙—自定义功能按键C1；㉚—WB37智能电池；㉛—电池解锁按钮；㉜—无线上网卡仓盖

空域或临时隔离空域与航路、航线的间隔，以及与其他飞行空域的间隔标准，可以按照空中限制区的间隔标准执行。

2. 无人机航空摄影空域申请

（1）无人机相关的管理规定

民用无人机作为民用航空器的一员，民航法律法规均适用于民用无人机。近年来，民航管理部门发布了很多无人机相关的管理规定，例如《民用无人驾驶航空器系统驾驶员管理暂行规定》《民用无人驾驶航空器系统空中交通管理办法》《民用无人驾驶航空器实名制登记管理规定》等，要认真学习这些管理规定。

（2）空域申请相关材料

首先，我国所有空域都是由人民解放军空军负责实施管理，而为了保证民用航空空域使用，空军将民航机场本场空区域和民航航路航线划归民航负责，但是空军仍然拥有最高的使用权。从目前无人机飞行空域使用申请来看，无人机飞行任务申请函一般要提交到管理所在地飞行活动空域的战区空军航管处。

无人机提交空域使用申请需要的材料主要有：

1）飞行计划申请函（为申请单位正式函件，内容包括：任务描述、执行飞行单位无人机型号、任务性质、飞行区域、飞行高度、起降点、空域使用日期、安全责任、相关承诺以及联系方式）；

2）飞行任务来源（飞行任务）；

3）飞行执行单位的情况（公司介绍、业务范围、资质证明等）；

4）操作人员信息（无人机驾驶员合格证）；

5）无人机信息（实名登记资料、参数性能、实体机照片、控制方式等）；

6）无人机保险以及任务相关材料。

无人机为“低、慢、小”目标的管理重点，近年来频繁发生无人机干扰民航飞行安全事件。不管开展的是哪种性质的无人机飞行活动，目前在没有正式法规明确前无人机的飞行还是先要取得合法的飞行空域，否则就可能成为“黑飞”，带来不可估量的损失和后果。

8.2 无人机测量影像获取

8.2.1 无人机摄影测量流程

1. 基本工作流程（图 8-10）

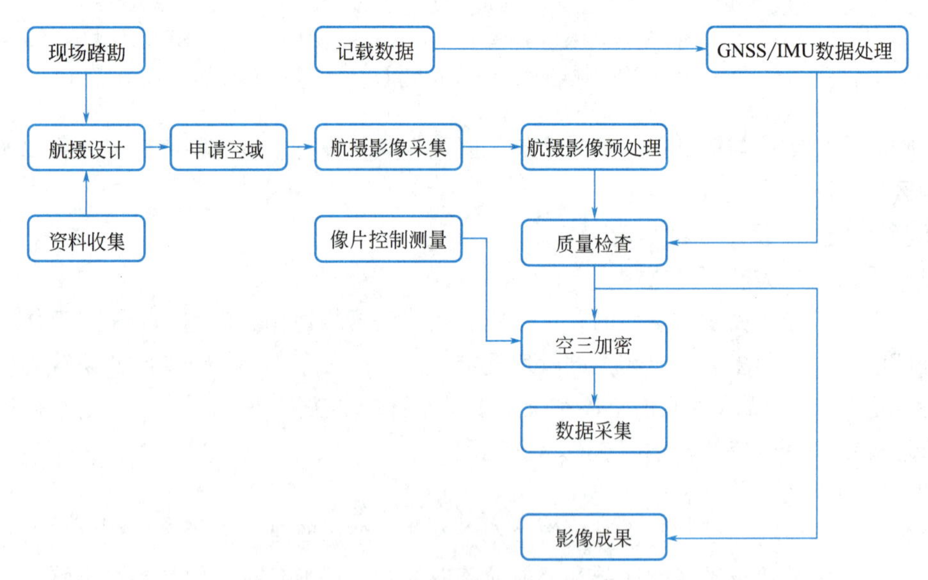

图 8-10　无人机摄影测量基本工作流程

（1）前期准备

在项目合同签订后，应充分了解用户提出的具体需求，完成技术交底，包括对无人机的选型、资料收集及现场勘测和航拍线路设计等。无人机航拍器的现场勘测工作是组织一些经验丰富的专业技术人员和航拍专业人员进行现场勘察，需要了解当地的人文地理环境、气候特征、交通情况、地质地貌特点等，与用户进行技术上的沟通，并收集已有成果，为项目实施提供完整资料。

具体工作内容包括检查四角坐标是否在规定的数据范围内，检查基准面的实际情况和航拍飞行器的航拍难度及对起飞、降落点的选定，无人机飞行路线及布控方案的制定等。

（2）外业实施

按照任务设计要求设置无人机及机载设备参数，在执行航摄任务前应对无人机进行严格的测试，尽量避免发生无人机失踪或坠地情况。在确认所有检查项目通过后，方可起飞。为保障测量精度，需要做好无人机航拍器的外部影像拍摄控制点（像控点）测量工作。像控点是摄影测量控制加密和测图的基础，野外像控点目标选择的好坏和指示点位的准确程度，直接影响测量结果的精度。像控点要能包围测区边缘以控制测区范围内的位置精度。目前采用的测量方法主要有GNSS快速静态定位法、RTK实时动态定位测量、光电测距导线等方法。

（3）内业数据处理

内业数据处理主要包括航摄影像预处理、质量检查、空三加密、数字正射影像制作、影像纠正、影像分幅、数据采集等工作。其中，空三加密也称为空中三角测量，就是在已有外业控制点的基础上，为满足内业测图的需要而进行的室内增测平面和高程控制点的工作，作用是为数据纠正和测图提供定向点或注记点，提供作业时所需要的立体模型。通过调出立体模型进行全要素采集，生成数字化原图。立体测图主要有两种办法，一种是全野外像片调绘后测图的方法；另一种是根据模型全要素采集后，利用采集原图在外业对照、补测、补调的方法。

（4）成果提交

按照技术要求对最终产品进行数据加工、转换后入库存盘，提交用户进行检查验收再根据用户在验收中提出的问题及处理意见对数据进行修改，完毕后再提交最终的合格产品。

2. 注意事项

（1）检查飞行质量

无人机在进行外部拍摄作业调查时，天气的影响可能会导致局部影像信息的旋转角度过大。像片的倾斜角度会引发航拍影像发生变形，导致所获取的影像资料的精度不高，影响整体航拍测绘的效果和质量。需要在航拍飞行时提高无人机起降的精准度和安全性，飞行结束后检查无人机的飞行质量，确保无人机航拍数据的处理效果和处理质量。

（2）设置像片重叠率

无人机航拍飞行系统因其自身平台的特点，航拍系统与传统摄像之间存在很大区别。与传统摄像相比，无人机的航拍系统主要特点在于搭载非测量数码相机，无人机拍摄平台的飞行姿势不够稳定，拍摄的画面幅度小且重叠在一起，影响测量结果的准确性。用于地形测量的航摄像片，一般应使无人机拍摄影像的航向重叠率在60%～80%，不低于53%；拍摄的旁向重叠率一般规定为20%～60%，不低于15%。重叠率小于最低限定时，称为航摄漏洞，必须补拍；重叠率过大时，将影响作业效率，增加作业成本。

8.2.2 无人机航线规划

航线规划是飞行作业的关键。无人机航线规划是依据执行任务环境，结合无人机的性能、到达时间、耗能、飞行区域等约束条件，规划出一条或多条自出发点到目标点的最优或次优航迹，保证无人机完成飞行任务，安全返回基地。

在测量作业前，应提前规划飞行航线，以便寻找起降点位置及加载卫星地图数据。根据项目需要和无人机性能，合理规划飞行航线。以某无人机为例，航线规划具体步骤包括：

（1）地面站联网。平板或电脑中打开“无线和网络”，连接无线网络，加载地图（图 8-11）。

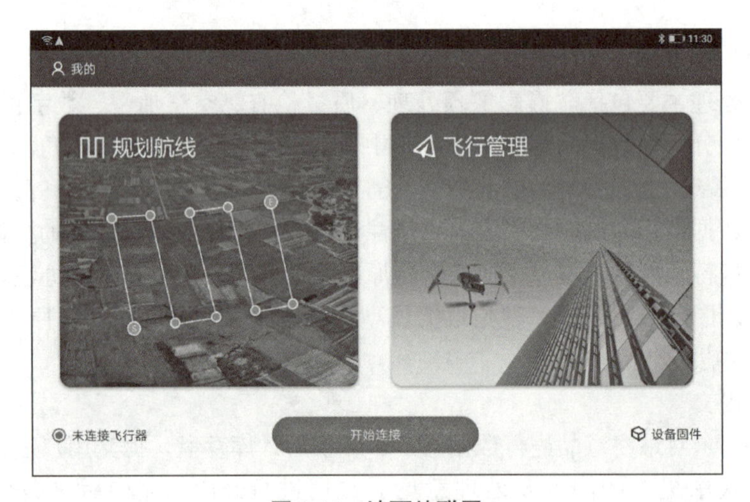

图 8-11　地面站联网

（2）航线规划。点击航线规划，进入航线规划界面（图 8-12）。

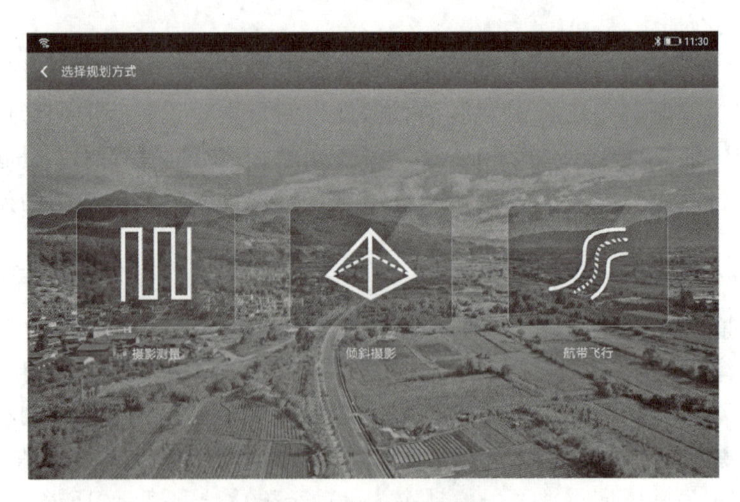

图 8-12　航线规划界面

（3）点击摄影测量（图 8-13）。

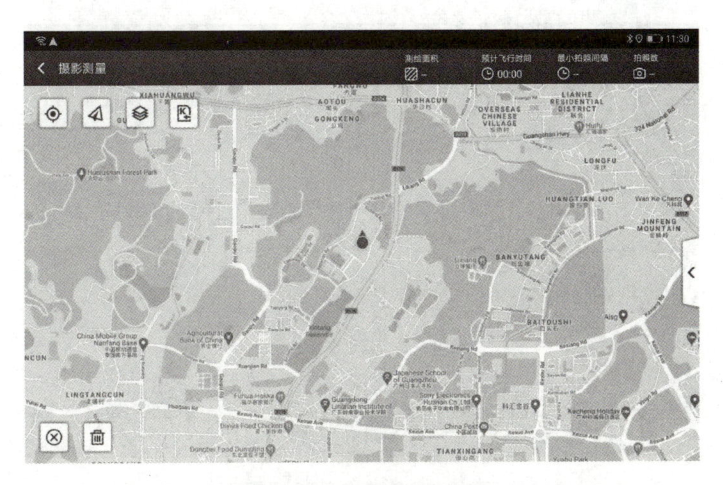

图 8-13　摄影测量界面

(4) 点击屏幕任意位置，出现任务测区，拖拽任务框顶点，可改变任务测区大小（图 8-14）。

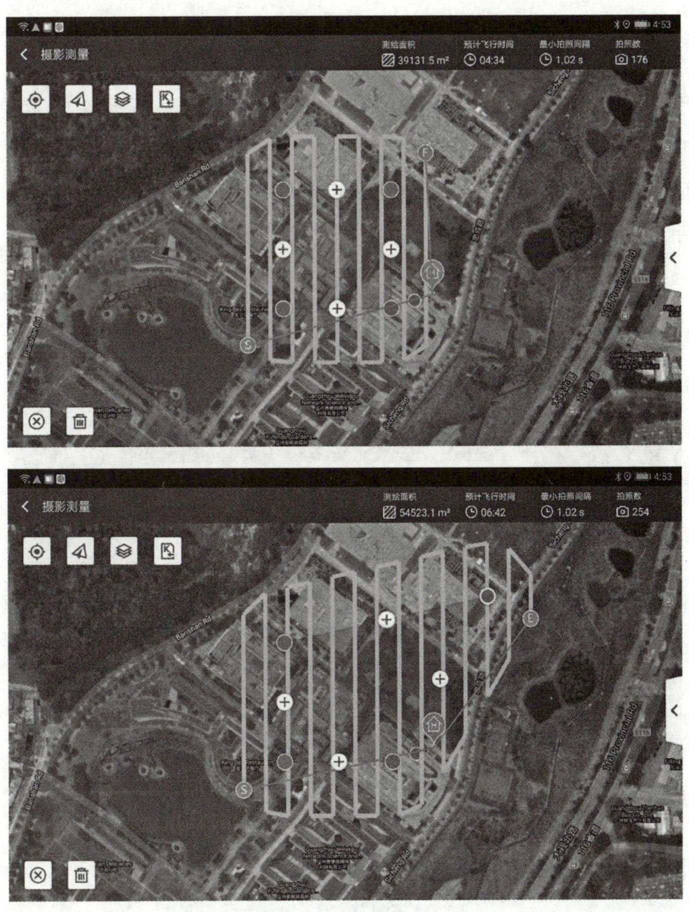

图 8-14　任务测区界面

(5) 设置任务参数（图 8-15）。

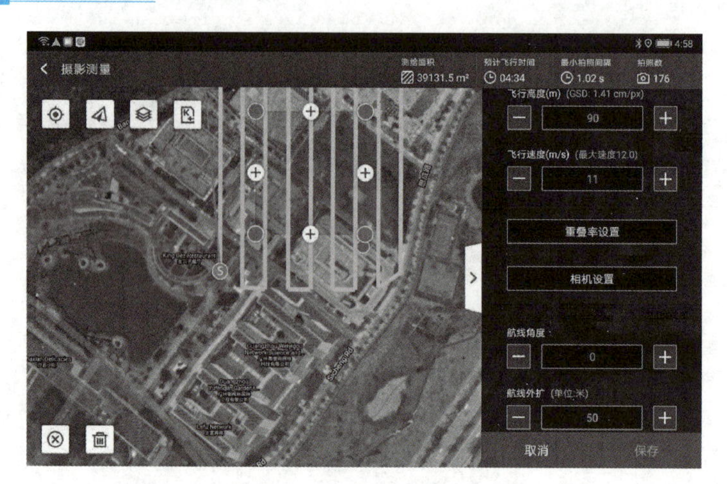

图 8-15 任务参数设置界面

1）飞行高度：决定对地分辨率的大小（GSD）；

2）飞行速度：一般为 8～12m/s；

3）重叠率设置：分为航向重叠率和旁向重叠率；

4）相机设置：可以选择不同的相机参数；

5）航线角度：可改变航线与测区的角度，一般设置为平行测区或垂直测区；

6）航线外扩：正射影像获取一般设置外扩 1～2 条航线，倾斜模型获取设置为飞行高度与外扩距离相同（根据等腰直角三角形原理）；

（6）KML 导入：将平板连接电脑，打开相应目录；

（7）保存任务：点击“保存”，输入文件名（图 8-16）。

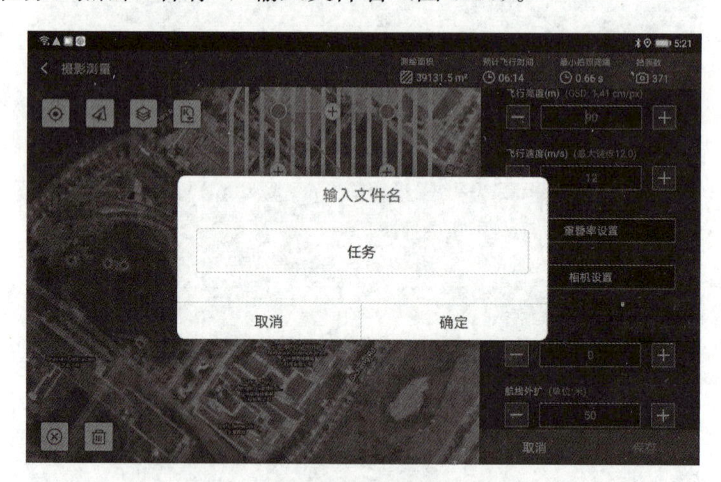

图 8-16 航线任务保存界面

8.2.3 无人机摄影测量数据采集

1. 飞行前准备

测量作业前，应当选择合适的飞行环境，具体包括飞行天气、时间段及起降场地选择。

（1）天气

1）选择晴朗无云的天气，请勿在阴天或雨天进行作业，容易导致相片 ISO 过高，噪点过多。

2）选择风力小于 6 级的天气，风力过大容易影响飞行安全。

3）选择 0～40℃的天气飞行，低于 0℃的环境需进行电池保温处理后再飞行。

（2）时间段

1）最佳飞行时间段为 11：00 至 14：00，此时光照最为充足，光照角度最为垂直。

2）若项目面积较大，也可提前或延后，建议飞行时间段为 9：00 至 16：00，可根据季节或地域太阳时间调整。

（3）起降场地

1）选择地势较为空旷、平整、干净的空地，周边无建筑、高压电等障碍。

2）远离机场、军事设施等禁飞区。

3）远离人群密集处。

2. 安装无人机

（1）从收纳箱中取出无人机，掰开折叠机翼，放置在平地上。

（2）打开遥控器，将遥控器天线竖起，长按下遥控电源开关后松开，遥控器开机。

（3）安装电池上电，将电池安装在无人机上，用力按压电池使电池安装到位。注意无人机上电后请勿摇晃无人机，待 10s 后再进行下一步操作，否则容易自检失败。

（4）按下解锁开关。长按 GPS 上的解锁开关，听到自检通过音乐后松开。若超过 30s 自检还未通过，请重新上电。若重新上电后还未自检通过，请打开地面站 APP 查看具体报错信息。

3. 连接地面站

（1）打开 SOUTHGS 地面站，打开蓝牙，点击“开始连接”将平板与遥控器连接（图 8-17）。

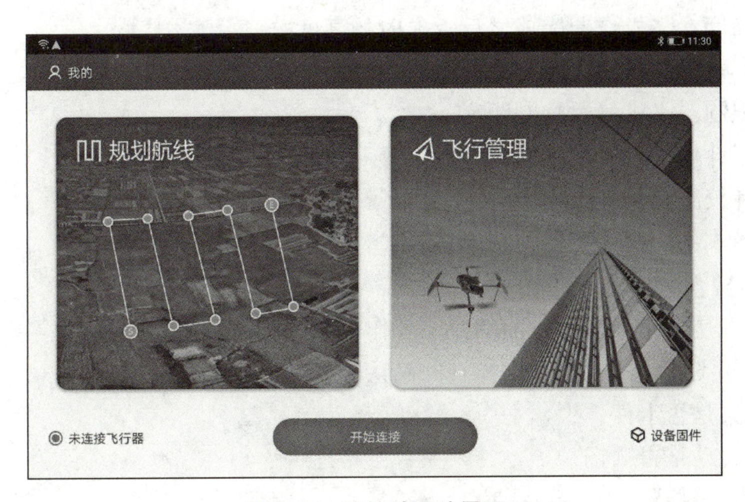

图 8-17　连接地面站界面

(2) 设置飞行参数

打开“飞行管理”进入飞行界面，设置飞行参数（图 8-18)。

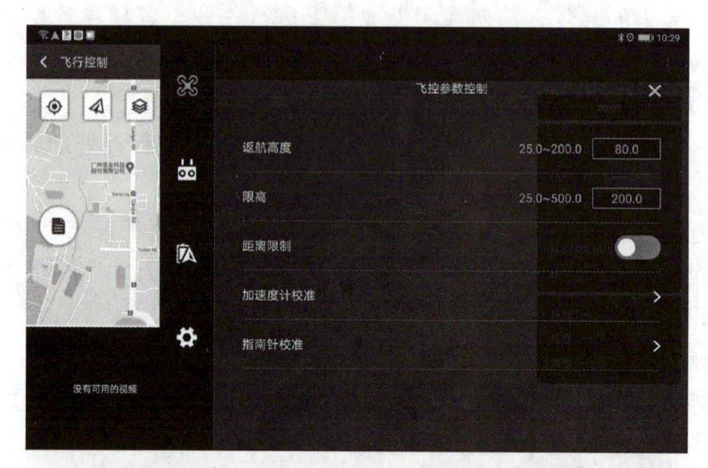

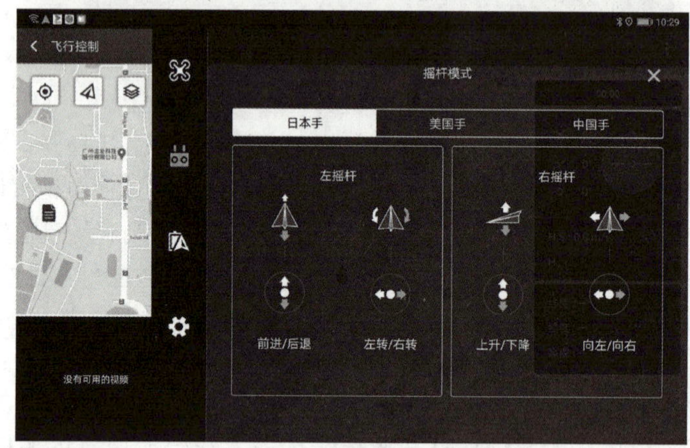

图 8-18　飞行参数设置界面

1）返航高度：飞机作业完成之后返航时的高度。

2）限高：飞机最大的飞行高度。

3）距离限制：飞机最远控制距离。

4）加速度计校准：校准加速度计。

5）指南针校准：校准指南针。

6）摇杆模式：切换遥控器控制模式。

4. 起飞前检查

起飞前检查是每次飞行任务前的必要工作，不可忽略、遗漏或随意检查，否则容易导致飞行事故。起飞前，需要再一次检查并确认：

(1) 螺旋桨是否卡件。

(2) 电机转动是否顺畅。

(3) 机臂是否拧紧。

(4) 网络天线是否安装到位。

（5）相机工作是否正常。

（6）起飞场地是否空旷。

5. 任务飞行

（1）点击，可选择执行“未执行的任务”或“未完成的任务”（图 8-19）。

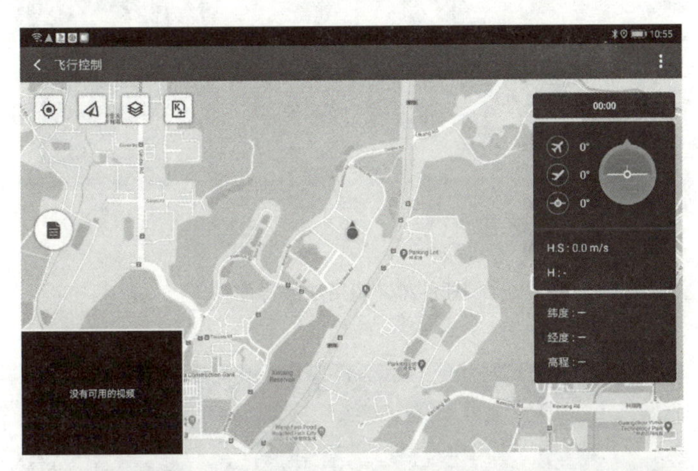

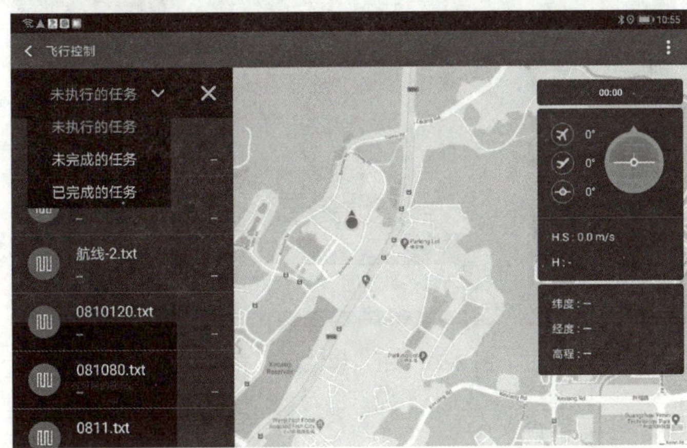

图 8-19　飞行任务界面

1）未执行的任务：初次规划的任务。

2）未完成的任务：没有完成的任务，可继续完成。

（2）调用航线

选择任务，点击“调用”，待航线上传成功，点击“执行”，执行航线飞行（图 8-20）。

（3）断点续飞

当飞机一个架次无法完成任务时，点击“标记”，标记一个续飞点，返航后，更换电池，进入“未完成任务”，选择任务，重新“调用”，点击“执行”。当飞机飞到任务高度时，点击“续飞”（图 8-21）。

（4）监控无人机状态

无人机在飞行过程中，操作人员应当始终观察地面站中的各项参数，以确保无人机正常运行。具体观察包括但不限于：

图 8-20　调用航线界面

图 8-21　断点续飞设置界面

1）无人机电压及电流是否安全。

无人机电池电压不得低于 21.7V，在 22V 左右无人机应当处于返航或接近返航的状态，若此时航线还剩余较多，应当按下遥控器“返航”开关，让无人机返航。

无人机正常飞行电流在 21A 左右，若电流超过此数值，说明无人机此时处于较大的逆风中，应当时刻关注剩余电压。

地面站上方电量百分比是通过电压进行计算的，可能出现上下跳动，这属于正常现象。

2）无人机是否按照既定的航线飞行。

3）无人机是否有报错或警告提示，若出现数传、遥控、图传信号不好时，可以将遥控器天线侧面对准无人机，以获取最佳传输效果。若出现数传、遥控、图传信号丢失时，如果无人机正常执行航线任务，无需进行操作，无人机执行完任务后会自动返航。

（5）无人机降落

无人机在执行完航线任务后，会自动返航并降落至起飞点。在无人机降落的过程中，由于 GPS 误差可能会出现位置偏差，此时可使用遥控器进行微调。在使用遥控器微调前，务必先确认清楚无人机机头位置，否则容易出现打错方向的情况。若无人机降落场地不平，无人机无法自动上锁，请执行手动降落程序：在无人机刚接触地面瞬间，油门收至最低，同时模式切为“手动”，保持不动，直至无人机螺旋桨停转，无人机发出“滴”的上锁音，地面站提示未解锁。

操作过程中需要注意，务必等无人机上锁后，方可接近无人机，进行下一步工作。

8.3 倾斜摄影数据采集与实景三维建模应用实例

“将现实世界进行真实还原”，实景三维在数字城市、城市规划、交通管理、公共安全等场景有着广泛应用。根据自然资源部印发的《关于全面推进实景三维中国建设的通知》，到2025年，50%以上的政府决策、生产调度和生活规划可通过线上实景三维空间完成。当前，实景三维中国正如火如荼建设中，深圳、上海、西安等城市实景三维建设成果颇丰。在这样的大背景下，无人机测量技术也将继续通过技术的革新与应用，助力实景三维中国建设。

1. 案例背景

2019至2022年期间，为响应国家加强农村宅基地管理、城中村治理、美丽乡村建设等战略，多市组织开展了基于大规模实景三维的农房管控与治理关键技术研究与应用项目，完成市域范围覆盖内的倾斜摄影数据采集与实景三维建模工作。本案例外业采用无人机采集数据，内业采用专业软件处理数据，最终生成高精度模型，为该市农房管理、城市设计、土地整备、交通规划等各类实景三维智慧城市应用提供良好支撑。

该项目面积大，精度要求高。根据项目要求，采用倾斜摄影方式采集全市影像数据（总面积达2465km^2）（图8-22），分辨率优于5cm；同时以贴近摄影测量方式采集城市中心商业区（Central Business District，CBD）数据，分辨率优于2cm，并配合后期处理实现对高层异构建筑的精准建模。

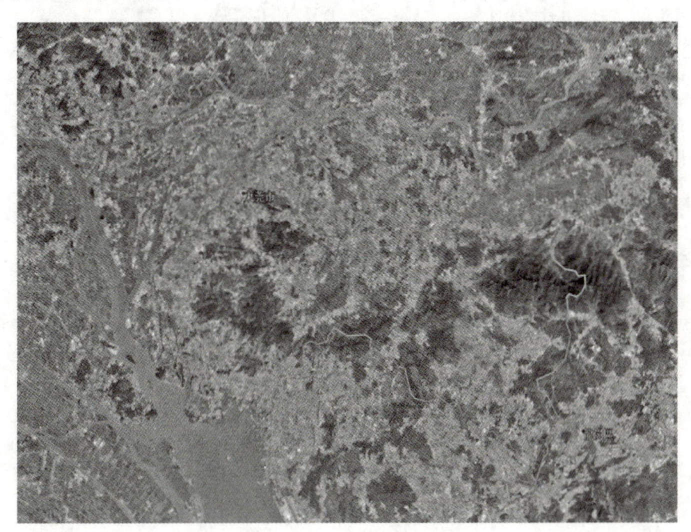

图8-22　作业范围

该市城区人口密集，地面建筑物和车辆集中，城区内各种电磁干扰聚集，对无人机可靠性、安全性提出了更高要求。经过综合考虑，项目组采用GNSS厘米级定位精度多旋翼无人机为主力机型在建成区作业，固定翼无人机在山区作业，通过智能规划航线自动飞行，数据采集稳定性强、速度快、效率高（图8-23）。

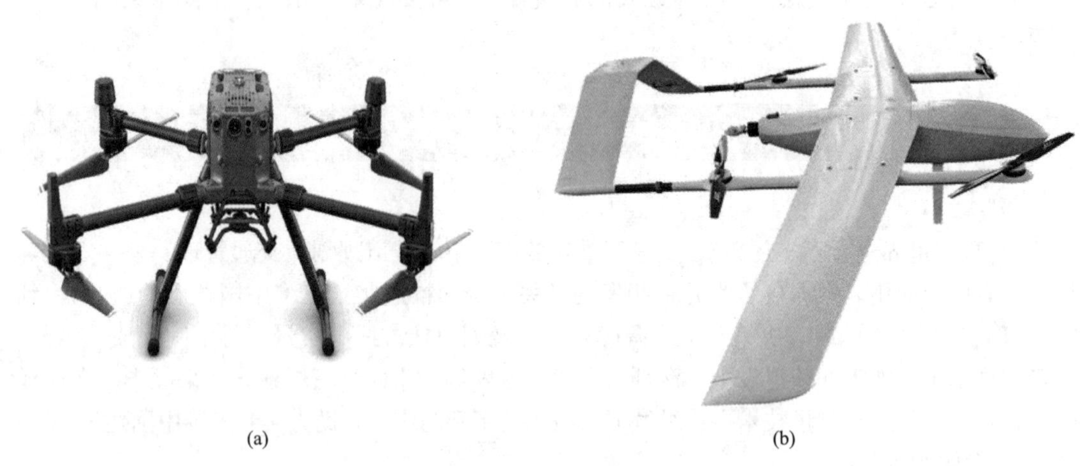

图8-23　无人机类型选择

(a) GNSS厘米级定位精度多旋翼无人机（建成区作业）；(b) 固定翼无人机（山区作业）

2. 数据采集

由于该市地势东南高、西北低，山体海拔多在200～600m，平原海拔30～80m，地形起伏较大，城区高楼众多，为保证作业精度，测量过程中将市域分为9个外业飞行分区（图8-24），每个分区边界各向外侧延伸3～4条航线，充分保障边界的数据成果。

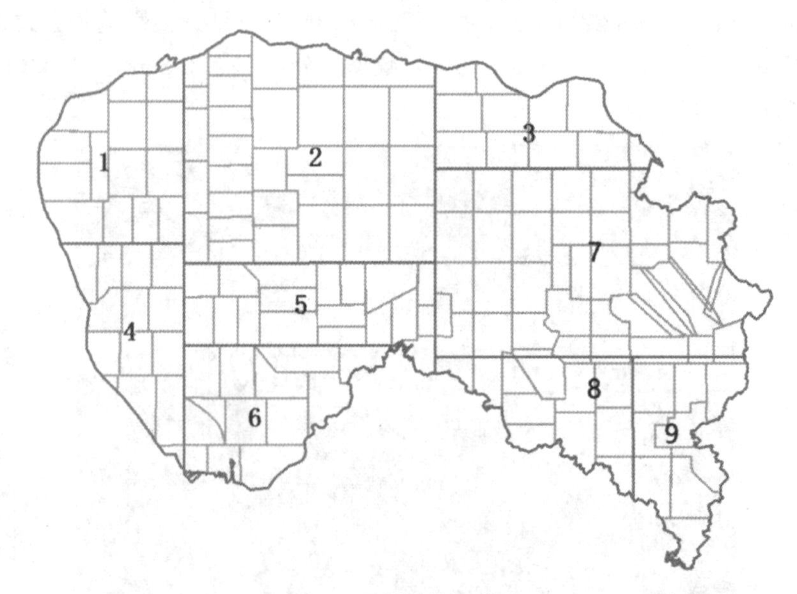

图8-24　测量作业分区

根据《低空数字航空摄影规范》CH/T 3005—2021，结合测区特点，外业航线规划南北走向。由于项目要求全区域地面分辨率优于 5cm，为严格保证成果精度，项目采用大重叠率参数设置，航向重叠率为 80%，旁向重叠率为 75%；高楼地区航向重叠率为 85%，旁向重叠率为 80%，并通过贴近摄影测量方式补拍数据，为保障精度及做成果检查，布设 5000 余个像控点，每平方公里 1～2 像控点。在分区的交界处，加密布设像控点，保障接边处数据精度。像控点空间分布如图 8-25 所示。

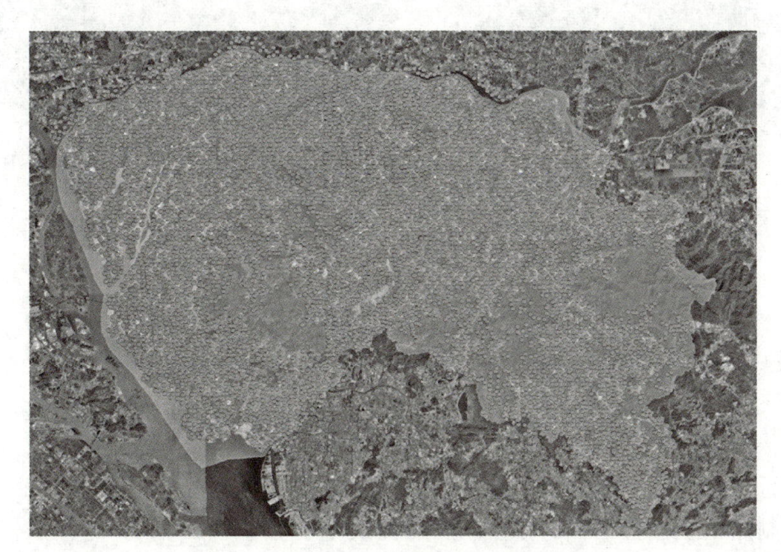

图 8-25　像控点空间分布

此外，在外业任务中充分考虑各分区地物特征，采用了多种不同相机搭配完成数据采集。多种相机的数据融合处理，对内业会带来一定挑战。采用在相机信息界面设定像主点位置、焦距、畸变参数、相机分组等方式，以便更好地实现各类相机数据的空三与重建。

3. 内业数据处理与实景建模

为保证项目进度，外业采集无人机照片及控制点数据的同时，内业团队同步进行实景三维数据生产，采用 Pixed4D 等各类型建模软件进行数据处理。考虑到区域的面积过大，全区整体运算会使机器负荷过大。内业数据处理根据地面形状、照片数量和算法的能力，将整个测区范围分成 156 个子项目分区，分别进行建模。

在实景三维数据生产中，水面建模一直是行业难题。该市区河流纵横，湖泊众多，通过智能算法识别水面区域完成水面自动修复，自动在输出的三维模型成果中输出完整的水面模型，大幅减少后期修模工作量（图 8-26）。

基于实景三维制作的市域倾斜摄影一张图、农房台账等成果，为农房管控与治理提供科技支撑，有效提升农房管控与治理能力及效率。同时，实景三维数据成果具备直观性强、分辨率清晰等特点，成果可以延伸拓展到住建、农业、轨道交通等多个相关领域，数据的共享使用可大幅节省数据建设成本、人力成本，具有巨大的推广价值和应用前景。对于此类大规模城市级实景三维数据获取，无人机作为新型测绘手段，具备机动灵活、经济高效、安全可靠的优势。

水面模型修复前

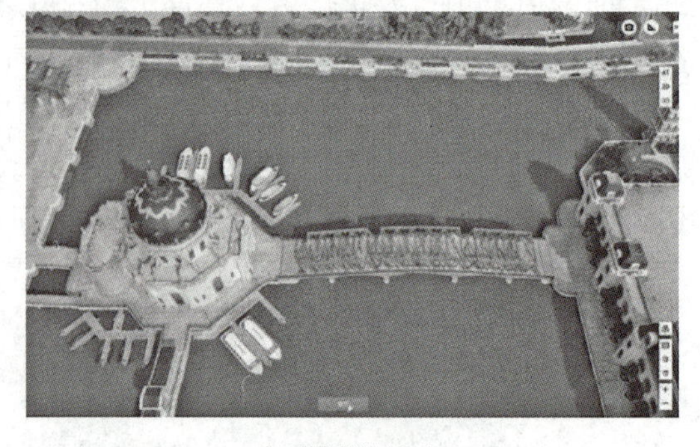
水面模型修复后

图 8-26 水面实景三维建模

习题

一、填空题

1. 固定翼飞行器主要由________、________、________、________、________五部分组成。

2. 目视飞行区域指航空器处于驾驶员目视视距半径，相对高度低于________的范围。

3. 物方控制点精度检验中，物方控制点点位误差小于________m。

二、判断题

1. 基础测绘在国民经济和社会发展中，起着基础性、先行性、公益性的作用。 （ ）

2. 将固定翼飞行器的各部分联结成一个整体的主干部分叫机身。 （ ）

3. 无人机出外场前，应当选择合适的飞行环境。 （ ）

三、简答题

1. 简述无人机在测绘中的应用。

2. 简述无人机的工作原理。

3. 简述无人机航空摄影的特点。

项目九 Chapter 09

三维激光扫描技术

思维导图

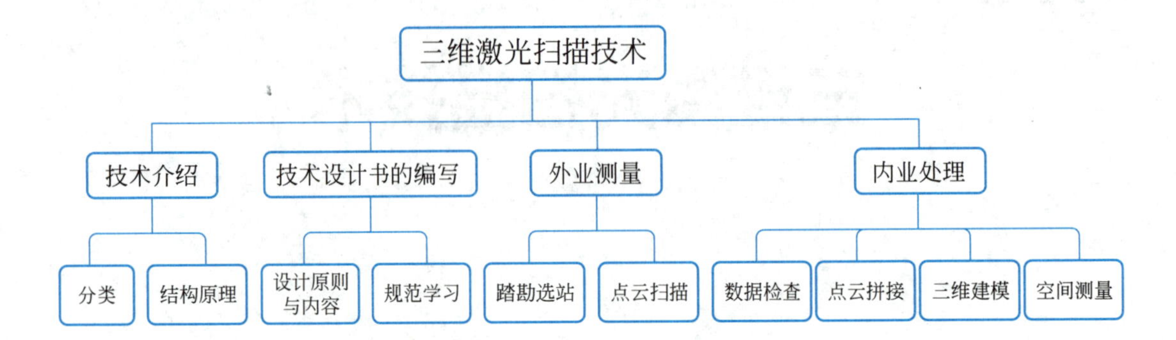

学习目标

1. 知识目标：熟悉三维激光扫描技术的基本概念；掌握外业数据采集、内业数据处理的作业思路、流程和方法。

2. 能力目标：培养根据项目要求选择合适技术、制定实施方案、高效保质完成任务的能力。

3. 素质目标：塑造学生的工匠精神，培养科学严谨的工作态度和规范细致操作的能力；通过项目实施过程中的相关作业规范学习，强化学生的职业道德意识。

知识链接

随着科技不断发展，测绘技术不断更新，测量的方法由传统的平板白纸测图、经纬仪测图等，发展到现在的全站仪、GPS 实时动态定位（RTK）、数字摄影测量等。近几年，测量领域的高精度仪器越来越多，三维激光扫描仪就是其中的一种，它的发展更推动到模型测图的阶段。

同时，地面三维激光扫描测量技术在建筑行业中的应用越来越广泛，包括以下方面：

建筑物外观和内部结构的测量：地面三维激光扫描技术可以快速、精确地测量建筑物的外观和内部结构，包括建筑物的立面、屋顶、墙壁、门窗、楼梯、电梯等，可以用于建筑物的设计、施工、维护和改造等方面。

建筑物变形监测：地面三维激光扫描技术可以对建筑物进行长期的变形监测，通过对建筑物的扫描数据进行分析，可以及时发现并处理建筑物的变形问题，保证建筑物的安全和稳定。

建筑物历史文化遗产保护：地面三维激光扫描技术可以用于建筑物历史文化遗产的保护和修复，可以精确地记录建筑物的历史信息和细节，为保护和修复提供数据支持。

总之，地面三维激光扫描测量技术在建筑行业中的应用非常广泛，可以提高建筑物的设计、施工、维护和改造的效率，为建筑行业的信息化发展提供强有力的支撑。

9.1 技术介绍

1. 三维激光扫描技术

三维激光扫描技术又被称为实景复制技术，作为20世纪90年代中期开始出现的一项高新技术，是测绘领域继GPS技术之后的又一次技术革命，通过高速激光扫描测量的方法，大面积、高分辨率地快速获取物体表面各个点的（x，y，z）坐标、反射率、（R，G，B）颜色等信息，由这些大量、密集的点信息可快速复建出1∶1的真彩色三维点云模型，为后续的内业处理、数据分析等工作提供准确依据，很好地解决了目前空间信息技术发展实时性与准确性的瓶颈。它突破了传统的单点测量方法，具有高效率、高精度的独特优势。三维激光扫描技术能够提供扫描物体表面的三维点云数据，因此可以用于获取高精度高分辨率的数字地形模型，主要通过高速激光扫描测量的方法，大面积高分辨率地快速获取被测对象表面的三维坐标数据，大量的空间点位信息，是快速建立物体的三维影像模型的一种全新的技术手段。

由国家测绘地理信息局发布的《地面三维激光扫描作业技术规程》CH/Z 3017—2015，以下简称《规程》，于2015年8月1日开始实施，对地面三维激光扫描技术（terrestrial three dimensional laser scanning technology）给出了定义：基于地面固定站的一种通过发射激光获取被测物体表面三维坐标、反射光强度等多种信息的非接触式主动测量技术。

视频
建筑物立面测量技术及实际应用

视频
室内数字化及三维扫描系统

2. 三维激光扫描系统分类

三维激光扫描技术是继GPS技术问世以来测绘领域的又一次大的技术革命。目前，许多厂家都提供了不同型号的激光扫描仪，无论在功能还是在性能指标方面都不尽相同，如何根据不同应用目的，从繁杂多样的激光扫描仪中进行正确和客观的选择，就必须对三维激光扫描系统进行分类。借鉴一些学者的相关研究成果，一般分类的依据有搭载平台、扫描距离、扫描仪测距原理等，下面做简要介绍。

（1）依据搭载平台划分

当前以三维激光扫描测绘系统的搭载平台来划分，可分为如下三类：

① 机载激光扫描系统（图9-1）

机载激光扫描系统（Airborne Laser Scanning System，ALSS），也称机载LaDAR系统。这类系统由激光扫描仪（IS）、飞行惯导系统（INS）、DGPS定位系统，成像装置（UI）、计算机以及数据采集器、记录器、处理软件和电源构成。DGPS定位系统给出成像系统和扫描仪的精确空间三维坐标，惯导系统给出其空中的姿态参数，由激光扫描仪进行空对地式的扫描来测定成像中心到地面采样点的精确距离，再根据几何原理计算出采样点的三维坐标。

空中机载三维扫描系统的飞行高度最大可以达到1km，这使得机载三维激光扫描不仅能用在地形图绘制和更新方面，还在大型工程的进展监测、现代城市规划和资源环境调查

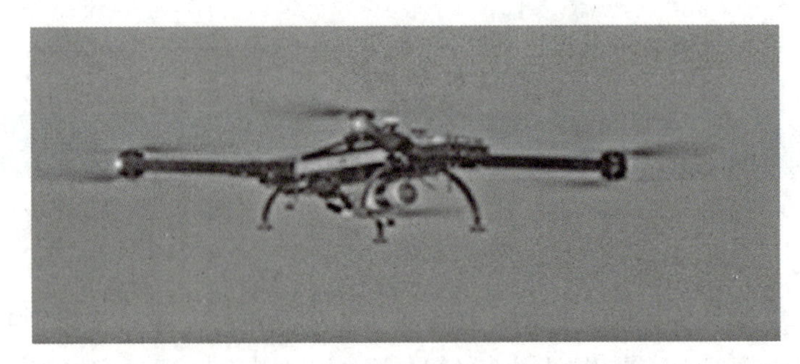

图 9-1　机载激光扫描系统

等诸多领域都有较广泛的应用。

② 地面激光扫描测量系统

地面激光扫描测量系统（Gorund-based Laser Scanning System，GLSS；Vehicle-borne Laser Mapping System，VLMS）可划分为两类：一类是移动式扫描系统（图 9-2），也称为车载激光扫描系统，还可称为车载 LDAR 系统；另一类是固定式扫描系统（图 9-3），也称为地面三维激光扫描系统（地面三维激光扫描仪），还可称为地面 LDAR 系统。

图 9-2　移动式扫描系统

图 9-3　固定式扫描系统

所谓移动式扫描系统，是集成了激光扫描仪、CCD 相机以及数字彩色相机的数据采集和记录系统、GPS 接收机，基于车载平台，由激光扫描仪和摄影测量获得原始数据作为三维建模的数据源。移动式扫描系统具有如下优点：能够直接获取被测目标的三维点云数据坐标；可连续快速扫描；效率高，速度快。车载激光扫描系统，一般能够扫描到路面和路面两侧各 50m 左右的范围，它广泛应用于带状地形图测绘以及特殊现场的机动扫描。

固定式扫描系统类似于传统测量中的全站仪，它由一个激光扫描仪和一个内置或者外置的数码相机，以及软件控制系统组成。二者的不同之处在于固定式扫描系统采集的不是离散的单点三维坐标，而是一系列的“点云”数据。这些点云数据可以直接进行三维建模，而数码相机的功能就是提供对应模型的纹理信息。地面激光扫描测量系统是一种利用激光脉冲对目标物体进行扫描，可以大面积、大密度、快速度、高精度地获取地物的形态及坐标的测量设备。

③ 手持型激光扫描系统

手持型激光扫描系统是一种便携式的激光测距系统（图 9-4），可以精确地给出物体的长度、面积、体积测量。一般配备柔性的机械臂。优点是快速、简洁、精确，可以帮助用户在数秒内快速地测得精确、可靠的成果。此类设备大多用于采集小型物体的三维数据，多应用于机械制造与开发、产品误差检测、影视动画制作以及医学等众多领域。此类型的仪器配有联机软件和反射片。

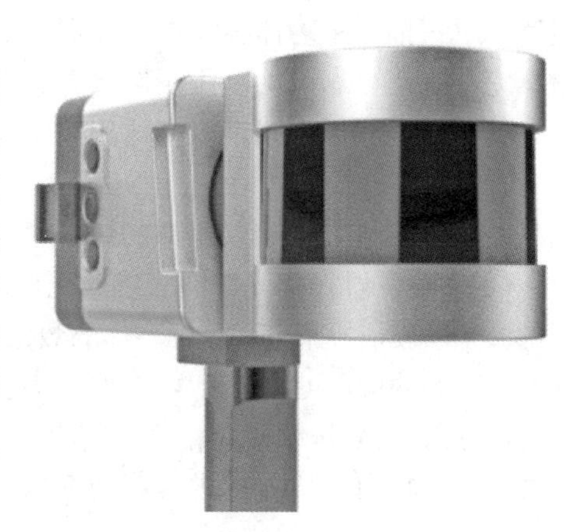

图 9-4 手持型激光扫描系统

（2）依据扫描距离划分

按三维激光扫描仪的有效扫描距离进行分类，目前国家无相应的分类技术标准，大概可分为以下四种类型：

① 短距离激光扫描仪

这类扫描仪最长扫描距离只有几米，一般最佳扫描距离为 0.6～1.2m，通常主要用于小型模具的量测。不但扫描速度快且精度较高，可以在短时间内精确地给出物体的长度、面积、体积等信息。手持式三维激光扫描仪都属于这类扫描。

② 中距离激光扫描仪

最长扫描距离只有几十米的三维激光扫描仪属于中距离三维激光扫描仪，它主要用于室内空间和大型模具的测量。

③ 长距离激光扫描仪

扫描距离较长，最大扫描距离超过百米的三维激光扫描仪属于长距离三维激光扫描仪，它主要应用于建筑物、大型土木工程、煤矿、大坝、机场等。

④ 机载（或星载）激光扫描系统

最长扫描距离大于 1km，系统由激光扫描仪、DGPS 定位系统、飞行惯导系统、成像装置、计算机及数据采集、记录设备、处理软件及电源构成。机载激光扫描系统一般采用直升机或固定翼飞机作为平台，应用激光扫描仪及实时动态 GPS 对地面进行高精度、准确实时测量。

（3）依据扫描仪测距原理划分

依据激光测距的原理，可以将扫描仪划分成脉冲式、相位式、激光三角式、脉冲-相位式四种类型。

3. 三维激光扫描技术的特点

三维激光扫描技术被认为是继 GPS 空间定位技术后的又一项测绘技术革命。该技术的出现，打破了传统的单点测量模式，推动了采用基于三维面测量模式恢复对象表面的细节特征的技术发展。三维激光扫描技术可以快速获取研究对象的三维坐标数据，点云文件能以坐标测量、切片浏览、表面处理和三维建模等使用方式满足文保研究工作的需求；也可把数据模型发布在互联网上，远端用户可以通过网络感受虚拟现实场景。

三维激光扫描技术具有以下一些特点：

① 非接触测量。三维激光扫描技术采用非接触扫描目标的方式进行测量。无需反射棱镜，对扫描目标物体不需进行任何表面处理，直接采集物体表面的三维数据，所采集的数据完全真实可靠。可以用于解决危险目标、环境（或柔性目标）及人员难以企及的情况，具有传统测量方式难以完成的技术优势。

② 数据采样率高。目前，三维激光扫描仪采样点速率可达到百万点每秒，可见采样速率是传统测量方式难以比拟的。

③ 主动发射扫描光源。三维激光扫描技术主动发射扫描光源（激光），通过探测自身发射的激光回波信号来获取目标物体的数据信息，因此在扫描过程中，可以不受扫描环境的时间和空间的约束，可以全天候作业，不受光线的影响，工作效率高，有效工作时间长。

④ 具有高分辨率、高精度的特点。三维激光扫描技术可以快速、高精度获取海量点云数据，可以对扫描目标进行高密度的三维数据采集，从而达到高分辨率的目的。单点精度可达 2mm，间隔最小为 1mm。

⑤ 数字化采集，兼容性好。三维激光扫描技术所采集的数据是直接获取的数字信号，具有全数字特征，易于后期处理及输出。用户界面友好的后处理软件能够与其他常用软件进行数据交换及共享。

⑥ 可与外置数码相机、GPS 系统配合使用。这些功能大大扩展了三维激光扫描技术的使用范围，对信息的获取更加全面、准确。外置数码相机的使用，使扫描获取的目标信息更加全面，附加的一些测量信息，如激光强度、色彩等，是传统测量不可能获取的。GPS 定位系统的应用，使得三维激光扫描技术的应用范围更加广泛，与工程的结合更加紧密，进一步提高了测量数据的准确性。

⑦ 结构紧凑、防护能力强，适合野外使用。目前常用的扫描设备一般具有体积小、重量轻、防水、防潮、对使用条件要求不高、环境适应能力强、适于野外使用等特点。

⑧ 直接生成三维空间结果。进行空间三维坐标测量，结果数据直观。同时，获取目标表面激光强度信号和真彩色信息，可直接在点云上获取三维坐标、距离、方位角等，且可应用于其他三维设计软件。

⑨ 激光的穿透性。激光的穿透性使得地面三维激光扫描系统获取的采样点能描述目标表面的不同层面的几何信息。它可以通过改变激光束的波长，穿透一些比较特殊的物质，如水玻璃以及低密度植被等。

4. 点云数据的特点

三维激光扫描仪通过测距系统获取扫描仪到待测物体的距离，再通过测角统获取扫描仪至待物体的水平角和垂直角，进而计算出待测物体的三维坐标信息。在扫描的过程中再利用本身的垂直和水平马达等传动装置完成对物体的全方位扫描，这样连续地对空间以一定的取样密度进行扫描测量，就能得到被测目标物体密集的三维彩色散点数据，称为点云。

点云（point cloud）是指：三维激光扫描仪获取的以离散、不规则方式分布在三维空间中的点的集合。

点云数据的空间排列形式根据测量传感器的类型分为阵列点云、线扫描点云、面扫描点云以及完全散乱点云。大部分三维激光扫描系统完成数据采集是基于线扫描方式，采用逐行（或列）的扫描方式，获得的三维激光扫描点云数据具有一定的结构关系。

三维激光扫描仪在记录激光点三维坐标的同时也会将激光点位置处物体的反射强度值记录，内置或者外置数码相机的扫描仪在扫描过程中可以方便、快速地获取外界物体真实的色彩信息，在扫描、拍照完成后，不仅可以得到点的三维坐标信息，而且获取了物体表面的反射率信息和色彩信息。所以包含在点云信息里的不仅有 x、y、z、Intensity，还包含每个点的 RGB 数字信息。

点云数据的主要特点如下：

① 数据量大。三维激光扫描数据的点云量较大，一幅完整的扫描影像数据或一个站点的扫描数据中可以包含几十万至上百万个扫描点，甚至达到数亿个。

② 密度高。扫描数据中点的平均间隔在测量时可通过仪器设置，一些仪器设置的间隔可达 1.0mm（拍照式三维扫描仪可以达到 0.05mm），为了便于建模，目标物的采样点通常都非常密。

③ 带有扫描物体光学特征信息。由于三维激光扫描系统可以接收反射光的强度，因此，三维激光扫描的点云一般具有反射强度信息，即反射率。有些三维激光扫描系统还可以获得点的色彩信息。

④ 立体化。点云数据包含了物体表面每个采样点的三维空间坐标，记录的信息全面。因而可以测定目标物表面立体信息。由于激光的投射性有限，无法穿透被测目标，因此点云数据不能反映实体的内部结构、材质等情况。

⑤ 离散性。点与点之间相互独立，没有任何拓扑关系，不能表征目标体表面的连接关系。

⑥ 可量测性。地面三维激光扫描仪获取的点云数据可以直接量测每个点云的一维坐标、点云间距离、方位角、表面法向量等信息，还可以通过计算得到点云数据所表达的目标实体的表面积、体积等信息。

⑦ 非规则性。激光扫描仪是按照一定的方向和角度进行数据采集的，采集的点云数据随着距离增大，扫描角增大，点云间距离也增大，加上仪器系统误差和反射角度以及环境影响，点云的空间分布没有一定的规则。

以上这些特点使得三维激光扫描数据得到十分广泛的应用，同时也使点云数据的处理变得十分复杂和困难。

5. 三维激光扫描系统组成

三维激光扫描系统由三维激光扫描仪、双轴倾斜补偿传感器、电子罗盘、旋转云台、系统软件、数码全景照相机、电源以及附属设备组成。

1）三维激光扫描仪主要包括三维激光扫描头、控制器、计算及存储设备。激光扫描头是一部精确的激光测距仪，由控制器控制激光测距和管理一组可以引导激光以均匀角速度扫描的多边形反射棱镜。激光测距仪主动发射激光，同时接收由自然物表面反射的信号而进行测距，针对每一个扫描点可测得测站至扫描点的斜距，再配合扫描的水平和垂直方向角，可以得到每一扫描点与测站的空间相对坐标。

2）双轴倾斜补偿传感器通过记录扫描仪的倾斜变化角度，在允许倾斜角度范围内实时进行补偿置平修正，使工作中的扫描仪始终保持在水平垂直的扫描状态。

3）电子罗盘具有自动定北和指向点的修正功能。

4）旋转云台是保持扫描仪在水平和垂直任一方向上可固定并能旋转的支撑平台。

5）系统软件一般包括随机点云数据操控获取软件、随机点云数据后处理软件或随机点云数据一体化软件。

6）电源以及附属设备包括蓄电池、笔记本电脑等。

6．三维激光扫描系统测量原理

三维激光扫描系统相当于一个高速转动并以面状获取目标体大量三维坐标数据的超级全站仪，其核心原理是激光测距和激光束电子测角系统的自动化集成，类似免棱镜全站仪，可将点测量模式转化为面测量模式。激光测量主要有脉冲式测量、相位差式测量和光学三角测量三种，测量过程主要包括激光发射、激光探测、时延估计和时延测量。

（1）脉冲式测量原理

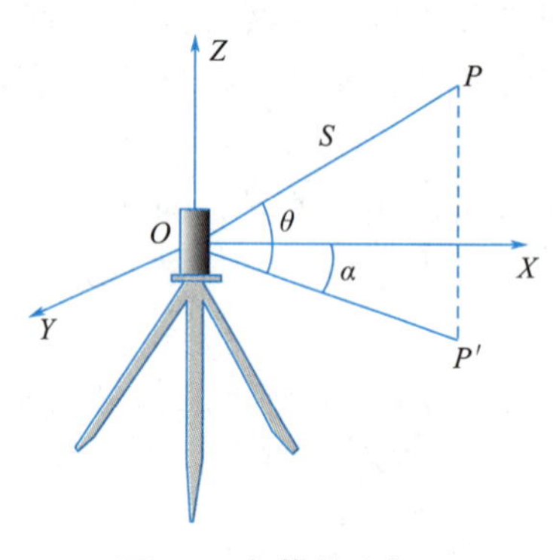

图 9-5　扫描仪坐标系

工作原理是：激光脉冲发射器周期性地驱动一激光二极管发射激光脉冲，然后由接收透镜接收目标表面后向反射信号，产生一接收信号，利用一稳定的石英时钟对发射与接收时间差作计数，根据激光发射和返回的时间差计算被测点与扫描仪的距离，同时根据水平方向和垂直方向的偏转镜同步测量出每个激光脉冲的横向扫描角度观测值和纵向扫描角度观测值，然后实时计算被测点的三维坐标。激光扫描系统的原始观测数据（图 9-5）主要有：

① 两个连续转动的用来反射脉冲激光的反射镜的水平方向值 α、天顶距值 θ，即精密时钟控制编码器同步测量每个激光脉冲横向扫描角度观测值 α 和纵向扫描角度观测值 θ；

② 通过脉冲激光传播时间（或相位差）计算得到的扫描仪中心到扫描点 P 的距离值 S；

③ 实体表面点的反射强度 I；

④ 通过数码相机（内置或者外置）获取的场景影像数据等。

前两种数据用来计算扫描点 P 的三维坐标值，反射强度、颜色信息则用来给反射点匹配颜色。

三维激光扫描仪一般采用仪器内部坐标系统，坐标原点位于激光束发射处，X 轴在横向扫描面内，Y 轴在横向扫描面内与 X 轴垂直，Z 轴与横向扫描面垂直，构成右手坐标系，扫描点的坐标计算公式为：

$$\left.\begin{aligned} x &= S\cos\alpha\cos\theta \\ y &= S\sin\alpha\cos\theta \\ z &= S\sin\theta \end{aligned}\right\} \tag{9-1}$$

如图 9-5 所示，将 O 点作为坐标系原点建立坐标系，P（x，y，z）是空间内任一点，从 O 点发射出去的激光光束的水平方向与 X 轴的夹角 α 和垂直方向与 Z 轴的角度 θ，得到扫描点到仪器的距离值 S，就可以计算出 P 点空间点坐标信息。

（2）相位差式测量原理

通过测量连续调制的光波在待测距离 D 上往返的相位差 φ 来间接测量传播时间 T（图 9-6）。任何测量交变信号相位移的方法都不能确定出相位移的整周期数，而只能测定其中不足 $2x$ 的相位移的尾数 Δg。因此，仅用一把光波测尺是无法测定距离的。如果被测距离较长，可以选择一个较低的测尺频率，使其相应的测尺长度大于待测距离 D。这样就不会出现 D 的不确定性。测尺频率的选定方式有两种：分散的直接测尺频率方式和集中的间接测尺频率方式。需要说明的是采用哪种测尺频率方式应视测距仪的要求和是否便于实施而定。短测程的测距仪，由于高低频测尺频率相差并不悬殊，加之近年来广泛采用了便于直接调制且具有较宽频的 GaAs 半导体激光管作为光源，所以大都采用了分散的直接测尺频率方式。如果测程很长，测尺频率相差悬殊，还是采用集中的间接测尺方式为宜。

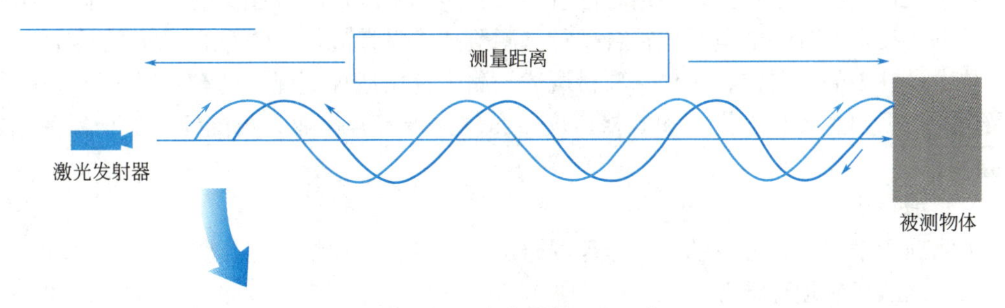

图 9-6　相位差式测量原理示意

（3）光学三角测量原理

激光发射器通过镜头发射可见红色激光射向物体表面，经物体反射的激光通过随收器镜头，被内部的 CCD 线性相机接收。根据不同的距离，CCD 线性相机可以在不同的角度下“看见”这个光点。根据这个角度即知激光和相机之间的距离，数字信号处理器就能计算出传感器和被测物之间的距离。三角测量原理见图 9-7。为了保证扫描信息的完整性，

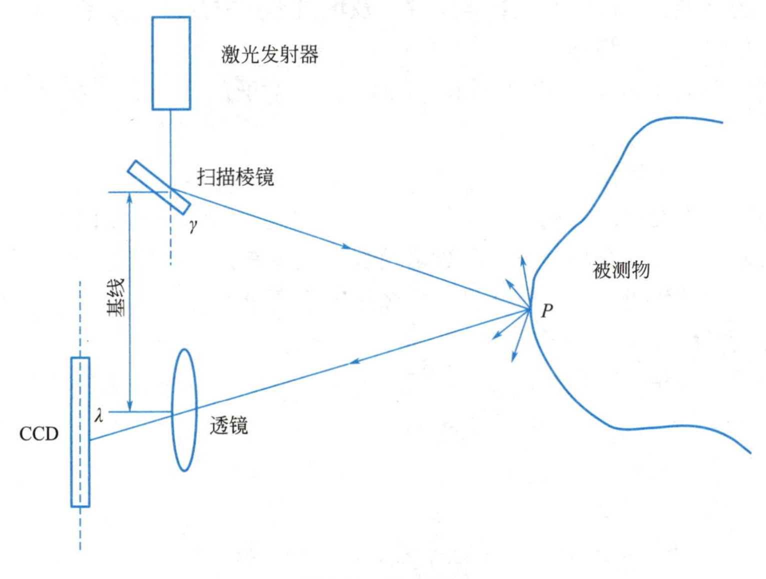

图 9-7　三角测量

许多扫描仪扫描范围只有几米到数十米。这种类型的三维激光扫描系统主要应用于工业测量和逆向工程重建中，它可以达到亚毫米级的精度。

9.2 技术设计书的编写

通过前面的测区踏勘、资料收集，根据测量合同书或甲方单位要求，结合相关测量规范要求和单位的实际情况，按照技术设计书的格式，编写技术设计书。

1. 设计原则与内容

技术设计应根据项目要求，结合已有资料、实地踏勘情况及相关的技术规范，编制技术设计书。技术设计书的编写应符合现行《测绘技术设计规定》CH/T 1004 的规定。

技术设计书的主要内容应包括项目概述、测区自然地理概况、已有资料情况、引用文件及作业依据、主要技术指标和规格、仪器和软件配置、作业人员配置、安全保障措施、作业流程。

（1）项目概述

说明项目来源、任务目的、工作范围、工作内容、工作量、完成期限等基本情况。

（2）测区自然地理概况

根据需要说明与设计方案或作业有关的测区自然地理状况，内容可包括作业区地形概况、地貌特征、困难程度、气候状况、交通状况，必要时收集测区的工程地质与水文地质资料。

（3）已有资料情况

应说明已有资料的数量、形式、技术指标、质量状况和可利用情况。

（4）引用文件及作业依据

说明引用的标准、规范和其他技术文件，及项目委托方提供的技术要求。

（5）主要技术指标和规格

说明采用的平面基准、高程基准和精度指标，成果的比例尺、格式和提交形式等内容。

（6）仪器和软件配置

确定满足工作需要的地面三维激光扫描仪、全站仪、GNSS 接收设备、水准仪、数码相机、便携式电脑、存储介质的类型和数量及数据处理软件，应配备安全筒、遮阳伞等防护装备。特殊作业环境时，所选仪器设备应满足安全要求。

（7）作业人员配置

作业人员应经过技术培训，培训合格后方能参与作业。扫描作业时，1 台设备应不少于 3 名作业人员。

（8）安全保障措施

安全保障应满足下列要求：

① 仪器长时间暴露于太阳强光照射环境中时，应为仪器遮阳；

② 高空作业时，应保证仪器、人身安全；

③ 仪器作业时，应避免人眼直视激光发射头；

④ 作业员人身安全还应符合现行《测绘作业人员安全规范》CH 1016 的规定。

（9）作业流程

作业流程应包括下列内容：

① 控制测量；

② 扫描站布测、标靶布测；

③ 点云数据及纹理图像采集；

④ 数据预处理；

⑤ 成果制作；

⑥ 质量控制与成果归档。

2. 规范学习

（1）建筑制图相关的规范规程是住房和城乡建设部及行业部门制定的技术法规，是建筑制图工作者从事制图工作所依据的规定和标准。进行建筑制图所依据的规范规程有：

①《总图制图标准》GB/T 50103—2010

②《建筑制图标准》GB/T 50104—2010

③《建筑结构制图标准》GB/T 50105—2010

④《房屋建筑制图统一标准》GB/T 50001—2017

⑤《技术制图 字体》GB/T 14691—1993

⑥《地面三维激光扫描作业技术规程》CH/Z 3017—2015

（2）有关部门下达的任务文件、合同书（或测量任务书），甲方单位下达的技术要求文件，这些文件一般包含了制图的基本内容、图纸幅面规格、图纸编排顺序、图线、文字、比例、定位轴线、尺寸标注等标准。

（3）有关建筑制图产品的制图比例尺、计算机辅助制图及出图规范要求等。

9.3 外业测量

通过航空影像与网络简介资料相关照片，可清晰地看到该建筑的外轮廓范围及周边大概环境与地形，以了解建筑周边绿植茂密情况及大约占地面积与相关工程量概括预估（图 9-8、图 9-9），在对现场有基础概况的了解之后，便需要进行外业设站的预设和工作时间的评估。

在对现场进行一系列评估与了解之后得知，想要获取该建筑完整的三维信息数据，共需架设测站约 10 站，单站用时 3 分钟（含人工搬站），总用时预估 40 分钟（含设备开箱与结束整理）。

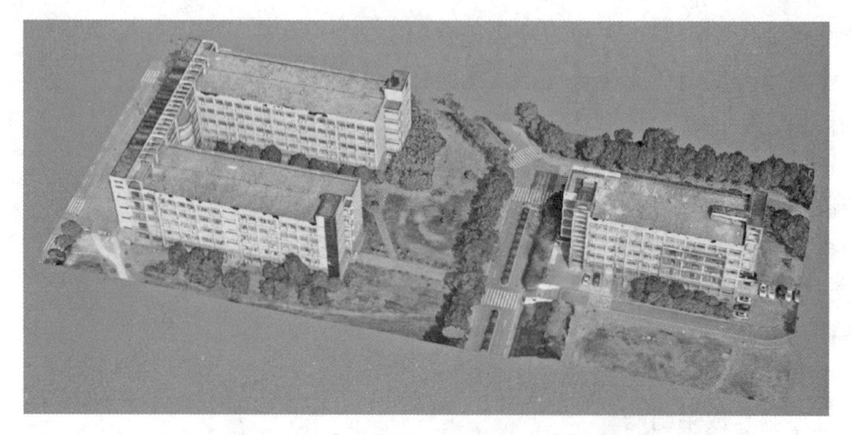

图 9-8　三维模型（左为教学楼，右为实验楼）

图 9-9　站点预设方案草图

1. 任务准备

仪器准备：为便于记忆，自创了一个口诀："一二三"，指一张 SD 卡（扫描仪存储卡）、两种电池（扫描仪电池＋手簿电池）、三种仪器（扫描仪＋手簿＋三脚架）（图 9-10）。

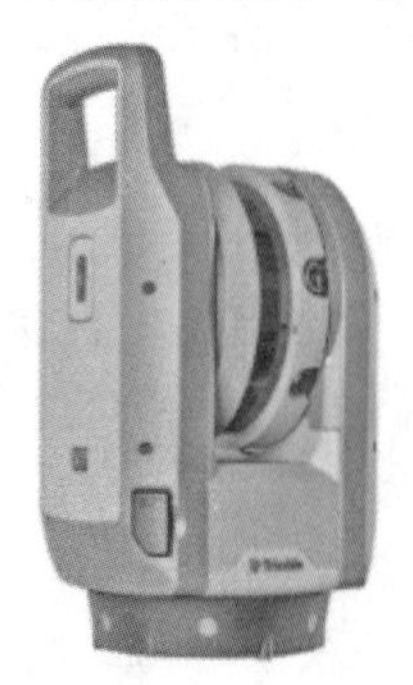

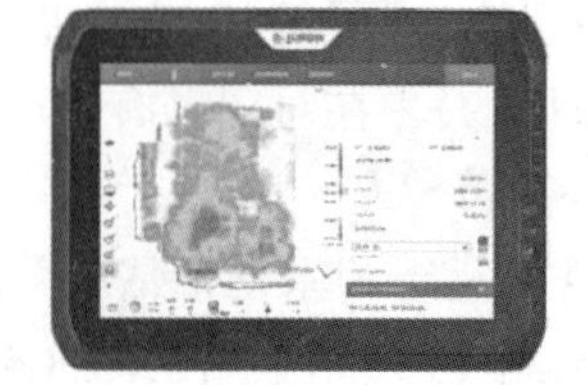

图 9-10　三种仪器

人员准备：首先在遥感图上大致浏览测区建筑情况，数清楚一共几栋建筑物，确定每一栋的具体扫描范围，对于建筑面积大小、层数和内部结构的复杂程度有一个基本了解，然后结合任务精度要求估算工作量，制订测量计划，确定测量作业人员。

2. 站点设立

将三脚架腿调整到合适高度，再将三脚架腿上的锁拧开，使它们可以均匀地延长，然后拧紧锁，使它们安全紧固（图 9-11）。将三脚架腿分开到足够大的跨度，使它更加稳定地锁定，可用力按置确认其稳定性。确定三脚架云台明显呈水平状态，如有必要，可调整架腿高度。如需测站换位，可双手扶起两个架腿靠近云台的位置进行匀速挪动。

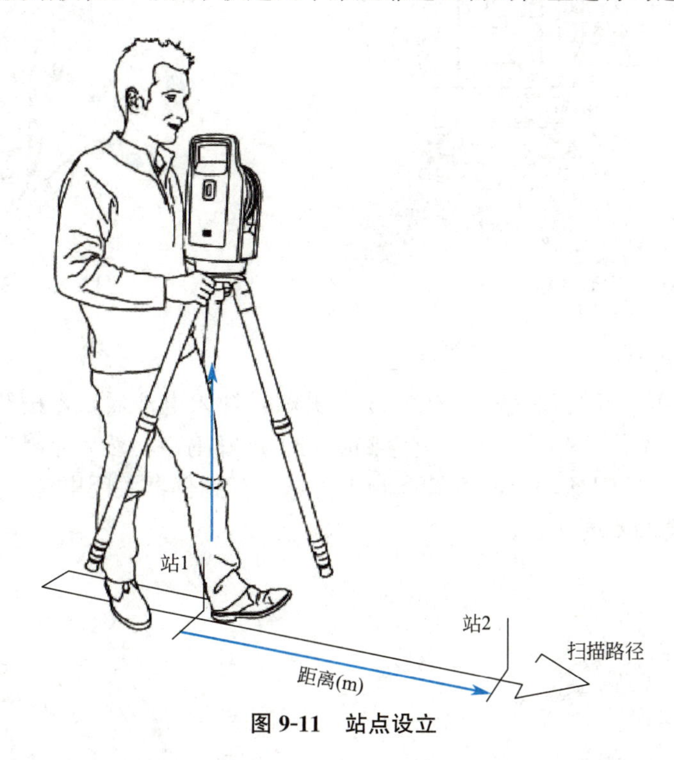

图 9-11　站点设立

3. 安装主机

连接仪器之前，应当确定三脚架稳定并且云台呈水平状态。将三脚架放在云台上，一只手握住提柄，另一只手托住底座。小心将仪器中心对准云台的中心位置（图 9-12）。一只手仍然放在提柄上，将三脚架接头拧入仪器底部螺纹接口，以此固定仪器。也可用快速释放器开关进行快速安装与拆卸。

4. 安装电池

仪器电池放置在仪器侧面的电池舱中，可以很容易地取出并更换：向下按电池舱锁使它解锁。打开电池舱，把电池顺着电池舱插入，电池接应点朝向仪器底部并且面朝内侧，关闭电池舱（图 9-13）。

5. SD 卡安装

在插入或取出 SD 卡（图 9-14）之前，请确保仪器已关机。打开 SD 卡槽盖，将 SD 卡滑入卡槽，直到卡入锁定位置。关闭 SD 卡槽盖。如果要从 SD 卡槽盖中取出 SD 卡，请轻轻推 SD 卡将其解锁。

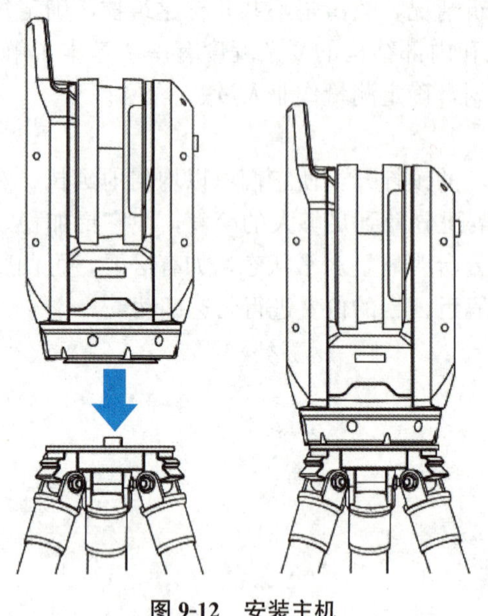

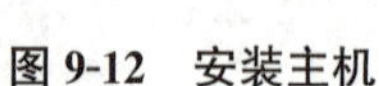

图 9-12　安装主机

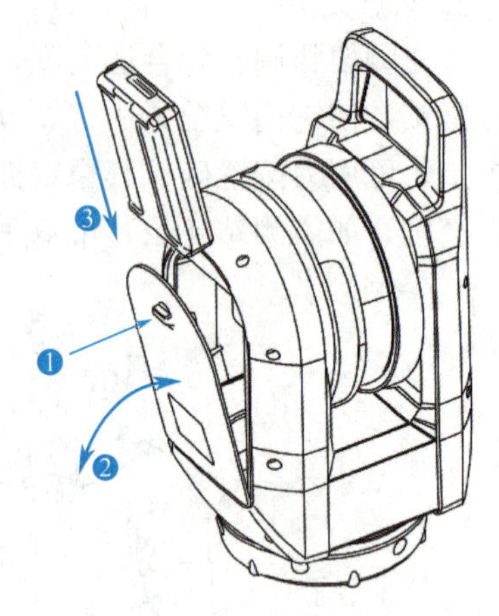

图 9-13　安装电池

6. 仪器开机和关机

使用开/关键可以开机和关机（图 9-15）。开机：插入电池后，短按开/关键可以开启仪器电源。关机：按住开/关键 1～5s，直到听到 1 声蜂鸣声，然后是降低的蜂鸣声，开/关键 LED 灯开始快速闪烁，LED 继续高频率闪烁，直到仪器关闭电源。开/关键 LED 指示灯：可表示仪器的不同模式。

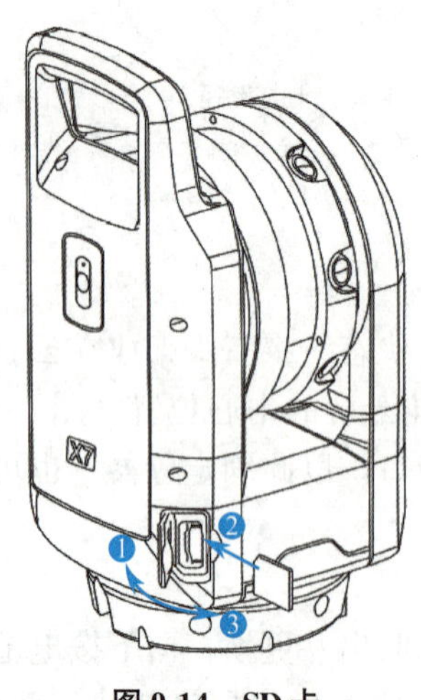

图 9-14　SD 卡

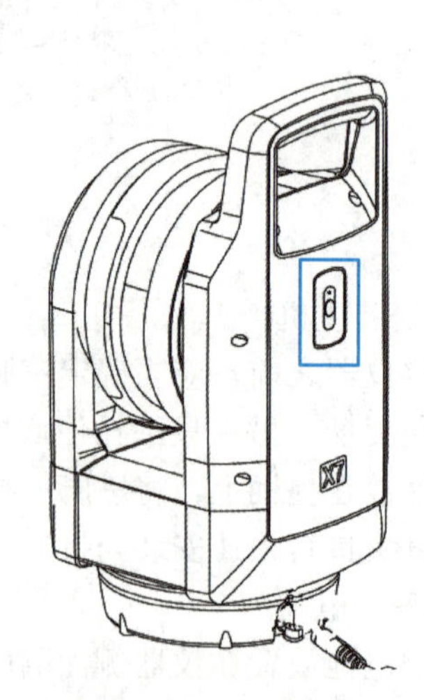

图 9-15　开机和关机

7. 仪器连接控制器

使用控制器电源键，将控制器开机，开启 Trimble Perspective 外业软件，进入软件操作界面（图 9-16）。

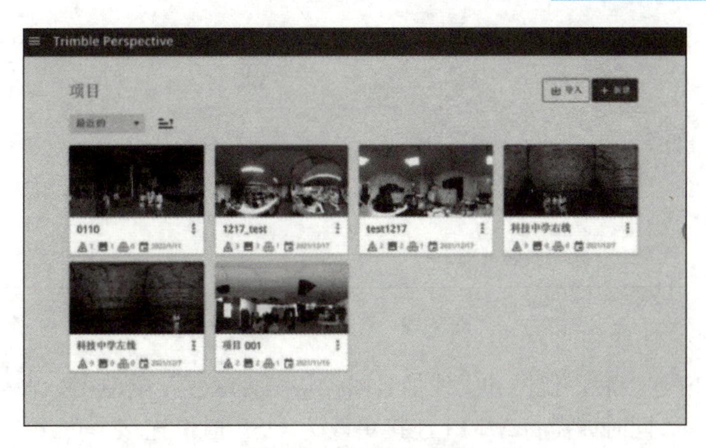

图 9-16　软件操作界面

9.4 内业处理

1. 创建项目连接仪器

点击【创建】进入新建项目界面（图 9-17），输入新建项目名称，也可输入文字、用平板拍照作为项目备注信息。点击【创造】，新创建的项目将被加载。如有多个项目，则会自动加载最后使用的那个项目。

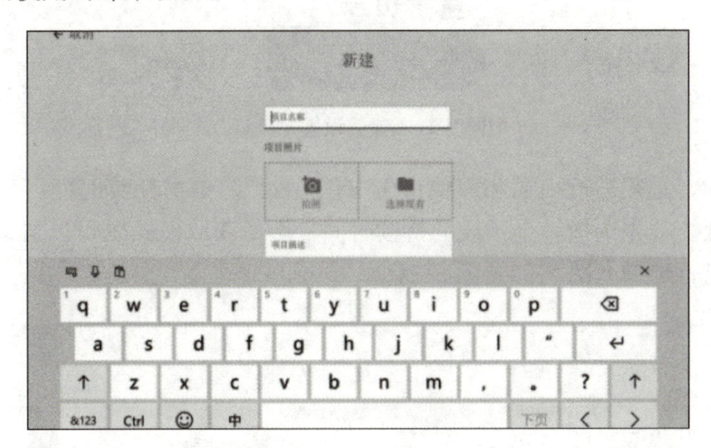

图 9-17　创建项目

点击红色的仪器图标，打开连接界面。连接页面打开期间，选择要连接的仪器（图 9-18）。控制器所及范围内的仪器序号将显示出来以供连接（图 9-19）。

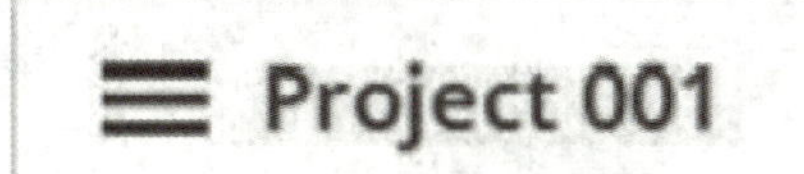

图 9-18　连接仪器

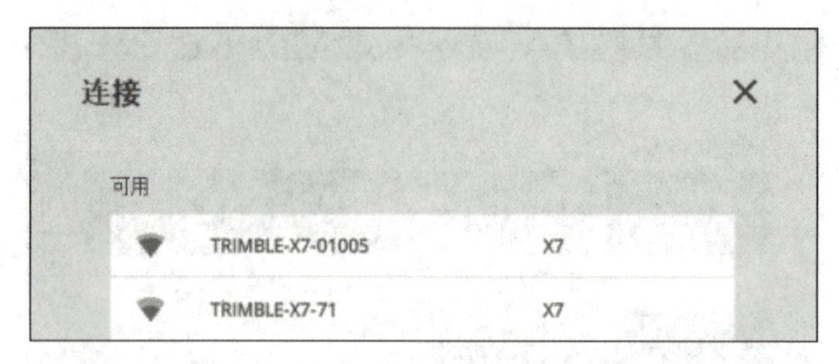

图 9-19　仪器序号显示

建立了 Wi-Fi 连接后，仪器和无线信号图标将变为绿色，电池图标将显示仪器中的电池电量（图 9-20）。同时如需将 Wi-Fi 连接更改为 USB 通信连接，可用 USB 线从控制器连接仪器的 COM 接口。

图 9-20　仪器状态显示

2. 仪器参数设置

打开扫描设置，可点击【开始扫描】按钮上方的下拉箭头，调出参数设置面板（图 9-21）。

图 9-21　参数设置控制钮

在扫描之前，必须进行扫描和影像设置（图 9-22）。扫描持续时间可定义两种扫描模式的密度和点数。首先选择一个预设的持续时间，影像获取模式既可以自动设置，也可以在两种模式中进行选择（图 9-23、图 9-24）。

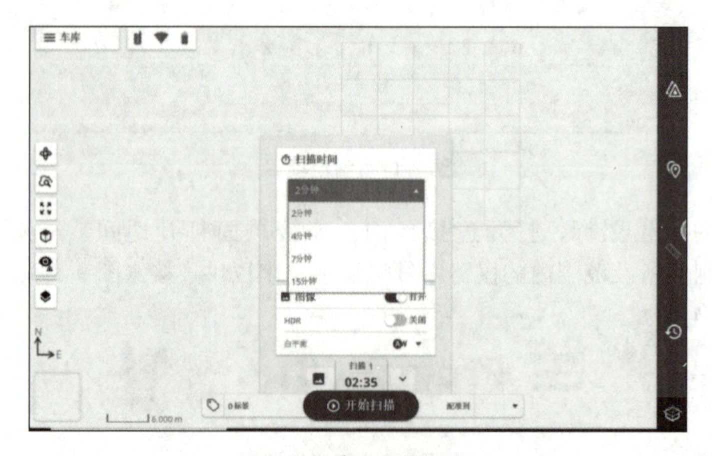

图 9-22　参数设置面板

持续时间(分钟)[1]	扫描模式	间隔(毫米)@10米[2]	间隔(毫米)@35米[2]	间隔(毫米)@50米[2]	间隔(毫米)@80米[2]	点数(Mpts)
1	室内	11	不适用	不适用	不适用	12
2	标准	11	40	57	91	12
4	标准	5	18	26	41	58
7	标准	4	12	18	28	125
4	高灵敏度	9	33	47	75	17
7	高灵敏度	6	21	30	48	42
15	高灵敏度	4	13	19	30	109

图 9-23　单扫描模式

持续时间(分钟)	扫描模式	影像关(分秒)	15个影像(分秒)	15个影像+HDR(分秒)	30个影像(分秒)	30个影像+HDR(分秒)
1	室内	1.10	2.10	4.10	3.10	7.10
2	标准	1.35	2.35	4.35	3.35	7.35
4	标准	3.43	4.43	6.43	5.43	9.43
7	标准	6.39	7.39	9.39	8.39	12.39
4	高灵敏度	3.33	4.33	6.33	5.33	9.33
7	高灵敏度	6.54	7.54	9.54	8.54	12.54
15	高灵敏度	15.40	16.40	18.40	17.40	21.40

图 9-24　扫描+影像模式

三种预定义的模式包括室内、标准（STD）和高灵敏度（HS）：室内模式通过缩短获取每次扫描数据的时间提高生产率，Perspective 外业软件中有启用此扫描模式的选项；标准模式用于高速（500kHz）数据获取；高灵敏度模式用于以较低速度（166kHz）获取更大范围的数据，并且对获取暗面数据具有更高的灵敏度。

3. 开始扫描

创建或加载了项目并选择了所需的扫描和影像获取模式之后，点击【开始扫描】。1 声蜂鸣声表示扫描已启动。如果要停止或暂停数据获取，点击【停止】或【暂停】(图 9-25)。

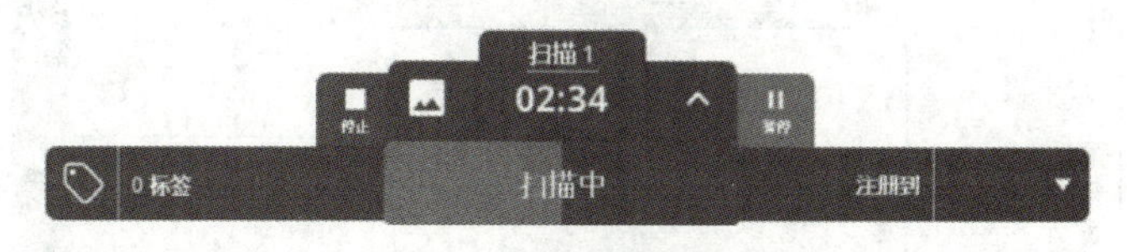

图 9-25　扫描视窗

4. 扫描数据预览

扫描工作完成之后，仪器将自动开始影像拍照模式，在影像拍照期间，已完成扫描的数据会自动下载到控制器中。自动下载后的数据自动显示在控制器软件操作界面，可实时浏览与查看，并不影响拍照的工作同时进行（图 9-26）。

影像拍照模式完成后，仪器响起 1 声蜂鸣声，LED 灯恢复绿色指示灯，即确认所有扫描和拍照工作已完成，软件将显示自动下载及图像完成下载提示（图 9-27）。

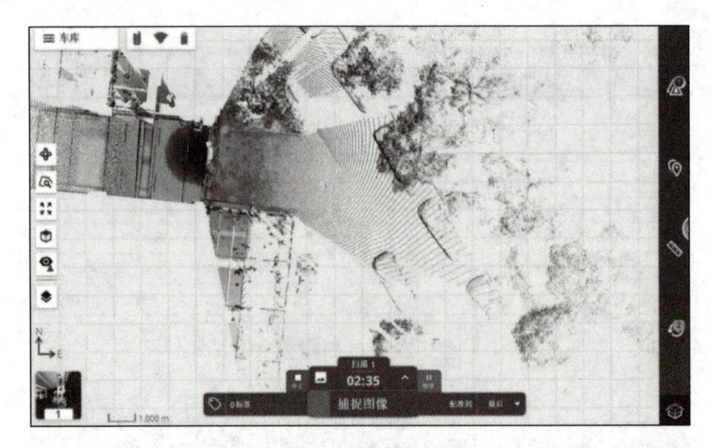

图 9-26　点云数据预览

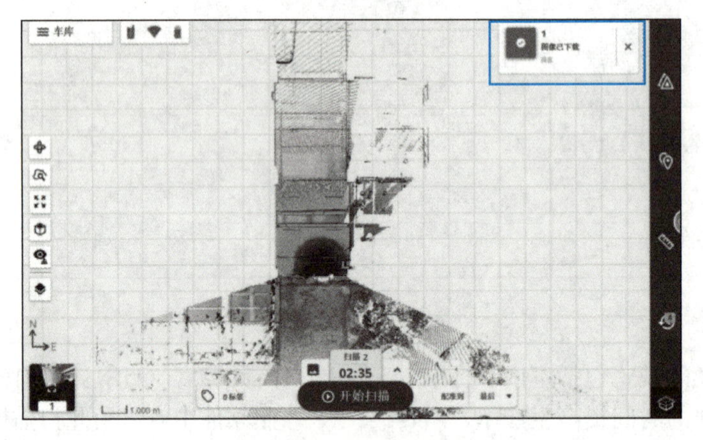

图 9-27　影像模式预览

5. 自动配准

在完成下一个测站扫描之后，软件可自动实现两个测站的数据配准，且自动显示测站数据的配准信息，显示数据的配准精度与重叠度及配准时间（图 9-28）。

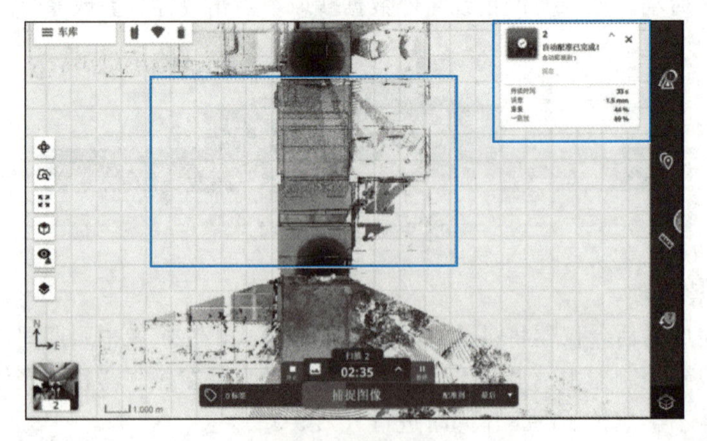

图 9-28　自动配准

如遇自动配准失败，可点击【手动配准】工具，使用手动配准功能（图 9-29）。

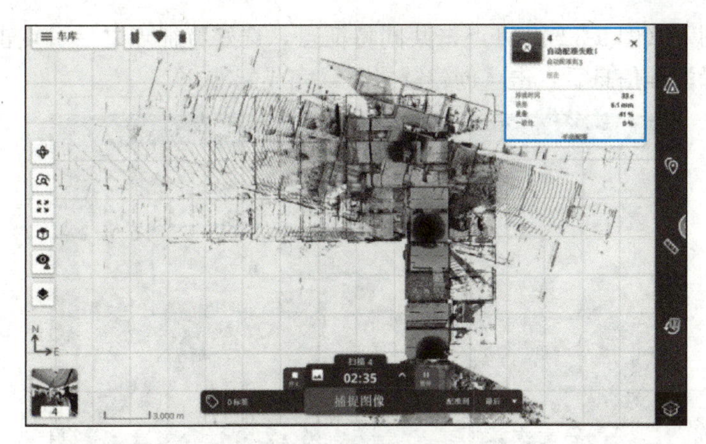

图 9-29　手动配准启动

可选择基准测站和移动测站的站点，选择后使用软件界面的平移和旋转工具，进行手动配准，完成后点击【配准】再进行自动配准，显示配准信息确认无误后，点击【创建链接】，配准完成（图 9-30）。

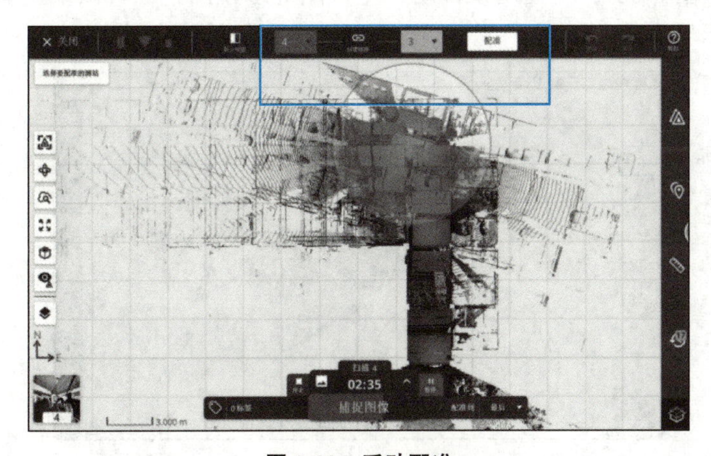

图 9-30　手动配准

点击【拆分视图】，使用两测站间的共同特征点进行配准（图 9-31）。

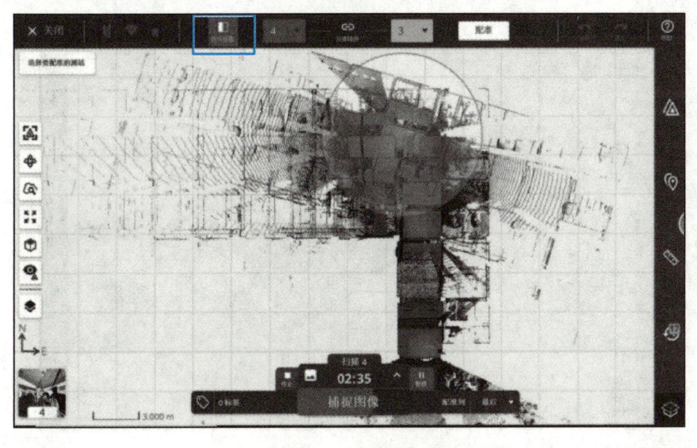

图 9-31　拆分视图

在双屏视图下（图 9-32），可点击共同特征点，选好特征点之后可点击【配准】工具进行配准，显示配准信息后点击【创建链接】以完成配准。

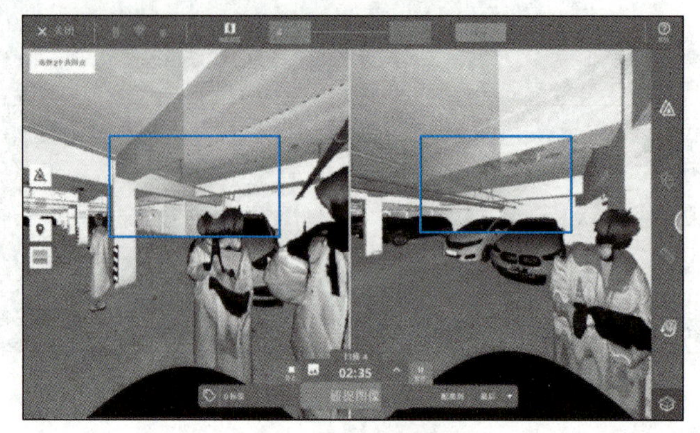

图 9-32　双屏视图

6. 基本操作

视图工具（图 9-33）：可使用顶视图、左视图等多视图选项，以快速显示当前场景数据的多视图显示界面。

图 9-33　视图工具

三维旋转工具（图 9-34）：可任意基于手指按钮处为中心，三维旋转以查看当前数据的三维状态与信息。

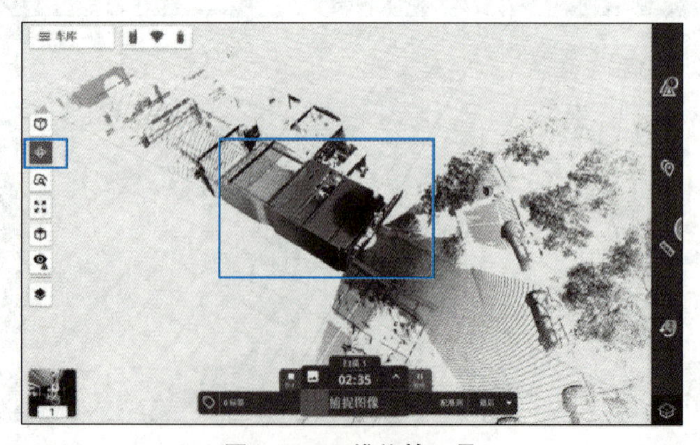

图 9-34　三维旋转工具

点云显示工具（图 9-35）：可设置显示该数据的相邻测站多少个测站。

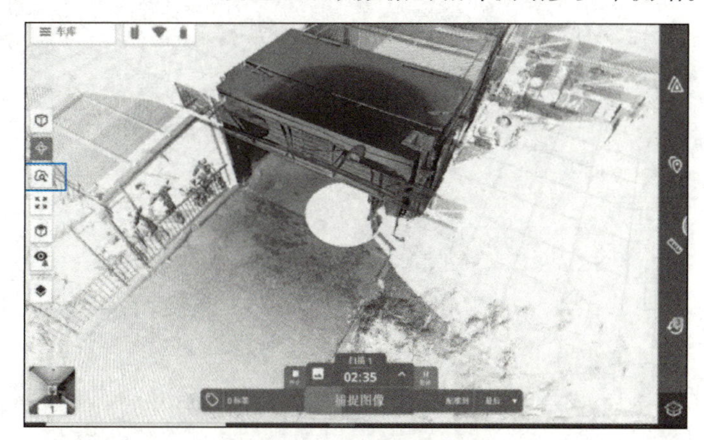

图 9-35　点云显示工具

点云缩放工具（图 9-36）：如遇找不到点云数据的情况，可点击该按钮以全局缩放该项目数据。

图 9-36　点云缩放工具

测站名称与编号显示工具（图 9-37）：可任意设置显示/隐藏测站名与编号。

图 9-37　测站名称与编号显示工具

图层管理工具（图 9-38）：可展开更多显示工具。

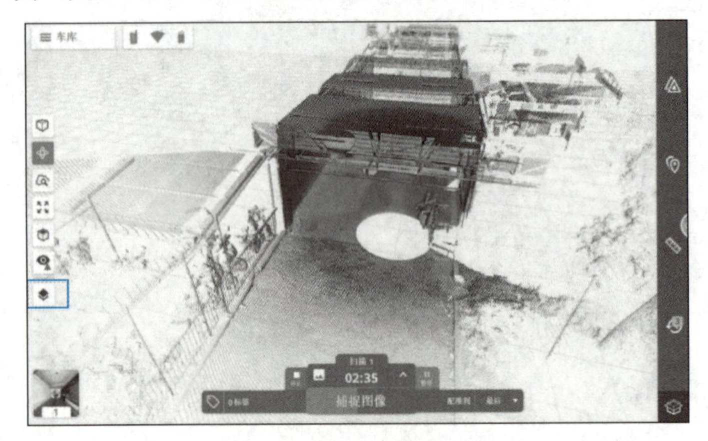

图 9-38　图层管理工具

测站信息显示工具（图 9-39～图 9-41）：可查看该测站的详细信息，包括整平状态、点云点数、扫描模式、扫描时间等。

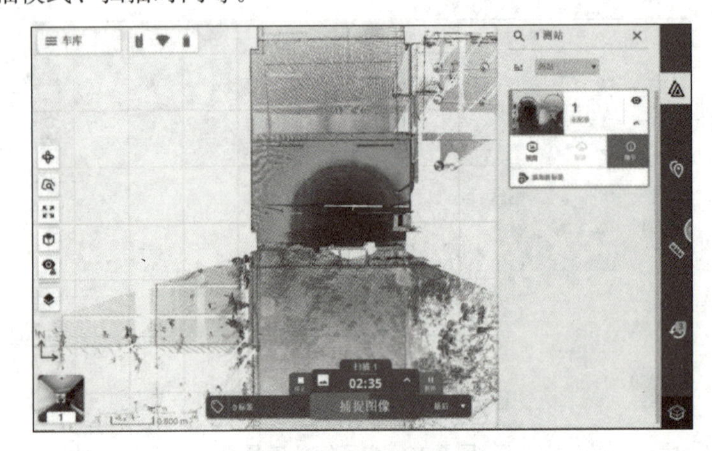

图 9-39　测站浏览工具

图 9-40　测站视图

图 9-41　测站信息

测站信息工具（图 9-42）：查看所有测站的配准信息及测站信息。可以选择启用或禁用影像获取功能。如果要为每次扫描获取影像，将影像模式设为开启，并将影像数设为 15 或 30。15 个影像的获取时间是 1min，30 个影像的获取时间是 2min。获取的影像可用于创建全景影像和/或为扫描数据着色。

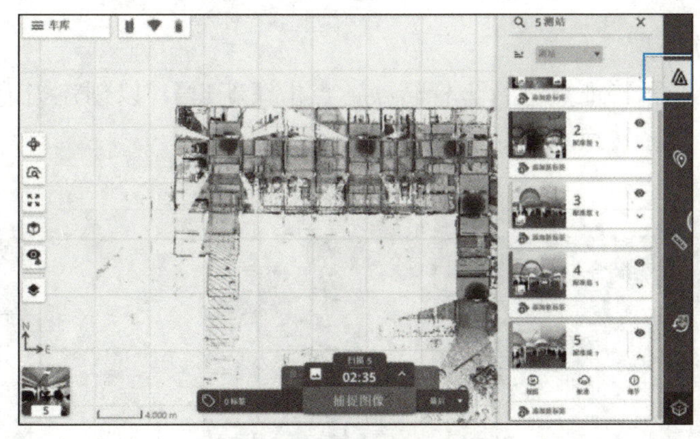

图 9-42　测站信息工具

7. 全景影像

可使用该测站信息工具进入创建全景影像功能（图 9-43）。

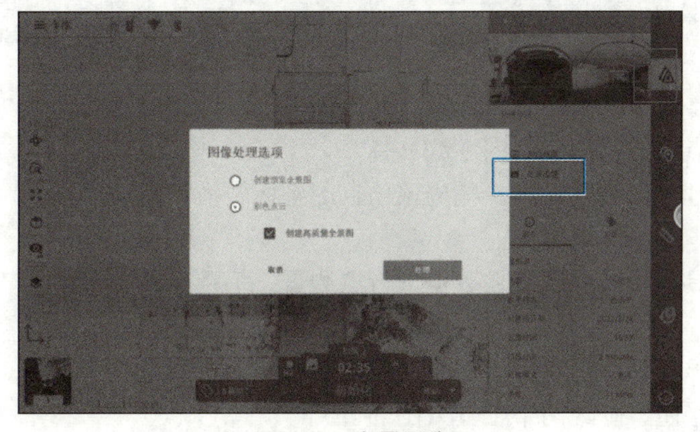

图 9-43　全景影像

8. 激光可视设置

先进入测站影像界面，可通过该按钮显示控制现场可视化激光的显示与关闭，可视化指示激光可实现现场特征点的放样与指导施工（图 9-44）。

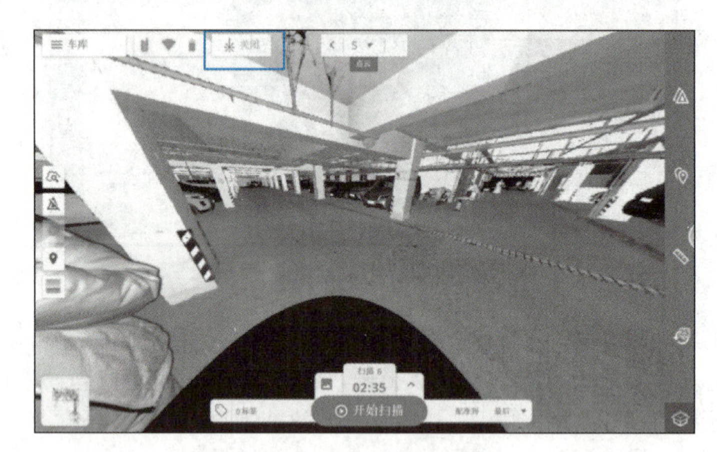

图 9-44　激光可视设置

9. 坐标系转换

可使用该工具指示特征点进行坐标转换，点击【新建】，以创建当前指示灯指示位置点位，用于后续坐标系转换（图 9-45）。

图 9-45　新建标记点

选择正确的点位进行创建（图 9-46）。

使用项目地理坐标转换工具，完成该项目的坐标转换（图 9-47）。

10. 测量工具

使用测量工具，可对三维点云数据进行点测量、垂距、平距、斜距、面积等多种测量（图 9-48）。

在二维点云显示界面下，可使用点测量、斜距、面积测量三个工具。在影像视图显示界面下，可使用平距、垂距两个工具（图 9-49）。

图 9-46　点位选取

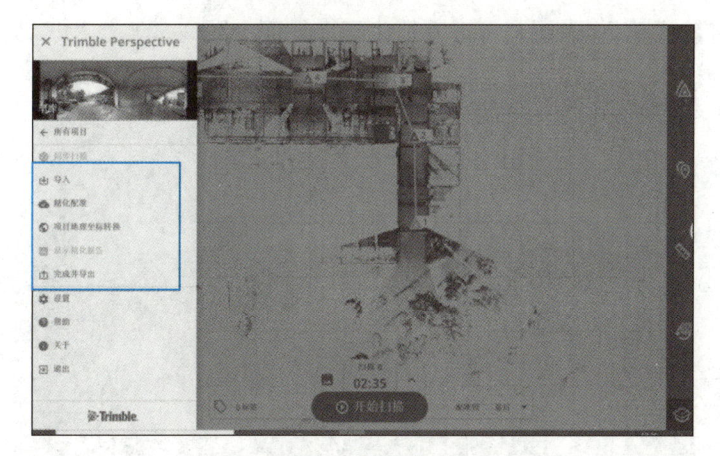

图 9-47　坐标转换

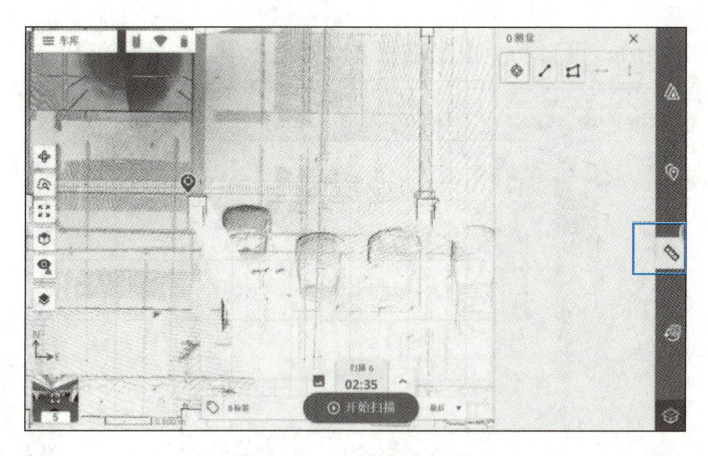

图 9-48　三维距离测量

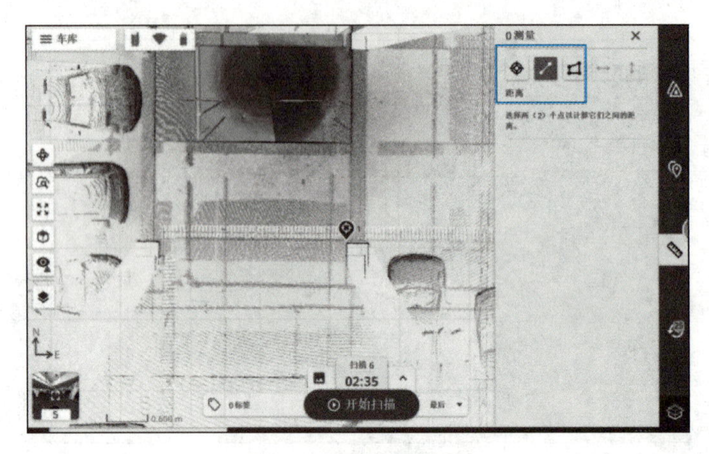

图 9-49　二维距离测量

11. 配准报告输出

点击【项目】→【精化配准】，可进入精化配准界面（图 9-50）。

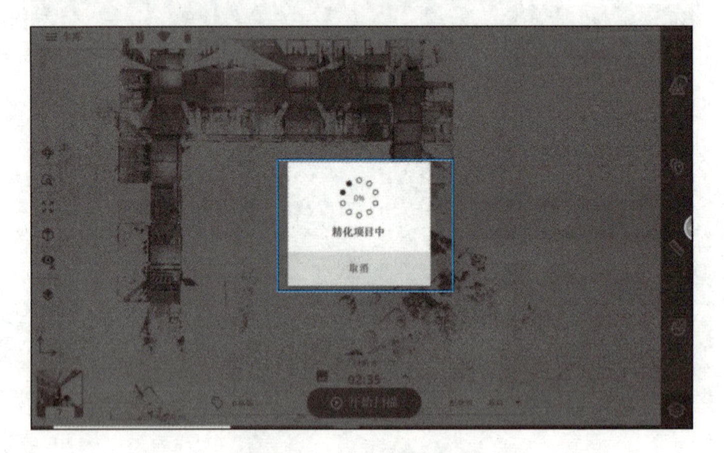

图 9-50　点云精化配准

精化配准完成之后，可自动生成配准报告，可任意浏览（图 9-51）。

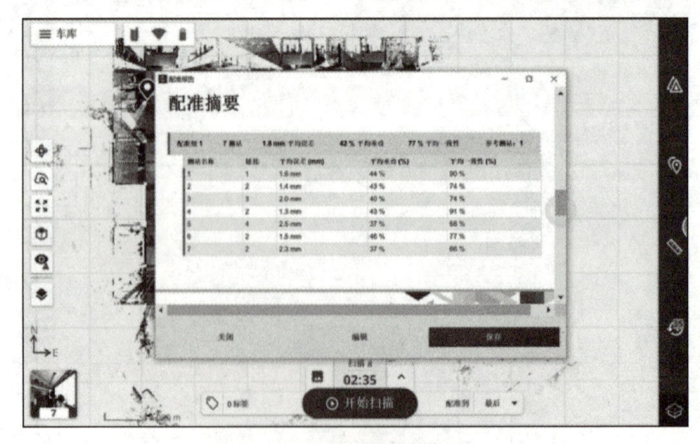

图 9-51　配准报告生成

将配准报告保存到指定位置即可（图 9-52）。

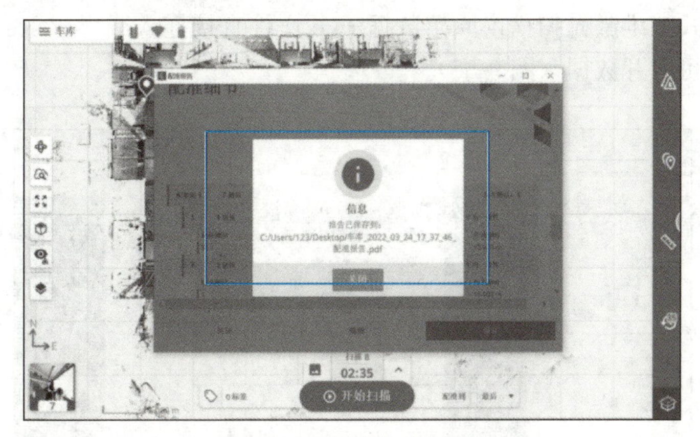

图 9-52　配准报告保存

12. 数据输出

可点击【项目】→【完成并导出】，即可进入导出界面，可任意设置是否需要精化配准、点云着色及输出数据格式和位置，设置完成后点击【完成】即可输出（图 9-53）。

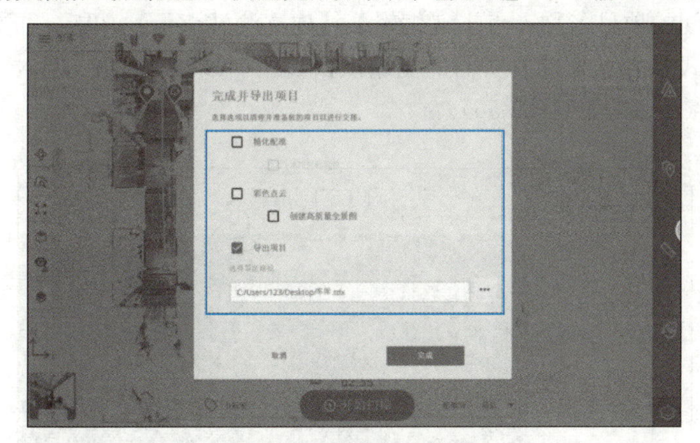

图 9-53　项目保存位置

确认【完成】后，即可自动输出数据到指定位置，等待进度条结束即可（图 9-54）。

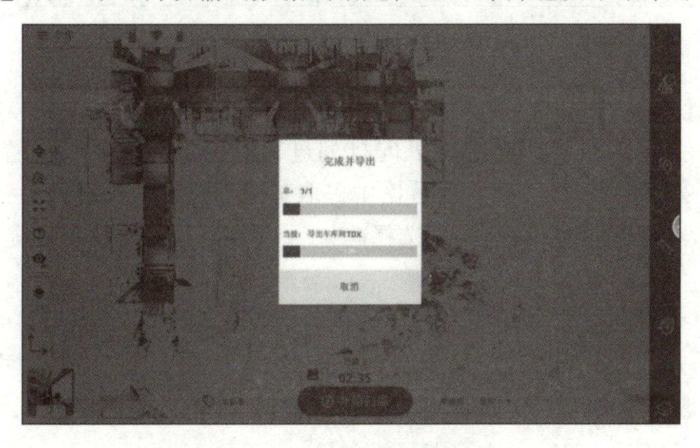

图 9-54　项目保存进度显示

13. Realworks 数据导入

将传统高速式三维激光扫描仪原始数据 rwp 文件直接拖入或导入 Realworks 软件中，等待导入完成即可打开数据（图 9-55）。

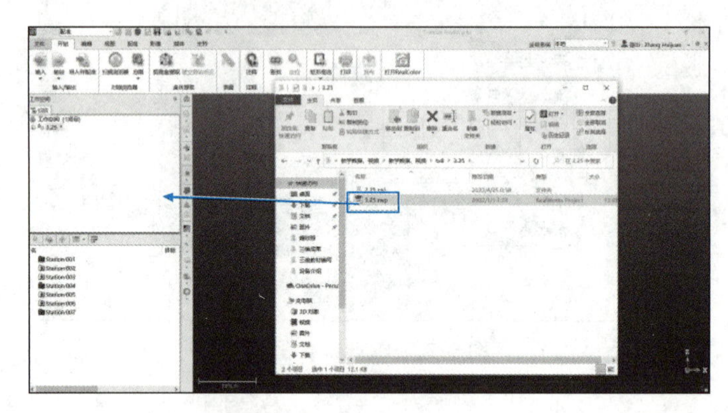

图 9-55　Realworks 数据导入

14. 创建点云项目

选中工作空间的项目名称，点击【编辑】→【建立测站点云】功能，可根据项目需要选择不同的提取模式及参数来提取所需的测站点云数据。该项目使用【步长取样】，【步长】参数设置为 1，点击【好】（图 9-56）。

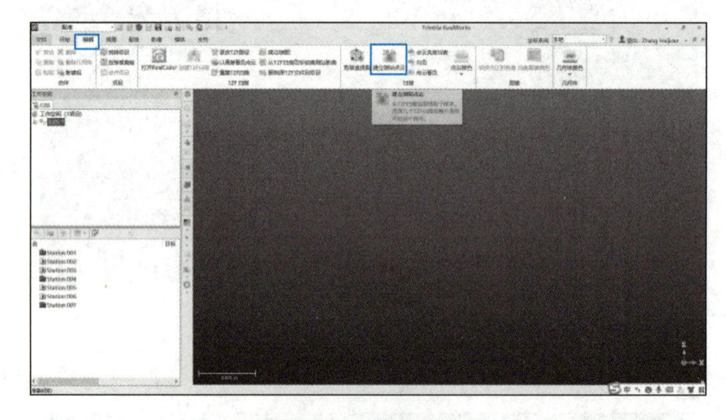

图 9-56　项目创建

15. 参数设置

【步长采样】为按照点云数据的横纵向排列进行数据提取，步长设置为 1，将全部提取。步长设置为 2，将在 2 行 2 列点云数据中提取 1 行 1 列，步长设置为 3，将在 3 行 3 列中提取 1 行 1 列，以此类推。采样类型选择确认后，界面下方会显示该提取数据的估计点数（图 9-57）。

【空间采样】为按照点云点间隔设置参数进行数据提取。

分辨率设置为 0.01m，表示该项目数据将按照 0.01m 的点间隔进行提取，大于 0.01m 点间隔的数据不进行采样提取，小于 0.01m 点间隔的数据按照 0.01m 的间隔进行提取采样（图 9-58）。

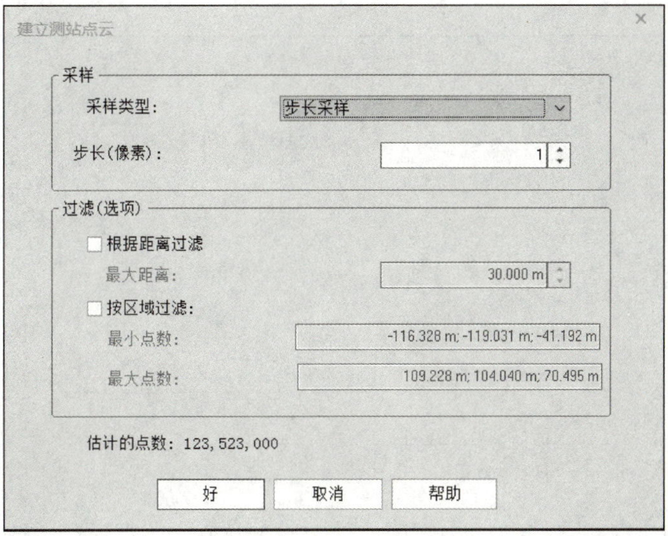

建立测站点云

采样
采样类型：步长采样
步长(像素)：1
过滤(选项)
根据距离过滤
最大距离：30.000 m
按区域过滤：
最小点数：-116.328 m; -119.031 m; -41.192 m
最大点数：109.228 m; 104.040 m; 70.495 m
估计的点数：123, 523, 000
好　取消　帮助

图 9-57　步长采样

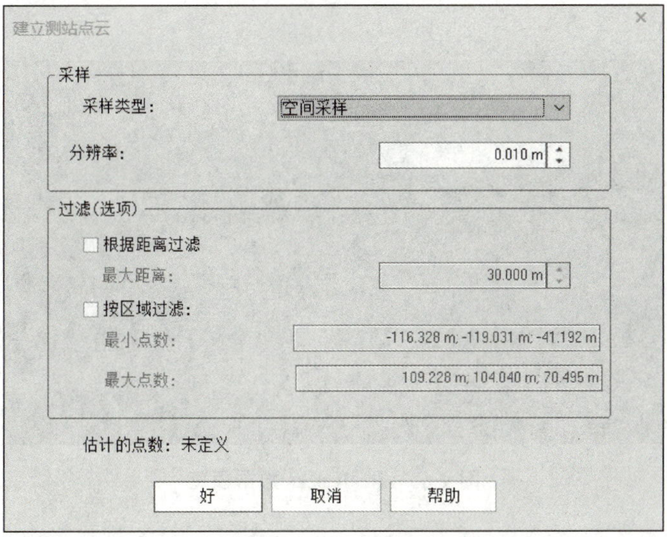

建立测站点云

采样
采样类型：空间采样
分辨率：0.010 m
过滤(选项)
根据距离过滤
最大距离：30.000 m
按区域过滤：
最小点数：-116.328 m; -119.031 m; -41.192 m
最大点数：109.228 m; 104.040 m; 70.495 m
估计的点数：未定义
好　取消　帮助

图 9-58　空间采样

【空间取样（保持细节）】为按照点云点间隔参数设置进行数据提取。

平面区域的分辨率设置为 0.1m，表示该项目数据将按照 0.1m 点间隔进行提取采样，但仅提取平面区域，拐角及特殊结构区域不参与该参数计算（图 9-59）。

16. Realworks 数据预览

【建立测站点云】后，软件视图界面显示原始数据，由于每个测站为独立坐标系数据，所以多个测站放在一起就是一团混乱的点云数据（图 9-60）。

17. Realworks 自动配准

选中工作空间的项目名称，点击【配准】→【全自动配准】，进入自动配准界面（图 9-61）。

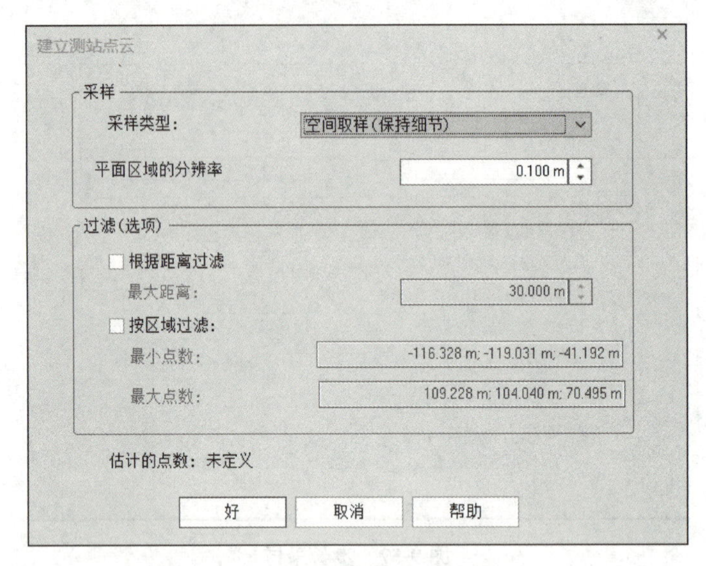

图 9-59　空间采样（细节保持）

图 9-60　Realworks 数据预览

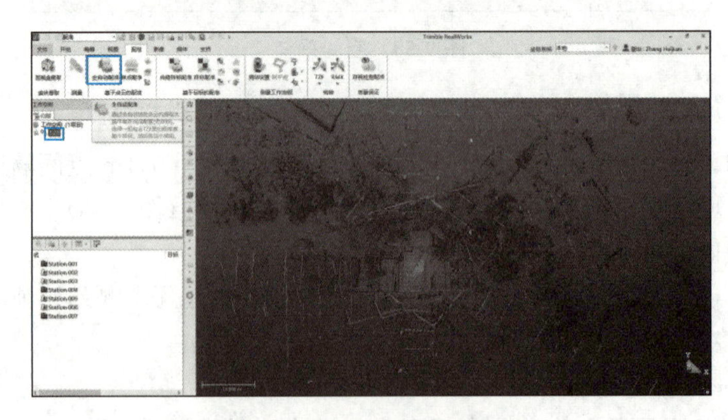

图 9-61　Realworks 数据配准

测站文件蓝色图标表示该测站在扫描时完成自动整平。黄色表示该测站在扫描时未做自动整平。可任意选择蓝色测站为基准数据。自定义设置参与配准的测站文件及是否需要创建预览点云（图 9-62）。

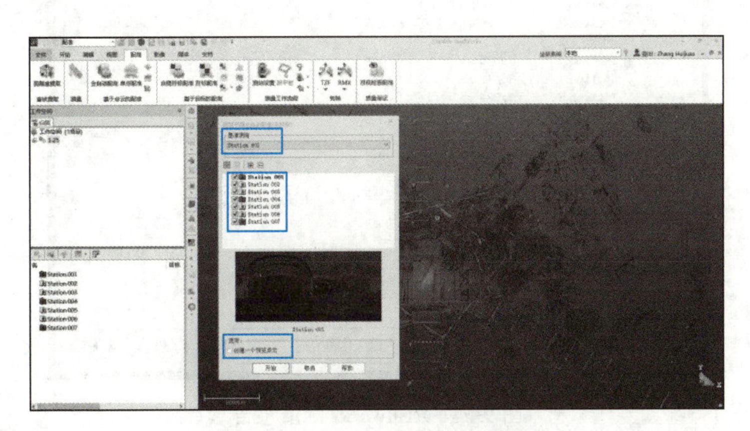

图 9-62　Realworks 基准站选取

18. Realworks 精化配准

选中工作空间的项目名称，点击【配准】→【用扫描精化配准】以实现整体数据的精化配准（图 9-63）。

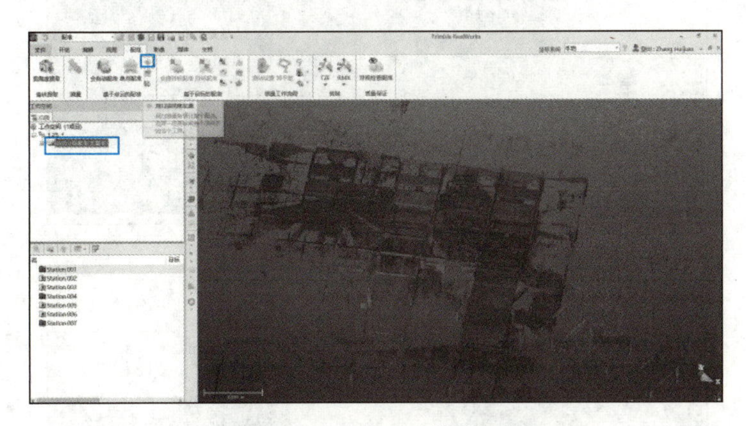

图 9-63　Realworks 精化配准

19. 保存查看报告

精化配准后自动显示配准报告，检查无误后可点击【保存为 RTF】以保存配准报告到指定位置（图 9-64）。

20. 圆柱建模

点击【建模】→【自动提取圆柱体】工具，可直接在原始数据中提取所有圆柱体模型（图 9-65）。

进入参数设置界面，可任意设置原始数据测站，设置圆柱体直径参数及模型拟合参数（图 9-66）。

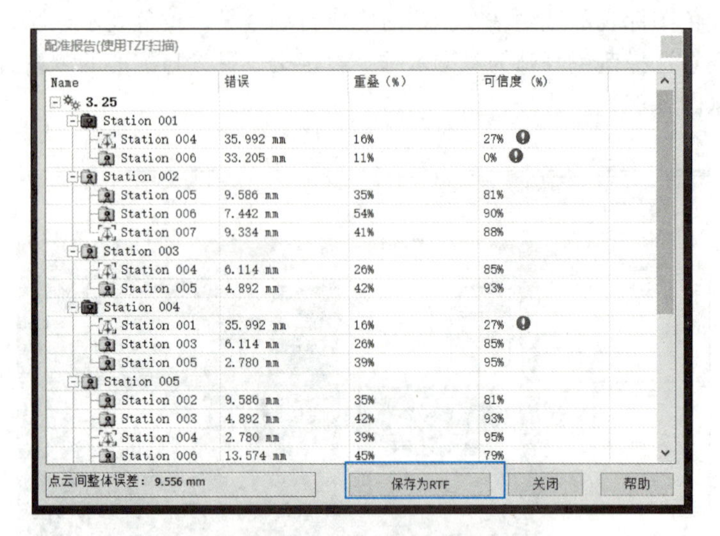
配准报告(使用TZF扫描)

Name	错误	重叠（%）	可信度（%）
3.25			
Station 001			
Station 004	35.992 mm	16%	27%
Station 006	33.205 mm	11%	0%
Station 002			
Station 005	9.586 mm	35%	81%
Station 006	7.442 mm	54%	90%
Station 007	9.334 mm	41%	88%
Station 003			
Station 004	6.114 mm	26%	85%
Station 005	4.892 mm	42%	93%
Station 004			
Station 001	35.992 mm	16%	27%
Station 003	6.114 mm	26%	85%
Station 005	2.780 mm	39%	95%
Station 005			
Station 002	9.586 mm	35%	81%
Station 003	4.892 mm	42%	93%
Station 004	2.780 mm	39%	95%
Station 006	13.574 mm	45%	79%

点云间整体误差： 9.556 mm

保存为RTF　关闭　帮助

图 9-64　Realworks 配准报告

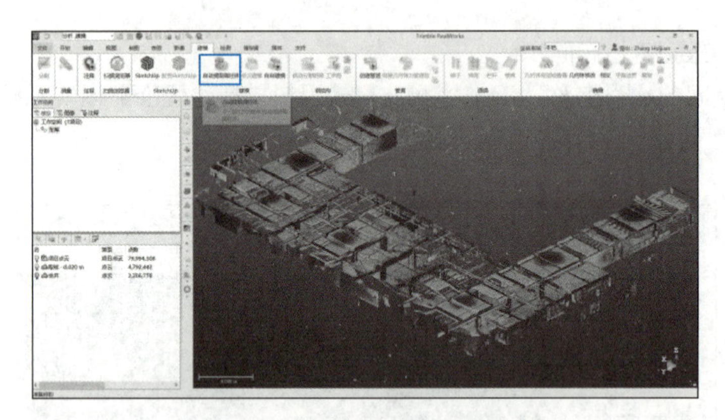
图 9-65　点云圆柱建模

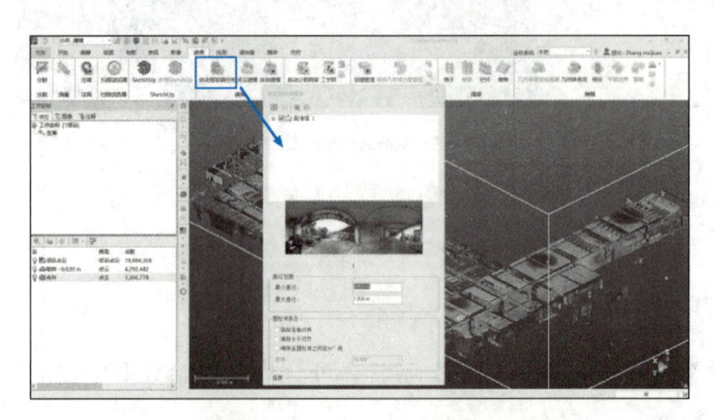
图 9-66　点云圆柱建模参数设置

21. 基础建模

点击【建模】→【点云建模】工具，可基于点云数据进行基础模型的创建（图 9-67）。

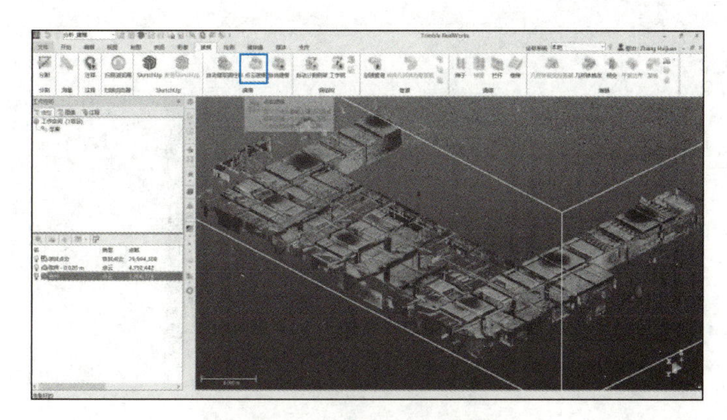

图 9-67　点云基础建模

点击【分割】工具可任意框选需要建模的数据（图 9-68）。

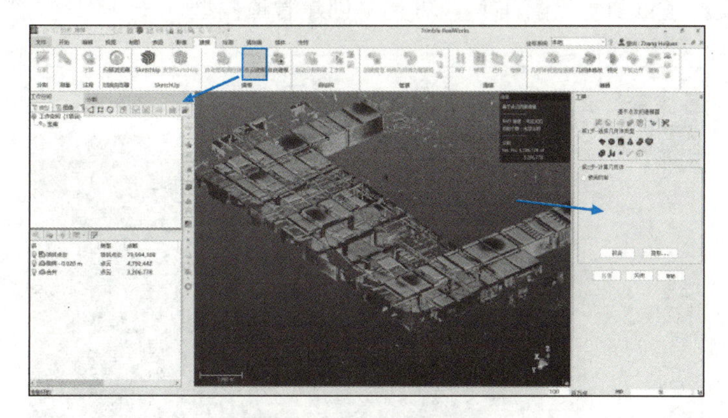

图 9-68　点云数据分割

框选某主体，点击【箱体】选择对应的基础模型，点击【拟合】→【创建】（图 9-69）。

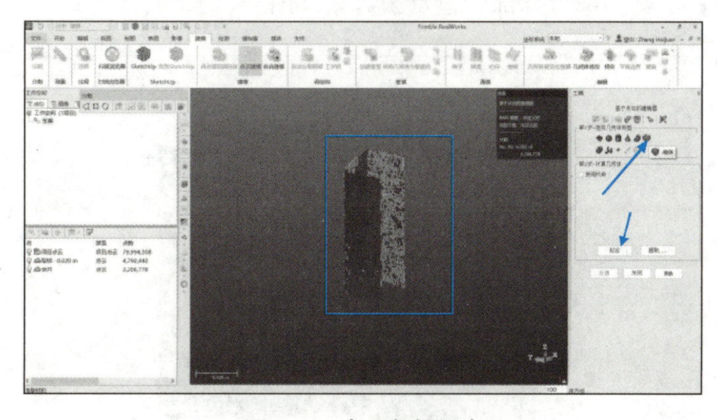

图 9-69　点云数据拟合

成功创建箱体模型。除箱体外，还有平面、球体、锥体、圆环以及自定义拓展体等多种基础模型（图 9-70）。

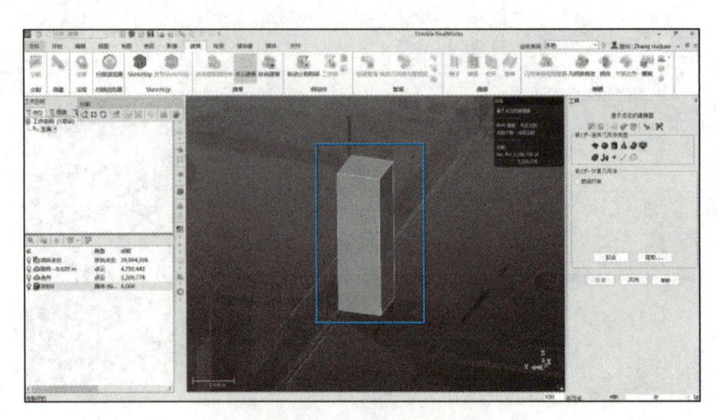

图 9-70　点云箱体模型

22. 管道建模

点击【建模】→【自动管道】工具，可自动创建管道模型（图 9-71）。

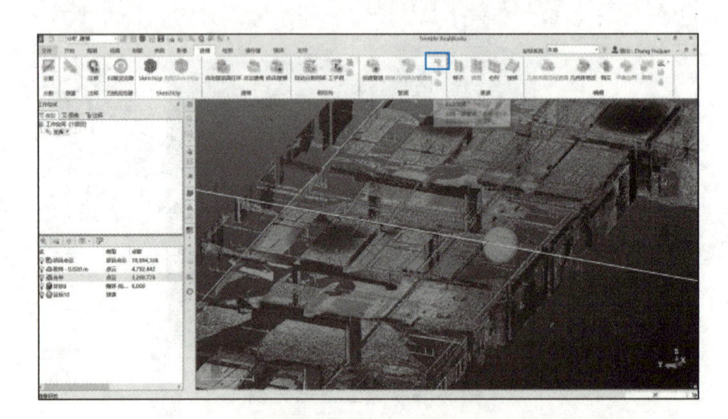

图 9-71　点云自动管道

点击【分割】工具，选择局部管道点云数据（图 9-72）。

图 9-72　点云分割

点击【提取】工具，在操作视图中点击【左键】，框选管道点云数据进行管道提取，再点击【左键】结束（图 9-73）。

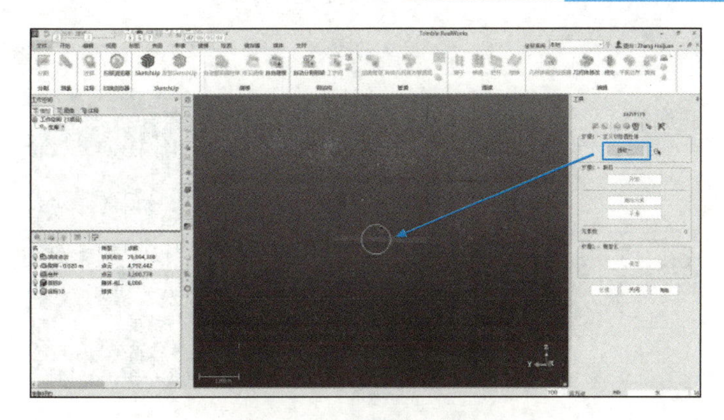

图 9-73　点云管道提取

自动提取管道模型后，点击【开始】，即可开始自动跟踪模型，创建连体管道模型（图 9-74）。

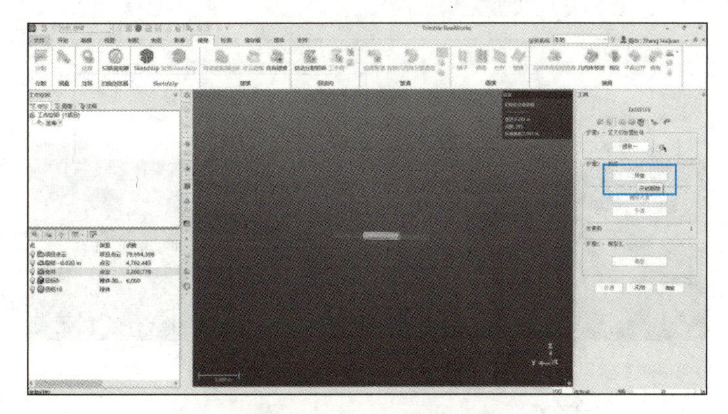

图 9-74　点云管道跟踪

自动跟踪创建管道模型后，点击【平滑】，对模型进行平滑处理。处理后，点击【模型化】，即自动转换为模型数据，点击【创建】（图 9-75）。

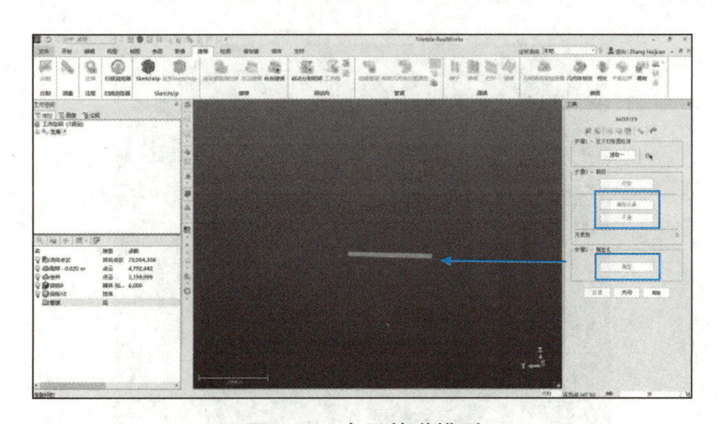

图 9-75　点云管道模型

23. 自定义建模工具

软件具备楼梯、栏杆等多种自定义模型创建工具（图 9-76）。

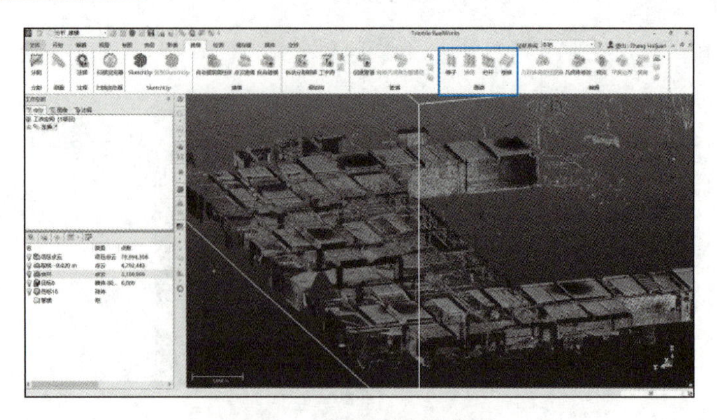

图 9-76　点云自定义模型

24. 模型编辑

软件具备平移、复制、相交、修改等多种模型编辑功能（图 9-77）。

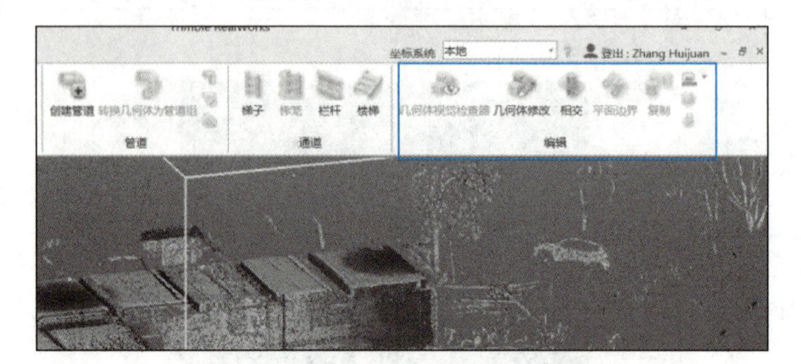

图 9-77　模型编辑

巩固训练

三维激光点云建模——行政楼（图 9-78）

图 9-78　行政楼遥感图

一、实验目的

1. 熟悉三维激光扫描仪结构与功能；
2. 掌握三维激光扫描仪作业模式；
3. 掌握建筑三维激光点云模型建立。

二、实验时间与地点

时间：××年××月××日

地点：测绘楼停车场

三、实验的仪器与工具

FARO 扫描仪一套，三脚架一套。

实训成果表：

序号	实训成果名称	提交形式	提交时间	提交人
1	三维激光扫描数据采集	报告及数据文件		
2	数据处理及点云拼接	报告及数据文件		
3	三维模型建立与优化	报告及模型文件		
4	模型纹理映射与色彩处理	报告及模型文件		
5	基于激光扫描数据的分析应用	报告及成果文件		

说明：请根据具体的实训内容和要求填写相应的信息，确保提交的成果准确、完整、符合要求。

项目十 Chapter 10

BIM技术在智能测量中的应用

10.1 BIM 技术与测量

10.1.1 BIM 技术应用与发展

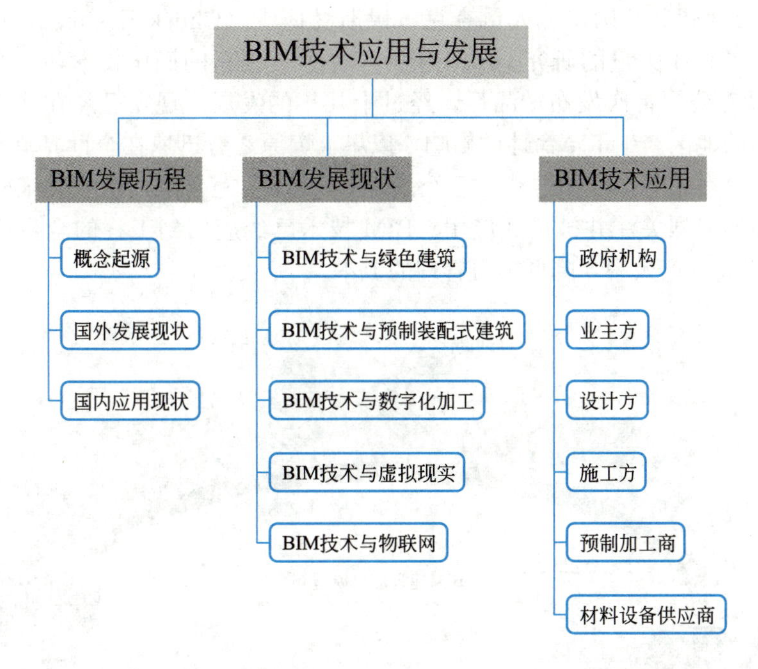

1. 知识目标：掌握 BIM 的概念和特点，基本了解 BIM 的发展历程以及国内外发展的差异，了解 BIM 技术的未来趋势以及实际环境中的应用。

2. 能力目标：能举例形象地说出 BIM 技术在实际生活中的运用，能结合实际说明未来 BIM 的发展趋势。

3. 素质目标：强化学生的职业素养和专业技术积累，培养学生的专业精神、职业精神和工匠精神，激发学生的创新思维，树立规范意识，养成科学严谨的作风。

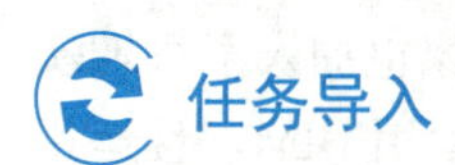

BIM 技术广泛应用于建筑设计、施工与管理等领域，同时也具有广泛而优良的扩展性，在传统工程建设领域之外同样有良好的融合应用，比如与数字化加工、物联网技术等

新兴技术的融合应用。本部分将介绍 BIM 技术在当前阶段的应用现状。

知识链接

BIM 的全称是建筑信息模型（Building Information Modeling），这项技术是以创建、收集建筑工程项目的各项相关信息数据作为基础建立建筑模型，为项目决策、设计、施工和运维提供信息协调、内部一致的共享信息资源，是一项应用于建筑设施全生命周期的基于三维模型的数字化技术。

1. BIM 发展历程

（1）BIM 概念起源

20 世纪 70 年代，美国研究人员查克·伊斯曼博士（Chuck Eastman，PhD）提出了 BIM 的概念，并做了大量的研究。BIM 作为一种独具创新的操作技术和生产方法，自从 2002 年由欧特克公司首次发布产品后，经过十几年的发展，现在已经在欧洲、美洲等建筑工业化发达的地区产生了革命性的影响，以星火燎原之势迅速在全世界范围内蔓延。美国等发达国家，在政府指导和推动下已经制定了 BIM 实施标准，这些实施标准也受到各国建筑工程师的强烈关注并被广泛应用。BIM 技术已经应用到工程的全生命周期中（图 10-1），大大提高生产效率，降低项目管理的成本。

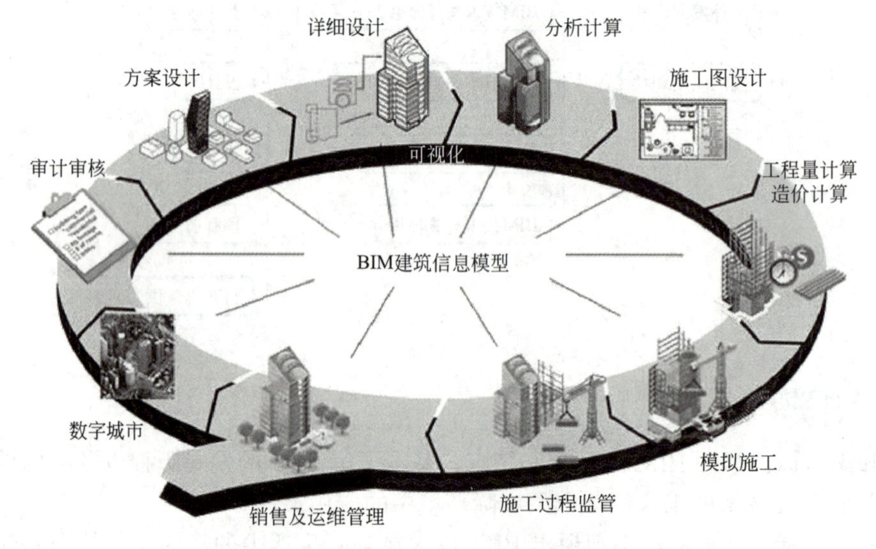

图 10-1　BIM 全生命周期应用示意图

（2）国外发展现状

国外对 BIM 技能的研讨和开发起步早，运用较早，并已经验证 BIM 技能的运用潜力。BIM 技术的实践最初在芬兰、挪威和新加坡等国家进行，而后美国等国家也加入了早期实践的队伍，美国也成为长期的全球建筑排头兵。美国大多修建项目都已运用 BIM，且运用品种丰富，在美国政府的引导推进下，已构成各种 BIM 标准与规范以及组织部门。此外，日本、新加坡的 BIM 发展态势、运用水平都较好。

（3）国内应用现状

自 2009 年以来，BIM 在建筑业逐渐形成热潮。除了前期软件厂商的大声呼吁外，政府相关单位、各行业协会与专家、设计单位、施工企业、科研院校等也开始重视并推广 BIM。中国房地产业协会商业地产专业委员会、中国建筑业协会工程建设质量管理分会、中国建筑学会工程管理研究分会、中国土木工程学会计算机应用分会于 2010 年、2011 年率先组织并发布了《中国商业地产 BIM 应用研究报告 2010》和《中国工程建设 BIM 应用研究报告 2011》，用于指导和跟踪商业地产领域 BIM 技术的应用和发展。

2011 年住房和城乡建设部发布的《2011—2015 年建筑业信息化发展纲要》中明确指出，在施工阶段开展 BIM 技术的研究与应用，推进 BIM 技术从设计阶段向施工阶段的应用延伸，降低信息传递过程中的衰减；研究基于 BIM 技术的 4D 项目管理信息系统在大型复杂工程施工过程的应用，实现对建筑工程有效的可视化管理等。这拉开了 BIM 在中国应用的序幕。

2012 年 1 月，住房和城乡建设部《关于印发 2012 年工程建设标准规范制订修订计划的通知》宣告了中国 BIM 标准制定工作的正式启动，其中包含五项 BIM 相关标准：《建筑工程信息喷型广用统一标准》《建筑工积信息模型存储标准》《建筑工程设计信息模型交付标准》《建筑工程设计信息模型分类和编码标准》《制造工业工程设计信息模型应用标准》。其中，《建筑工程信息模型应用统一标准》的编制采取千人千标准的模式，邀请行业内相关软件厂商、设计院、施工单位、科研院所等近百家单位参与标准研究项目、课题、子课题的研究。至此，工程建设行业的 BIM 热度日益高涨。

2. BIM 发展现状

当前，中国已经成为世界上工程建设活动最多、最活跃的地区。随着超高层、超大跨度建筑等大型复杂土木工程在我国大量涌现，行业计算机应用的前沿人士不约而同地挖掘 BIM 的潜在价值，使之更好地造福人类。

（1）BIM 技术与绿色建筑

BIM 技术的重要意义在于它重新整合了建筑设计的流程，所涉及的建筑生命周期管理是绿色建筑设计的关注和影响对象。真实的 BIM 数据和丰富的构件信息给各种绿色分析软件以强大的数据支持，确保了结果的准确性。

（2）BIM 技术与预制装配式建筑

利用 BIM 技术能有效提高装配式建筑的生产效率和工程质量，将生产过程中的上下游企业联系起来，真正实现以信息化促进产业化。借助 BIM 技术三维模型的参数化设计，使得图纸生成修改的效率有了很大幅度的提高，克服了传统拆分设计中的图纸量大、修改困难的难题。加上时间进度的 4D 模拟，进行虚拟化施工，提高了现场施工管理的水平，降低了施工工期，减少了图纸变更和施工现场的返工，节约投资（图 10-2）。

（3）BIM 技术与数字化加工

BIM 技术与数字化加工集成应用，意味着将 BIM 模型中的数据转换成数字化加工所需的数字模型，制造设备可根据该模型进行数字化加工。

（4）BIM 技术与虚拟现实

BIM 技术与虚拟现实技术集成应用，可提高模拟的真实性。使用虚拟现实技术可展示一栋活生生的虚拟建筑物，使人产生身临其境之感。并且，可以将任意相关信息整合到已

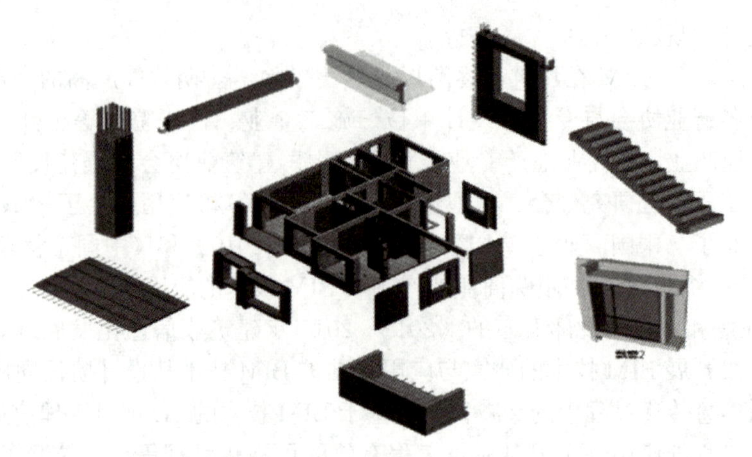

图 10-2 BIM 技术应用于装配式构件设计与加工

建立的虚拟场景中，进行多维模型信息联合模拟。可以实时、任意视角查看各种信息与模型的关系，指导设计、施工，辅助监理、监测人员开展相关工作。

BIM 技术与虚拟现实技术集成应用，可有效提升工程质量。在施工之前，将施工过程在计算机上进行三维仿真演示，可以提前发现并避免在实际施工中可能遇到的各种问题，如管线碰撞、构件安装等，以便指导施工和制订最佳施工方案，从整体上提高建筑施工效率，确保工程质量，消除安全隐患，并有助于降低施工成本与时间耗费。

（5）BIM 技术与物联网

BIM 技术与物联网集成应用，实质上是建筑全过程信息的集成与融合。BIM 技术发挥上层信息集成、交互、展示和管理的作用，而物联网技术则承担底层信息感知、采集、传递、监控的功能。二者集成应用可以实现建筑全过程"信息流闭环"，实现虚拟信息化管理与实体环境硬件之间的有机融合。目前 BIM 在设计阶段应用较多，并开始向建造和运维阶段应用延伸。物联网应用目前主要集中在建造和运维阶段，二者集成应用将会产生极大的价值。

3. BIM 技术应用

建设工程项目是一个系统的、庞大的、复杂的工程，在全生命周期管理中涉及的参与方众多，这些参与方直接或间接地参与对工程项目的管理，共同推进工程项目的顺利进行。

对于城市重点工程政府管理机构，利用 BIM 技术可以优化方案、进度、质量和成本等控制目标。对于城市工程建设行业管理部门，可通过法规、技术规程颁布和政策引导，大力推广 BIM 技术在行业的应用，提升建设工程行业的精细化、信息化管理水平。

通过应用 BIM 技术，业主方可以更好地表达想法、构思，能与项目相关参与方更好地协调和沟通。在项目规划和实施阶段，BIM 技术可以帮助业主协调各方意见，优化设计、施工方案和组织，确保项目按计划实施，提高项目管理效率。

BIM 协调设计可以克服当前设计领域各专业设计间孤立、串行的缺点，改变设计院的工作方式，使得设计方案的数据、图形等的修改更加便捷和联动，让各个相关参与方的工作方式更加融合和交互，并且更加直观地展示设计方案，使各方沟通更加快捷高效。

借助 BIM 技术，施工方可以进行三维平面布置方案模拟、施工进度计划与实际对比校拟分析、施工技术方案实施模拟等相关施工模拟。让参建各方能够更直观地提前了解项目的基本情况及存在的问题，减少施工质量问题和安全隐患，降低施工成本，提高施工效率。

BIM 三维碰撞检查技术的应用，可以消除图纸设计中的设备碰撞，优化设计方案，大大减少因图纸和施工问题导致的返工和损失，而且通过碰撞检查还可以优化各种管线的排布，提高空间综合利用率。BIM 技术的可视化应用可以将建筑模型和实际工程进行对比分析，从而分析判断理论和实际的差异。除此之外，还可以让建设方评估建筑物的各种功能，以便提前预知，并及时对相关功能问题做出调整。

BIM 技术应用，使得构件模型智能化，并且可以数控加工，其精度和效率远远大于二维图纸预制构件加工。同时，BIM 模型中包含了构件的全部信息，因此，预制加工商通过采集这些标准构件信息，可以预制加工标准化构件，施工现场只需将预制构件吊装装配施工即可，节约施工工期，减少施工现场环境污染，提高施工效率，并且随着产业化的深入，使得预制加工商逐渐成为工程项目的重要参与方之一。

BIM 技术 4D 和 5D 模拟应用以后，施工现场各阶段材料和设备需求和供应是实时的，BIM 模型导出的材料和设备需求和供应计划更具有合理性，从而避免了材料和设备的大量积压或者急缺，确保了工程的顺利进行。

习题

1. 如何理解 BIM 技术？
2. 简单概括 BIM 技术的未来趋势。
3. BIM 技术具有哪些特点？
4. 简述 BIM 技术在工程项目管理中各参与方的应用。

10.1.2　基于 BIM 技术的智能测量

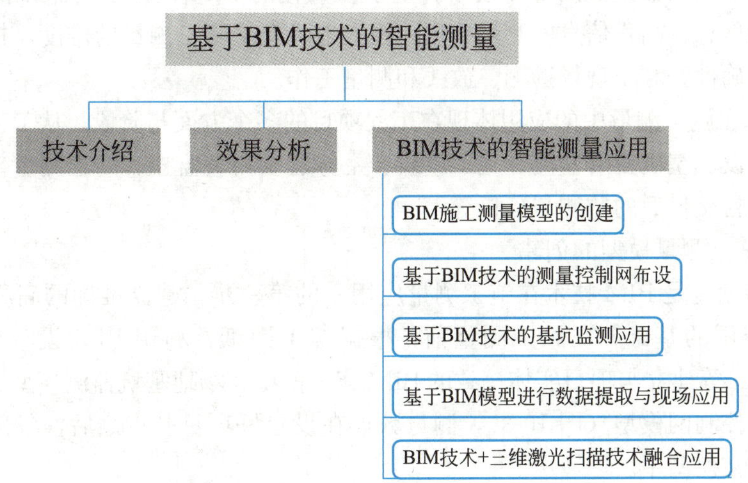

学习目标

1. 知识目标：了解基于 BIM 技术的智能测量的基本概念，掌握其实际运用。

2. 能力目标：能结合实际案例指出基于 BIM 技术的智能测量的具体应用。

3. 素质目标：认识到基于 BIM 技术的智能测量与传统测量的差别，以及基于 BIM 技术的智能测量的先进性可以更好地辅助施工完成。学生应加以掌握，更好应对科技高速发展后的建筑行业的变化。

任务导入

随着相关软件和硬件的不断发展，工程测量对技术的需求不断提高，从而产生了一些新的工艺方法。在基于 BIM 平台信息管理的模式下，实现测量方法、仪器的智能化，建立具有智能化功能的测量系统，是弥补测量系统不足，取得高稳定性、高可靠性、高精度和提高分辨率与适应性的必然趋势。本部分着重讲解基于 BIM 技术的智能测绘测量技术应用原理和方法。

知识链接

众所周知，BIM 以三维模型为应用基础，进行相关应用开展。在施工测量中，准确的数据是测量的根本。基于精细化、信息化的 BIM 模型能够便于我们施工测量人员快速提取坐标、高程、尺寸等数据，然后应用于现场监测、放线、测量等工作。有条件的更可通过 BIM 模型与三维激光扫描设备结合进行现场智能化、高效化测量放线等。BIM 技术的融入，其最大优势体现在高效率、高精度，从而为施工测量带来一定的应用帮助。

传统的施工测量工作，主要利用 CAD 平面图标注的数据，进行现场勘察应用。由于 CAD 二维平面的限制，设计工作无法给勘察带来实质性的帮助，勘察工作较为困难。在施工测量中，准确的数据是测量的根本。基于参数化的 BIM 模型能为施工测量人员提供带有准确坐标信息、高程信息的测量数据，极大地降低了施工测量的难度，提高了施工测量的速度和准确性，利于现场勘测、放线和测量工作。

BIM 技术在施工测量中的应用体现在工程项目的多个方面与阶段，从工程建设开始的施工控制网布设、基坑变形监测、施工放线、主体建设测量监控、高程测量传递、建筑物变形监测到项目交付后的监测与分析等。

1. BIM 施工测量模型的创建

BIM 模型创建是 BIM 技术在施工测量应用中的第一步。建立准确的高程坐标和构件信息是模型应用的基础。在施工测量前，根据施工图纸，利用 BIM 设计软件如 Open Roads Designer 等建立与项目实体一致的 BIM 施工模型、场地基坑监测模型、施工测量设备模型、施工控制网模型（图 10-3），测量数据在设置好项目基点之后，各部位的测量数据会自动生成在模型中。

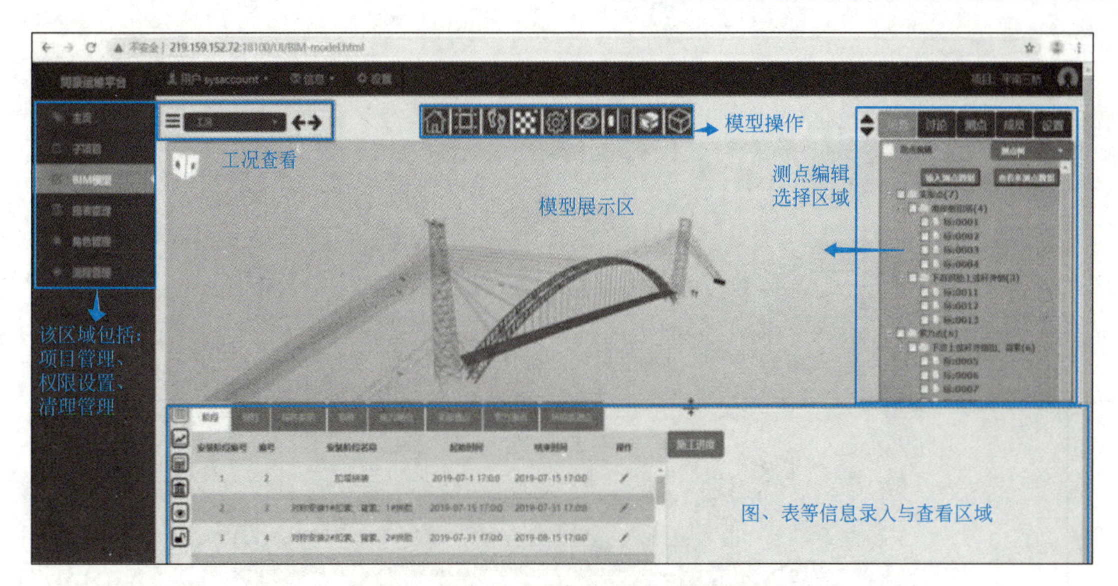

图 10-3　基于 BIM 技术的施工测量模型

2. 基于 BIM 技术的测量控制网布设

利用 BIM 技术进行基准点的复核，然后引测到基坑周边，在施工场地周边道路及建筑物上创建一级三维控制网，作为施工的首级控制网（图 10-4）。

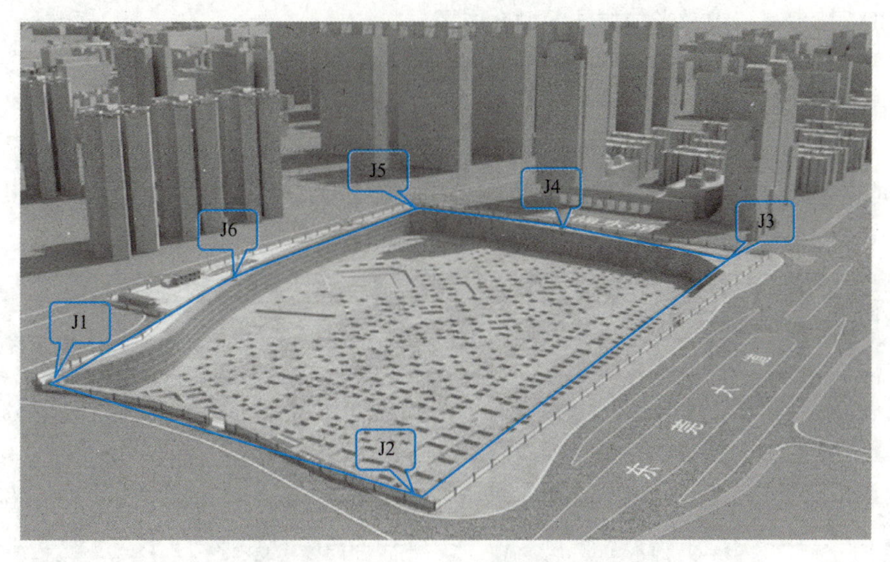

图 10-4　某项目一级测量控制网布置图

3. 基于 BIM 技术的基坑监测应用

通过建立基坑监测 BIM 模型，解决以往基坑围护结构变形监测中不能直观表达变形情况和趋势的缺点。在模型中导入每天的监测数据，并采用 4D 技术＋变形色谱云图的表现方式，方便工程师、管理人员、业主、施工人员等查看基坑围护结构的变形情况（图 10-5）。

4. 基于 BIM 模型进行数据提取与现场应用

在施工现场测量工作前，将创建好的 BIM 模型进行测量数据的提取和标识，便于测

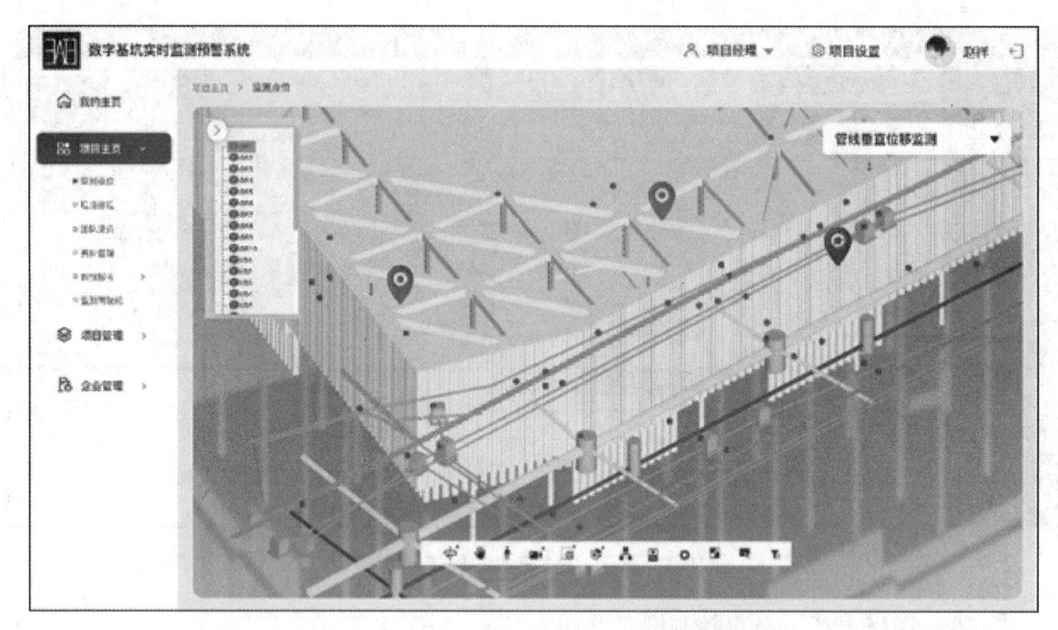

图 10-5　基于 BIM 模型的基坑实时监测预警系统

量人员带入现场，进行施工放线等工作。

5. BIM 技术+三维激光扫描技术融合应用

BIM 技术与三维激光扫描仪的融合应用，使工程测量应用达到了另外一个高度。三维激光扫描仪通过高速激光扫描测量的方法，大面积高分辨率地快速获取施工现场的三维坐标数据，高效完整地记录施工现场的复杂情况，为测量人员节省大量时间的同时，提高了测量数据的准确性。其与 BIM 模型的集成应用，能为工程质量检查与验收带来巨大的作用（图 10-6）。

图 10-6　三维激光扫描仪 BIM 测量放样

习题

1. 简单概括基于 BIM 技术的测量有哪些优势。
2. 简述基于 BIM 技术的测量的效果。
3. 基于 BIM 技术的测量有哪些？选择三方面进行简要论述。

10.2 BIM 模型创建和智能测量基础

10.2.1　利用 Revit 软件创建 BIM 模型

思维导图

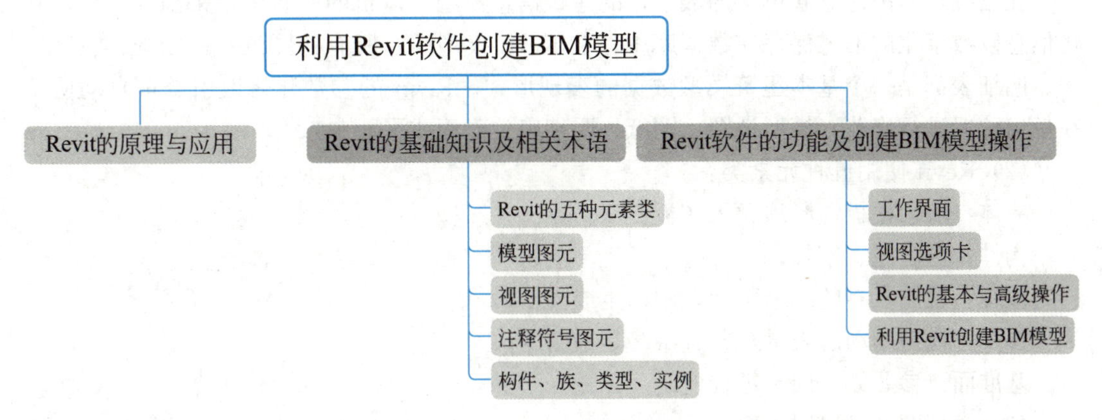

学习目标

1. 知识目标：了解 BIM 模型的相关内容，掌握 Revit 软件的知识要点与创建 BIM 模型的技术流程。

2. 能力目标：能了解并利用 Revit 软件创建 BIM 模型的相关流程及技术操作。

3. 素质目标：认识到 Revit 软件在创建 BIM 模型中的优势和意义，认识到工具及技术的进步与创新对提升工作效率和工作精准度的重要作用，树立正确的创新观念和学习观念。

任务导入

利用 Revit 软件创建 BIM 模型，这项技术广泛应用于建筑设计、施工与管理等领域，它具有强大的建模功能和协同设计能力，能够帮助建筑师、工程师和施工人员更高效地进行设计与管理工作。本部分将介绍如何利用 Revit 软件进行建模与设计，帮助了解 Revit 的操作方法和技巧。

知识链接

Revit 是一款由美国 Autodesk 公司开发的面向建筑行业的三维建筑信息建模（BIM）软件，它以封闭的建筑模型为基础，集成了建筑设计、施工与管理等功能。Revit 的核心理念是“模型为王”，通过建立一个完整的三维模型，并将各个构件之间的关系与属性信息融入模型中，实现模型的参数化设计与协同工作。

Revit 软件提供了一系列建模工具和功能，包括墙体、楼板、柱子、梁等基本构件的创建、修改和编辑，还有各种家具、设备、管道、电气等专业构件的添加与布置。同时，Revit 还具有强大的分析与优化功能，能够进行结构分析、能源分析等，帮助设计人员更好地优化设计方案。

1. Revit 基础知识

（1）基于 BIM 的建筑设计软件 Revit 主要融合了如下思想：

在三维空间中建立起单一的数字化的建筑信息模型，建筑的所有信息来源于模型，并将信息以数字化的形式保存在数据库中；在 Revit 模型中，所有的图纸——二维、三维视图、明细表都是一个基本建筑模型数据的表现形式。Revit 的参数化修改引擎可自动协调在任何位置进行修改（模型视图、图纸、明细表、剖面或平面中）。

（2）Revit 使用五种元素类：

主体：墙、楼板、屋顶、天花板；

构件：窗、门、家具；

注释：视图专有的二维图元，用以生成文档；

视图：模型的动态表示，并且始终是最新的；

基准面：参照元，用于组合建筑。

（3）模型图元（Model Elements）：

生成建筑物几何模型，表示物理对象的各种图形元素，代表建筑物的各类构件。模型图元是构成 Revit 信息模型最基本的图元，也是模型的物质基础，分为两类：主体图元（Host Elements）和构件图元（Component Elements）。

主体图元：可以在模型中承纳其他模型图元对象的模型图元，代表着建筑物中建造在主体结构中的构件。如：柱、梁、楼板、墙体、屋顶、天花板、楼梯等。

构件图元：除主体图元之外的所有图元。一般在模型中不能够独立存在，必须依附主体图元才可以存在。如：门、窗、上下水管道、家具等。

（4）视图图元：

模型图元的图形表达，它向用户提供了直接观察建筑信息模型与模型互动的手段。视图图元决定了对模型的观察方式以及不同图元的表现方法，主要包括：楼层平面视图、天花板视图、立面视图、剖视图、三维视图、图纸、明细表、报告等。视图图元与其他任何图元是相互影响的，会及时根据其他图元进行更新，是“活”的。

(5) 注释符号图元：

用于对建筑设计进行标注、说明的图形元素，分为两类：

注释图元：属于二维图元，它保持一定的图纸比例，只出现在二维的特定视图中。如：尺寸标注、文字标注、荷载标注、符号等。

基准图元：属于建立项目场景的非物理项。如：柱网、标高、参考平面等。

注释图元属于一种视图信息，仅仅用于显示，并非建筑的一部分。由于与模型中的图元彼此关联，当模型图元发生改变时，注释符号图元会随之发生相应的改变。反之，用户也可以通过改变注释图元的属性来改变模型的信息。

2. 主要知识点

(1) 构件

一个建筑物是由许多构件组成的。如墙、楼板、梁、柱、门，在 Revit 中称为图元。构件不仅仅指墙、门、窗等具体的建筑构件，还包括文字注释、尺寸标注、标高等具体的图元类型，这是与以往 CAD 软件的不同之处。放置在建筑模型中的所有对象都属于某一种类别，这种广泛的类别可以进一步细分为“族”，对象类型还可以分解成子类别。例如，项目中所有的门属于“门类别”，在 Revit 中每一个对象都附带有自己的属性参数。

(2)“族”(family)

它是类别中图元的类，是一个最重要的概念。按族成组的图元都有共同的参数（属性）设置、相同的用法及类似图形化表示。一个族中不同图元的部分或全部属性都有不同的值，但属性的设置是相同的。例如，门，可以看成一个族，有不同的门，如推拉门、双开门、单开门等。

(3) 族的分类

根据定义的方法和用途的不同，族可分为系统族、标准构件族、样板族和内建族。

系统族：在 Revit 中预定义的族，包括基本建筑构件。可以在系统族中通过设定新的参数来定义新的系统族。

标准构件族：在建筑设计中使用的标准尺寸和配置的常见构件和符号。可以使用族编辑器中的标准族样板来定义族的几何图形和尺寸。

族样板分两类：基于主体的样板，如门族，是基于墙主体的样板；独立的样板，如柱、家具等。族样板有助于创建和操作构件族。

内建族：Revit 软件预装的，可以直接在项目中使用，但通常不允许用户进行编辑。

(4) 类型

族是相关类型的集合，是类似几何图形的编组。族中的成员几何图形相似而尺寸不同。类型可以看成族的一种特定尺寸，也可以看成一种样式。

类型定义：对象所具有的属性，定义对象与其他对象如何相互作用，定义对象如何把自己绘制成各种不同视图的表示方法。

各个族可拥有不同的类型，类型是族的一种特定尺寸，一个族可以拥有多个类型，每个不同的尺寸都可以是同一族内的新类型。

(5) 实例

“实例”是放置在项目中的实际项，在建筑（模型实例）或图纸（注释实例）中有特定的位置。实例是族中类型的具体例证，是类型模型的具体化。实例是唯一的，但任何类型可以有许多相同的实例，在设计中定义在不同的部位。

任务实施

Revit 软件的功能及操作介绍

1. 工作界面

如图 10-7 所示，在 Revit 中工作界面分成了若干区域，各区域相互协作，构建了完整的工作界面。

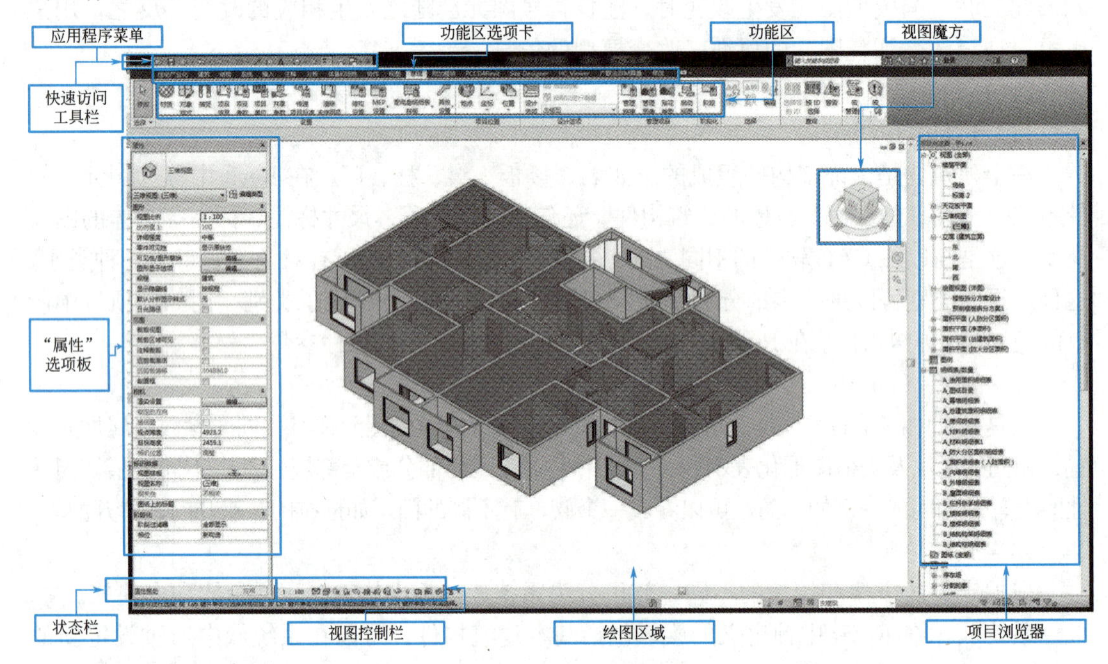

图 10-7　Revit 工作界面

(1) 应用程序菜单

应用程序菜单提供对常用文件操作的访问，例如"新建""打开"和"保存"，还允许使用更高级的工具（如"导出"和"发布"）来管理文件。

单击"文件"打开应用程序菜单。要查看每个菜单项的选择项，单击其右侧的箭头，然后在列表中单击所需的项。作为一种快捷方式，可以单击应用程序菜单中（左侧）的主要按钮来执行默认的操作。

(2) 快速访问工具栏

快速访问工具栏包含一组默认工具。可以对该工具栏进行自定义，使其显示最常用的工具（图 10-8）。

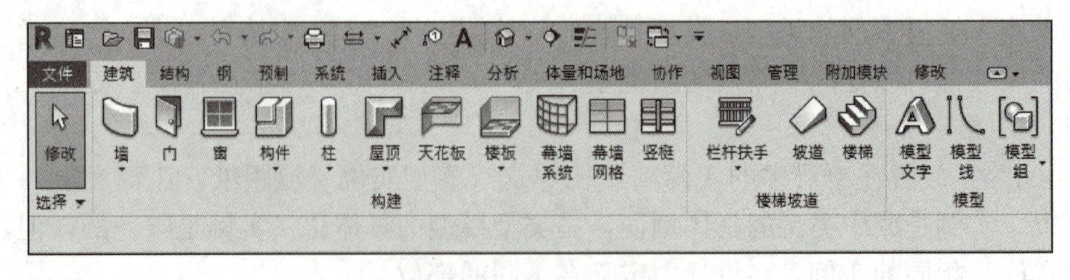

图 10-8　Revit 工具栏

快速访问工具栏可以显示在功能区的上方或下方。要修改设置，在快速访问工具栏上单击“自定义快速访问工具栏”下拉列表“在功能区下方显示”。

可将工具添加到快速访问工具栏中，如图 10-9 所示。

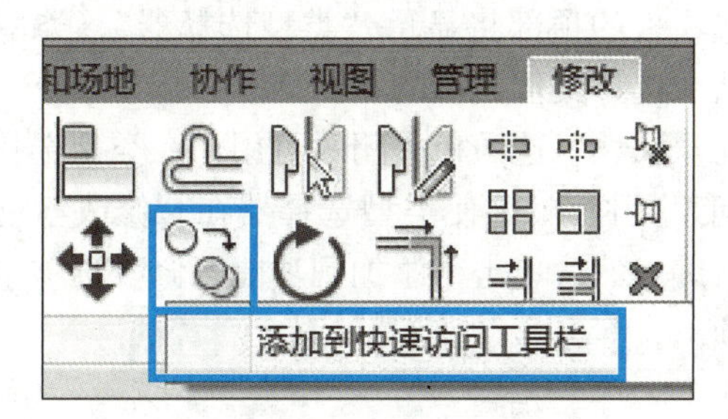

图 10-9　添加到快速访问工具栏

（3）选项栏

选项栏位于功能区下方，其内容因当前工具或所选图元而异。

（4）“属性”选项板

“属性”选项板是一个无模式对话框，通过该对话框，可以查看和修改 Revit 中图元属性的参数（图 10-10）。

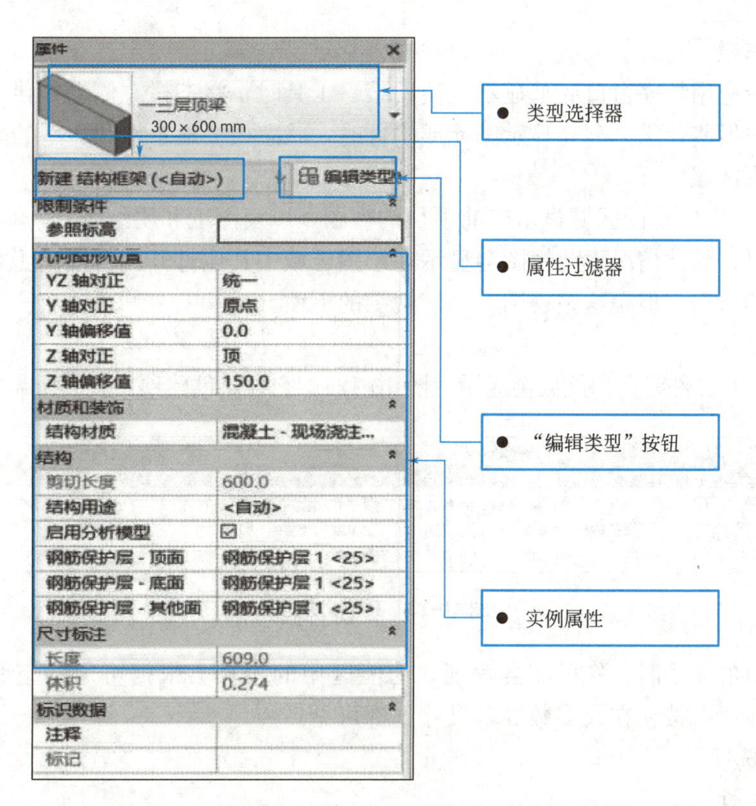

图 10-10　Revit“属性”选项板

属性过滤器：类型选择器的正下方是一个过滤器，该过滤器用来标识将由工具放置的图元类别，或者标识绘图区域中所选图元的类别和数量。如果选择了多个类别或类型，则选项板上仅显示所有类别或类型所共有的实例属性。

（5）类型选择器

如果有一个用来放置图元的工具处于活动状态，或者在绘图区域中选择了同一类型的多个图元，则“属性”选项板的顶部将显示“类型选择器”。类型选择器标识当前选择的族类型，并提供一个可从中选择其他类型的下拉列表。

为了使类型选择器在“属性”选项板关闭时可用，在类型选择器中单击鼠标右键，然后单击“添加到快速访问工具栏”。要使类型选择器在“修改”选项卡上可用，请在“属性”选项板中单击鼠标右键，然后单击“添加到功能区修改选项卡”。每次选择一个图元，都将反映在“修改”选项卡。

（6）视图控制栏

从左到右分别为：比例、详细程度、视觉样式、打开/关闭日光路径、打开/关闭阴影、裁剪视图、显示/隐藏裁剪区域、解锁/锁定的三维视图、临时隐藏/隔离、显示隐藏的图元、临时视图属性、显示分析模型、高亮显示位移集（图 10-11）。

1 : 100

图 10-11　Revit 视图控制栏

（7）状态栏

状态栏沿应用程序窗口底部显示。使用某一工具时，状态栏左侧会提供一些技巧或提示，告诉用户做些什么。高亮显示图元或构件时，状态栏会显示族和类型的名称。

（8）绘图区域

Revit 窗口中的绘图区域显示当前项目的视图（以及图纸和明细表）。每次打开项目中的某一视图时，默认情况下此视图会显示在绘图区域中其他打开的视图的上面。其他视图仍处于打开的状态，但是这些视图在当前视图的下面。

（9）功能区

创建或打开文件时，功能区会显示（图 10-12）。它提供创建项目或族所需的全部工具。

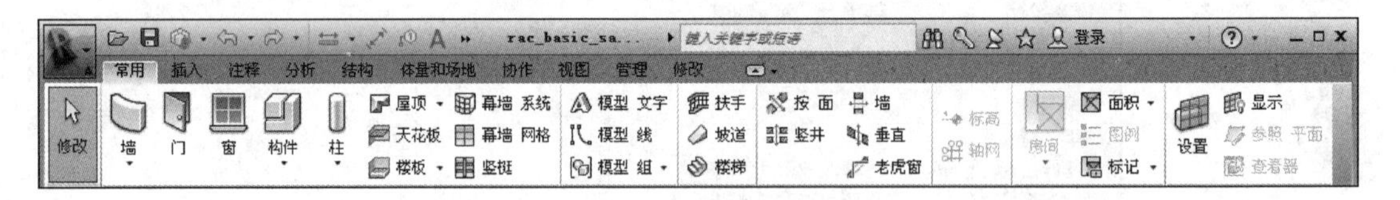

图 10-12　Revit 功能区

调整窗口的大小时，您可能会发现，功能区中的工具会根据可用的空间自动调整大小。该功能使所有按钮在大多数屏幕尺寸下都可见。

2. 视图选项卡

（1）可见性

用于控制视图中的每个类别将如何显示。对话框中的选项卡可将类别组织为逻辑分组：“模型类别”“注释类别”“分析类别”“导入类别”和“过滤器”。每个选项卡下的类别表可按规程进一步过滤为：“建筑”“结构”“机械”“电气”和“管道”。

点击“视图”选项卡，点击“可见性/图形”，弹出所在视图的可见性/图形替换对话框，如图 10-13 所示。

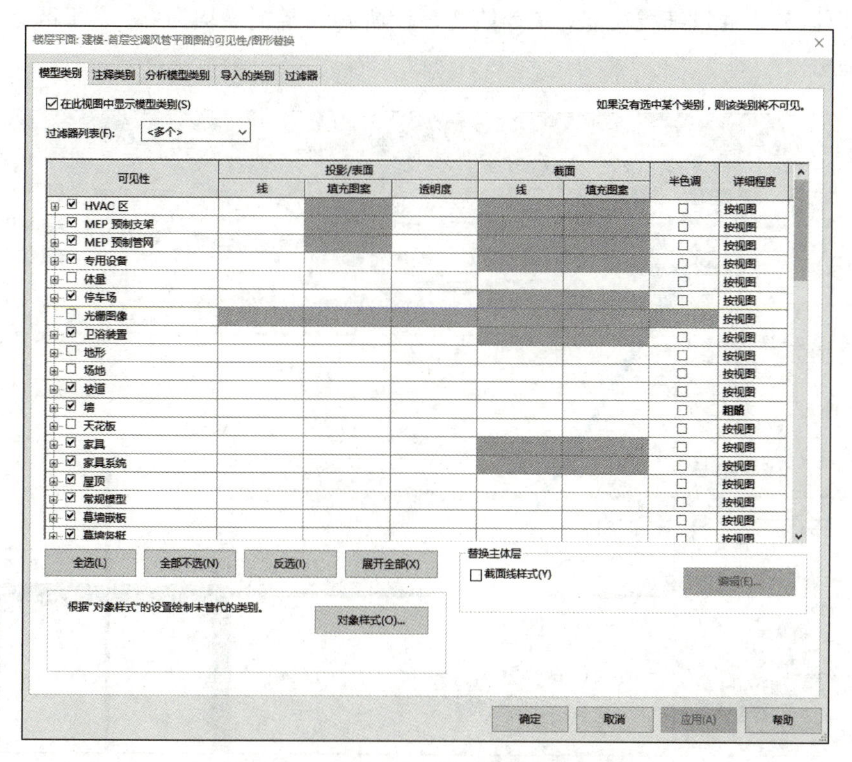

图 10-13　Revit 可见性/图形替换对话框

（2）过滤器

当选择中包含不同类别的图元时，可以使用过滤器从选择中删除不需要的类别。例如，如果选择的图元中包含墙、门、窗和家具，可以使用过滤器将家具从选择中排除。

从右向左拉框，点击“过滤器”，在弹出的“过滤器”对话框中，只勾选“家具”，点击“确定”按钮，则只剩家具构件被选中，如图 10-14 所示。

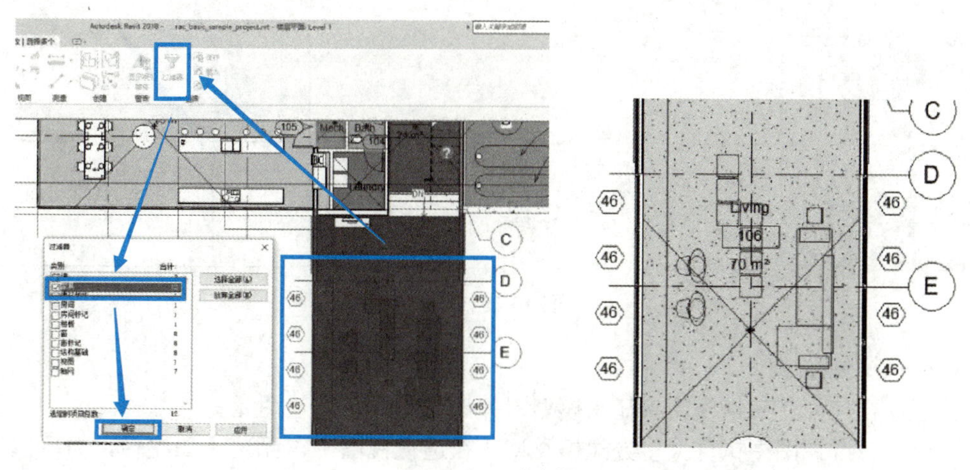

图 10-14　过滤器

(3）细线

在 Revit 中，不同的构件线条有线宽，当线条比较密集时，不同的宽度线条集中在一起时，难以区分，通过细线功能，关闭线宽，让所有线条宽度均为 0，易于区分构件，如图 10-15 所示。

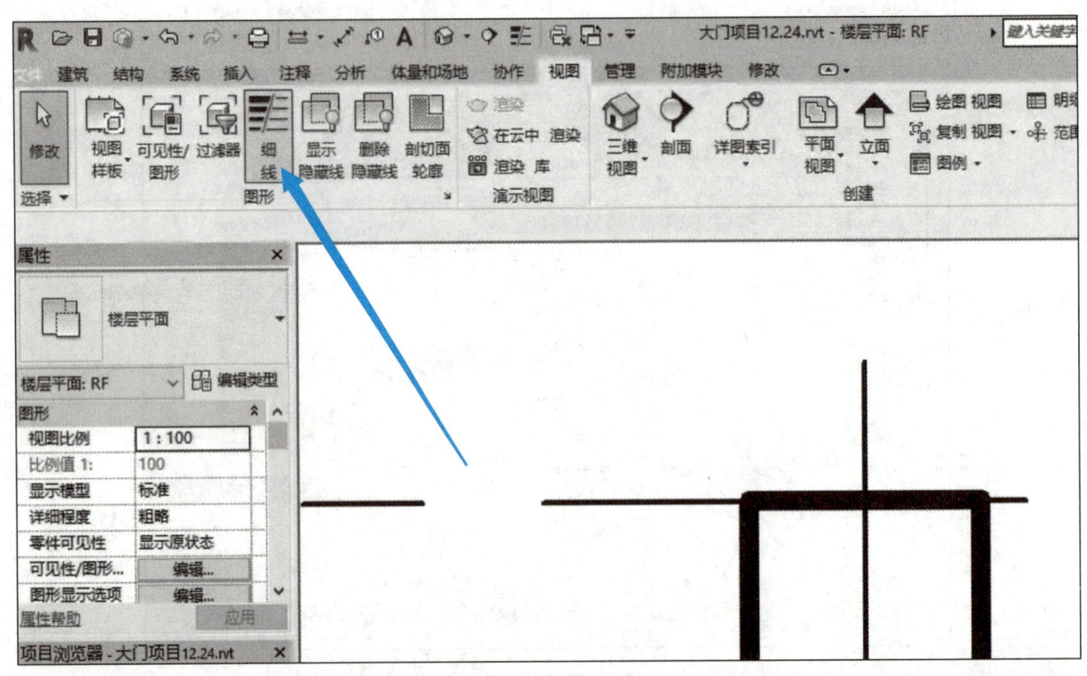

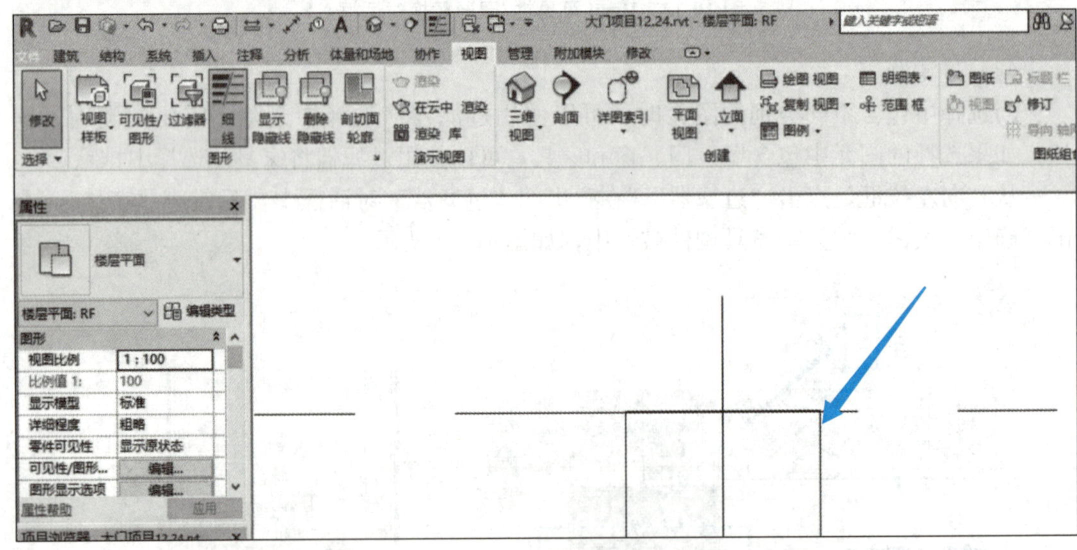

图 10-15　细线

(4）三维视图

使用透视和正交三维视图来显示模型，并添加和修改建筑图元。

可以在三维视图中执行大多数建模类型。在透视视图中，无法添加注释，但可以使用临时尺寸标注。

透视三维视图：透视视图用于显示三维视图中的建筑模型，在透视视图中，越远的构件显示得越小，越近的构件显示得越大。创建或打开透视三维视图时，视图控制栏会指示该视图为透视视图（图 10-16）。

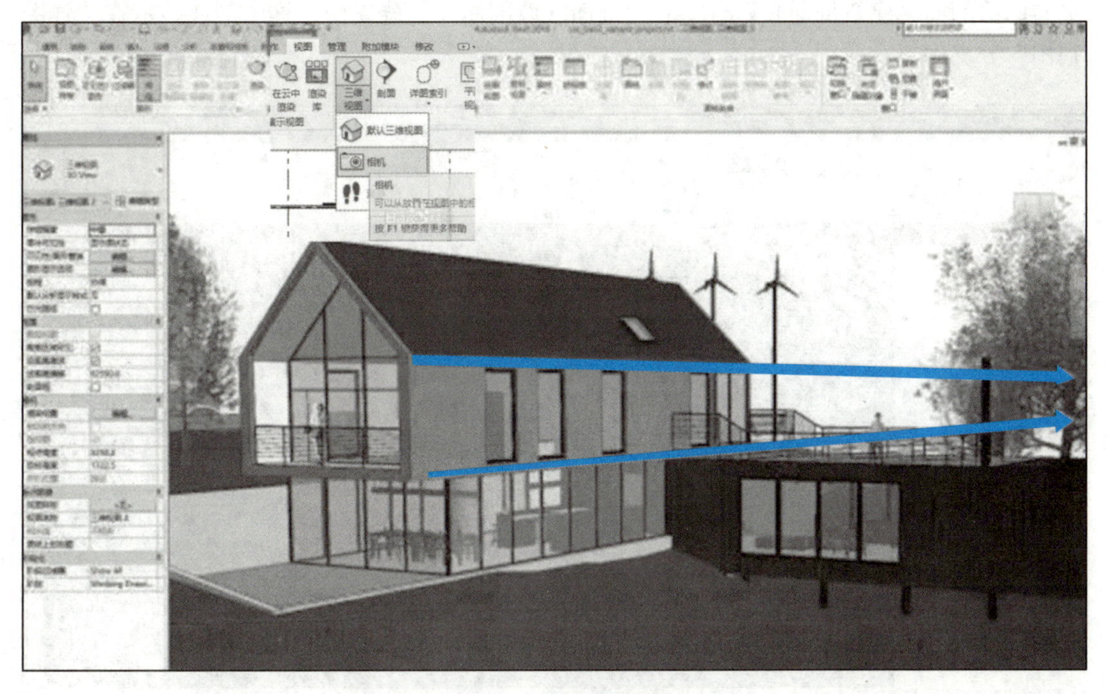

图 10-16　透视三维视图

正交三维视图：正交三维视图用于显示三维视图中的建筑模型，在正交三维视图中，不管相机距离的远近，所有构件的大小均相同（图 10-17）。

图 10-17　正交三维视图

（5）创建剖面视图

可以创建建筑、墙和详图剖面视图（图 10-18）。每种类型都有唯一的图形外观，且每种类型都列在项目浏览器下的不同位置处。建筑剖面视图和墙剖面视图分别显示在项目浏览器的“剖面（建筑剖面）”分支和“剖面（墙剖面）”分支中。详图剖面显示在“详图视图”分支中。

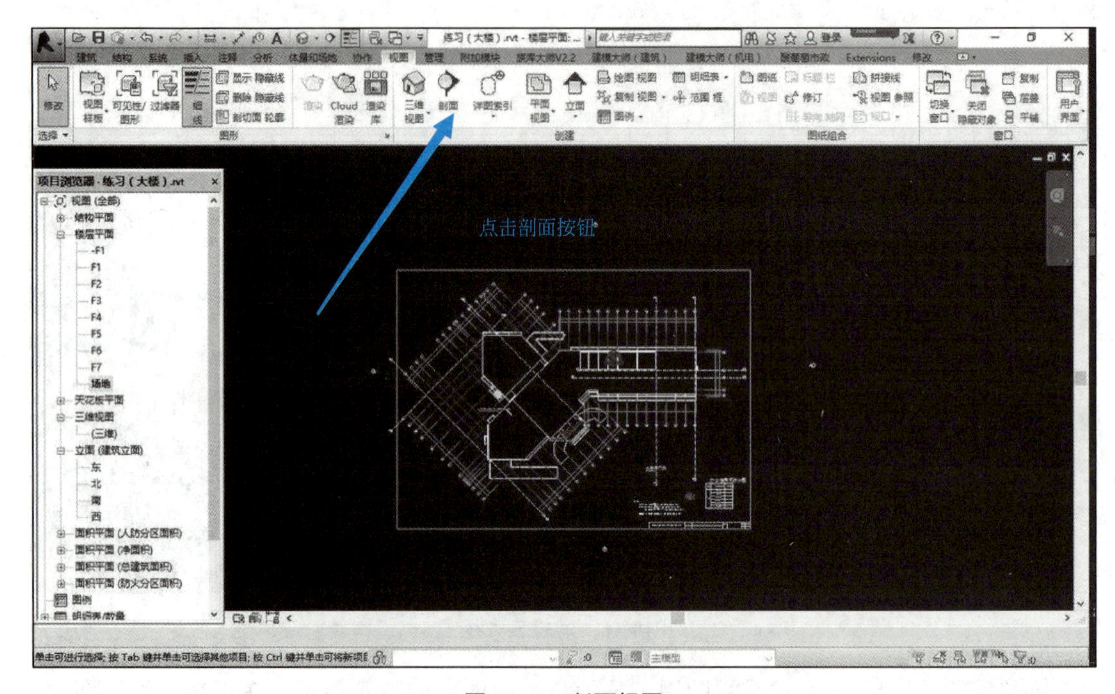

图 10-18　剖面视图

（6）平面视图

在二维视图中，显示楼层平面、天花板投影平面或结构平面。

楼层平面视图：楼层平面视图是新建筑项目的默认视图。大多数项目至少包含一个楼层平面。楼层平面视图在将新标高添加到项目中时自动创建。

天花板投影平面视图：大多数项目至少包含一个天花板投影平面（RCP）视图。天花板投影平面视图在将新标高添加到项目中时自动创建。

结构平面视图：结构平面视图是使用结构样板开始新项目时的默认视图。大多数项目至少包含一个结构平面视图。新结构平面视图在将新标高添加到项目中时自动创建。

3. Revit 的基本操作

在使用 Revit 软件进行建模与设计之前，首先需要了解 Revit 的基本操作方法。首先，需要在 Revit 中创建一个新的项目，选择合适的项目模板，并设置单位与坐标系等基本参数。接下来，可以通过绘制线、矩形或圆形等基本几何图形，来创建建筑模型的基本构件。通过选择和编辑工具，我们可以对构件进行移动、旋转、缩放、复制、修剪等操作，实现模型的精确设计。另外，Revit 还提供了智能对象功能，可以自动生成楼梯、扶手、窗户、门等构件，极大地提高了设计效率。

4. Revit的高级操作

Revit还具有许多高级操作方法，可以进一步优化建模与设计过程。首先，Revit具有参数化设计功能，可以通过设置参数与约束条件，实现模型的自动调整与优化。例如，我们可以通过设置墙体厚度的参数，实现墙体的自动调整；也可以通过设置柱子的高度与间距等参数，实现柱子的自动布置。其次，Revit还具有族库功能，可以将常用的构件保存为族文件，方便在不同项目之间进行复用与共享。另外，Revit还支持与其他软件的数据交换，可以导入或导出AutoCAD、SketchUp、3ds Max等格式的文件，方便与其他软件进行协同工作。

5. Revit在创建BIM模型中的应用流程

（1）模型前期准备工作

1）创建项目文件夹名称

建模前建好统一的文件夹名称，方便将模型及其他资料有序存放，有利于后期快速查找文件。

2）图纸拆分

收到设计图纸后，首先要熟悉图纸，分专业对图纸以原点为基点进行层层分割并完成清理工作，最后保存至相应的文件夹里，为后续链接到Revit中建模做准备，起到底图参照的作用。

3）创建样板文件

模型是基于项目样板文件来创建的。样板文件提供各个图元的表现形式，比如项目信息、单位、材质、比例、族及相应参数等基本设置。在项目样板中设置好所需图元属性，载入与图纸对应的族文件，根据分割的CAD图纸建立标高轴网，复核准确无误后进行锁定，用统一的样板文件创建模型，有利于后期模型的整合工作。

（2）模型的创建

1）链接CAD图纸

使用统一的样板文件新建项目，将分割好的图纸链接到Revit平面视图中作为参照，依次进行模型创建，这里有两种方式，注意要选择“链接CAD”，不要选择“导入CAD”，否则会增大模型的容量，影响电脑的运行速率。链接CAD时要特别注意选择单位和图纸所在楼层。

2）建模顺序

分专业进行模型创建，先结构后建筑，按照基础、柱、墙、梁、板的顺序创建结构模型。

3）命名原则

族命名基本按“特性＋构件名称＋尺寸”的原则进行（表10-1）。

命令举例　　表10-1

序号	专业	族命名原则	族名称命名示范
1	建筑	楼层＋构件名称＋尺寸(属性)	F1-单扇平开木门-M0921
2	结构	楼层＋构件名称＋尺寸(属性)	F1-结构梁-600×300

4）扣减顺序

根据实际建模中构件绘制时的交会及扣减情况，总结如下规律：结构切建筑，柱切梁墙板，梁切墙板，墙切板。

（3）模型检查

需要从模型完整性、图模一致性、分专业交接面、构件信息等方面对所创建的模型进行核查，优化最终模型，避免后期各专业模型整合时出现错误，提高模型准确率。

（4）模型应用

对已创建的模型进行二次深化应用，根据项目实际 BIM 技术应用目标出具材料明细表、检查报告、节点施工图、创优策划等技术方案，辅助项目技术负责人完成对现场技术员及工人的三维技术交底工作，有助于提高施工工作效率。

巩固训练

学会 Revit 软件的基本操作，并选择一种建筑物（如 5 层的房屋），利用 Revit 软件，按照基础、柱、墙、梁、板的顺序创建三维结构模型。

10.2.2 BIM 模型坐标和施工坐标转换

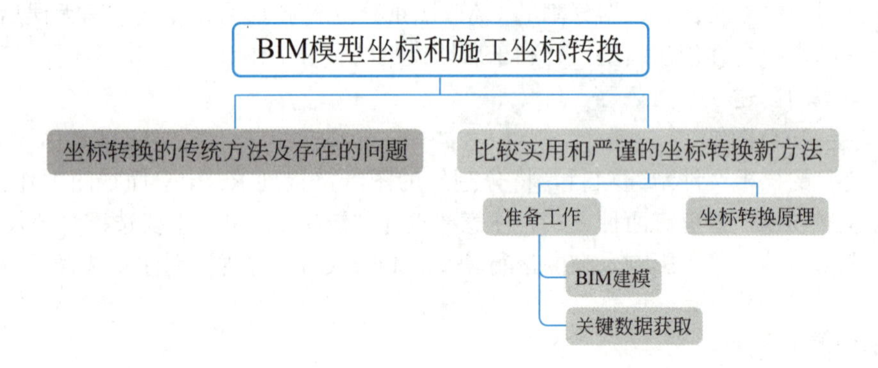

学习目标

1. 知识目标：学习并了解 BIM 模型坐标向施工坐标转换的必要性及理论知识与现有的转化方法。

2. 能力目标：能把 BIM 的模型坐标转化为施工坐标。

3. 素质目标：认识到工具与技术的进步可以极大地提高工作效率，节约人力成本，例如得益于 BIM 技术的快速发展和普及，其在测量方面所具备的价值逐渐被发掘，具有非常高的现实意义，但在坐标转换中需要通过方法的改进来精益求精，从而认识到技术与方法进步的重要意义，保持精益求精的工匠精神。

知识链接

BIM 技术在建筑施工领域的快速推广与应用，为工程测量技术的发展带来了机遇。但是，BIM 模型是在软件中任意平面位置所建，其坐标系统为任意坐标系统，不能直接应用。因此，必须将从任意坐标系的 BIM 模型中获取的坐标转换成施工坐标系坐标，才能实现将 BIM 模型中获取的结构特征点标定在施工现场。本部分主要介绍一种新的 BIM 模型坐标向施工坐标转换的方法。

在传统测量模式下，测量从业人员长期处于繁重的脑力劳动和体力劳动中。同一部位的测量工作往往需要重复很多次，同一座建筑不同施工部位需要计算大量数据，测量工作的准确性及质量很难保证，存在很大的技术风险。

在 BIM 技术没有出现之前，几乎所有的测量数据都是通过手工计算，数据量大且繁杂。特别是一些不规则结构的坐标计算，其计算过程异常复杂，不仅数据量非常大，而且还容易出错。传统手工计算数据的模式，不仅效率非常低，而且还会浪费大量的人力资源和办公用品。随着工程规模越来越大，特种工程、异形结构增多，传统获取数据的手段越来越不能满足社会发展的需求，急需一个有效的解决方法。

得益于 BIM 技术的快速发展和普及，其在测量方面所具备的价值逐渐被发掘。BIM 模型中具有的大量空间信息和三维可视化特性为测量技术的发展和突破提供了灵感。研究如何从 BIM 模型中提取测量空间信息数据用于代替人工烦琐的数据计算工作，具有非常高的现实意义。

1. BIM 模型坐标和施工坐标转换存在的问题

每个工程都对应一个坐标系，而 BIM 软件中的坐标系是数学笛卡儿坐标系，不是测量用的高斯-克吕格坐标系。若不进行处理，轴线的位置是任意的，建立起来的 BIM 模型就无法提取出符合施工坐标系的正确坐标。

目前常用的方法是：将 BIM 建筑模型转化为 DXF/DWG 格式，再导入 CAD 软件中；通过计算旋转角度和平移距离，在 CAD 中将模型变成平面视图，将图形按照计算角度与距离进行旋转、平移，强制将 BIM 模型对齐到施工坐标系；利用 CAD 软件坐标获取功能从处理后的模型中读取施工坐标。其缺陷主要有以下几个方面：

（1）BIM 模型存在多次转换与转化，容易造成 BIM 模型属性信息丢失，使模型信息失真，不利于保证测量数据的可靠性。

（2）转换过程中存在多次转换角度、平移距离的计算，出错率高。

（3）每次转换都要计算角度、距离，转换效率低下。鉴于传统方法存在的不足，下面将介绍一种比较实用和严谨的 BIM 模型坐标转换至施工坐标的新方法。

2. 准备工作

（1）BIM 建模

在进行坐标转换之前，需要建立 BIM 模型。BIM 建模精度要求非常高，一般必须由专业的人员进行建模。这样方能从源头上保证所建模型的精度，即所建模型中各属性构件相互之间的几何关系与位置完全与设计相符。

结构建模软件不限，只要具备结构建模、模型特征点及轴网交点坐标读取与导出功能即可。

建模时楼层标高需要按照设计图纸严格设定，平面位置可以任意选定。为了保证所建模型的准确性，模型均以 mm 为单位，与设计图纸保持一致。

（2）关键数据获取

通过建模软件获取至少 2 个位置合适的模型轴网坐标，此时模型轴网交点平面坐标为任意坐标系坐标。同理，根据设计图纸，利用设计给定的轴网定位坐标计算与上述获取的模型轴网交点相对应的施工坐标系坐标。这样，模型轴网交点同时具有两套坐标系统的坐标。

3. 坐标转换原理

步骤一：利用施工坐标系中已知控制点 A、B 和施工平面布置图中已知或计算的两个轴线交点坐标 C、D，分别计算出已知控制点和轴线交点之间的方位角 $\alpha_{施B\text{-}A}$、$\alpha_{施B\text{-}C}$、$\alpha_{施B\text{-}D}$、$\alpha_{施C\text{-}B}$、$\alpha_{施C\text{-}D}$、$\alpha_{施D\text{-}B}$、$\alpha_{施D\text{-}C}$，以及各边边长 $S_{施A\text{-}B}$、$S_{施B\text{-}D}$、$S_{施B\text{-}C}$、$S_{施C\text{-}D}$。

步骤二：利用步骤一计算出的施工坐标系方位角，分别计算$\angle ABC=|\alpha_{施B\text{-}C}-\alpha_{施B\text{-}A}|$、$\angle ABD=|\alpha_{施B\text{-}D}-\alpha_{施B\text{-}A}|$、$\angle CBD=\angle ABD-\angle ABC$、$\angle DCB=|\alpha_{施C\text{-}B}-\alpha_{施C\text{-}D}|$和$\angle BDC=|\alpha_{施D\text{-}C}-\alpha_{施D\text{-}B}|$。参照图 10-19 所示，其中$\angle 1=\angle ABC$、$\angle 2=\angle ABD$、$\angle 3=\angle CBD$、$\angle 4=\angle DCB$ 和$\angle 5=\angle BDC$。

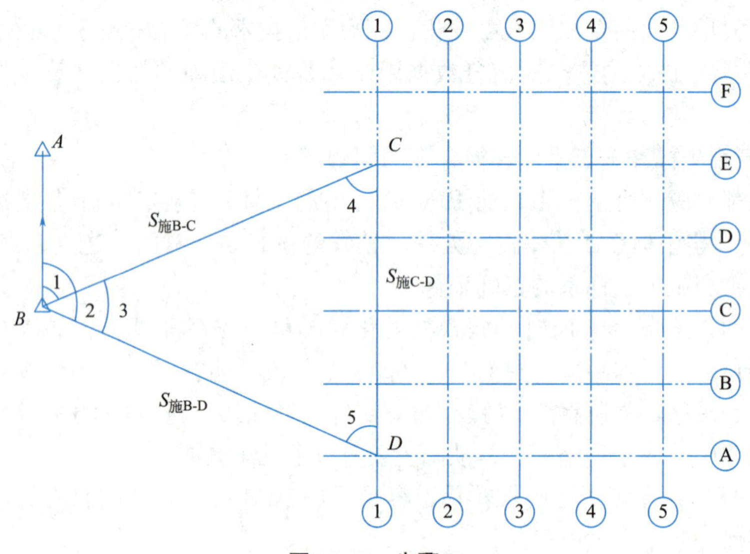

图 10-19　步骤二

步骤三：在 BIM 模型抓取任意坐标系中轴线交点坐标，计算出其在任意坐标系中的坐标方位角 $\alpha_{任1\text{-}2}$，然后计算 $\alpha_{任1\text{-}B}=\alpha_{任1\text{-}2}+\angle DCB$，$\alpha_{任B\text{-}1}=\alpha_{任1\text{-}B}-180°\pm360°$，$\alpha_{任BA}=\alpha_{任B\text{-}1}-\angle ABC+360°$，通过坐标计算公式 $X=X_1+S\times\cos\alpha$，$Y=Y_1+S\times\sin\alpha$，分别计算 B、A 在 BIM 模型任意坐标系中的坐标，如图 10-20 所示。

步骤四：将在 BIM 模型任意坐标系中抓取的构筑物任意点 N 坐标与 BIM 任意坐标系中的控制点 A、B 进行坐标反算，得出构筑物点 N 和控制点 A、B 之间的夹角$\angle n=\alpha_{任B\text{-}N}-\alpha_{任B\text{-}A}$、边长 $S_{任B\text{-}N}$ 的数值，如图 10-21 所示。

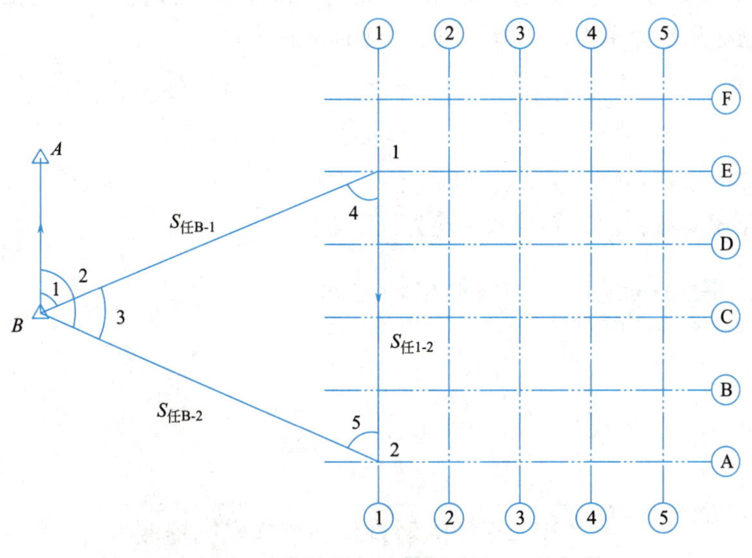

图 10-20 步骤三

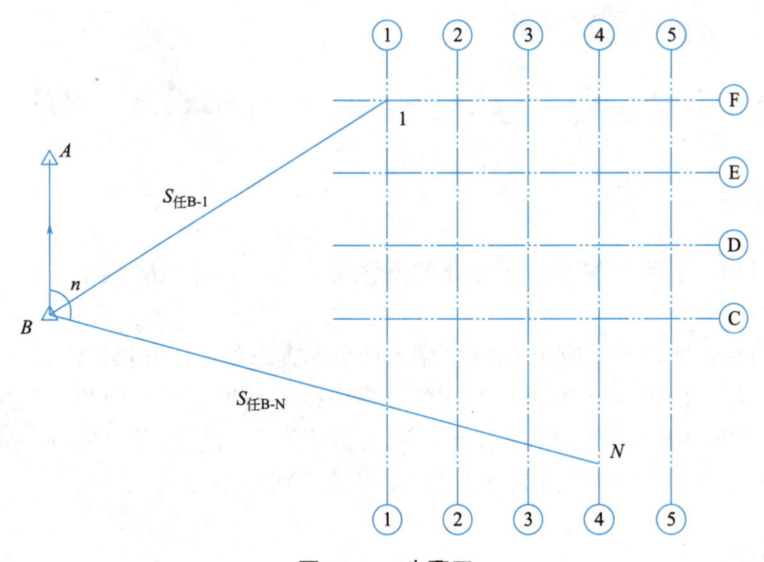

图 10-21 步骤四

步骤五：利用步骤一中求得的 $\alpha_{施B\text{-}A}$ 计算出 $\alpha_{施B\text{-}N}=\alpha_{施B\text{-}A}+\angle n$，$S_{施B\text{-}N}=S_{任B\text{-}N}$，控制点 A、B 施工坐标系坐标为已知值，利用坐标计算公式，求出 BIM 模型中任意点 N 在施工坐标系中的坐标值：$X_N=X_B+S_{施B\text{-}N}\times\cos\alpha_{施B\text{-}N}$，$Y_N=Y_B+S_{施B\text{-}N}\times\sin\alpha_{施B\text{-}N}$。

以上方法提供了一种用于 BIM 任意坐标转换系转换施工坐标系的方法。利用施工坐标系中控制点和施工平面布置图中已知轴线交点坐标，分别计算出控制点和轴线交点之间的方位角及边长；在 BIM 模型任意坐标系中抓取轴线交点坐标值，并计算轴线交点方位角和边长，反推控制点在任意坐标系中的坐标；将在 BIM 模型中抓取的各构筑物任意坐标系点与任意坐标系控制点进行反算，求解各构筑物任意坐标系点与任意坐标系控制点之间的夹角、边长等数值，最终推算出 BIM 模型中抓取的各构筑物点的施工坐标系坐标，实现 BIM 模型任意坐标系坐标向施工坐标系坐标的转换。

习题

1. BIM 模型坐标和施工坐标转换的方法有哪些？
2. 如何将 BIM 任意坐标转换系转换为施工坐标系？

10.2.3 BIM 模型的轻量化和放样坐标提取

思维导图

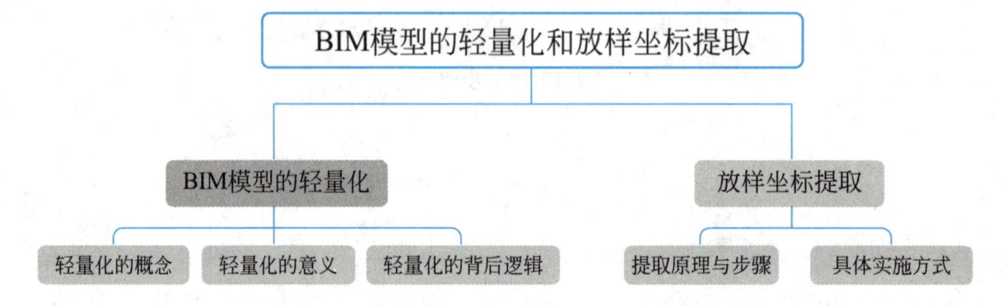

学习目标

1. 知识目标：了解 BIM 模型轻量化的概念及意义，了解 BIM 模型放样坐标提取的原理和方法。

2. 能力目标：能理解并应用 BIM 模型放样坐标提取的方法和操作流程。

3. 素质目标：认识到 BIM 模型在发展过程中会不断出现新的问题，这些问题推动技术更新迭代，同时 BIM 模型的出现使得工程测量节省了大量的人力物力，从而学习到技术与技术进步对释放社会生产力的重要意义，树立正确的学习观。

任务导入

随着 BIM 技术的不断发展与建筑形式的创新，整个建筑工程越到后期，BIM 模型承载的数据越多，此时 BIM 模型轻量化概念的应运而生，同时随着技术的进步，BIM 也在工程测量方面起到技术革新的关键作用，本部分将重点讲述 BIM 模型的轻量化与放样坐标提取的相关知识内容。

知识链接

10.2.3.1 BIM 模型的轻量化

在建筑工程中，BIM 模型中的信息随着建筑全生命周期各阶段的展开，逐渐产生、积累和更新，这些数字信息被设计单位、施工单位、运维单位等所共享，从而提高建筑全生命周期项目管理质量、优化工程资源、缩短工程开支，成为数字时代建筑运维管理中极为重要的信息基础。

由于参与方生产的BIM模型格式各异，在工程下一阶段的单位，想要应用上一阶段的单位生产的BIM模型时，需要先对模型进行格式转换。在工程后期，随着BIM模型数据量不断增大，在电脑端查看BIM模型时，开始出现加载缓慢的问题，而移动端更是无法加载显示，造成BIM数据在工程现场的实地应用瓶颈，和建筑运维阶段的管理难题。

为了解决上述问题，就需要进行BIM模型的“轻量化”。

1. BIM模型轻量化概念

BIM模型轻量化就是在满足信息无损、模型精度、使用功能等要求的前提下，利用模型实体面片化技术、信息云端化技术、逻辑简化技术等手段，实现模型在几何实体、承载信息、构建逻辑等方面的精简、转换、缩减的过程。

BIM模型轻量化要解决的核心问题就是：不断缩小BIM模型体量，让它适应于电脑及手机等移动终端。

2. BIM模型轻量化的意义

(1) 增加了BIM的应用范围

BIM轻量化技术增加了BIM的应用范围，让BIM模型不但适用于设计阶段，还可以应用于施工阶段、运维阶段，覆盖整个建筑全生命周期。

(2) 拓展了BIM的应用场景

BIM轻量化技术使得BIM模型可以脱离专业的BIM建模软件，应用于各种信息化系统、软件平台，拓展了BIM技术的应用场景。

(3) 降低了BIM的应用难度

BIM轻量化技术可以实现多种不同格式BIM模型的融合应用，将BIM中的几何数据转换为大多数软件支持的三角面格式，以构件为粒度融合属性数据，实现数据间的互用，降低BIM的应用难度。

3. BIM模型轻量化的背后逻辑

BIM模型数据总共包括两部分，即几何信息与非几何信息，日常生活中可见的二维、三维模型即为几何信息，而属性、建模相关信息等就是非几何信息。一般来说，几何信息占绝大部分，也是轻量化要重点关注的部分。

一个模型从设计到成型，最后再被查看，实际经历了两个处理过程：几何转换和渲染处理，这也是影响轻量化的重要部分。

10.2.3.2　放样坐标提取

传统施工放样一般至少需要三个专业技术人员进行待放样点的确定、放样点坐标的计算和利用测量设备完成放样等一系列工作，这种放样方法势必导致计算工作量大、放样速度慢、精度低等问题，而TopconLN-100激光速测仪能够很好解决传统放样存在的这些问题，但是与其配套的软件基本上是基于二维数据进行施工放样。虽然TopconLN-100与BIM360LayoutAPP结合填补了基于三维数据的施工放样空白区域，但BIM360LayoutAPP由国外公司Autodesk基于云服务研制，对于国内某些涉密敏感数据，基于国外服务器实施操作有一定的局限性。另外，BIM360LayoutAPP利用BIM直接提取放样特征点进行常规放样的过程是：创建和管理BIM模型（通常基于Revit）→基于专业建模软件在模型中创建特征点→在BIM360LayoutAPP中导入BIM模型和特征点→与现场共享特征点→利用设备完成放样。此过程提取放样特征点需要基于专业建模软件在模型上创建特征点，然后把特征点导入，最后把特征点导入APP中，这种方式势必会增加施工时间和成本，同时也需要熟悉专业建模软件的专业人员来操作，无形之中使得操作复杂化，同时也降低了放样效率。

针对上述问题，下文提供一种基于BIM智能提取放样特征点的方法，克服传统提取放样特征点耗时进而导致的放样耗时、占用大量劳动力、成本高昂等问题以及简化现有技术的复杂操作，实现智能放样特征点，大幅度提高施工放样效率，并使非专业人员也能够进行精确施工放样，最终达到保证施工质量的同时减少施工时间和成本。

方法包括如下步骤：

（1）选中任意BIM模型进行高亮显示；

（2）获取被选中BIM模型中所有三角面的法线和组成所有三角面的顶点的坐标值（X_i，Y_i，Z_i）；

（3）判断相邻有公共边的两个三角面是否在同一个平面上，新建记录面保存共面的三角面，依次遍历所有三角面，将共面的三角面分别保存在对应的记录面中；

（4）判断记录面形状是否为圆，若为圆取圆心为该模型特征点，否则取该模型的顶点为特征点。

上述方案中，所述步骤（1）中是需要读取APP中BIM模型的名称及编号等，然后建立与APP中BIM模型的实时关联，最后当APP中BIM模型受到点击即出现按钮触发事件后便对此模型进行高亮显示。

上述方案中，所述步骤（2）中是根据BIM模型一般都是由三角面或四角面组成的特征，可以获取所有三角面的法线和组成所有三角面的顶点的坐标值（X_i，Y_i，Z_i）。

上述方案中，所述步骤（3）中是根据有公共边的两个三角面的法向量平行则这两个三角面共面的原理来判断相邻有公共边的两个三角面是否在同一个平面上，新建记录面保存共面的三角面，依次遍历所有三角面，将共面的三角面分别保存在对应的记录面中。

上述方案中，所述步骤（4）中是根据同一平面内的所有三角面的外接圆圆心相同则所有三角面构成的图形为圆形判断记录面形状为圆，并取圆心为该模型特征点，否则取该模型的顶点为该模型特征点。

上述方案中，在后台进行以上步骤，在前台只需要一个简单点击屏幕的动作即可以显示该模型的特征点。

10.2.3.3 具体实施方式

如图10-22所示，是基于BIM智能放样特征点的实施流程图，是在放样APP中已有BIM模型的基础上点击任一BIM模型部件后，程序自动放样特征点，其具体步骤如下：

1. S1——选中任意BIM模型进行高亮显示。

2. 对已导入放样APP系统中的BIM模型进行操作，首先需要实时读取APP中BIM

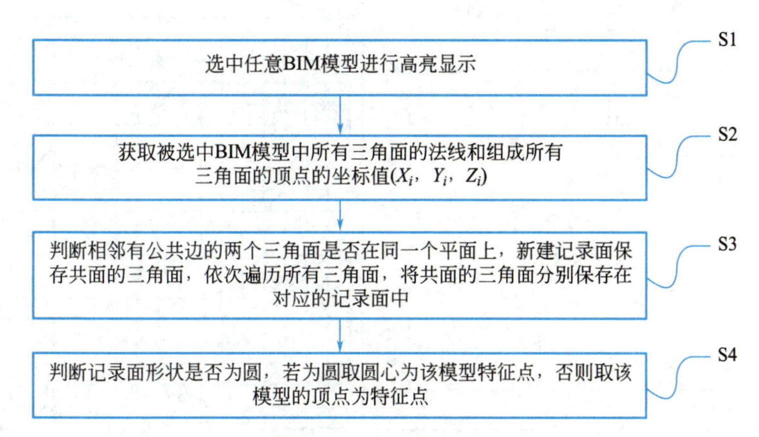

图 10-22　实施流程图

模型的名称及编号等，然后建立与 APP 中 BIM 模型的实时关联，最后，当 APP 中 BIM 模型受到点击即出现按钮触发事件后便对此模型进行高亮显示。

3. S2——获取被选中 BIM 模型中所有三角面的法线和组成所有三角面的顶点的坐标值（X_i，Y_i，Z_i）。

具体实现中，参看图 10-23，所述步骤 S2 包括：

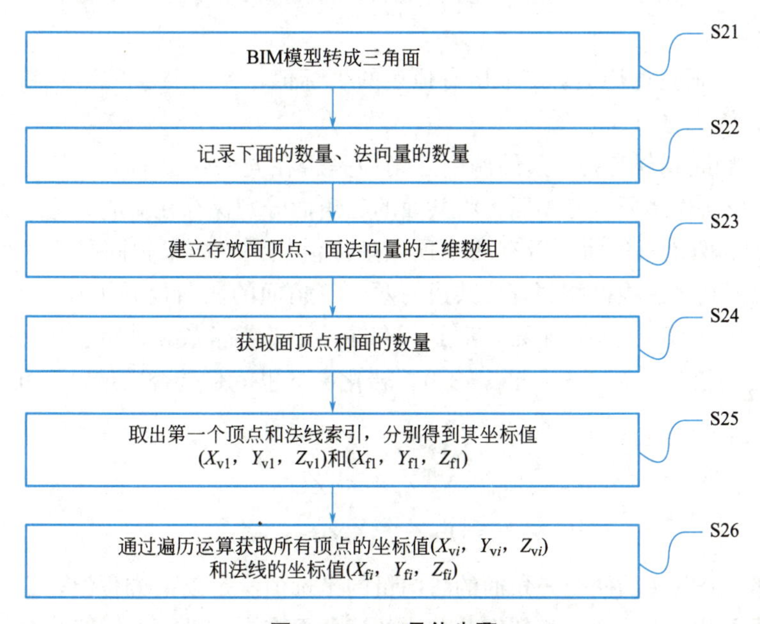

图 10-23　S2 具体步骤

（1）S21——BIM 模型转成三角面。此步骤中以墙面 BIM 模型为例阐述，如图 10-24 所示，其他 BIM 模型与此类似。为了便于步骤 S3 中判断共面的问题以及经过不在同一条直线上的三点一定共面而四个点不一定共面的原理，需要先把 BIM 模型转成三角面，BIM 模型一般是由三角面或四角面组成，如果模型由四角面组成可以利用线框模式全部转成三角面，否则不需要进行此步骤。

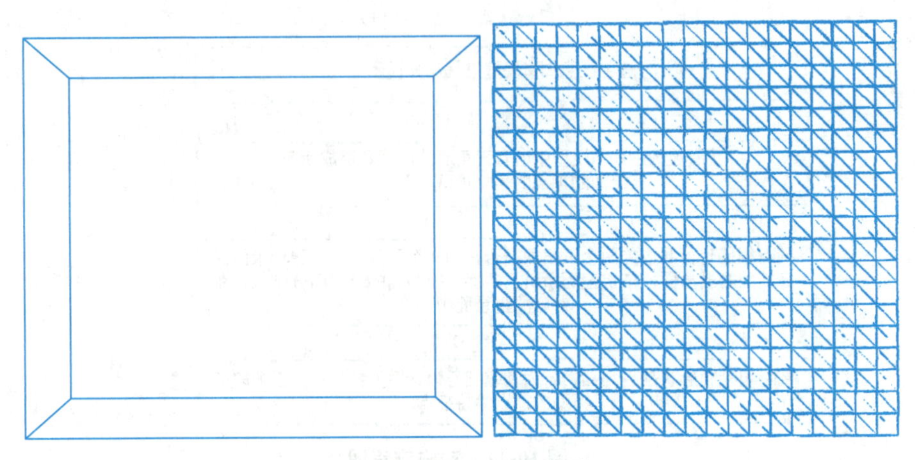

图 10-24 墙面 BIM 模型

(2) S22——记录下面的数量、法向量的数量。组成 BIM 模型的三角面本质上是由点和线组成，使用程序语言记录下面的数量和法向量的数量。

(3) S23——建立存放面顶点、面法向量的二维数组。

(4) S24——获取面顶点和面的数量。

(5) S25——取出第一个顶点和法线索引，分别得到其坐标值（X_{v1}，Y_{v1}，Z_{v1}）和（X_{f1}，Y_{f1}，Z_{f1}）。

(6) S26——通过遍历运算获取所有顶点的坐标值（X_{vi}，Y_{vi}，Z_{vi}）和三角面法线的坐标值（X_{fi}，Y_{fi}，Z_{fi}）。

4. S3——判断相邻有公共边的两个三角面是否在同一个平面上，新建记录面保存共面的三角面，依次遍历所有三角面，将共面的三角面分别保存在对应的记录面中。

5. 判断相邻两个三角面是否有两个顶点坐标值相同，如果相同则这两个三角面有公共边，否则无公共边。根据相邻有公共边的两个三角面的法向量$\vec{m}$（X_m，Y_m，Z_m）和$\vec{n}$（X_n，Y_n，Z_n），确定是否$\vec{m} \parallel \vec{n}$，即是否存在一个非零常数$\lambda$使得：

（X_m，Y_m，Z_m）$=\lambda$（X_n，Y_n，Z_n），转化一下也就是是否满足以下方程组：

$$\begin{cases} X_m Y_n = X_n Y_m \\ X_m Z_n = X_n Z_m \\ Y_m Z_n = Y_n Z_m \end{cases}$$

如果相邻有公共边的两个三角面的法向量的坐标值满足以上方程组，说明这两个法向量平行，进而可以得出这两个相邻有公共边的三角面在同一平面上，即共面。

6. 当两个相邻有公共边的三角面共面后，新建记录面用于保存共面的三角面。接着继续判断已共面的两个三角面与其相邻的其他三角面是否共面，如果共面，则把新共面的三角面保存在已建的记录面中。按照此方法遍历所有三角面，新建多个记录面用以保存各种共面的三角面。

7. S4——判断记录面形状是否为圆，若为圆取圆心为该模型特征点，否则取该模型的顶点为特征点。

8. 根据记录面的特性可知记录面中的三角面是共面的，因此三角面顶点坐标值中必定有一个相同的值，本实施例中假定 Z_{vi} 值都是相同的。可以读取记录面中的所有三角面中三个顶点的坐标值（X_{vi}，Y_{vi}，Z_{vi}），比较一下所有三角面顶点坐标值中的 X_{vi}、Y_{vi}、Z_{vi} 哪一个数值是同一个数值。在本实施例中，比较之后可以取出所有顶点的二维坐标（X_{vi}，Y_{vi}），然后任意读出一个三角面的三个顶点，在本实施例中假定为（X_{v1}，Y_{v1}）、（X_{v2}，Y_{v2}）、（X_{v3}，Y_{v3}），同时设定该三角面的三个顶点对应的外接圆方程为：$(X-a)^2+(Y-b)^2=c$，其中，a、b、c 为未知数，将（X_{v1}，Y_{v1}）、（X_{v2}，Y_{v2}）、（X_{v3}，Y_{v3}）代入以上方程式得方程组：

$$\begin{cases}(X_{v1}-a)^2+(Y_{v1}-b)^2=c\\(X_{v2}-a)^2+(Y_{v2}-b)^2=c\\(X_{v3}-a)^2+(Y_{v3}-b)^2=c\end{cases}$$

求解以上方程组得到 a、b、c 的值，假设为 a_0、b_0、c_0，此时外接圆的圆心为（a_0，b_0），半径为 c_0，得到外接圆方程为：$(X-a_0)^2+(Y-b_0)^2=c_0$，其中，a_0、b_0、c_0 均为常数。

9. 将该记录面中其他三角面的顶点代入方程式左边 $(X-a_0)^2+(Y-b_0)^2$ 求值看是否等于 c_0 值，如果与 c_0 值相差在一定误差范围内，则判断该记录面为圆形，如图10-25所示，并记录其三维圆心坐标值（a_0，b_0，Z_{vi}），并取该圆心值为该模型的特征点。否则取该模型的顶点为特征点。

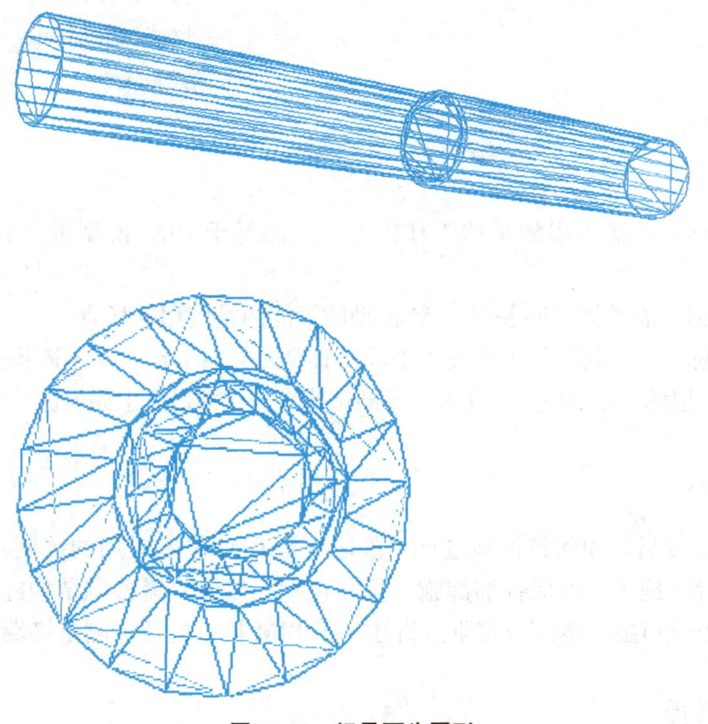

图10-25　记录面为圆形

习题

1. 什么是 BIM 模型的轻量化？为什么要做轻量化？
2. BIM 模型如何提取放样坐标？其具体步骤是什么？

10.2.4 基于 BIM 模型的智能测量终端实操

思维导图

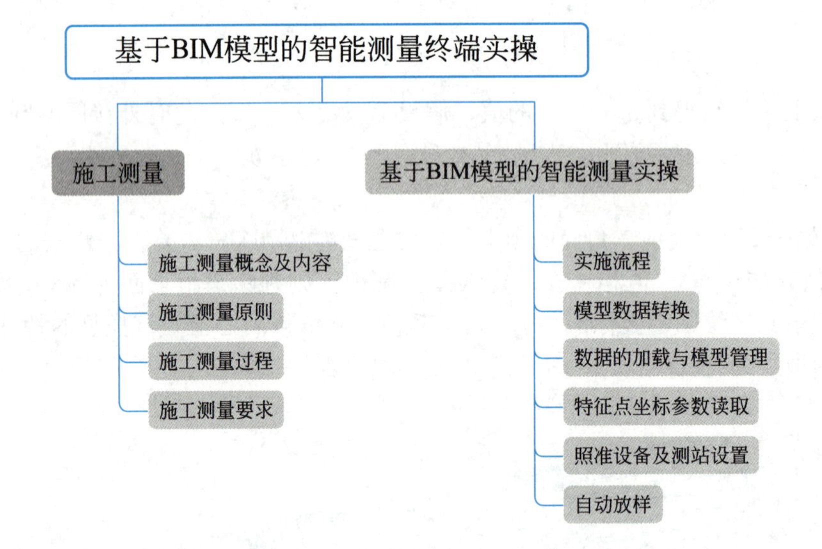

学习目标

1. 知识目标：了解工程测量的工作内容，掌握基于 BIM 模型进行智能测量的技术流程。

2. 能力目标：能举例说明基于 BIM 模型的智能测量应用的场景。

3. 素质目标：认识到测量工作技术手段的日新月异，工作效率不断提升，保持孜孜不倦的学习状态，把理论知识应用于实践，不断锤炼自身技术，立志成为优秀的技术人才。

任务导入

BIM 模型完成后，如何将模型进行“落地”是 BIM 技术应用的关键一环。如何保证现场严格按设计图施工，确保各细部施工尺寸正确；如何快速检测结构施工进度及质量，保证施工过程安全可控。本部分将重点讲述基于 BIM 模型的智能测量终端实操。

知识链接

施工测量是指为施工所进行的控制、放样和竣工验收等的测量工作。与一般的测图工作相反，施工放样是按照设计图纸将设计的建筑物位置、形状、大小及高程在地面上标定出来，以便根据这些标定的点线进行施工。

1. 施工测量内容

施工测量即各种工程在施工阶段所进行的测量工作。其主要任务是在施工阶段将设计在图纸上的建筑物的平面位置和高程，按设计与施工要求，以一定的精度测设（放样）到施工作业面上，作为施工的依据，并在施工过程中进行一系列的测量控制工作，以指导和保证施工按设计要求进行。

施工测量是直接为工程施工服务的，它既是施工的先导，又贯穿于整个施工过程。从场地平整、建（构）筑物定位、基础施工，到墙体施工、建（构）筑物构件安装等工序，都需要进行施工测量，才能使建（构）筑物各部分的尺寸、位置符合设计要求。其主要内容有：

（1）建立施工控制网；

（2）依据设计图纸要求进行建（构）筑物的放样；

（3）每道施工工序完成后，通过测量检查各部位的实际平面位置及高程是否符合设计要求；

（4）随着施工的进展，对一些大型、高层或特殊建（构）筑物进行变形观测，作为鉴定工程质量和验证工程设计、施工是否合理的依据。

2. 施工测量原则

施工场地上有各种建筑物、构筑物，且分布面较广，往往又是分期分批兴建。为了保障建筑物、构筑物的平面位置和高程都能满足设计精度要求，相互连成统一的整体，施工测量和地形图测绘一样也必须遵循测绘工作的基本原则。

测绘工作的基本原则是：在整体布局上“从整体到局部”；在步骤上“先控制后细部”；在精度上“从高级到低级”。即首先在施工工地上建立统一的平面控制网和高程控制网。然后，以控制网为基础测设出每个建筑物、构筑物的细部位置。

另外，施工测量的检校也是非常重要的，如果测设出现错误，将会直接造成经济损失。测设过程中要按照“步步检校”的原则，对各种测设数据和外业测设结果进行校核。

3. 施工测量过程

一项土建工程从开始到竣工及竣工后，需要进行多项测量工作，主要分以下三个阶段：

（1）工程开工前的测量工作：

1）施工场地测量控制网的建立；

2）场地的土地平整及土方计算；

3）建筑物、构筑物的定位。

（2）施工过程中的测量工作：

1）建筑物、构筑物的细部定位测量和标高测量；

2）高层建筑物的轴线投测；

3）构、配件的安装定位测量；

4）施工期间重要建筑物、构筑物的变形测量。

（3）竣工后的测量工作：

1）竣工图的测量及编绘；

2）后续重要建筑物、构筑物的变形测量。

4. 施工测量要求

（1）测量精度要求较高

为了满足较高的施工测量精度要求，应使用经过检校的测量仪器和工具进行测量作业，测量作业的工作程序应符合“先整体后局部、先控制后细部”的一般原则，内业计算和外业测量时均应细心操作，注意复核，以防出错，测量方法和精度应符合相关的测量规范和施工规范的要求。

对同类建筑物和构筑物来说，测设整个建筑物和构筑物的主轴线，以便确定其相对其他地物的位置关系时，其测量精度要求可相对低一些；而测设建筑物和构筑物内部有关联的轴线，以及在进行构件安装放样时，精度要求则相对高一些；如要对建筑物和构筑物进行变形观测，为了发现位置和高程的微小变化量，测量精度要求更高。

（2）测量与施工进度关系密切

施工测量直接为工程的施工服务，一般每道工序施工前都要进行放样测量，为了不影响施工的正常进行，应按照施工进度及时完成相应的测量工作。特别是现代工程项目，规模大，机械化程度高，施工进度快，对放样测量的密切配合提出了更高的要求。

在施工现场，各工序经常交叉作业，运输频繁，并有大量土方填挖和材料堆放工作，使测量作业的场地条件受到影响，视线被遮挡，测量桩点被破坏等。所以，各种测量标志必须埋设稳固，并设在不易破坏和碰动的位置，除此之外还应经常检查，如有损坏，应及时恢复，以满足施工现场测量的需要。

下文以案例的方式阐述 BIM 模型在施工测量方面的实操应用。

1. 实施流程（图 10-26）

系统由 GeoBIM 智能测量放样软件与拓普康 LN-150 定位放样主机以及相关配件组成。测量作业中，可将 BIM 模型导入 GeoBIM 软件的 PC 端中，通过软件将 BIM 模型轻量化，并提取放样关键点坐标，再将数据加载至移动端，最后利用放样仪器实现施工现场精确高效的定位放样。在地下室区域，管线错综复杂，管线定位放样工作消耗的人工及时间成本较大，尤其对复杂区域，存在大量重复测量放线的工作。该系统的引入，可实现 BIM 模型的自动化放线工作，省去三维转二维，二维以人工转现场的放线工作。

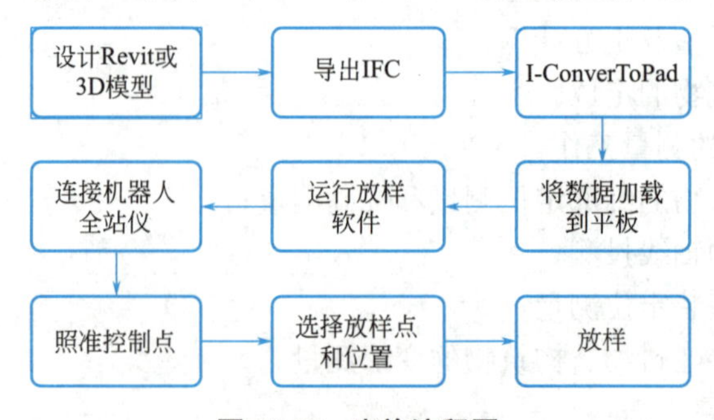

图 10-26　实施流程图

2. 模型数据转换

为了方便将 Revit 模型数据能够轻量化并能在平板（PAD）中流畅运行，需要对 Revit 模型进行简单处理。将 Revit 模型以 IFC 格式导出，并通过 I-ConverToPad 桌面端软件进行转换。如果遇到套管、吊杆等特殊形状的结构，需进行相关处理。

3. 数据的加载与模型管理

登录工程 BIM 自动放样主系统后进入任务管理，即可调用预先存入的 BIM 模型库。将放样任务所需要的模型、坐标文件（支持 csv，txt 格式）、轴网文件（grid 格式），拷贝到 GeoBIM-layout 目录下。

任务管理页面支持时间或名称排序，默认按时间排序。添加新任务信息，点击“选择模型”按钮在模型列表中选择需要的模型，填写完成后点击确定。

4. 特征点坐标参数读取

点击模型左上方的“提取坐标点”按钮。选择模型上要提取坐标点的部件后，程序自动提取特征点，如拐点、柱子中心点等。可通过任意放大缩小模型，查看选择需要放样的位置。

5. 照准设备及测站设置

提取完坐标后，通过蓝牙或者 Wi-Fi 连接放样仪器，进行棱镜照准和测站设置。选择已知点设站或后方交会设站模式，输入仪器高度，添加已知点坐标，若满足设置的误差，则设站成功，若误差过大则重新设站。

6. 自动放样

完成设站后，PAD 将自动显示仪器与棱镜的当前位置，操作人员点击需要放样的点位坐标，机器人自动跟踪 360°棱镜，通过显示方向距离差值，调整棱镜位置，即可进行自动放样（图 10-27）。

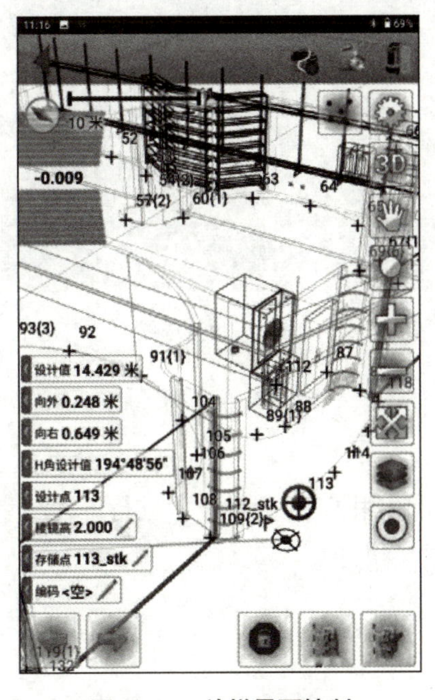

图 10-27　放样界面控制

图 10-28　现场标记放样点位

仪器具备棱镜模式及激光模式放样两种功能，可满足不同任务需求。

棱镜模式放样下，通过点击要放样的点，仪器镜头自动旋转到正确坐标的方向上，移动棱镜到仪器指向的方向。仪器自动开启垂直搜索模式，并再次锁定棱镜，同时在 PAD 上显示此时棱镜相对于该点正确坐标的位置关系，根据向前、向右、向上的提示移动棱镜到限差容许的位置，完成该点的放样工作（图 10-28）。

激光模式下，选中待测点坐标后，仪器镜头会自动旋转到正确的坐标位置上，同时会发射出可见激光，移动棱镜到激光位置，并设置棱镜高度，即可完成对待测点的放样。

传统作业方法至少需 3 人测量定位，且数据准确度受人为因素影响较大，相比之下该系统仅需 1 人便可实现整个放线工作（图 10-29），同时设备系统的设站、观测比传统方法简单快捷，可根据现场实际在任意合适位置设站，自动化程度高，提高效率和质量，实现同步实测、放线，自动计算、记簿、成果报告及提交，降低作业人员的专业和技能要求，降低放样作业成本。

图 10-29　放线

巩固训练

选择校园内某一建筑物，利用 BIM 测量技术进行工程测量与放样。

项目十一 Chapter 11

高精度智能测量机器人应用

思维导图

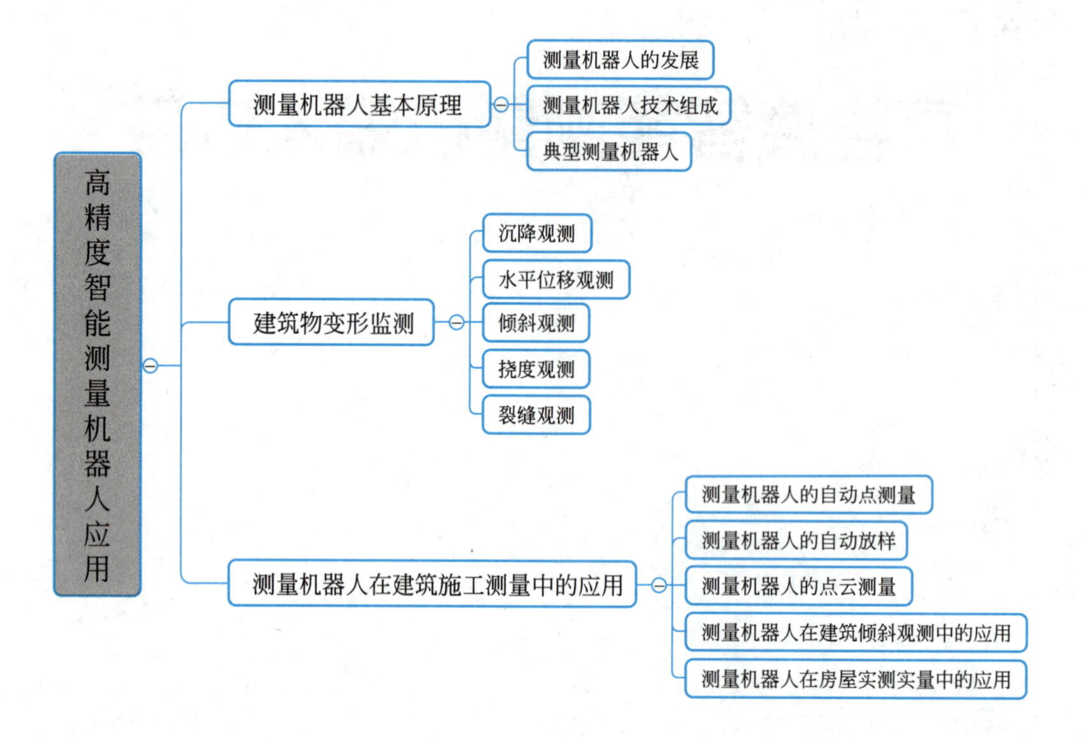

11.1 测量机器人基本原理

11.1.1 测量机器人的发展

学习目标

1. 知识目标：熟悉测量机器人的基本概念，了解测量机器人的发展概况。
2. 能力目标：能举例说明几种测量机器人的功能。
3. 素质目标：培养学生科学发展观。

知识链接

测量机器人，是一种能代替人进行自动搜索、跟踪、辨识和精确照标目标并获取角度、距离、三维坐标以及影像等信息的电子全站仪，亦称测地机器人、智能全站仪、自动全站仪。它是在普通全站仪基础上集成步进马达、CCD影像传感器构成的视频成像系统，并配置智能化的控制及应用软件而发展形成的。测量机器人是一种集自动目标识别、自动照准、自动测角与测距、自动目标跟踪、自动记录于一体的测量平台。

测量机器人的研究与发展大致可以分为三个阶段：基础实验研究的早期；从测量机器人原型研制试验成功到以成熟的商业测量机器人的出现为结束标志的逐步发展期；从商业测量机器人的出现到现今的全面应用与发展期。

20 世纪 70 年代中期到 20 世纪 80 年代中期是以红外测距仪为代表的光电测距技术蓬勃发展的年代，电子经纬仪和红外测距仪已走向成熟，并得到迅速推广和应用。电子经纬仪和红外测距仪使用了方向、距离传感器及微电脑数据自动记录控制器，它实现了方向测量、距离测量和数据管理的自动化，此时已迈出了自动化测量进程的重要一步，然而，电子经纬仪的旋转仍然要手工操作，寻找目标工作仍然必须由操作员进行，为提高生产力，降低生产成本和劳动强度，提高观测质量，采用机器人技术来自动化地完成测量中的重复性的工作是可行和迫切需要的。20 世纪 70 年代末 80 年代初，欧洲的一些研究机构和仪器生产厂家进行了大量的基础性的研究和实验，由 H. Kahmen 教授领导的课题组，于 1983 年成功研制的由视觉经纬仪改制而成的组合式的测量机器人（Kahmen，Suhre，1983），成功应用于煤矿的边坡监测，用于自动监测几百个变形目标点，但其集成度不高，精度较低。

从 20 世纪 80 年代中期到 90 年代中期是测量机器人的逐步发展期。1986 年徕卡（Leica）公司成功推出了商品化的 TM3000 视觉经纬仪，TM3000 望远镜内有同轴的规标灯，它发射出波长为 0.85μm 的红外光，利用该光束和伺服马达，仪器可自动跟踪被测目标，望远镜以绝对线性扫描和数字调节方式利用伺服马达自动调焦，TM3000 若装上带 CCD 摄像机的望远镜就构成 TM3000V，CCD 摄像机可扫描 8.8mm×6.6mm 的范围，通过高精度图像处理软件可测定出目标的三维坐标。20 世纪 90 年代初推出的由多台 TM3000V 构成的自动化经纬仪测量系统，被普遍用于工业测量中，也应用于全自动的工程变形监测中，如科研人员在新加坡某地铁变形监测任务中使用了由 TM3000V 视觉经纬仪组成的监测系统，实测效果良好。到 20 世纪 90 年代中期，Leica 公司首先推出了 TPS1000 系列（TCA2003、TCA1800）测量机器人（智能型全站仪），它除集成了电子经纬仪、红外测距仪、步进马达、CCD 传感器、微处理器和存储器以外，最主要的是采用了自动目标识别（ATR）技术，实现了普通棱镜的长距离的自动识别与精确照准，使测量机器人迅速从室内的工业测量走向了野外工程测量。

20 世纪 90 年代中期以来则是测量机器人全面应用与发展的年代。Leica 公司在推出 TPS1000 系列测量机器人后，迅速推出了其配套自动化极坐标测量软件系统（APSWin），并提供全面的二次开发工具和方法，因此，基于测量机器人的各种应用与开发在世界范围内得到了迅速的发展与推广。目前我国已将测量机器人用于大坝、桥梁、滑坡的变形监测和三维工业测量。由于测量机器人具有全自动、遥测、实时、动态、精确、快速等优点，其应用领域将愈来愈广。

习题

测量机器人的概念是什么？

11.1.2　测量机器人技术组成

学习目标

1. 知识目标：熟悉测量机器人的技术组成。
2. 能力目标：能表述出测量机器人的技术组成。
3. 素质目标：培养学生的科学发展观、爱护仪器等公共财产的意识。

知识链接

测量机器人的技术组成包括坐标系统、操纵系统、换能器、计算机和控制器、闭路控制传感器、决定制作、目标捕获和集成传感器等八大部分。

（1）坐标系统

测量机器人的坐标系统主要有三种：

a. 笛卡儿直角坐标系

其特点是做上下、左右、前后方向的运动。这种坐标参考系统应用于基于视觉的坐标测量系统。

b. 柱面坐标系

其特点是可沿中心轴做上下、前后（内外）运动，以及绕中心轴做旋转运动。这种坐标系统也可以用在基于视觉的坐标测量系统。

c. 球面坐标系

可做极坐标或球面运动，其特点是可绕垂直和水平轴做旋转运动，外部手臂还可做前后运动（在测量机器人中被距离传感器所代替）。

常用的坐标系统为球面坐标系统，望远镜能绕仪器的纵轴和横轴旋转，在水平面360°、竖面180°范围内寻找目标。

（2）操纵系统

操纵系统是一种机械装置，包括轴和手臂、连杆和关节等，操纵系统的作用是控制机器人的移动、转动、弯曲等运动。

（3）换能器

换能器是能将电能、水能或风能转换成动能的马达或传感器。一般情况下，测量机器人利用电能驱动步进马达。

（4）计算机和控制器

计算机和控制器功能是从设计开始到终止操纵系统、存储观测数据并与其他系统接口。控制器的控制系统多采用点到点无伺服控制系统、连续路径或点到点的伺服控制系统。

（5）闭路控制传感器

闭路控制传感器将反馈信号传送给操纵器和控制器，以进行跟踪测量或精密定位。

（6）决定制作

决定制作，即目标判定，主要用于发现目标。主要有试探分析法和句法分析法两种方法。试探分析是模拟人识别图像的视觉方法；句法分析是基于目标的局部特征进行目标判定的。

（7）目标捕获

目标捕获，指的是目标搜寻和精确照准。在测量机器人的自动目标搜寻中常常要用到CCD成像技术。自动目标搜寻和照准一般包括以下步骤：影像生成、影像获取、影像处理，最后根据从背景影像中提取的特征信息进行目标判定——照准目标。目标捕获常采用开窗法、阈值法、区域分割法、回光信号最强法以及方形螺旋式扫描法等。

（8）集成传感器

测量机器人的集成传感器包括采用距离、角度、温度、气压等传感器，获取各种观测值。由影像传感器构成的视频成像系统通过影像生成、影像获取和影像处理，在计算机和控制器的操纵下实现自动跟踪和精确照准目标，从而获取物体或物体某部分的长度、厚度、宽度、方位、二维和三维坐标等信息，进而得到物体的形态及其随时间的变化。

习题

测量机器人的技术组成包括哪几部分？

11.1.3　典型测量机器人

学习目标

1. 知识目标：熟悉国内外几种典型的测量机器人。
2. 能力目标：能举例说明几种测量机器人的功能。
3. 素质目标：培养学生科学发展观、保护国产品牌的爱国情怀。

知识链接

11.1.3.1　徕卡（Leica）测量机器人

瑞士Leica公司是测量机器人制造的先驱，其生产的TCA系列测量机器人是智能全站仪的杰出代表，它具有自动马达驱动、自主式自动识别和照准目标的功能，使测量机器人从概念和原型走向了实用，是全站仪的革命性的换代产品。徕卡自第一代经典测量机器人TCA2003开始，相继推出了TPS系列、TS/TM系列、MS系列等一系列产品。

1. 徕卡TS60超高精度全站仪

徕卡TS60超高精度全站仪是徕卡公司第五代测量机器人，如图11-1所示。其主要特点有：

（1）高精度

测角精度0.5″，TS60仪器添加新型自动量高模块，精度高达1mm。

（2）ATRplus升级锁定性能

±20°动态锁定性能，视场角比上代更大，在通视条件不好（雨雾天气）或者强光下，甚至长距离测量，全站仪也可以锁定棱镜完成测量。测量人员花费更少的时间寻找棱镜，减少外界强光、雨雾等对自动照准棱镜的影响。

（3）双相机系统

TS60 具有 500 万像素广角相机与望远镜相机，还有自动对焦功能，创新测量流程，降低人工强度，提升工作效率。

（4）动态显示

从仪器到手簿传输，拥有超过 20Hz 的传输速度、低延迟、WVGA 视频流。测量人员可以实时地查看全站仪所找的目标；传输速度快，可以获取更顺畅的视频流；更好地体验远程遥控测量作业，重新锁定目标，减少外业测量时间。

（5）操作简单，功能强大

内置时尚的 Captivate 外业软件，用户界面清晰、协调、效果显示好；直观的主菜单，主菜单直接显示所有的作业和应用程序，可以“传送带”式地选择，甚至可以在主页中直接创建作业；逼真的 3D 浏览器，应用程序中的测量数据（点、线、面）、设计数据（线路、DTMs）以及当前位置可以通过 2D 和 3D 的方式进行查看；简单而强大的特征编码功能，编码功能应用让线路作业变得简单、快速、强大；可以自定义横断面模板，实现自动化测量，使得测量道路（河床、河岸）横断面更加容易。

2. 徕卡 MS60 高速影像全站扫描仪

徕卡 MS60 高速影像全站扫描仪采用 LeicaMergeTEC 技术，高度集成三维激光扫描技术、高精度测量技术、数字影像技术、GNSS 技术，如图 11-2 所示。

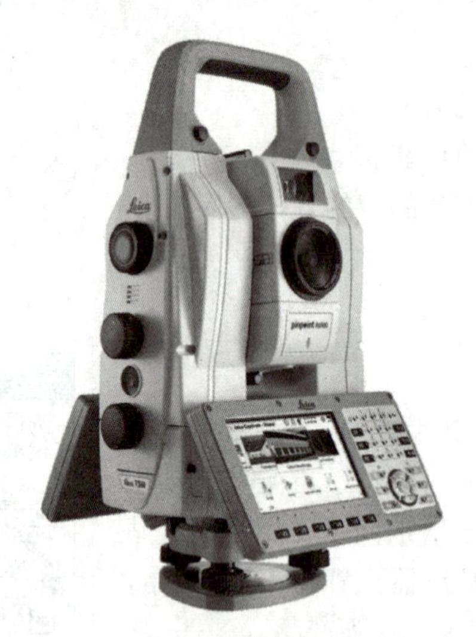

图 11-1　徕卡 TS60 超高精度全站仪

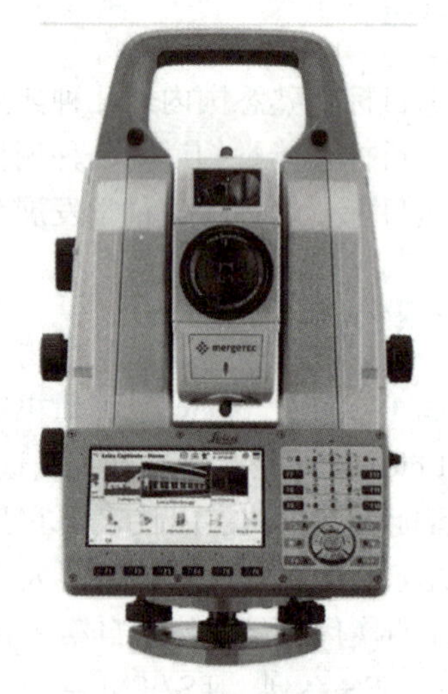

图 11-2　徕卡 MS60 高速影像全站扫描仪

（1）高速三维扫描

扫描速度高达每秒 30000 点，扫描精度可达 0.6mm@50m，既能达到高质量扫描要求，又能快速扫完收工。

（2）精准单点测量

采用波形数字化（WFD）EDM 测距技术，ATRplus0.5″自动照准功能，压电陶瓷马达转速每秒 180°，让测量更快、更远、更准。

（3）自动量高

徕卡 MS60 具有自动量高模块，精度高达 1mm；自动量取仪器高，全站仪设站更从容，不必低头弯腰丈量；改善点云错层，后期分析和处理更准确。

（4）点云现场分析

徕卡 MS60 可配机载三维点云处理软件 Leica Inspect Surface，现场扫描直接出对比检测成果，全站仪直接放样指导现场再作业，简化工作流程。

（5）时尚的 Captivate 系统软件

徕卡 MS60 高速影像全站扫描仪内置时尚的 Captivate 系统软件，大大优化了传统的作业模式，从外业拍照、外业扫描再到外业测量，一气呵成；从图像获取、点云扫描再到纹理贴图，有图有真相；从传统的 2D 测量视图，步入 3D 测绘时代，实现真三维测量；直观外业 3D 测量，无需草图，借助影像点云快速进行数据检核。

11.1.3.2　拓普康 MS 系列精密三维测量机器人

拓普康 MS 系列全站仪（图 11-3），是精密三维自动化测量的新型测量机器人，采用了三大的拓普康技术：IACS 测角技术、REDtechEX 测距技术、多棱镜目标识别技术。产品特点如下：

（1）0.5″/1″测角精度；

（2）0.5mm+1x10-6D 测距精度；

（3）目标智能识别与自动照准；

（4）隧道测量激光指示；

（5）WindowsCE 操作系统；

（6）IP64 防尘防水保护。

图 11-3　拓普康 MS 系列全站仪

针对不同测量任务，拓普康 MS 系列全站仪提供了配套软件及相应的解决方案，可应用于高速铁路建设、水利设施建设、船舶制造测量、隧道工程测量、桥梁工程测量、三维工业测量等多个领域。

11.1.3.3　TrimbleS6/S8 测量机器人

Trimble 公司成立于 1978 年，成立后一直致力于 GPS 导航与定位产品的开发与研究，逐渐发展成 GPS 行业的领导者。TrimbleS6 测量机器人是在天宝公司收购光谱精仪后，整合原有资源，重新研究设计开发的代表最新技术水平的全新仪器，如图 11-4 所示。其采用了创新的 MagDrive™ 伺服、先进的电子工程和现代的通信协议等新技术。推出 S6 后不久又推出了其升级产品 S8，其主要特点如下：

（1）MagDrive 磁驱伺服技术

Trimble 的 MagDrive 磁驱伺服技术是基于使用电磁为交通工具的推进力的原理，整合了伺服和角度系统。与常规技术比较，这种 MagDrive 技术，伺服性能精度高，转速高，功耗低。无摩擦驱动消除了伺服噪声并且降低了仪器损耗。

（2）角度传感器

TrimbleS6 使用了一个与伺服驱动整合在一起并优化了的光学角度传感器。角度传感器包括一个固定粗码和精码模式的玻璃度盘，两种编码模式被布置在玻璃度盘的两条轨道上，且传感器被安置在度盘的对径位置。机械结构上，角度传感器整合在伺服中央装置，

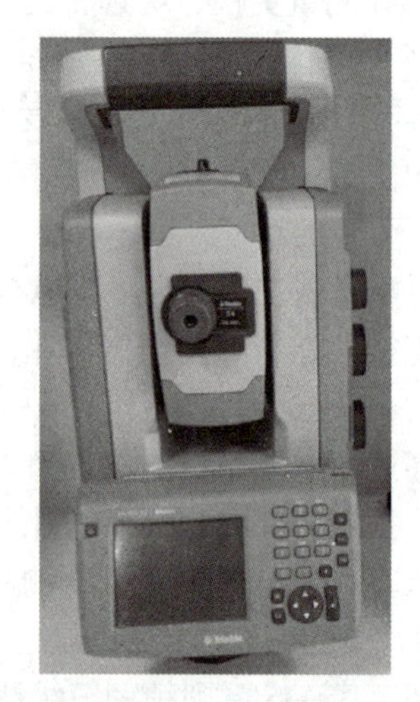

图 11-4　TrimbleS6 测量机器人

除能快速地获得精确的角度之外，还可以对自动校正竖轴偏差、自动校正视准轴误差、自动校正横轴倾斜等进行补偿。

（3）MultiTrack 多目标跟踪技术

TrimbleS6 综合了普通棱镜和有源棱镜跟踪，形成了新的 MultiTrack 多目标跟踪技术，仪器可以在超常的距离内锁定和跟踪多个目标以及常规型棱镜。

（4）EDM 直接反射（DR）技术

DR 可由脉冲时间和相位偏移两种测距技术方法实现。

11.1.3.4　超全站仪

全站仪在大地测量及工程建设领域得到了广泛应用，但也具有一定的局限性。GPS 的发展从很大程度上弥补了全站仪的缺点，因此出现了全站仪与 GPS 联合作业的方式。为了充分发挥两种技术的优势，集成了 GPS 和全站仪功能的仪器诞生了，这就是所谓的超全站仪。

超全站仪有时简称超站仪，是集合全站仪测角功能、测距功能和 GPS 定位功能，不受时间、地域限制，不依靠控制网，无须设基准站，没有作业半径限制，单人单机即可完成全部测绘作业流程的一体化的测绘仪器。

传统的测量作业，如地形、地籍、土地、交通、工程线路、森林、灾害防治、江河湖海水域等测绘工作，无一不需要先做控制网或控制点建立，而对测量资料缺乏或控制引入困难的地区，建立控制网点是一件困难的事情。超站仪的出现可以很方便地解决这些问题，使测绘作业从此彻底摆脱控制网的束缚，也克服了 RTK 技术必须设基准站且作业半径范围受限制的困难，可以随时测定地球上任意一点在当地坐标系下的高斯平面坐标。

目前，市场使用的主要是徕卡超站仪 SmartStation。近年来，国产超站仪开始进入市场，代表产品是南方公司的 NTS582 超站仪。

1. 徕卡超站仪 SmartStation

徕卡超站仪 SmartStation，如图 11-5 所示，集成了全站仪及 GPS 的功能，实现了无控制点情况下的外业测量，GPS 点位测量精度可以达到毫米级。这种作业模式可以大大改善传统的作业方法，对于线路测量、工程放样、地形测图等劳动强度较大的测量工作，使用 SmartStation 能够大大提高工作效率，节省人力、物力资源。

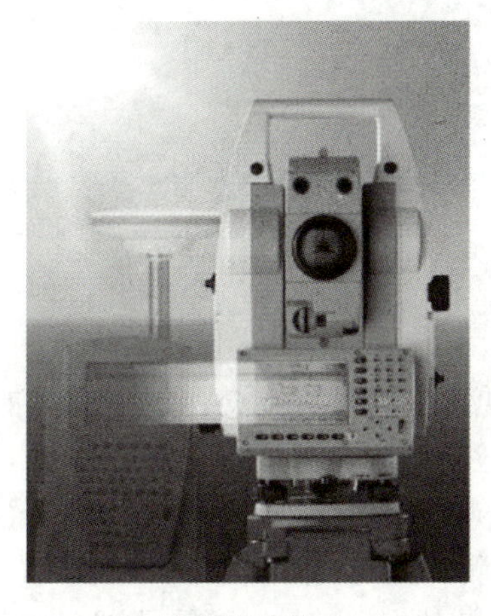

图 11-5　徕卡超站仪 SmartStation

2. 南方一体式智能超站仪 NTS582

南方一体式智能超站仪 NTS582，如图 11-6 所示，巧妙地将全站仪与北斗 RTK 集成于一身，利用智能化操作系统的开放性，在测量控制软件功能上进行创新，将全站仪和 RTK 的工作方法进行有机结合，改进了外业测量工作方法，丰富了测绘装备应用场景。

图 11-6　南方一体式智能超站仪 NTS582

习题

列举几种常见的测量机器人。

11.2 建筑物变形监测

11.2.1 沉降观测

学习目标

1. 知识目标：了解建筑物沉降观测的概念，掌握沉降观测的点位布设与观测要求，掌握沉降观测方法及数据成果处理。

2. 能力目标：能根据建筑物的实际情况选择沉降观测的基准点，布设沉降观测点，确定观测路线，并进行沉降观测，提交观测成果。

3. 素质目标：弘扬精益求精的专业精神、实事求是的科学精神。

任务导入

根据特定的建筑物布设沉降观测点，确定观测周期和时间，进行沉降观测，检验施测精度，提交观测成果。

知识链接

沉降观测就是定期地测量观测点相对于水准点的高差以求得观测点的高程，并将不同时期所测得的高程加以比较，得出建筑物沉降情况的资料。将不同时期所测得的同一观测点的高程加以比较（有时也需要比较同一时期各观测点之间相对高程），由此得到建筑物或设备基础的沉降量。

任务实施

1. 高程控制网点的布设与测量

高程控制网点分为基准点和工作基点。基准点是为进行变形测量而布设的稳定的、需长期保存的测量控制点。特级沉降观测的高程基准点数不应少于 4 个，其他级别沉降观测的高程基准点数不应少于 3 个。工作基点是为直接观测变形点而在现场布设的相对稳定的测量控制点。高程工作基点可根据需要设置，基准点和工作基点应形成闭合环或形成由附合路线构成的结点网。

高程控制网的观测技术要求必须符合相关规范要求，如《建筑变形测量规范》JGJ 8—2016。

2. 沉降观测点布设

沉降观测点是设立在变形体上，能反映其变形特征的点。点的位置和数量应根据地质情况、支护结构形式、基坑周边环境和建筑物（或构筑物）荷载等情况而定。点位埋设合理，就可全面、准确地反映出变形体的沉降情况。

沉降观测点的布设应能全面反映建筑及地基变形特征，并顾及地质情况及建筑结构特点。

沉降观测点的标志可根据不同的建筑结构类型和建筑材料，采用墙（柱）标志、基础标志或隐藏式标志。

3. 建筑沉降观测

(1) 沉降观测周期和观测时间的确定

沉降观测的周期应根据建筑物的特征、变形速率、观测精度和工程地质条件等因素综合考虑，并根据沉降量的变化情况适当调整。

(2) 观测方法

沉降观测点首次观测的高程值是以后各次观测用以比较的依据，如果首次观测的高程特度不够或存在错误，不仅无法补别，而且会造成沉降观测的矛盾现象。因此必须提高初测精度，应在同期进行两次观测后取平均值。

沉降观测的水准路线应形成闭合线路。

为了提高观测精度，应采用“四固定”的方法，即固定的人员、固定的仪器和尺子、使用固定的水准点、固定的施测路线与方法。沉降观测点的观测方法和技术要求与基准点施测要求相同。为保证观测精度，观测时前、后视宜使用同一根水准尺，前、后视距尽量相等。观测时仪器应避免安置在有空压机、搅拌机、卷扬机等振动影响的范围内，塔式起重机等施工机械附近也不宜设站。每次观测应记载施工进度、荷载量变动、建筑倾斜裂缝等各种影响沉降变化和异常的情况。

4. 沉降观测成果整理

(1) 观测资料的整理

每次观测结束后，应检查观测手簿中的记录数据和计算是否正确，精度是否符合要求，然后调整高差闭合差，推算出各沉降观测点的高程，并填入沉降观测记录表（见表11-1)，表中的数据为某建筑物沉降观测记录。

(2) 计算沉降量

沉降观测点本次沉降量＝本次观测所得的高程－上次观测所得的高程

累积沉降量＝本次沉降量＋上次累积沉降量

将计算出的沉降观测点本次沉降量、累积沉降量和观测日期、荷载情况等也记入沉降观测记录表中（表11-1)。

沉降观测记录表　　表11-1

观测次数	观测时间	各观测点的沉降情况							施工进展情况	荷载情况 (t/m^2)
		1			2			……		
		高程 (m)	本次下沉 (mm)	累积下沉 (mm)	高程 (m)	本次下沉 (mm)	累积下沉 (mm)	……		
1	2011-01-10	80.954	0	0	80.973	0	0		一层平口	
2	2011-02-23	80.948	−6	−6	80.967	−6	−6		三层平口	40

续表

观测次数	观测时间	各观测点的沉降情况							施工进展情况	荷载情况（t/m²）
		1			2			……		
		高程（m）	本次下沉（mm）	累积下沉（mm）	高程（m）	本次下沉（mm）	累积下沉（mm）	……		
3	2011-03-16	80.943	−5	−11	80.962	−5	−11		五层平口	60
4	2011-04-14	80.940	−3	−14	80.959	−3	−14		七层平口	70
5	2011-05-14	80.938	−2	−16	80.956	−3	−17		九层平口	80
6	2011-06-04	80.934	−4	−20	80.952	−4	−21		主体完	110
7	2011-08-30	80.929	−5	−25	80.947	−5	−26		竣工	
8	2011-11-06	80.925	−4	−29	80.945	−2	−28		使用	
9	2012-02-28	80.923	−2	−31	80.944	−1	−29			
10	2012-05-06	80.922	−1	−32	80.943	−1	−30			
11	2012-08-05	80.921	−1	−33	80.943	0	−30			
12	2012-12-25	80.921	0	−33	80.943	0	−30			

(3) 绘制沉降曲线

沉降曲线分为两部分，即时间与沉降量的关系曲线和时间与荷载的关系曲线，如图11-7所示。

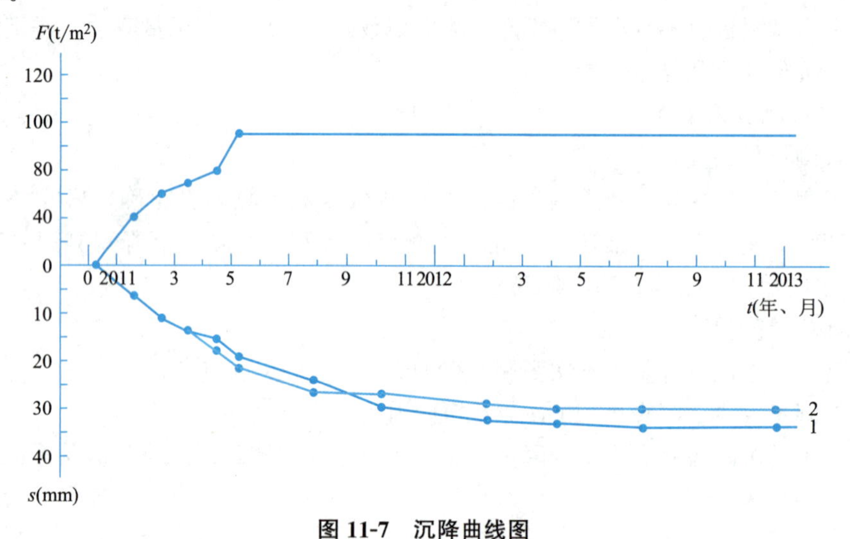

图 11-7　沉降曲线图

(4) 问题处理

1）曲线在首次观测后即发生回升现象。在第二次观测时即发现曲线上升，至第三次后，曲线又逐渐下降。发生此种现象，一般都是由于首次观测成果存在较大误差所引起的。此时，应将第一次观测成果作废，而采用第二次观测成果作为首测成果。

2）曲线在中间某点突然回升。发生此种现象的原因多半是因为水准基点或沉降观测点被碰所致，如水准基点被压低，或沉降观测点被撬高，此时，应仔细检查水准基点和沉降观测点的外形有无损伤。如果众多沉降观测点出现此种现象，则水准基点被压低的可能性很大，此时可改用其他水准点作为水准基点来继续观测，并再埋设新水准点，以保证水准点个数不少于三个；如果只有一个沉降观测点出现此种现象，则多半是该点被撬高，如果观测点被撬后已活动，则需另行埋设新点，若点位尚牢固，则可继续使用，对于该点的沉降计算，则应进行合理处理。

3）曲线自某点起渐渐回升。产生此种现象一般是由于水准基点下沉所致。此时，应根据水准点之间的高差来判断出最稳定的水准点，以此作为新水准基点，将原来下沉的水准基点废除。另外，埋在裙楼上的沉降观测点，由于受主楼的影响，有可能会出现属于正常的渐渐回升现象。

4）曲线的波浪起伏现象。曲线在后期呈现微小波浪起伏现象，是由测量误差所造成的。曲线在前期波浪起伏之所以不突出，是因为下沉量大于测量误差之故；但到后期，由于建筑物下沉量极微小或已接近稳定，因此在曲线上就出现测量误差比较突出的现象。此时，可将波浪曲线改成为水平线，并适当地延长观测的间隔时间。

5. 应上交成果及预报

对观测成果的综合分析评价是沉降监测一项十分重要的工作。沉降观测全部结束之后应提交下列资料。

（1）工程平面位置图及基准点分布图。

（2）沉降观测点位分布图。

（3）沉降观测成果表。

（4）时间-荷载-沉降量曲线图。

（5）沉降曲线图。

（6）沉降分析报告。

如果监测过程出现下列情况，必须立即报告委托方，同时应及时增加观测次数或调整变形测量方案。

（1）变形量或变形速率出现异常变化。

（2）变形量达到或超出预警值。

（3）周边或开挖面出现塌陷、滑坡。

（4）建筑本身、周边建筑及地表出现异常。

（5）由地震、暴雨、冻融等自然灾害引起的其他变形异常情况。

巩固训练

选取校园内某建筑物或施工现场选择埋设沉降观测点的建筑物对其进行建筑物沉降观测工作。

11.2.2　水平位移观测

学习目标

1. 知识目标：了解水平位移观测的方法、成果分析等。

2. 能力目标：能进行建筑物的水平位移观测。

3. 素质目标：树立高尚的职业道德，具有一丝不苟的工作态度。

知识链接

水平位移观测是测定建筑物因受侧向荷载的影响而产生的水平位移量。建筑物水平位移观测包括：位于特殊土地区的建筑物地基基础水平位移观测；受高层建筑基础施工影响的建筑物及工程设施水平位移观测；挡土墙、大面积堆载等工程中所需的地基土深层侧向位移观测等。

工业建筑场地的地面水平位移，其方向可能是任意的，也可能发生在某一特定方向。对于任意方向的位移观测，通常要布设高精度的变形控制网，变形网一般由基准点（埋设在变形影响范围之外的稳定点）、工作基点（埋设在接近位移的地带，以便观测变形观测点）、变形观测点（直接埋设在位移地区，其点位随地面位移而变化）组成。由基准点和工作基点组成首级变形控制网，工作基点与变形观测点组成次级网。变形控制网按不同观测对象和不同的观测仪器可布设成测角网、测边网、边角网。在没有固定点可利用的情况下，变形网则布设成自由网（全部控制点位于变形影响范围以内）。对较复杂的网形，应在预定的工作量下进行优化设计。首级变形网复测周期较长，次级网复测周期较短。由各期观测成果计算出的各观测点坐标变化，可以计算各点的位移量，以反映各观测期间地面水平位移情况。

1. 水平位移观测点位的选设

水平位移观测点位的选设应符合以下要求：

观测点的位置视工程情况和位移方向而定。对建筑物应选在墙角、柱基及裂缝两边等处；地下管线应选在端点、牌转角点及必要的中间部位；护坡工程应按待测坡面成排布点；测定深层侧向位移的点位与数量，应按工程需要确定。

控制点应根据观测点的分布，按平面控制网点的布设要求选设。

在进行水平位移观测时可以利用已有控制点或其他变形观测设置的控制点进行，若无现成点可以利用，则需要自行设置观测标志。观测点的标志和标石设置应符合下列要求：

（1）建筑物上的观测点可采用墙上或基础标志；土体上的观测点可采用混凝土标志；地下管线的观测点应采用窨井式标志。各种标志的形式及埋设应根据点位条件和观测要求设计确定。

（2）控制点的标石、标志应符合平面控制点标志的形式及埋设要求。对于如膨胀土等特殊性土地区的固定基点亦可采用深埋钻孔桩标石，但须用套管桩与周围土体隔开。

（3）水平位移观测的精度可根据平面控制测量的精度等级经估算后确定。

2. 观测周期和观测方法

建筑物水平位移观测的周期应视不同情况分别对待。对于不良地基土地区的观测，可与一并进行的沉降观测协调考虑确定；对于受基础施工影响的有关观测，应按施工进度的需要确定，可逐日或隔数日观测一次直至施工结束；对于土体内部侧向位移观测，应视变形情况和工程进展而定。

通常水平位移监测方法有控制网法和特殊基准线法。基准线法通常采用视准线法、激光准直法和引张线法。控制网法通常采用前方交会法、后方交会法、三角网法、边角网法、导线法，实际工作中一般采用前方交会法和三角网法。考虑到场地原因有些观测点上不易架设仪器，前方交会法就是水平位移监测的首选方法。

3. 观测资料的整理和分析

观测资料的整理和分析目的是验证变形是否存在和分析产生变形的原因，通常采用图解法或解析法。图解法是在计算各变形值后，以时间和变形位移观测成果图值为参数绘制各种图表，如等沉降曲线图、水平位移矢量图、应变图等，进行位移矢量分析和应变分析，以了解变形过程和发展趋势。解析法应用统计检验方法，判别变形是否存在。应用回归分析可定量分析变形规律，并且可用来作变形预报，这对监视变形具有重要价值。

4. 应提交的成果资料

观测结束后，应提交水平位移观测点位布置图、观测成果表、水平位移曲线图、观测成果分析资料，当基础的水平位移与沉降同时观测时，可选择提交典型剖面绘制两者的关系曲线。

习题

1. 什么是水平位移观测？
2. 水平位移监测方法中特殊基准线法一般有哪几种？

11.2.3　倾斜观测

学习目标

1. 知识目标：熟悉倾斜观测的方法，掌握倾斜观测成果分析。

2. 能力目标：能利用各种仪器针对特定建筑物确定具体的倾斜观测方法，进行成果整理、精度检验和提交。

3. 素质目标：培育学生实事求是的科学精神、遵纪守法的社会公德意识。

知识链接

倾斜观测是测定建筑物顶部由于地基有差异沉降或受外力作用而产生的垂直偏差。通常在顶部和墙基设置观测点，定期观测其相对位移值，也可以直接观测顶部中心点相对于底部中心点的位移值，然后推算建筑物的倾斜度。

建筑物产生倾斜的原因主要是地基承载力的不均匀、建筑物体形复杂形成不同荷载及受外力风荷载、地震等影响引起基础的不均匀沉降。

建筑物的倾斜，一般在规程上都有倾斜率的限值。但观测精度的高低，需根据不同观测方法具体求得。有时也根据不同型号的仪器，利用已知参数来求观测精度。基础不均匀的沉降将使建筑物倾斜，对于高大建筑物影响更大，严重的不均匀沉降会使建筑物产生裂缝甚至倒塌。因此，必须及时观测、处理以保证建筑物的安全。

1. 建筑物倾斜监测点的布设

建筑物倾斜监测点的布设应满足下列要求：

（1）监测点宜布置在建筑物角点、变形缝或抗震缝两侧的承重墙或柱上；

（2）监测点应沿主体顶部、底部对应布设，上、下监测点布置在同一竖直线上。

2. 建筑物的倾斜观测

根据建筑物高低和精度要求不同，倾斜观测可采用一般投点法、倾斜仪观测法和激光铅垂仪法等。

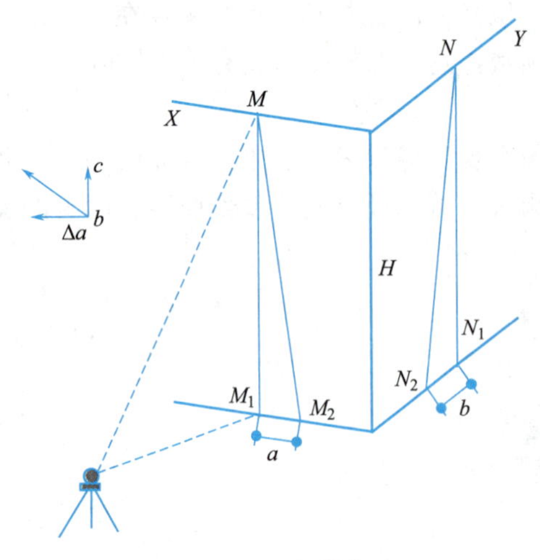

图 11-8 一般投点法

（1）一般投点法

a. 一般建筑物的倾斜观测

对需要进行倾斜观测的一般建筑物，要在几个侧面观测。如图 11-8 所示，在建筑物的顶部墙上设置观测标志点 M，将全站仪（经纬仪也可）安置在离建筑物的距离大于其高度的 1.5 倍处的固定测站上，照准上部观测点 M，用盘左、盘右分中法向下投点得 M_1 点，用同样方法，在与原观测方向垂直的另一方向设置上下两个观测点 N、N_1。相隔一定时间再观测，分别照准上部观测点 M 与 N 向下投点得 M_2 与 N_2，如 M_1 与 M_2、N_1 与 N_2 不重合，说明建筑物产生倾斜。测定出偏移量 $M_1M_2=a$、$N_1N_2=b$。用 H 代表建筑物的高度，则建筑物的倾斜度 i 为

$$i=\sqrt{a^2+b^2}/H$$

b. 锥形建筑物的倾斜观测

当测定锥形建筑物，如烟囱、水塔等的倾斜度时，首先要求得顶部中心 O' 点对底部中心 O 点的偏心距，如图 11-9 中的 OO'，其做法如下：

如图 11-9 所示，在烟囱底部边沿平放一根标尺，在标尺的垂直平分线方向上安置全站仪（经纬仪亦可），使全站仪距烟囱的距离不小于烟囱高度的 1.5 倍。用望远镜瞄准底部边缘两点 A、A' 及顶部边缘两点 B、B'，并分别投点到标尺上，设读数为 y_1、y_1' 和 y_2、y_2'，则烟囱顶部中心 O' 点对底部中心 O 点在 y 方向的偏心距为

$$\delta_y=(y_2+y'_2)/2-(y_1+y'_1)/2$$

同法，再安置全站仪及标尺于烟囱的另一垂直方向（水平线方向），测得底部边缘和顶部边缘在标尺上投点读数为 x_1、x_1' 和 x_2、x_2'，则烟囱顶部中心 O' 点对底部中心 O 点在 x 方向的偏心距为

$$\delta_x=(x_2+x'_2)/2-(x_1+x'_1)/2$$

烟囱的总偏心距为

$$\delta=\sqrt{\delta_x^2+\delta_y^2}$$

烟囱的倾斜方向为

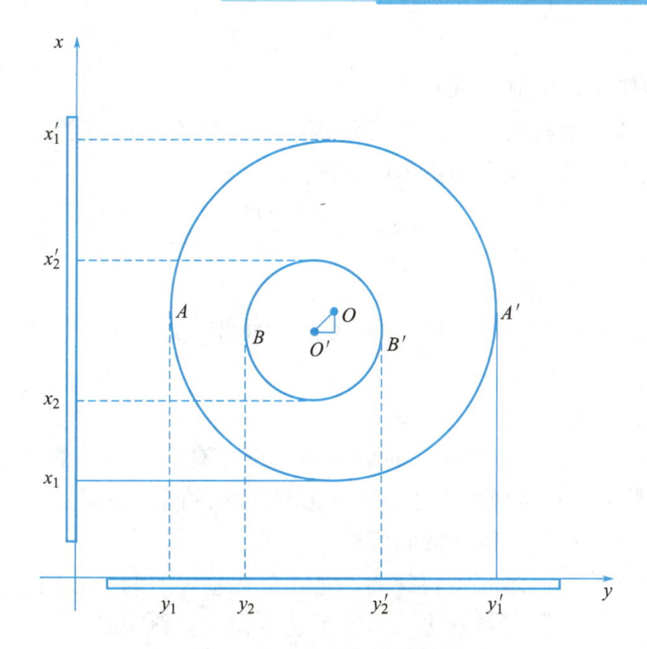

图 11-9　锥形建筑物的倾斜观测

$$\alpha = \arctan(\delta_y/\delta_x)$$

式中　α——以 x 轴作为标准方向线所表示的方向角。

以上观测，要求仪器的水平轴应严格水平。因此，观测前仪器应进行检验与校正，使观测误差在允许误差范围以内，观测时应用正倒镜观测两次取其平均数。

（2）倾斜仪观测法

倾斜仪一般具有能连续读数、自动记录和数字传输等特点，具有较高的观测精度，因而在倾斜观测中得到广泛应用。常见的倾斜仪有水准管式倾斜仪、气泡式倾斜仪和电子倾斜仪等。

气泡式倾斜仪由一个高灵敏度的气泡水准管和一套精密的测微器组成，气泡水准管固定在支架上，测微器中包括测微杆、读数盘和指标。将倾斜仪安置在需要的位置上，转动读数盘，使测微杆向上（向下）移动，直至水准管气泡居中为止。此时在读数盘上读数，即可得出该处的倾斜度。

我国制造的气泡式倾斜仪灵敏度为 2″，总的观测范围为 1°。气泡式倾斜仪适用于观测较大的倾斜角或量测局部地区的变形，如测定设备基础和平台的倾斜等。

（3）激光铅垂仪法

激光铅垂仪法是在顶部适当位置安置接收靶，在其垂线下的地面或地板上安置激光铅垂仪或激光经纬仪，按一定的周期观测，在接收靶上直接读取或量出顶部的水平位移量和位移方向，作业中仪器应严格整平、对中。

当建筑物立面上观测点数量较多或倾斜变形比较明显时，也可采用近景摄影测量的方法进行建筑物的倾斜观测。

建筑物倾斜观测可视倾斜速度的大小，每隔 1～3 个月观测一次。如遇基础附近因大量堆载或卸载，场地降雨长期大量积水而导致倾斜速度加快时，应及时增加观测次数。施工期间的观测周期与沉降观测周期一致。倾斜观测应避开强日照和风荷载影响大的时间段。

(4) 一般建筑物主体的倾斜观测

一般建筑物主体的倾斜观测，应测定建筑物顶部观测点相对于底部观测点的偏移值，再根据建筑物的高度，计算建筑物主体的倾斜度，即

$$i = \tan\alpha = \frac{\Delta D}{H}$$

式中：i——建筑物主体的倾斜度；

ΔD——建筑物顶部观测点相对于底部观测点的偏移值（m）；

H——建筑物的高度（m）；

α——倾斜角（°）。

倾斜测量主要是测定建筑物主体的偏移值 ΔD。偏移值 ΔD 的测定一般采用全站仪（经纬仪亦可）投影法。具体观测方法参照一般建筑物的倾斜观测。

(5) 圆形建（构）筑物主体的倾斜观测

对圆形建（构）筑物主体的倾斜观测，是在互相垂直的两个方向上，测定其顶部中心对底部中心的偏移值。具体观测方法参照锥形建筑物的倾斜观测。

(6) 建筑物基础倾斜观测

建筑物的基础倾斜观测一般采用精密水准测量的方法，定期测出基础两端点的沉降量差值 Δh，如图 11-10 所示，再根据两点间的距离 L，即可计算出基础的倾斜度为 $i = \Delta h/L$。

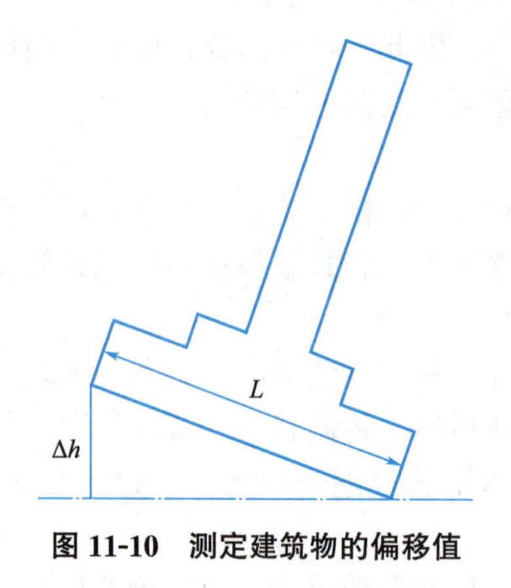

图 11-10 测定建筑物的偏移值

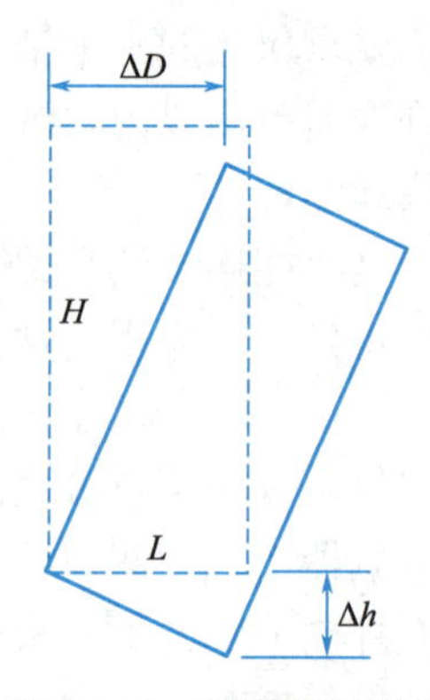

图 11-11 基础倾斜观测

对整体刚度较好的建筑物的倾斜观测，亦可采用基础沉降量差值，推算主体偏移值。如图 11-11 所示，用精密水准测量测定建筑物基础两端点的沉降量差值 Δh，再根据建筑物的宽度 L 和高度 H，推算出该建筑物主体的偏移值 ΔD，即 $\Delta D = \frac{\Delta h}{L}H$ 。

3. 成果整理

测量外业之后，应及时由测量技术员检查手簿中的观测数据和计算结果是否合理、正确，精度是否合格等，然后进行内业计算，并形成测量报告。

变形观测工作结束后应提交观测点位平面布置图、观测成果表成果。

现场记录使用统一的表格，所有的测量数据都应保存原始测量记录，这些记录应按时间顺序归档。在测量过程中，必须完整记录现场测量结果，不允许修改记录，若有记录错

误，在其上方记录正确结果并轻轻划掉错误记录，但应能看清划掉的数字。

习题

1. 什么是倾斜观测？
2. 常用的倾斜观测方法有哪些？

11.2.4　挠度观测

学习目标

1. 知识目标：熟悉挠度观测的内容，了解挠度观测的周期和精度要求。
2. 能力目标：能根据建筑物的实际情况进行挠度观测。
3. 素质目标：培养学生严谨、一丝不苟的职业精神。

知识链接

1. 挠度观测的内容

测定建筑物构件受力后产生弯曲变形的工作叫挠度观测。挠度观测包括建筑物基础和建筑物主体以及独立构筑物（如独立墙、柱等）的挠度观测，应按一定周期分别测定其挠度值及挠曲程度。

建筑物基础挠度观测，可与建筑物沉降观测同时进行。观测点应沿基础的轴线或边线布设，每一基础不得少于3点。标志设置、观测方法与沉降观测相同。

建筑物主体挠度观测，除观测点应按建筑物结构类型在各不同高度或各层处沿一定垂直方向布设外，其标志设置、观测方法按倾斜观测的有关规定执行。挠度值由建筑物上不同高度点相对于底点的水平位移值确定。

2. 挠度观测的周期

挠度观测的周期应根据荷载情况及设计、施工要求确定。

3. 挠度观测的精度

建筑物基础挠度观测，其观测的精度可按沉降观测的有关规定确定。

建筑物主体挠度观测，其观测的精度可按水平位移观测的有关规定确定。

4. 提交成果

（1）挠度观测点位布置图。

（2）观测成果表与计算资料。

（3）挠度曲线图。

（4）观测成果分析说明资料。

习题

建筑物挠度观测有哪些内容？

11.2.5 裂缝观测

学习目标

1. 知识目标：了解裂缝观测的定义，熟悉裂缝观测的技术要求。
2. 能力目标：能根据建筑物裂缝的实际情况采取适当的观测方法，并进行观测。
3. 素质目标：培育学生严格遵守规章制度、科学严谨的态度以及岗位责任感。

知识链接

裂缝观测是指对建筑物墙体出现的裂缝进行观测的测量工作。裂缝的产生原因可能是：地基处理不当、不均匀下沉；地表和建筑物相对滑动；设计问题导致局部出现过大的拉应力；混凝土浇灌或养护的问题；水温、气温或其他问题。

裂缝观测也是建筑物变形测量的重要内容。建筑物出现了裂缝，就是变形明显的标志，对出现的裂缝要及时进行编号，设置裂缝观测标志，并分别观测裂缝分布位置、走向、长度、宽度、深度、错距及其变化程度等项目。观测的裂缝数量视需要而定，主要的或变化大的裂缝应进行观测。以便根据这些资料分析其产生裂缝的原因及其对建筑物安全的影响，及时采取有效措施进行处理。

对需要观测的裂缝应进行统一编号。每条裂缝至少应布设 3 组观测标志，一组在裂缝最宽处，另两组应分别在裂缝末端，每组应使用两个对应的标志，分别设在裂缝的两侧。当裂缝开展时，标志就能相应地开裂或变化，并能正确地反映建筑物裂缝发展情况，其标志形式一般采用石膏板标志、白铁片标志、金属标志三种，采用专用仪器设备观测的标志可按具体要求另行设计。

根据裂缝的实际情况不同，采用的方法也不一样，常用的方法有：比例尺、小钢尺或游标卡尺等工具定期量测；方格网板定期读取“坐标差”计算裂缝变化值；近景摄影测量方法；当需连续监测裂缝变化时，还可采用测缝计或传感器自动测记方法观测。

每次裂缝观测后，应绘出裂缝的位置、形态和尺寸，注明日期，附必要的照片资料等。观测结束后，应提交裂缝分布位置图、裂缝观测成果表、裂缝变化曲线、裂缝观测成果分析说明资料等。

习题

1. 什么是裂缝观测？
2. 裂缝产生的原因是什么？

11.3 测量机器人在建筑施工测量中的应用

11.3.1 测量机器人的自动点测量

学习目标

1. 知识目标：掌握测量机器人现场自动点测量的作业流程。
2. 能力目标：能利用测量机器人进行现场测量。
3. 素质目标：培养实事求是的科学精神、一丝不苟的工作态度。

任务导入

本节以徕卡 MS60 测量机器人为例，详细讲述进行自动点测量的步骤。

知识链接

在建筑工程施工过程中，我们经常需要获取一些点的坐标。如，施工前，运用测量仪器设备，通过实地测量，把待建工程所在范围内地面上的地物、地貌按照一定的比例尺测绘成大比例尺图，为工程设计人员提供设计所需要的资料；基坑开挖后进行的基坑监测，有的需要获取监测点的平面位置；为了满足建筑物竣工后改建、扩建、维护、管理等需要，必须编制与建筑物、构筑物、管线工程实体相吻合的竣工图；工业厂房及一般建筑物、地下管线、架空管线、交通线路、特种构筑物等的竣工测量都涉及获取点的平面位置的工作。

为了快速地获取大量点的位置，或周期性地获取监测点的坐标，我们就可以利用测量机器人的自动点测量功能。

任务实施

1. 作业前准备

测量机器人具有友好的用户操作系统，在作业前需要进行新建项目/工程、导入已知点坐标数据、设置棱镜类型与测距模式、设置气象改正参数等工作。

(1) 新建项目

如图 11-12 所示，在 Leica Captivate 主页上点击【点击此处新建项目】，输入项目名称，并保存项目。保存项目后可以拍摄一张图片作为项目“封面”。

(2) 导入已知点坐标数据

项目建立完成后，单击项目作为当前项目，在弹出的项目快捷菜单中选择【导入数据从】，选择 U 盘或 SD 卡的“Data”目录下的坐标文件导入全站仪中，见图 11-13。需要注

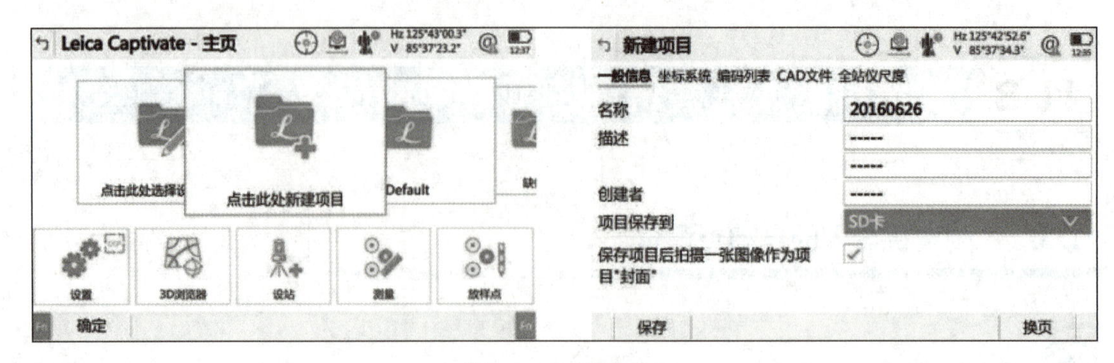

图 11-12　新建项目

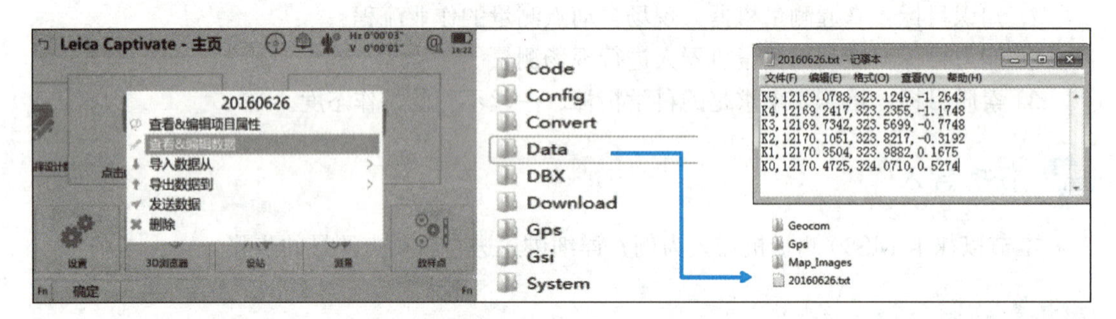

图 11-13　导入坐标文件

意的是坐标文件名最好不要包含中文字体。导入数据后，点击【查看 & 编辑数据】可以查看已有点坐标和手工输入新点坐标。

（3）设置棱镜类型与测距模式

详细设置可以点击 Leica Captivate 主页→【设置】→【全站仪】→【测量模式和目标】。需注意的是：设置【测量】和【设站】时可分别使用不同的棱镜，所以在测量和设站时要注意查看屏幕上方棱镜图标是否正确，以免错误，见图 11-14。

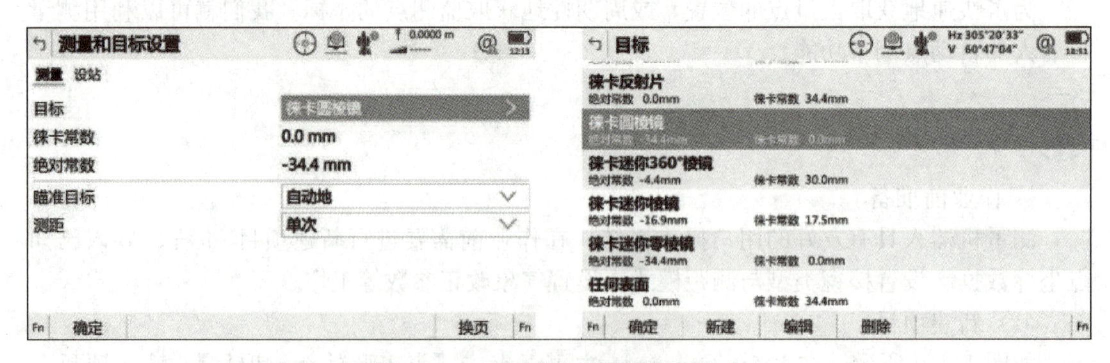

图 11-14　设置棱镜类型与测距模式

（4）设置气象改正参数

可以在 Leica Captivate 主页→【设置】→【全站仪】中进行设置。气象改正包括温度、气压、湿度，设置后自动计算出大气 ppm 改正值，如图 11-15 所示。

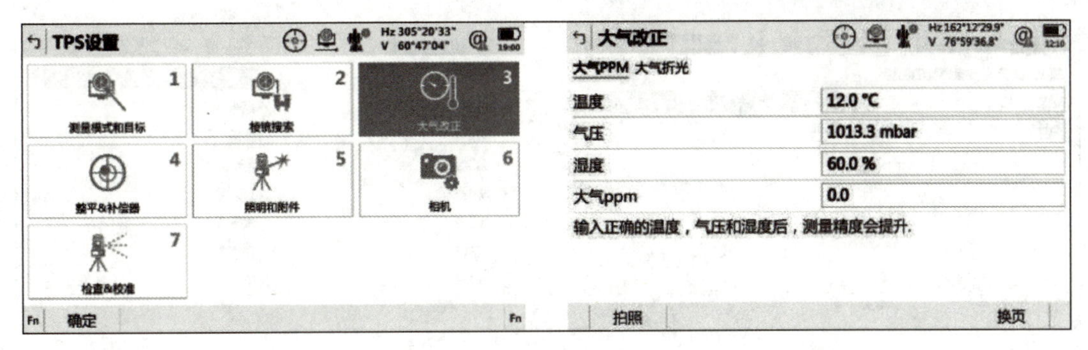

图 11-15　设置气象改正参数

2. 设站定向

在正式测量或者放样之前，必须做的一个步骤就是设站和定向。徕卡测量机器人通常用到的有 4 种设站定向方法：已知后视点、设置方位角、后方交会（也叫自由设站）、线定向。线定向方法设站方式是自定义坐标系，不适合在有已知控制点坐标值的情况下使用，需在假定坐标系或变形监测等特殊情况下才使用。选择合适的方法进行设站定向。

3. 测量

基本参数设置完成后，将当前作业居中显示，点击【测量】进入测量界面，输入点号和目标棱镜高，点击【测距】，会显示当前距离坐标等观测值信息，但是数据未存储，需要点击【保存】才记录数据到项目里；点击【测量】则自动测量并保存数据，自动显示下一待测点点号，无法看到当前观测距离坐标值等信息，如图 11-16 所示。

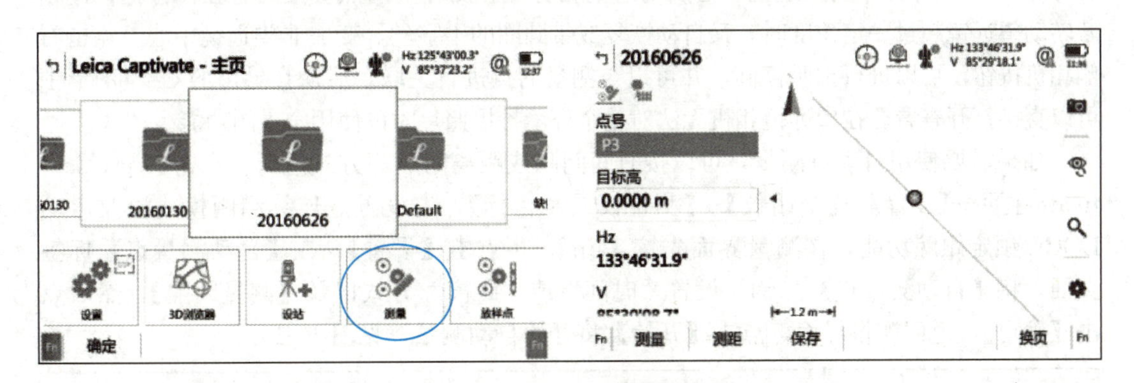

图 11-16　开始测量

如果需要正倒镜测量并自动测量求平均值，则在测量界面点击【Fn】→【工具】→【双面】，如果是棱镜自动照准模式，则仪器自动盘左盘右两次测量，并且自动求平均值。免棱镜或人工照准模式则中途会提示要求人工精确照准目标。

如果要更改当前测量点显示信息或显示顺序，可以在 Leica Captivate 主页→【设置】→【自定义】→【我的测量界面】进行修改，见图 11-17。

如果需要使用望远镜相机进行测量，瞄准、对焦可以使用 MS60 的双相机功能，点击测量界面右侧右上角的相机按钮，出现广角相机图像，见图 11-18。使用触笔点击图像任意位置，仪器望远镜将自动转动，并照准图像中被点击的目标位置，此时广角相机图像中有大圆

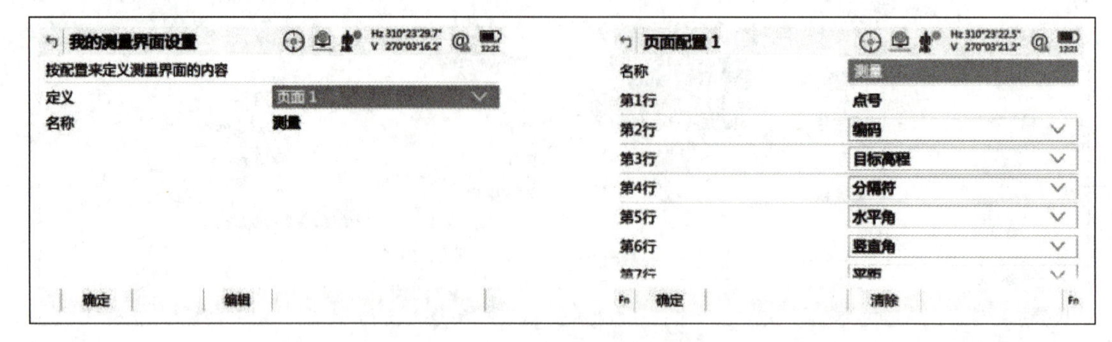

图 11-17　修改显示内容

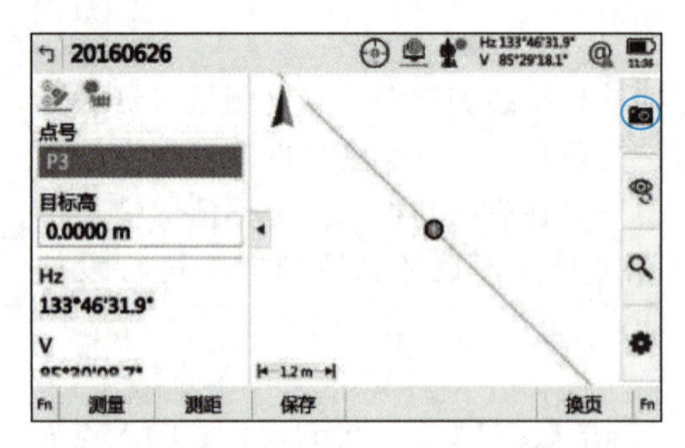

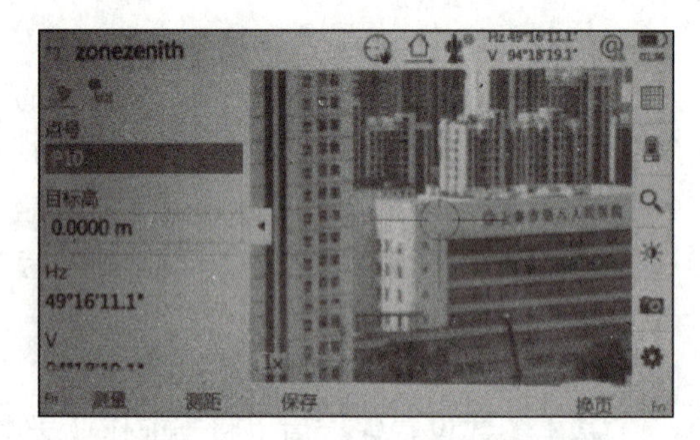

图 11-18　望远镜相机进行测量

圈的十字丝中心并非是望远镜的中心点击。点击【测距】或【测量】后，广角相机的十字丝（无圆圈）中心才指示为望远镜中心所对应的目标点。测存后的点直接附着在图像上，此刻若转动望远镜超过一定角度时，又自动恢复成带圆圈的十字丝，变成非望远镜中心。点击右侧相机按钮，可以进行拍照存储，并可以与测量的点进行关联，后期在导出的 CAD 图形中可以直接打开查看。在望远镜相机无法对整个环境拍摄照片时可使用全景图功能。

如果需要使用自动点测量，可以按时间间隔或距离间隔等方式进行。点击 Leica Captivate 主页→【设置】→【全站仪】→【测量模式和目标】，先设置好连续测距模式以及启动 LOCK 锁定跟踪功能，在测量界面先按【Fn】，再点击【设置】，在【自动测量点】标签页面，将【自动测量点】打钩，设置“时间”或“距离”方式以及【测量间隔】，然后点击【确定】，返回测量界面，点击【开始】将开始自动测量，见图 11-19。

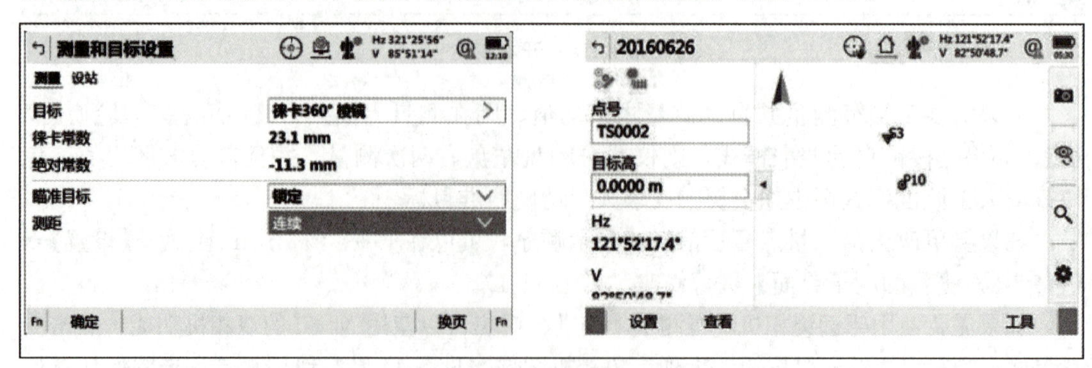

图 11-19　自动点测量（一）

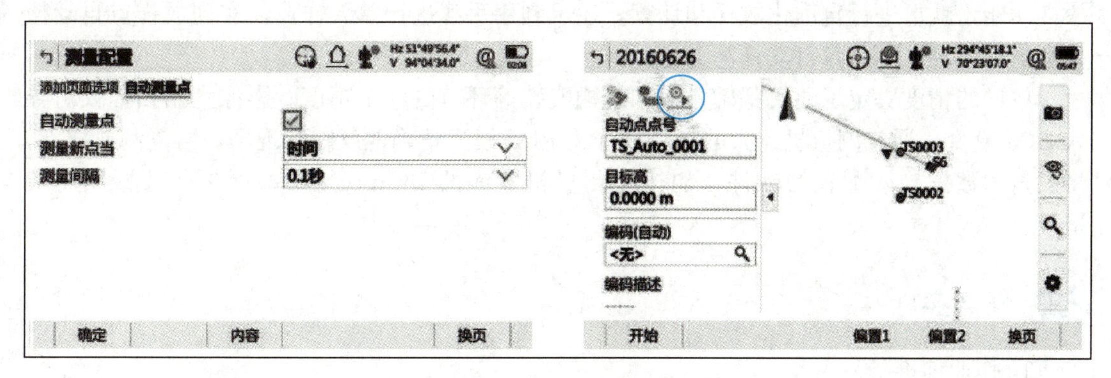

图 11-19　自动点测量（二）

巩固训练

根据校园内已有的已知点坐标文件，选用已有的测量机器人（或模拟软件）进行自动点测量实训。

11.3.2　测量机器人的自动放样

学习目标

1. 知识目标：掌握测量机器人的自动放样功能。
2. 能力目标：能利用测量机器人进行自动放样。
3. 素质目标：培养工作严谨、保质量、守规范的职业素质。

任务导入

向测量机器人中导入已知点和放样点的坐标数据文件，利用测量机器人的放样功能进行自动放样。本任务实例来自徕卡 MS60 的应用案例。

知识链接

建筑施工放样是按照一定的精度要求将桩基、索夹、管线等建筑物或构筑物的设计平面坐标和高程标注在实地的过程。该项工作贯穿于工程建设的整个过程，作为工程施工建设的纽带，将各个环节非常紧密地衔接在一起。一旦放样点位置确定后，即可根据放样点位置进行填挖、设备安装、混凝土浇筑等一系列施工工作。传统放样测量通常采用全站仪和水准仪等仪器根据放样点设计坐标和高程分别进行测设，人工判别出调整量和调整方向，通过反复地调整和测量直至放样点实测平面坐标和高程均达到设计精度要求。

目前，测量机器人具有高精度的放样功能，放样时只需导入需要放样点的坐标，选择放样功能，就可进行自动化放样和计算，还可利用手簿进行单人作业，实现放样点自动搜索和精确照准、调整量自动计算等。

放样的精度决定了建筑基础建设和结构安装等环节的施工精度。影像全站扫描仪可导入 BIM 模型，通过测量机器人的自动放样将 BIM 模型精确地反映到现场，再复测放样点，将测量的数据导入配置的软件（如徕卡测量机器人的 Infinity）中即可进行放样精度的检核。

任务实施

1. 作业前准备

测量机器人具有友好的用户操作系统，在作业前需要进行新建项目/工程、导入已知点坐标数据、设置棱镜类型与测距模式、设置气象改正参数等工作，具体操作方法参照 11.3.1。

2. 设站定向

操作方法参照 11.3.1 中的设站定向。

3. 放样

（1）协作放样

选择放样点所在的项目名称居中后，点击【放样点】程序，根据自己习惯和项目需求，可以进行放样方式设置。

按【Fn】→【设置】，点击【TPS】标签进入自动放样设置。如图 11-20 所示，在【TPS】标签页面，选择【自动照准点】，选择照准方式，这样选择放样点时测量机器人会自动照准该点，按照提示进行放样。

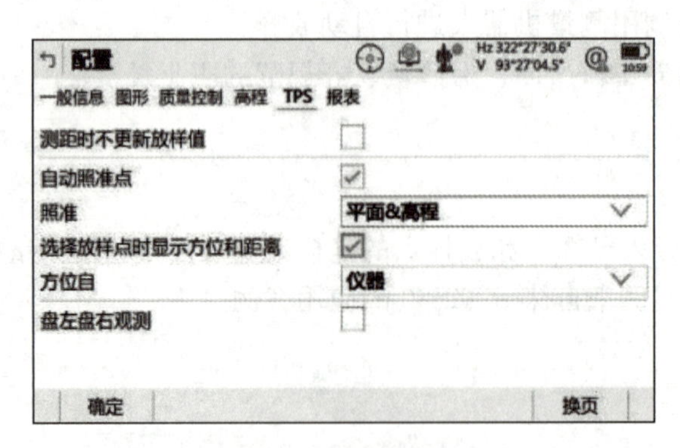

图 11-20 自动放样设置

在放样界面点击右侧的视图切换按钮可以选择 4 个不同的放样视图：平面俯视视图、三维立体视图、三维立体导航视图、放样视图，见图 11-21。

（2）单人放样

目前大部分品牌的测量机器人都具有单人放样功能。将徕卡 cs20 手簿与 MS60 通过蓝牙进行连接，进行设站定向，见图 11-22。

使用手簿，打开放样功能，将棱镜对准仪器，点击【距离】，移动棱镜至指示位置，点击【测量】，完成放样，如图 11-23 所示。

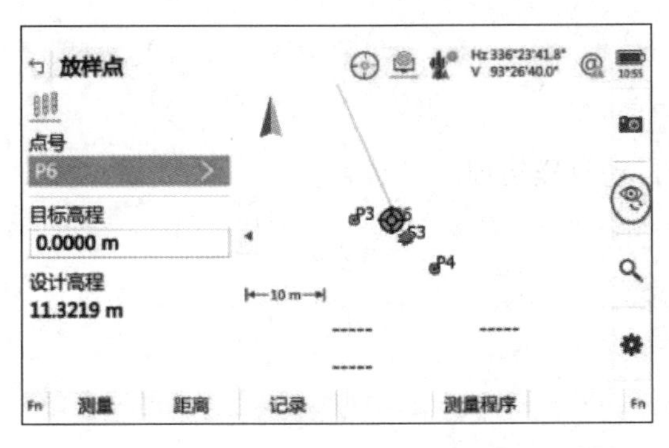

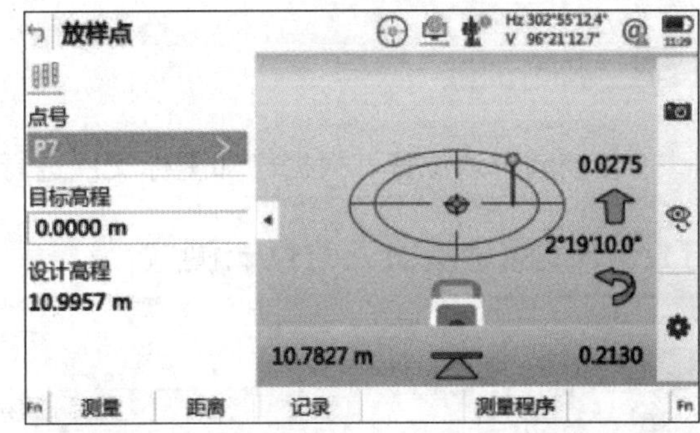

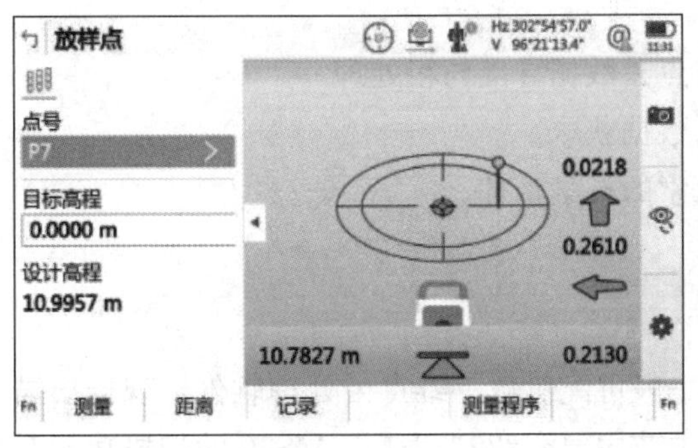

图 11-21　放样界面设置

图 11-22　蓝牙连接

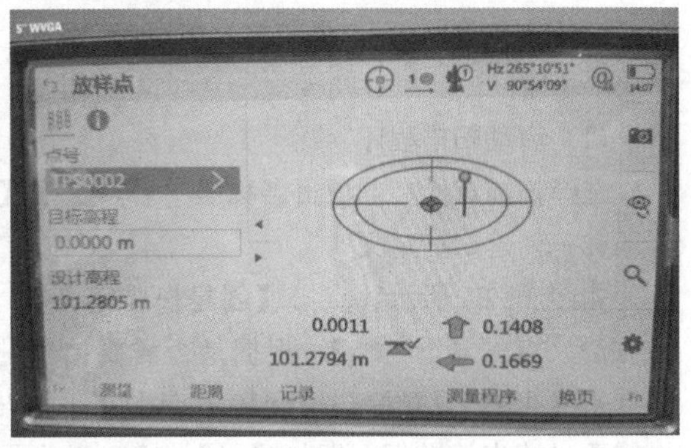

图 11-23　手簿放样

巩固训练

在校园合适位置，根据已知坐标文件进行自动放样实训。

11.3.3　测量机器人的点云测量

学习目标

1. 知识目标：掌握测量机器人点云扫描及点云数据导出与粗处理。
2. 能力目标：能利用测量机器人进行点云数据获取。
3. 素质目标：培养学生追求卓越、求知探索的科学精神。

任务导入

影像全站扫描仪具有高速三维扫描功能，一般可配机载三维点云处理软件，现场扫描直接出对比检测成果，从而简化了工作流程。本节主要介绍利用徕卡 MS60 的扫描功能对某建筑物进行立面扫描的一般步骤，并导出通用的建模数据文件。

知识链接

在获取物体表面每个采样点的空间坐标后，得到的是一个点的集合，称之为“点云”(Point Cloud)。点云获取通常可采用三维激光扫描或照相式扫描进行。

任务实施

1. 作业前准备

参照 11.3.1 作业前准备进行。

2. 设站定向

操作方法参照 11.3.1 中的设站定向。

3. 扫描

(1) 启动扫描程序

选择扫描点所在的项目名称居中后，点击【扫描】程序，进入扫描界面，见图 11-24。

(2) 创建扫描定义

如图 11-25 所示，点击【创建扫描定义】，输入扫描名称，点击【下一步】；选择扫描方法，点击【下一步】；根据是否需要拍照进行选择，如果需要，点击【是】，不需要即点击【否】；设置好扫描间隔，点击【下一步】；选择扫描模式，点击【下一步】；如果需要过滤点云数据，即打【√】，输入最小最大距离，点击【完成】。

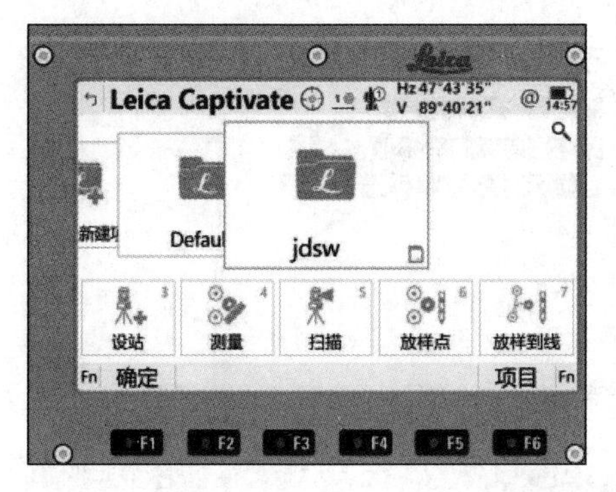

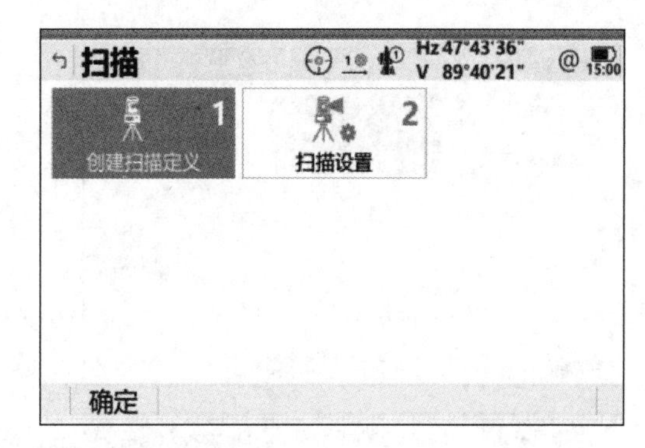

图 11-24　启动扫描程序

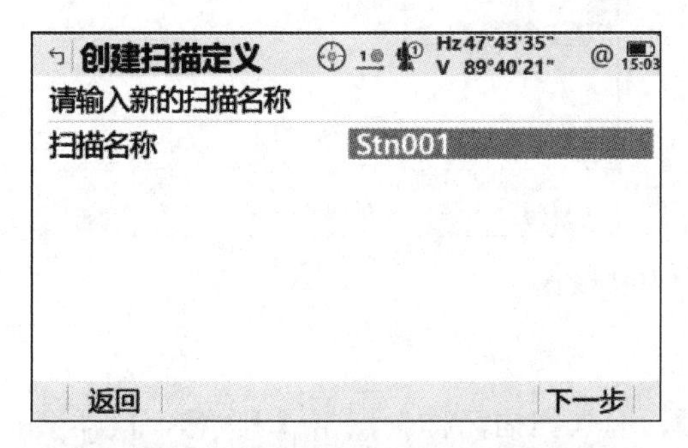

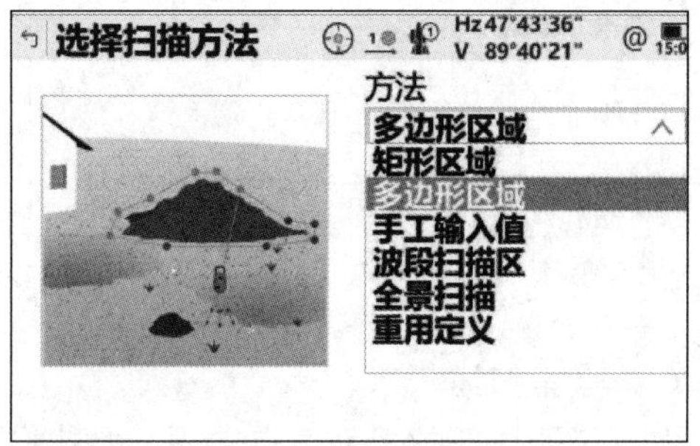

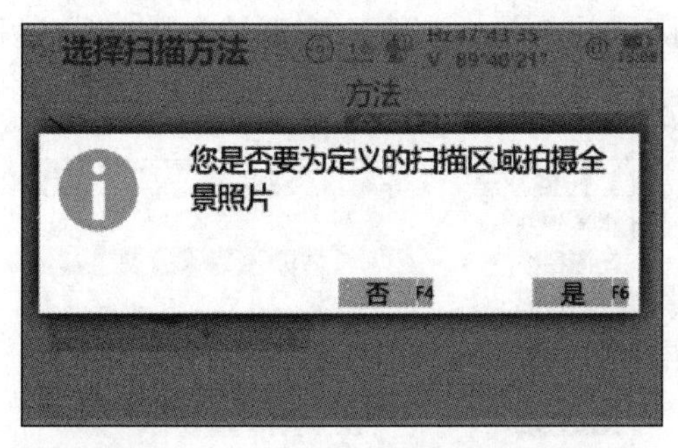

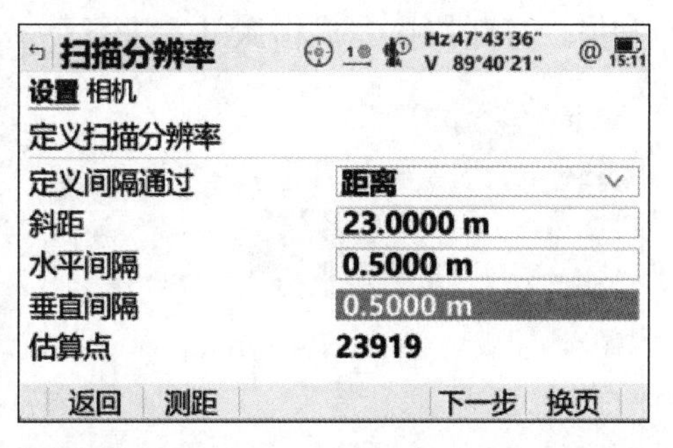

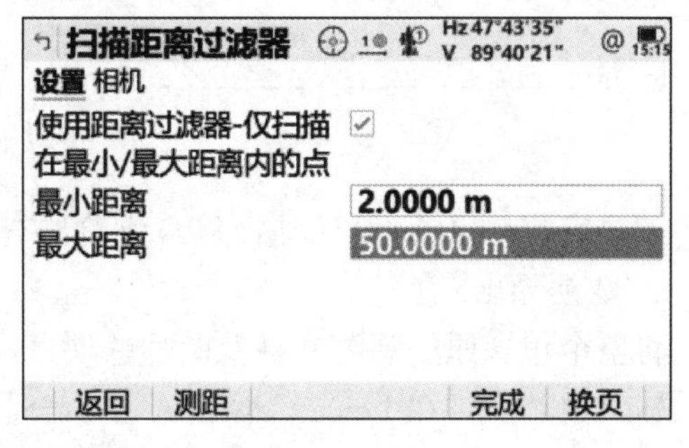

图 11-25　创建扫描定义

（3）扫描设置

如图 11-26 所示，点击【扫描设置】，依次在【常规】→【扫描区域】→【过滤器】界面下根据需求进行设置。如果对扫描没有其他要求，此步可跳过。

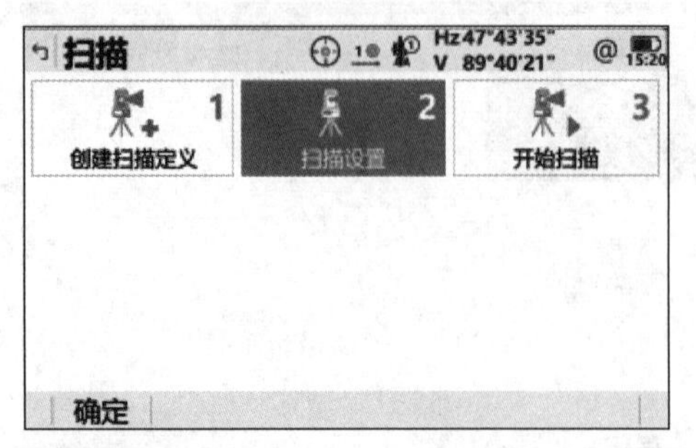

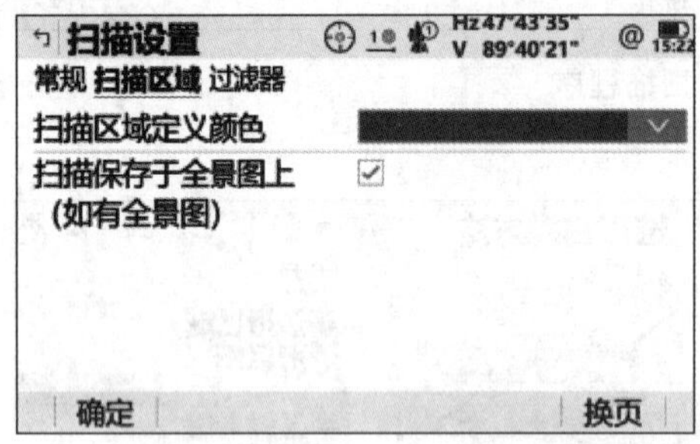

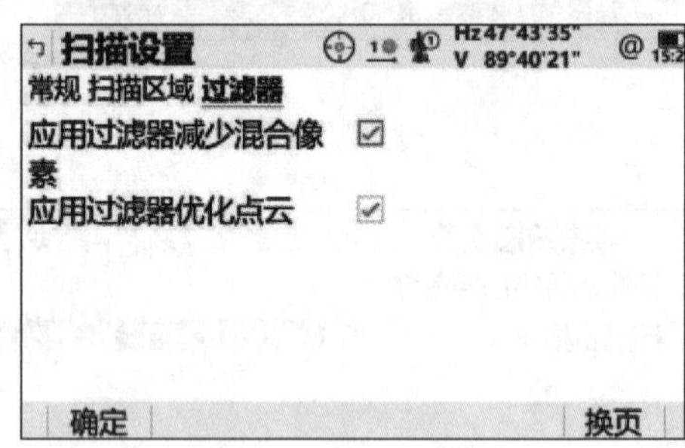

图 11-26 扫描设置

（4）点击扫描

取下仪器顶部的把手，点击【开始扫描】，输入扫描名称，点击【开始】，仪器会自动进行扫描，直到扫描完成；搬站，进行下一区域的扫描，直到所有区域扫描完成，见图 11-27。

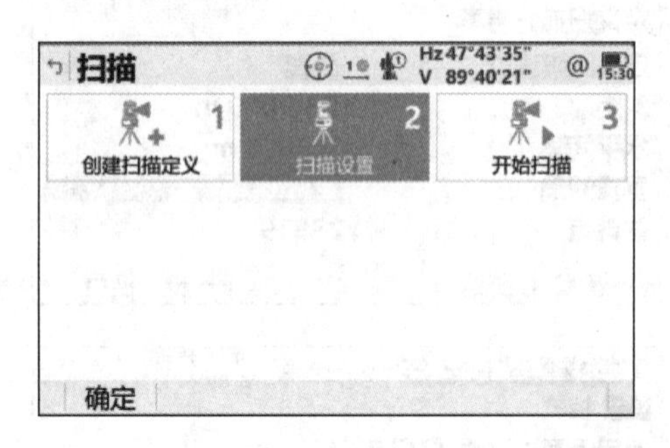

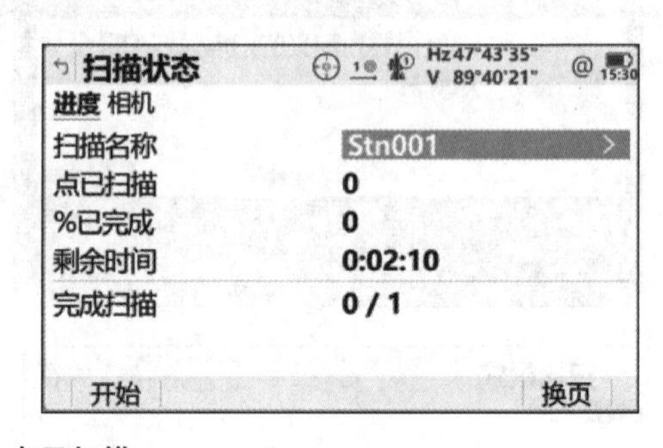

图 11-27 点云扫描

扫描完成，可通过仪器内部 3D 浏览器查看初步点云，见图 11-28。

4. 数据导出

将整个包含原始观测文件及图片的项目，从内存导出到 SD 卡或者 U 盘。使用工具中的传输对象功能，在 Leica Captivate 主页→【设置】→【工具】→【传输用户对象】，选择要导出的项目及源文件【从】和目标文件【到】的路径，点击【确定】。导出的整个项目在 U 盘/SD 卡中的【DBX】文件夹下，可以看到项目名称文件夹，如果之前就在 SD 卡或 U 盘里，可以不用导出。原始数据可以使用徕卡 LEICA Geo Office 软件打开。

5. Infinity 点云预处理

如图 11-29 所示，打开徕卡 Infinity 软件新建项目，导入数据点云数据文件，通过 In-

图 11-28　初步点云查看

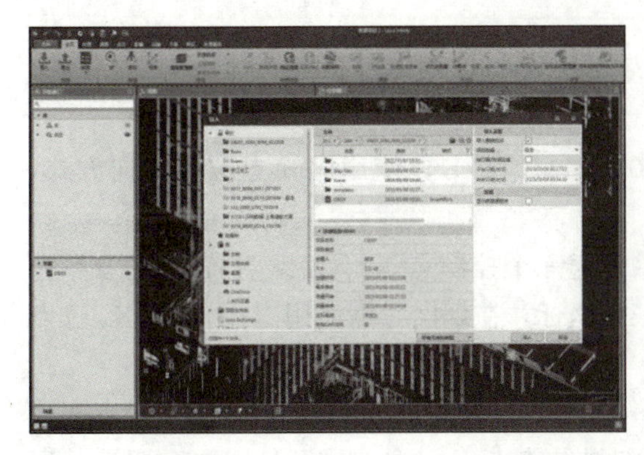
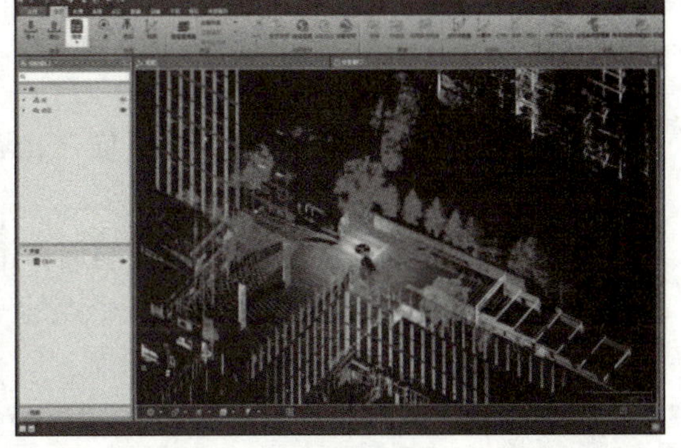

图 11-29　Infinity 点云预处理

finity 中的【点云】，对点云进行裁切、抽稀等预处理操作，并输出点云文件，可输出建模通用格式，如 LAS、PTS 等。

巩固训练

在校内选择一低层建筑物，进行点云扫描及预处理。

11.3.4　测量机器人在建筑倾斜观测中的应用

学习目标

1. 知识目标：掌握采用测量机器人进行建筑倾斜观测的步骤。
2. 能力目标：能利用测量机器人进行建筑倾斜观测。
3. 素质目标：弘扬实事求是、求真务实的科学精神。

任务导入

本任务采用的案例为某市规划局测绘队使用徕卡 MS60 全站扫描仪对某大型烟囱外表面进行无接触高精度扫描，通过点云后处理进行变形分析。

知识链接

大型烟囱由于自身负荷较大，在运营期间，受建筑结构、荷载、外部应力及地质构造等多种因素影响，会产生一定程度的变形；而传统检测方法容易受场地、天气、温度及风力等因素影响，精度难以保证。烟囱主体为圆锥形状，如果烟囱外表面有大面积的凹陷及凸起等情况，烟囱有可能有安全隐患，此外烟囱为竖直建筑，理论重心应该沿重力方向，若烟囱重心发生偏移，也会产生安全隐患。所以对于烟囱的变形检测我们将其分成两个部分内容，烟囱外表面检测与烟囱倾斜检测。

任务实施

1. 现场控制布设与采集

在控制点上架设 MS60，假定坐标（4000，5000，300），使用已知方位角定向方式，瞄准后视点，将此方向设置为 0 方向。

如图 11-30 所示，在烟囱周边稳固墙体上标记三个控制点 X1、X2、X3，均匀分布在烟囱周边，使用免棱镜直接测取此三个点的三维坐标，在烟囱三侧使用 X1、X2、X3 三点进行后方交会后对烟囱体进行三维扫描。

烟囱扫描共设三站，共采集点数 481306，累计扫描时间 14min，烟囱表面扫描点间隔小于 6cm；每次搬站时间约 5min（从上一次扫描结束至下一次扫描开始，包含搬站及后方交会设站），总体用时 25min。扫描成果见图 11-30。

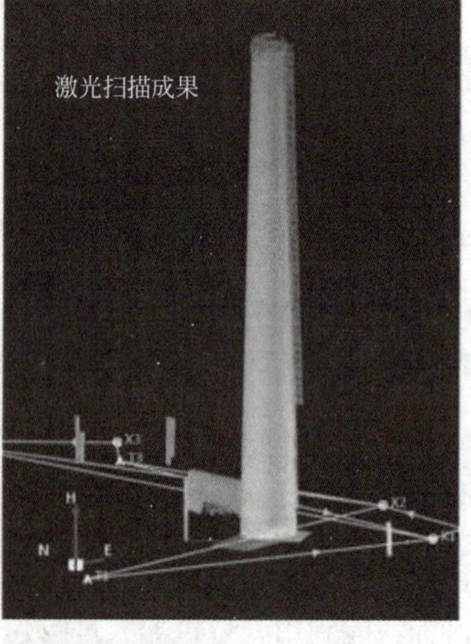

图 11-30　外业控制成果和扫描成果

2. 点云预处理

将数据导入 Infinity 软件进行数据预处理和点云查看，检查是否有遗漏，然后将点云导出成 PTS 通用格式，方便导入 Cyclone3DR 进行分析。

3. 徕卡 Cyclone3DR 软件数据处理分析

徕卡 Cyclone3DR 是一款处理 3D 扫描仪、CMM 等 3D 点云数据的建模软件，它支持市场上多种格式的点云导入、3D 网格、曲面重建、检测及逆向工程等。重建的模型可以直接用于原型速成、动画、仿真模拟、有限元分析、地形、CAD、CAM 等等。

（1）烟囱形状分析

使用徕卡 Cyclone3DR 软件首先对采集的烟囱点云进行去噪处理，删除地面、竖梯、烟道、顶端装饰等与主体形状无关的点云，然后使用软件的测量功能，通过烟囱主体点云计算出最佳拟合的圆锥形状，将最佳拟合圆锥与实际测量点云进行比较，使用色谱形式体现凹陷及突出，并用标签进行标注。

从分析结果来看烟囱形状最大凸出量及最大凹陷量均在 3cm 之内，见图 11-31。

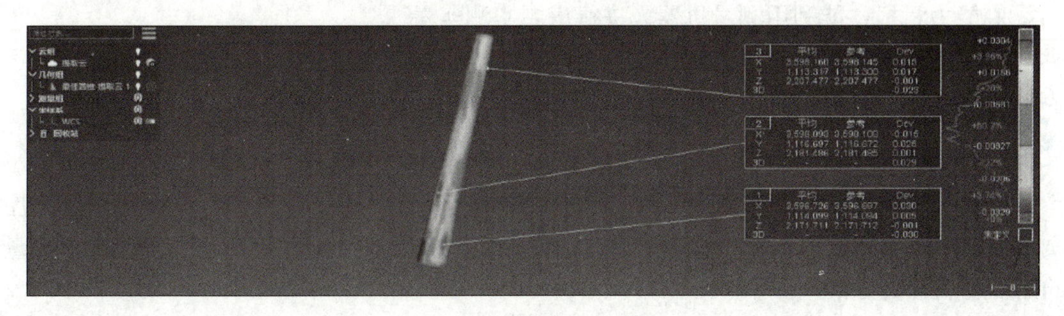

图 11-31　烟囱形状分析

（2）烟囱倾斜分析

如图 11-32 所示，对采集的烟囱点云沿 Z 轴方向进行层切，层切间隔 3m，剖面理论

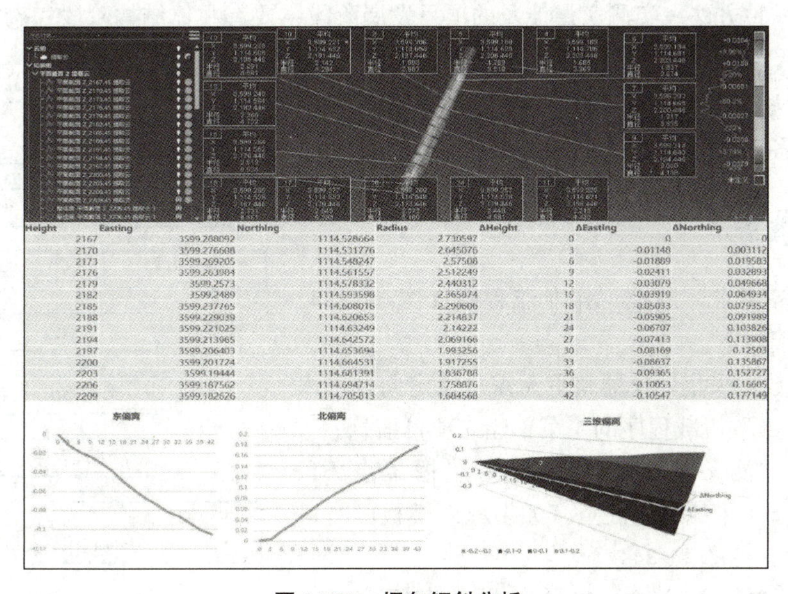

Height	Easting	Northing	Radius	ΔHeight	ΔEasting	ΔNorthing
2167	3599.288092	1114.528664	2.730597	0	0	0
2170	3599.276608	1114.531776	2.645076	3	-0.01148	0.003112
2173	3599.269205	1114.548247	2.57508	6	-0.01889	0.019583
2176	3599.263984	1114.561557	2.512249	9	-0.02411	0.032893
2179	3599.2573	1114.578332	2.440312	12	-0.03079	0.049668
2182	3599.2489	1114.593598	2.365874	15	-0.03919	0.064934
2185	3599.237765	1114.608016	2.290606	18	-0.05033	0.079352
2188	3599.229039	1114.620653	2.214837	21	-0.05905	0.091989
2191	3599.221025	1114.63249	2.14222	24	-0.06707	0.103826
2194	3599.213965	1114.642572	2.069166	27	-0.07413	0.113908
2197	3599.206403	1114.653694	1.993256	30	-0.08169	0.12503
2200	3599.201724	1114.664531	1.917255	33	-0.08637	0.135867
2203	3599.19444	1114.681391	1.836788	36	-0.09365	0.152727
2206	3599.187562	1114.694714	1.758876	39	-0.10053	0.16605
2209	3599.182626	1114.705813	1.684568	42	-0.10547	0.177149

图 11-32　烟囱倾斜分析

形状应该为圆形，我们使用软件对每一层剖面进行最佳圆形计算，提取圆心位置进行分析，如果烟囱竖直，各层圆心平面坐标应该一致，反之，若烟囱倾斜，各层圆心会向一个方向偏离。

巩固训练

在校园内选择一建筑物，利用测量机器人进行倾斜观测。

11.3.5 测量机器人在房屋实测实量中的应用

学习目标

1. 知识目标：掌握采用测量机器人进行房屋实测实量的步骤。
2. 能力目标：能利用测量机器人进行房屋实测实量。
3. 素质目标：培养爱护仪器、守规范、精益求精的职业精神。

任务导入

徕卡 MS60 全站扫描仪房屋实测实量是利用徕卡 MS60 扫描，准确、全面地采集房屋质量数据，快速完成平整度、垂直度、方正度等房屋关键点检测，有效解决传统人工测量的诸多痛点解决方案。

知识链接

所谓房屋实测实量，是指应用测量工具，通过现场测试、丈量而得到能真实反映产品质量数据的一种方法。实测实量涉及的项目发展阶段主要有主体结构阶段、砌筑阶段、抹灰阶段和精装修阶段，测量的范围涵盖混凝土结构、砌筑工程、抹灰工程、防水工程、门窗工程、涂料工程、精装修各工序等内容。

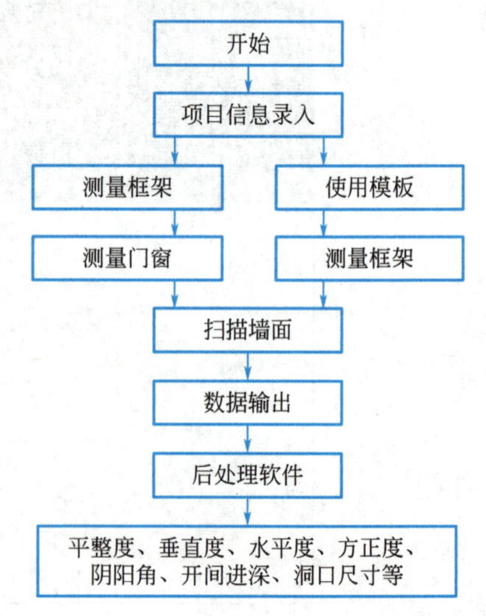

图 11-33 实测实量流程图

任务实施

根据任务要求，制定了作业流程图（图 11-33），具体作业流程如下：

1. 现场数据采集，仪器整平无需后视定向，进入“房屋实测实量”机载程序的主菜单建立项目信息。

2. 进入“测量框架”，测量好房屋框架点 F1、F2、F3、F4，1 米线和地面点（如果框架模板已有可以直接调用），见图 11-34。

3. 进入“测量门窗”按顺序测量完门窗的 6

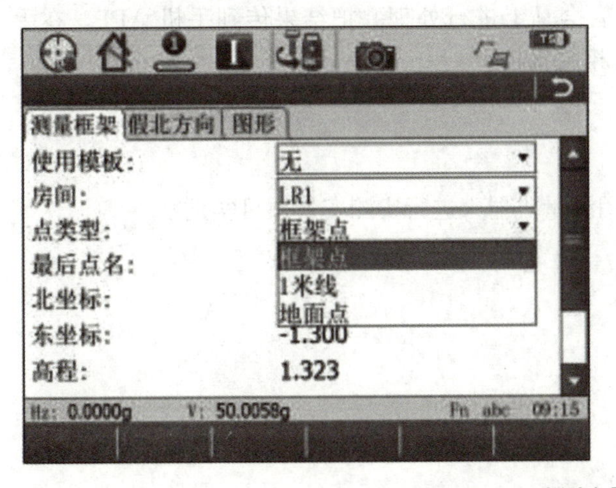

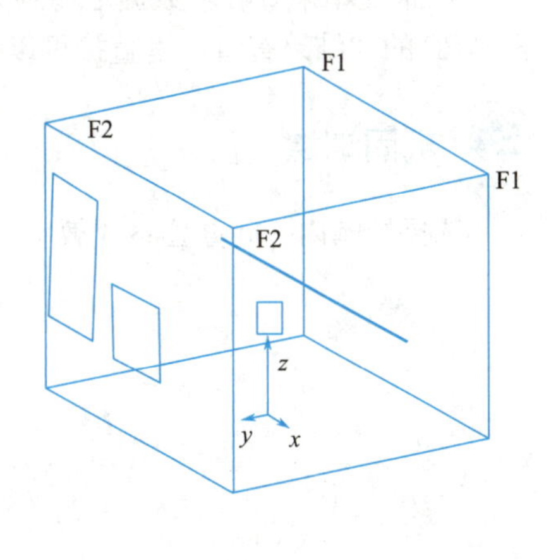

图 11-34　实测实量框架

个点。

4. 进入"扫描墙面"进行各墙面、天花板、地面的扫描间隔设置并添加到扫描任务直接扫描，见图 11-35。

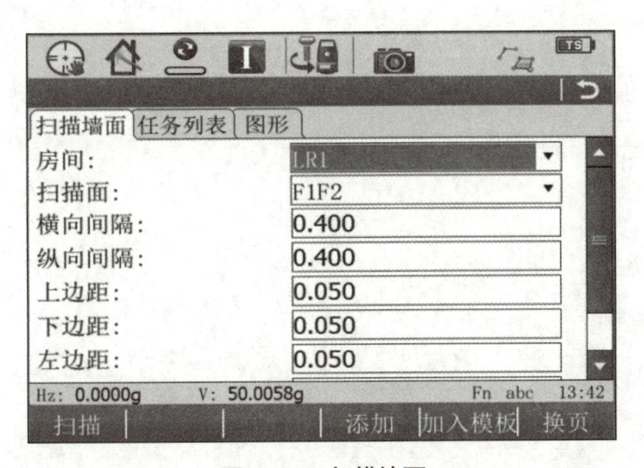

图 11-35　扫描墙面

5. 数据输出，打开手机 APP 通过蓝牙连接上仪器，直接点击输出，数据即可下载并上云端进行后处理，见图 11-36。

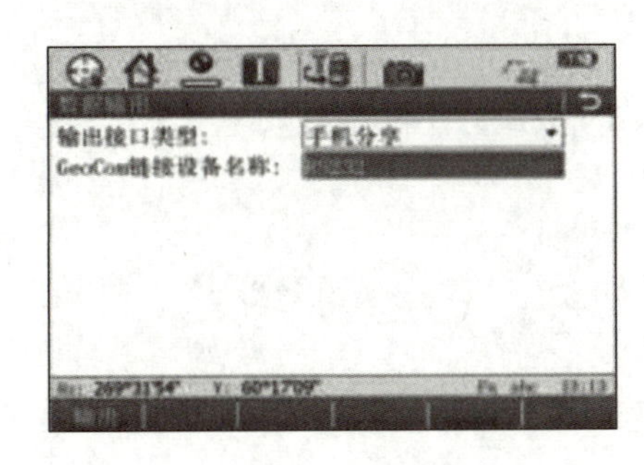

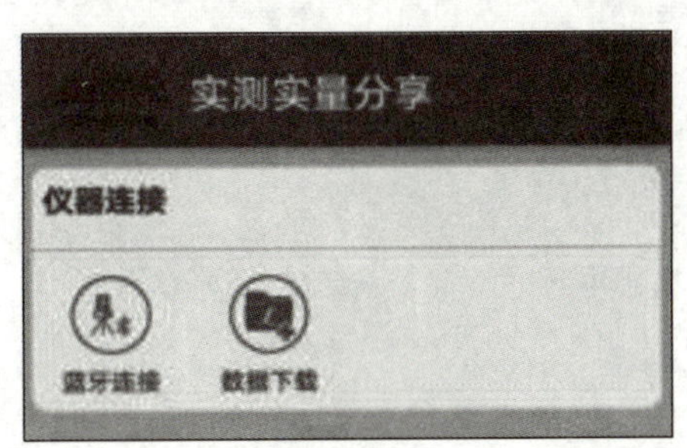

图 11-36　数据输出

6. 报告结果查看，数据上传到云端后会马上进行处理并把结果传到手机 APP，在手机 APP 的“结果查看”里直接可以查看相关报告。

巩固训练

选择校园内一间办公室或教室，利用测量机器人进行实测实量项目实训。